北方现代农业灌溉工程技术

邵正荣　吴矿山　薛　桦　刘春晖　编著

黄河水利出版社

内容提要

我国北方地区农业发展与干旱缺水的矛盾愈来愈突出,充分利用各种水资源、发展节水灌溉在北方地区人口、资源、经济、生态环境协调发展中将起到举足轻重的作用。本书的主要内容有:人水和谐,节水灌溉建设途径及管理,区域水土资源平衡与评价,黄河流域大型灌区节水改造重点布局与对策,管道输水工程技术,渠道防渗工程技术,果树节水灌溉技术,节水灌溉综合技术体系,旱区雨水集蓄与雨水高效利用技术,劣质水资源化高效利用技术,地面灌溉节水技术,工程量和概(估)算,经济分析和环境评价,项目管理与建后管护等。本书可供从事农田水利工程、灌区管理、水利工程规划设计等工程技术人员使用,也可供大中专院校师生在教学、科研工作中学习参考。

图书在版编目(CIP)数据

北方现代农业灌溉工程技术/邵正荣等编著.—郑州:黄河水利出版社,2008.8

ISBN 978-7-80734-468-1

Ⅰ.北… Ⅱ.邵… Ⅲ.灌溉-水利工程 Ⅳ.S274

中国版本图书馆CIP数据核字(2008)第110574号

组稿编辑:王路平　电话:0371-66022212　E-mail:hhslwlp@126.com

出 版 社:黄河水利出版社

地址:河南省郑州市金水路11号　邮政编码:450003

发行单位:黄河水利出版社

发行部电话:0371-66026940、66020550、66028024、66022620(传真)

E-mail:hhslcbs@126.com

承印单位:黄河水利委员会印刷厂

开本:787 mm×1 092 mm　1/16

印张:23

字数:550千字　印数:1—1 500

版次:2008年8月第1版　印次:2008年8月第1次印刷

定价:45.00元

前　言

新中国成立以来，我国农田灌溉事业蓬勃发展，取得了显著成绩。但随着工农业用水、城乡用水的日益增加，灌溉用水管理粗放，水的有效利用率不高，工程不配套，老化失修严重，泥沙淤积问题突出，水质污染日趋严重，管理机构体制不顺、机制不活等，都给我国农田水利发展提出了新的要求。特别是我国北方地区，急需从人口、资源、经济、生态环境协调发展的高度，确定新的发展目标和思路。本书是在新的治水思路的提出、形成和不断完善的条件下，结合水资源合理规划配置，提出了符合我国北方地区实际情况的现代农田水利发展体系。

我国北方地区农业发展与干旱缺水的矛盾愈来愈突出，使人们对节水的重要意义认识逐步深化，充分利用各种水资源、发展节水灌溉在北方地区人口、资源、经济、生态环境协调发展中将起到举足轻重的作用。在节水灌溉科学研究、普及和推广中，在节水灌溉技术、节水机理、节水灌溉制度、水资源合理利用、配套农艺措施和管理措施等方面，形成了符合我国国情的节水灌溉技术体系，积累了大量的成果和经验。本书融合了作者多年的生产实践、教学研究、经验总结，同时吸取许多国内外节水技术文献资料的精华。

本书由邵正荣、吴矿山、薛桦、刘春晖编著，在编写人员的共同努力下，经多位专家的修改完善完成。本书可供在县级及县级以上从事农田水利工程技术工作的人员使用，也可供大中专院校师生在教学、科研工作中学习参考。

本书具有如下特点：一是内容全面，涵盖了适合我国北方地区现代农田灌溉的工程技术、管理技术，并编入了环境评价和项目管理及建后管护等内容；二是技术先进，全面总结了适合我国北方地区农业灌溉的成熟经验和最新成果；三是实用性强，力求从实战出发，易学易懂，使读者在学习中有身临实战的感觉，掌握基本技能，达到事半功倍的效果。

在编写过程中，承蒙许多同志审阅和提供资料，特别是中国水利水电科学研究院的刘群昌、刘文朝，中国灌溉排水发展中心的吉晔，山西水利职业技术学院的李永平、李雪转、李庆东等同志，为本书的顺利出版做了大量工作，谨在此一并表示衷心感谢。另外，还参考和利用了许多国内外文献资料，在此对这些文献资料的作者表示衷心感谢！限于编著者水平，本书可能存在疏漏和错误，恳请读者批评、指正。

作　者

2008 年 5 月

目 录

第一章　水

就太阳系来说，地球是唯一有生命的星球，非常重要的原因是地球上存在着水。地球的表面被近71%的汪洋大海覆盖着，若从地球的外层空间看地球，地球是一颗闪耀着蔚蓝色光辉的美丽球体。

水随温度的变化而发生相态变化，温度低于0 ℃时水结冰呈固态，温度在0～100 ℃的水呈液态，温度超过100 ℃时水化为蒸汽呈气态。在太阳系行星中，除地球其他行星的温度都趋于极端，不是星际太空冷到近“绝对零度”的严寒，就是星球内部热到几千万摄氏度，因此宇宙间几乎所有的物质也就形成为不是熊熊燃烧的气体就是结了冰的固体。只有地球上存在着液体的海洋，这是因为地球表面温度的变化范围比较狭窄，大部分地区都保持在0～100 ℃之间。

液体水的特性好像是专门为了使生物能在地球上生存而设计的。液体水的热容量很大，具有不同寻常的和非凡的储热能力，把辽阔的海洋变成了一个巨大无比的蓄热和放热库，使地球上夏天不致太热，冬天又不会太冷，特别适合于生物的生存和繁衍。

液体水不同于其他液体，凝固时不会收缩，而是相反，在结冰变为固体时体积却膨胀9%，比重轻于液体水，可以漂浮在水面上不下沉；形成连续的冰盖后，不但本身能容易获得大量的光和热，还可阻挡和减缓冷能向水下传递，使其本身的扩展受到限制，这就是为什么在地球最为寒冷的南北极地区，海洋深处不能冻结，海洋生物冻不死并较为活跃的根本原因。

液体水是世界上最好的溶剂，它比任何已知液体能够溶解的物质都要多，水又是自然界物质能量迁移和转化的主要介质。在人身体组成中，水是主要成分。对于海洋和陆地生物来说，水是不可缺少的。

第一节　生命对水的依赖

一、水是生命之源

海洋是地球生命的摇篮和母体，人类祖先的进化进程经历了无脊椎动物、鱼类、两栖类、爬虫类和哺乳类的发展阶段，然后由哺乳类动物的分支——灵长类中的猿进化到人类。人类在生命过程中，尤其是在胚胎发育过程中，并未“忘本”，而是用遗传密码在极其短暂的时间里，复制和再现了这一漫长进化发展过程的各个主要阶段。生命的“胚胎”是在海洋中孕育和演化的，人的胚胎发育过程同样也离不开“海洋”，这个海洋就是母体子宫中的“羊水”。胚胎从受精卵开始一直到脱离母体前，全部在子宫的“海洋”——羊水里游泳，它是生命没有忘记本身处于海洋的标志。

人的胚胎发育到大约一个月时，形状像鱼，四肢像鳍，颈的两侧有鳃沟。大约到两个月时,胚胎发育成了一条类似两栖类和爬行类那样的由10个尾椎骨组成的尾巴。到三个月时,这条尾巴才开始退变,剩下几个尾椎骨接合起来形成的尾骨,并被隐蔽在臀部的折缝中,外表就看不到了。到五六个月时,人们的胚胎就像其他哺乳动物一样,全身除手掌外都长满了细而浓密的毛发,这种称为"胎毛"的毛发在七个月时最为发育。胎毛的排列方式在很大程度上颇像高等猿类,绝大多数胎毛在孩子出生前或出生后不久就消失了,被粗而稀疏的毛发所代替。

二、生命离不开水

原始生命起源于水(海洋),生命的组成和生命过程,不管是水生生物还是陆生生物,无论是动物还是植物,都离不开水。水的生物学意义在于,它是有机体最重要的组成部分和任何新陈代谢不可缺少的物质,生物体的物质运输和发生的一切生物学变化都离不开水。

在海洋中孕育生长的生命胚胎,同时把海洋的成分和海洋的灵秀也植入到生命之中,并一直遗传到今天。人体内部都流淌着与海水成分近似的血液和肌体中含有的大量水分,构成了体内的"海洋",它毫不停息地流动着、工作着,差不多经历了10亿~15亿年之久,直到距今3亿~4亿年前,生命才从海洋走向陆地,生命如此长时间的海洋生活,使所有迁移到陆地上的生物,都把其诞生地的海水带到了自己体内,且世代相传。人类也不例外,人类血液中的化学成分非常接近海水,见表1-1。

表1-1　海水和人类血液中溶解化学元素的相对含量　(%)

元素	氯	钠	氧	钾	钙	其他
海水	55.0	30.6	5.6	1.1	1.2	6.5
人类血液	49.3	30.0	9.9	1.8	0.8	8.2

人类血液的含盐量为10‰,比现代海水平均的含盐量(30‰~50‰)低,但却比含盐量低的波罗的海高。这是因为原始生命在海洋里刚刚诞生时,原始海洋的含盐量要比现代海水的平均含盐量低得多,海水变咸,是亿万年来江河把陆地盐分逐渐带进海洋的结果。因此,人类血液的含盐量比现代海水低,可能更符合和接近当时人类远祖登陆时的海水含盐量。当人体因某种疾病而大量失水时,医生常为患者注射含0.9%氯化钠的生理盐水,这也决非偶然,因为现代最淡的波罗的海中部上层海水的氯化钠含量就是这个水平,每升水中含有8.5 g氯化钠。另外,在炎炎夏日,从事体力劳动或进行激烈体育比赛而大量出汗,由于盐分也随汗水排出,因而,也要喝些淡盐开水,向人体"海洋"中补充盐分。

在组成生物体的成分中,水占的比例最大,据测定,植物体内的含水量一般为60%~80%,有的高达90%以上。动物体内的含水量也大致类似,鱼类体内的含水量为70%。人的胚胎发育到3天时,所含水量达97%,发育到3个月时,含水量为91%;到8个月时含水量为81%;新生儿的含水量为80%,一岁时的含水量已和成人差不多,成人的含水量为65%。

生物在生命活动过程中都离不开水。在人体内部的"海洋"中,血液在心脏的推动下不停地流动循环着。一颗健康的心脏,每分钟泵出3.5~5.5 L血液,由上计算,一个活到60岁的人,一生中通过心脏压出的血液就有15万m^3之多!成年人的肾为排除体内的有毒和残余的物质,每昼夜要过滤大约2 m^3的血液,就是说一昼夜通过肾的血液量,是全身血液的360倍,或是肾每两分钟就可将全身的血液过滤一次。

生物体内的水分在不停地运动着,也在不断地消耗着,需要随时加以补充。在正常情况下,成年人每天需要补充2.5 kg的水,一个活到60岁的人,一生中喝掉的水就有65 t!一个健康的人,在正常情况下,体内的水分处于平衡状态,即补充到体内的水分与排出体外的水量相当,若体内的水分一旦失衡,就会发生严重后果。例如体内的水分不能正常排出,就会泛滥成灾,身体出现浮肿;如果人体内的水分比正常量减少1%~2%或0.5~1 L,就会感到口渴;当减少5%或2~5 L时,人的皮肤就会起皱,口腔干涸,意识模糊;当人体失水14%~15%或7~8 L时,生命就无法维持,人就会死亡。当人饥饿或不能进食时,只要有足够的水分,就可勉强维持生命。科学家观察和灾难实例证明,成年人在断粮不断水的情况下,可以忍耐40天之久;而在断粮又断水的情况下,至多能忍耐3~7天。水在人体内是以溶剂形式存在的,食物中的许多成分由于能溶于水而被人体吸收,而废物又需要通过水排泄出体外,没有水生物体就不能进行新陈代谢和吐故纳新,生命即宣告结束。

第二节 水和农作物关系

水和农作物的生长发育有着极其密切的关系,这是因为水是农作物生理活动的必备条件,水对农作物的生活环境也有着直接或间接的影响。

一、水与农作物生理活动的关系

(一)水是作物体的重要成分

作物体内含有大量的水,通常占鲜体重的60%~80%,蔬菜体重的90%都是水。作物体内只有水分充足时才能保持其固有的形态,植株挺立,叶片舒展,有利于接受阳光照射和与周围环境进行气体交换,进行旺盛的生理代谢活动。

(二)水是作物制造有机质的重要原料

作物的生长过程就是作物体内有机质积累的过程。这个过程是靠作物叶片的光合作用完成的,作物叶片好比是一座光合作用的工厂,叶绿体是这座工厂中的机器,太阳光是开动机器的动力,而水和二氧化碳则是光合作用的原料,加工生产出来的产品是以淀粉为主的有机物质。淀粉在酶的作用下转变为脂肪,在无机盐的参与下合成蛋白质,所有这些过程都离不开水。

(三)水是作物所需养料的溶剂

第一,作物种子里贮藏的供种子发芽和幼苗生长所需的营养物质,只有在被水溶解后才变得有效,所以种子萌发期不能缺少水。第二,施入土壤中的肥料,只有被水溶解变为土壤溶液,才能被作物根系吸收并输送到作物体的各部位,保证作物的正常生长发育。第三,作为光合作用重要原料之一的二氧化碳,也要首先溶解于水,以碳酸的形式渗入叶肉细胞内;同时,作物叶片通过光合作用形成的有机质,也要以水溶液状态向作物的消费器官和贮藏器官等各部分转移。可以形象地说,水是作物的“血液”。

(四)水是维持作物叶面蒸腾的必备条件

作物根系从土壤中吸取的水分,一小部分用做光合作用的原料,而绝大部分通过叶片的气孔以蒸汽的形式扩散到大气中去,这就是作物的蒸腾作用。蒸腾作用对作物生活有着重要意义。第一,蒸腾作用调节着作物体温,因为作物叶片大量接受阳光,体温不断升高,当高到一定程度就会使作物无法生活,而叶片的蒸腾可带走大量的热,使作物体温得到调节。第二,蒸腾作用还促进了作物体内水分和无机盐的上升流动。作物根毛吸水后通过根、茎、叶的导管输送水分,在导管中形成一股连续不断的水柱。叶片蒸腾,叶内细胞失水,就使导管的吸力加大,促使根毛不断从土壤中吸收水分。第三,叶片蒸腾时,气孔开启,对吸收二氧化碳制造有机物质也是有利的。

二、水与作物生活环境的关系

水对作物生活环境有着深刻的影响,它不仅影响着土壤环境,如土壤温度、空气和养分等状况,而且对农田的小气候也有一定影响。

(一)水与土壤温度的关系

作物生长发育需要一定的土壤温度条件,土壤温度过高、过低或急剧变化对作物生长发育都是不利的。土壤水分的多少对于土壤温度有着明显的调节作用。这是因为水的热容量比空气的热容量约高 3 300 倍,比土粒的热容量高 5 倍左右,水的导热率也高,比空气的导热率高 25 ~30 倍。在白天,湿润的土壤比干燥的土壤更能大量吸收太阳的辐射热,并将热量向土壤深层传导,表土的温度不会急骤升高;而在夜间气温下降时,湿润的土壤较干燥的土壤释放热量慢,而且深层土壤的热量又能较快地向上输送,这样表土的温度就不会急剧下降。但是,土壤过湿对土壤的温度状况是不利的。

(二)水与土壤空气的关系

土壤由固体、液体、气体三类物质组成,固体物质包括粗细不等的矿物颗粒、有机物质和微生物。在土壤颗粒之间的孔隙里充满水和空气,水来气去,水去气来,二者此消彼长。

为了保证根系很好地吸水吸肥和好气性细菌的旺盛活动,土壤中必须有良好的空气状况。所谓良好的土壤空气状况,主要应具备以下两个条件:

(1)要有一定的空气容量。一般认为,大田作物的生长需要空气容量在 10% ~15%(占土壤孔隙体积的百分数),若低至 5% ~6% 就要显著减产。棉花、玉米对土壤空气要求较高,最适宜的空气容量约为 30%,小麦要求较低,为 15% ~20%。

(2)要有适当的空气成分。①要有足够的氧气,以保证根系的生长和养分的吸收,这对于旱田作物和水田作物都是重要的。②二氧化碳的浓度不能过高,一般认为适宜浓度在 1% 左右,过高对根系原生质有毒害作用。③土壤水分过多的情况下容易产生过量还原气体,如 H_2S、沼气、氢气等,这些气体对作物根系有毒害作用,阻碍根系生长。

(三)水与土壤养分的关系

土壤中水分过多或过少对于土壤养分状况都是不利的。土壤养分包括潜在养分和有效养分两部分,以潜在养分占绝大部分,潜在养分只有在转化为有效养分后才能被作物所吸收。在土壤氧气充足的情况下,好气性微生物活跃,分解含氮的有机质,使潜在的养分转化为有效养分,供作物生长利用。反之,土壤中水分过多,会影响有机质的分解,造成有效养分供应不足。土壤水分过多,还会使土壤中矿物质养分随重力水流失。但是,土壤水分过少,土壤中有机质矿质化作用过强,消耗过快,不利于养分的保存和积累。且土壤水分过少时土壤溶液浓度过高,使作物根系吸水、吸肥困难。

(四)水与农田小气候的关系

农田小气候是指接近地面 2 m 内的空气、温度、湿度、光照、风等气候状况,它是作物生长发育的重要环境条件。农田小气候与土壤水分状况有着密切的联系,在高温干燥季节,湿润的土壤由于水分的蒸发,可降低气温,增强空气湿度,调节农田小气候。

第二章　节水灌溉建设途径及管理

节水灌溉是节水农业的核心，应把节水灌溉作为一项革命性的措施来抓，使工程节水与农艺节水相结合，因地制宜地选择最适于本地区发展的节水灌溉技术。

第一节　节水灌溉潜力分析

一、农业发展对节水灌溉的需求

（一）水资源偏少，受旱面积大

我国江河湖泊众多，流域面积在 1 000 km^2 以上的河流约为 1 500 条，水面面积大于 100 km^2 的湖泊有 130 多个。全国高山冰川约为 5 万 km^2，年补给河川的融水约为 500 亿 m^3，全国河川多年平均径流量约为 2.7 万亿 m^3，地下水约为 0.82 万亿 m^3，扣除河川径流量与地下水的重复水量，全国多年年平均水资源总量约为 2.8 万亿 m^3。

受季风影响，降雨分布东南多、西北少，夏秋多、冬春少，且具有丰枯年相差悬殊的特点。东南沿海年降水量超过 1 600 mm，而西北荒漠地区年降水量不到 200 mm，最少的仅几十毫米。长江流域及其以南地区耕地面积占全国的 38%，而河川径流量却占全国的 82% 以上，长江以北地区耕地面积占全国的 62%，而河川径流量仅占全国的 18%，京、津、冀人均地表水资源量不足 250 m^3，约相当于全国的 1/8 和世界的 1/32，远低于国际公认的人均水量 1 700 m^3 即达到水资源紧张的标准。

由于我国水资源量相对偏少，加之时空分布及水土资源组合不匹配，以致缺水矛盾突出，并始终是制约农业生产发展的主要因素。这种水资源紧缺和水土资源的极不匹配，导致了我国旱灾频频发生，从东南到西北都需要不同程度的灌溉。目前，灌溉面积仅占全国耕地面积的 40%，干旱缺水限制了灌溉，也限制了农业和农村的经济发展。随着国民经济的发展和人口的增长，干旱缺水状况还将不断加剧。据统计，从 1949 年到 1998 年，全国平均每年受旱面积为 3.24 亿亩❶，成灾面积 1.31 亿亩，分别占全国播种面积的 17% 和 7%；1988 ~ 1998 年的 11 年，全国每年受旱成灾面积则达 1.5 亿 ~ 2 亿亩，减少粮食 100 亿 ~ 200 亿 kg，特别是改革开放 20 年来，随着我国经济建设的快速发展，全社会对水的需求量不断增加，水资源供需矛盾日益加剧，缺水由局部向全国蔓延，成为制约国民经济可持续发展的重要因素。

（二）21 世纪初农业用水需求，主要靠内部挖潜解决

据有关部门估计，到 21 世纪 30 年代，我国人口将达到 16 亿，人口的增加和生活质量的改善，对粮食及其他农产品的供给提出了更高要求。农产品总需求与总供给面临着巨

---

❶ 1 hm^2 = 15 亩，下同。

大的压力和挑战，要满足如此巨大的需求，必须增加农业生产，由于我国耕地资源有限，因此，只能主要依靠提高单产来保证粮食安全。

我国水旱灾害十分严重，农业生产对水的依赖性极强。据水利部20世纪80年代初的调查，全国灌溉农田的水稻平均亩产为486 kg，旱作物平均亩产为300 kg，而非灌溉农田的平均亩产为140 kg，灌溉农田的平均单产比非灌溉农田的高1～3倍。不难看出，灌溉是高产、稳产的保证，为满足粮食需求，灌溉面积应有所增加。由于新增面积需要增加用水，改善、提高现有灌溉面积的灌溉条件和保证率也需要增加用水，加之林果用水、畜牧用水、养殖用水等，需要增加大量农业用水，但可供水量有限；另一方面，随着工业的发展和城镇化建设的加快，农业用水不可避免地会被工业和城镇生活用水挤占一部分，这就决定了我国农业可持续发展必须走节水高效的道路。

要满足粮食需求，我国2010年灌溉面积应达到8.5亿亩，2030年灌溉面积应达到9亿亩。按现有灌溉水有效利用率估算，需要分别增加灌溉用水量300亿 m^3 和600亿 m^3，如果考虑改善现有灌溉面积，提高灌溉保证率的用水，则2010年和2030年需要分别增加灌溉用水量500亿 m^3 和800亿 m^3。

据分析，我国2010年和2030年的供水总量有望达到6 700亿 m^3 和7 800亿 m^3，但新增加的供水量将主要用于工业、城镇生活及维持生态的用水，而农业灌溉用水的增量主要靠全面提高灌溉水的利用率和利用效率来解决。

二、灌溉节水潜力分析

我国一方面供水量明显不足，另一方面用水浪费惊人，工业万元产值耗水量明显偏高，农业的灌溉定额更是显著偏高。目前我国每年农业用水量约3 800亿 m^3，占全国总用水量的70%以上；灌区大部分采用传统的地面灌水技术，水资源浪费现象相当普遍；在某些水源相对比较丰富的自流灌区，亩次净灌水量往往在100 m^3 以上，大水漫灌现象仍不少见；全国灌溉水利用系数不超过0.45，这就意味着灌区水量有一半以上是在输水、配水、田间灌水过程中被损失掉了。而以色列、美国、日本和加拿大等国家的灌溉水利用率可达0.7～0.8。

当前，我国包括灌溉水和降水在内的农田水利用效率也很低，每立方米水生产粮食仅1 kg左右，而以色列已达2.32 kg，一些发达国家大体都在2 kg以上。目前我国水稻、小麦、玉米、棉花、大豆的平均单产分别为408 kg/亩、249 kg/亩、347 kg/亩、59 kg/亩、88 kg/亩，而发达国家分别为544 kg/亩、528 kg/亩、680 kg/亩、112 kg/亩、224 kg/亩，差距很大。

如果普遍实行节水灌溉农业技术，节水增产潜力十分可观。渠道防渗和管道输水都能提高渠系水利用系数；水稻浅湿灌溉和旱田沟畦改造则可提高田间水利用系数；喷灌、滴灌可提高渠系水利用系数，又可提高田间水利用系数。节水农业可提高灌溉水的利用效率，如果到21世纪30年代，我国井灌区80%以上实行喷灌和低压管道输水灌溉，渠灌区骨干渠道60%以上实现防渗，水稻全部推广浅湿灌，旱田实施田间工程改造，并辅之以节水农业措施、节水灌溉制度、节水管理措施，则可使我国灌溉水利用系数由现在的0.45提高到0.6～0.7，水分生产率由现在的1.0 kg/m^3 提高到1.5～1.8 kg/m^3，由此产生的节水潜力极限值为800亿~1 000亿m^3,还需要投资3 500亿~4 500亿元。

我国是一个自然条件、社会经济发展程度差异很大的灌溉大国,要使全国平均灌溉水利用系数达到0.7,是一个相当高的标准,它意味着全国绝大部分渠道都要进行防渗处理或改用管道输水,田间灌溉大部分采用现代灌水技术,灌溉管理初步实现现代化,这是非常艰巨的任务。

综合分析,到2030年,我国灌区节水潜力600亿~800亿m^3是可能的,其中大型灌区节水350亿~450亿m^3,中小型灌区节水200亿~280亿m^3,井灌区节水50亿~70亿m^3。

第二节　灌溉水利用率目标值与实现途径

一、总体目标与分区重点

我国计划再经过30年奋斗,使灌溉水利用率由现在的45%提高到65%,彻底改变我国传统灌溉的落后面貌,使新型节水灌溉技术的比重逐步提高,使灌溉生产向现代化迈进一大步。在各阶段中,都要努力把发展节水工程同新开发灌溉面积结合起来,既要节约灌溉用水,又要最大限度地增加粮食生产,满足我国人口增长对粮食的需求,保持农业的可持续发展。分区发展节水灌溉的重点有以下几个地区。

(1)东北区。在适当开源的基础上,以灌区改造、渠道防渗、水稻区推广节水灌溉制度和旱作区试验推广喷灌等先进节水灌溉技术为主,同时配合发展当地行之有效的"坐水种"抗旱补水灌溉等措施,为保障全国粮食安全起到重要的米粮仓作用。

(2)黄淮海区。井灌区全面推广喷微灌、管道输水灌溉,地下水超采区采取调整农业种植结构等综合措施,以减少地下水开采。加强降雨、地表水、地下水和土壤水的联合调度与高效利用,合理利用经处理的城市生活污水。渠灌区以发展渠道防渗为主,适宜地区逐步发展井渠双灌。同时,普遍推广非充分灌溉,以供定需,压缩相对耗水量大的作物的种植比例。逐步减少对地下水的超采,缓解由此造成的日益恶化的生态环境问题。

(3)黄河中上游区。该区沿黄取水便利,节水效益主要体现在保护生态环境和使下游受益。在大力推广节水灌溉工程措施的同时,要加大用水价等经济杠杆推动发展节水灌溉的力度,针对不同地区、不同情况,制定相应的政府补贴政策,将社会效益、生态效益与农民的经济利益有机结合,刺激农民主动节水的积极性。在工程措施上,主要发展渠道防渗和田间节水工程,推广水稻浅湿灌等。井灌区和扬水灌区发展移动式管道喷灌、低压管道输水和果树等经济林微灌。山丘贫水区除要搞好水土保持工作外,在解决人畜饮水的同时要发展集雨节灌。

(4)内陆区。针对内陆区生态环境十分脆弱、干旱少雨的特点,发展节水灌溉要与保护生态环境相结合。对内陆河上下游水量实行统一调配,避免因上游过量用水而导致下游沙漠化等生态恶化的结果。井灌区和扬水灌区大力发展喷、微灌和管道输水灌溉;自流灌区发展渠道防渗和田间节水灌溉技术,并逐步发展管道输水和大型喷灌机喷灌。

二、提高灌溉水利用系数的技术与措施

节水灌溉技术是为充分利用灌溉水资源，提高水的利用率和利用效率，达到农作物高产、高效而采取的技术措施，它是由水资源、工程、农业、管理等环节的节水技术措施组成的一个综合技术体系。运用这一技术体系，将提高灌溉水资源的整体利用率，增加单位面积或总面积农作物的产量，以促进农业的持续发展。因此，节水灌溉技术包括以下内容：

(1)水资源的合理开发利用技术。灌溉农业水资源包括地面水、地下水、土壤水和经过净化处理的污废水。农业水资源的合理开发利用是指采用必要的工程措施，对天然状态下的水进行调节控制和有计划的分配，为农业生产提供所需要的水量。内容包括地上水和地下水的联合利用技术、机井测试改造技术、灌溉回归水利用技术和劣质水改造利用技术等。

(2)节水工程技术措施。包括喷灌技术、微灌技术、渠道防渗技术、低压管道输水技术、膜上灌技术、水稻浅湿灌技术、改进沟畦灌技术等，是节水灌溉综合技术体系的核心内容。

(3)节水农业技术。包括调整作物种植结构、改善耕作制度、改进耕作技术，以及推广秸秆或地膜覆盖的保墒技术、化学药剂与保水剂应用技术、限额灌溉及节水抗旱作物品种选育等。

(4)节水管理技术。包括组织管理、工程管理、经营管理和用水管理等技术。

三、阶段目标与实现途径

(一)2010 年灌溉水利用系数目标值与实现途径

根据水土资源平衡分析和农业可持续发展要求，这一阶段全国平均灌溉水利用率要达到55%，重点地区达到60%。

从全国角度看，这一阶段节水灌溉由于受资金限制，应从节水投资较小的田间工程抓起，大力推广节水灌溉制度、水稻浅湿灌溉、水稻旱种水管、旱田的小畦灌溉等。在节水灌溉农业建设中，渠道防渗、低压管道输水、喷灌、微灌将有一定发展，田间节水技术措施有较快发展。节水管理方面，要充分发挥基层灌区管理组织作用，把节水灌溉的田间配套纳入农田基本建设中，使全国新发展节水灌溉工程面积2.1亿亩，节水灌溉措施面积1.5亿亩，见表2-1。这样，可使全国平均田间水利用系数达到0.8左右，渠道水利用系数达到0.65～0.70。

(二)2030 年灌溉水利用系数目标值与实现途径

根据农业和国民经济发展的总要求，全国平均灌溉水利用(系数)率要达到65%，严重缺水的西北及黄淮海地区，灌溉水利用率要达到70%以上。

随着我国水资源日趋紧缺，节水灌溉农业建设将在全国推进，这一时期，我国水利基本建设资金将有较大幅度的增加。技术措施上，在认真总结第一阶段节水灌溉农业建设经验的基础上，将更加先进与成熟。因此，节水灌溉工程项目会有较快的发展。在发展渠道防渗、喷灌、微灌、渗灌等节水工程的同时，大力推广水稻节水技术、精细地面灌溉技术，将节水灌溉管理推向一个新的高度。到2030年，全国新发展节水灌溉工程面积达2.3亿

亩,节水灌溉措施面积1.26亿亩,见表2-2。这样,可使全国田间水利用系数达到0.9左右,渠道输水利用系数达到0.7~0.75。

表2-1 2010年分区节水灌溉面积 （单位:万亩）

地区	渠道防渗	管道输水	喷灌	微灌	工程面积合计	水稻节水	田间节水	措施面积合计
东北区	871.5	33.0	451.5	22.5	1 378.5	1 255.5	103.5	1 359.0
黄淮海区	3 103.5	1 356.0	2 500.5	154.5	7 114.5	3 415.5	345.0	3 760.5
黄河中上游区	1 269.0	240.0	706.5	76.5	2 292.0	652.5	160.5	813.0
内陆区	990.0	163.5	751.5	15.0	1 920.0	115.5	460.5	576.0
长江中下游区	2 821.5	277.5	984.0	63.0	4 146.0	2 844.0	13.5	2 857.5
珠闽江区	1 932.0	99.0	436.5	40.5	2 508.0	339.0	27.0	366.0
西南区	1 051.5	91.5	475.5	28.5	1 647.0	5 292.0	7.5	5 299.5
全国	12 039.0	2 260.5	6 306.0	400.5	21 006.0	13 914.0	1 117.5	15 031.5

表2-2 2030年分区节水灌溉面积 （单位:万亩）

地 区	渠道防渗	管道输水	喷灌	微灌	工程面积合计	水稻节水	田间节水	措施面积合计
东北区	889.5	33.0	739.5	46.5	1 708.5	4.5	283.5	288
黄淮海区	2 347.5	1 968.0	3 249.0	166.5	7 731.0	3 033.0	1 228.5	4 261.5
黄河中上游区	1 341.0	396.0	943.5	61.5	2 742.0	7.5	1 140.0	1 147.5
内陆区	990.0	295.5	652.5	10.5	1 948.5	3.0	643.5	646.5
长江中下游区	3 049.5	297.0	1 032.0	69.0	4 447.5	2 511.0	288.0	2799.0
珠闽江区	1 507.5	13.5	658.5	67.5	2 247.0	1 869.0	70.5	1 939.5
西南区	1 051.5	21.0	760.5	48.0	1 881.0	1 453.5	87.0	1 540.5
全国	11 176.5	3 024.0	8 035.5	469.5	22 705.5	8 881.5	3 741.0	12 622.5

第三节 提高水分利用效率的途径与措施

一、水分利用效率的内涵和确定方法

(一)水分利用效率的内涵

水分利用效率(Water Use Efficiency,简称WUE)或称水分生产率,是用于评价一个地区农业用水管理水平和节水灌溉技术效果的重要指标。

水分利用效率,定义为消耗单位水量所生产的经济产品数量。作物利用的水分可以是降水、灌溉水、地下水或贮藏在土壤中的水分。经济产品即期望得到的产品,因作物种类或利用目的而异,可以是籽实(如小麦、玉米等)、块茎或块根(如薯类、甜菜等),也可能

是果实（如各种蔬菜和果树），或整个地上部分（如牧草、青贮玉米和许多蔬菜）。

作物水分利用效率可用同一面积上收获的经济产品总量除以消耗的总水量来表示，其常用的表示方法为 kg/m^3。

（二）水分利用效率的确定方法

由于分析问题的角度不同，消耗总水量有多种计算方法。

1. 灌溉水利用效率

灌溉水利用效率，定义为单位灌溉水量所增加的经济产品数量。即由于灌溉增加的经济产品数量与调用的灌溉水量之比。经济产品因灌溉增加的数量，通常需要布置专门的灌溉试验来确定、测定，测定时既要获得灌溉农田的产量，同时还要获得其他条件完全相同、只是不进行任何灌溉的农田产量，两者的差值即为因灌溉而增加的产量值。在许多灌溉试验中，由于试验区域较小，或是控制严格，一般不让深层渗漏和地面径流发生。这种情况下测定的灌溉水利用效率，可以称为净灌溉水利用效率。将这一效率值应用于生产实际时，还要考虑调用的灌溉水在输配水过程中的损失。实际生产中的灌溉水利用效率，应该是净灌溉水利用效率、渠系水利用系数和田间水利用系数三者的乘积。

2. 农田总供水利用效率

计算农田总供水利用效率时，消耗的总水量定义为调用的灌溉水量与生育期降水量之和，经济产品产出量则定义为农田上总的经济产量。这一用水效率体现作物利用降水和灌溉水的生产效益，与生产实际具有较为密切的关系。

农田总供水利用效率的确定较为容易，经济产量可在作物收获时实际测定。降水的测量按气象部门的规定进行，灌水量按渠首的引水量计算，两者之和即为农田总用水量。需要注意的是，降水量和灌水量的测定时段，要与单季作物的生育期相一致。此外，农田总供水利用效率，一般不考虑土壤贮水和地下水的补给量的影响。

3. 田间水利用率

田间水利用效率，定义为作物实际消耗单位水量所产出的经济产品数量。计算这一利用效率时，消耗的总水量通过田间实测确定，总经济产量则在作物收获时实测得到。作物实际消耗的水量通常用水量平衡法测定，这些水分可以来自灌溉水、降水，也可以来自土壤贮水和地下水补给。在前面所述的灌溉水利用效率和农田总供水利用效率中，消耗的总水量中有相当一部分是以输水过程中的地面径流或深层渗漏的方式损失掉了，这些损失的水量与作物产量形成过程并没有直接的联系，因此这两种水分利用效率都不能很好地反映作物对所吸收水分的转化利用效率。同时，灌溉水利用效率和农田总供水利用效率，也不考虑地下水补给和土壤贮水的作用，这在地下水位较高以及土壤贮水对当季作物的生产具有重要意义的情况下，容易产生较大的误差。因此，田间水利用效率能真正反映一个地区作物生产过程对有效水源的转化利用效率，对于许多决策分析过程和生产管理活动都具有重要指导意义。

二、2010 年作物水分利用效率的估算值及实现途径

（一）2010 年作物水分利用效率的估算值

根据 2010 年全国粮食需求预测和全国灌溉面积发展预测，按现有灌溉用水量计算，

我国2010年灌溉农田的作物水分利用效率，需要达到1.34 kg/m^3（第Ⅰ方案）到1.37 kg/m^3（第Ⅱ方案），比现状平均值高出21.8%～24.5%。

（二）2010年作物水分利用效率估算值的实现途径

根据有关材料分析，在2000～2010年间，我国灌溉农田上作物水分利用效率的提高仍然依靠作物单产的不断提高，同时田间耗水量的减少也将发挥越来越重要的作用。在高产地区，依靠超高产育种和栽培技术，进一步提高作物单产水平，同时依靠节水灌溉技术的推广应用，大幅度地减少作物田间耗水量，可使作物水分利用效率有进一步提高。而在目前的中低产地区，则需要以中低产品的改造为核心，大幅度地提高作物单产，使水分利用效率有明显的提高。在这一时期，提高灌溉农田作物水分利用效率的具体措施主要包括如下几个方面。

1.大力推广高产和超高产栽培技术，抓好中低产田改造

作物单产水平的提高，在很大程度上依赖于栽培耕作水平的提高和农业投入的不断增加。因此，发展节水灌溉，提高作物水分利用效率，必须紧密地与作物高效栽培耕作技术的发展相结合。作物栽培耕作水平的提高和中低产田的改良，主要依靠农业部门的工作，因此在提高农田水分利用效率的过程中，水管理部门应当与农业管理部门密切合作，发挥多学科联合的优势，协同攻关，使我国农田水分利用效率得到迅速提高。

2.加强科学研究，完善各项农艺节水技术

节水效果明显、对提高灌溉农田作物水分利用效率具有显著作用的一些农艺节水技术包括：抗旱节水品种的选育与应用技术，覆盖保墒技术，非充分灌溉技术等。这些单项农艺节水技术在已经取得一定节水增产效果的同时，还存在着许多不完善之处，它们或是自身的作物机理和效果还不完全确定，或是与现行的节水灌溉农业的其他技术措施不相适应。对于这些不足之处，需要增加科技投入，加强科学研究，以寻找切实可行的解决方案。

（1）选用抗旱节水品种是一项投资少、见效快、可持续发挥作用的措施。但目前这一方面的工作还缺乏充分的理论基础和标准，需要进一步加强抗旱育种基础理论的研究，特别是传统育种技术与现代生物工程技术的结合，为抗旱育种建立了稳固的理论基础。此外，还要逐步建立抗旱品种适用性判别方法和指标体系，为生产实践中选择应用抗旱节水品种提供可靠的依据。

（2）地面覆盖是一项行之有效的节水措施。我国目前广泛应用的主要有两类：一是塑料薄膜覆盖，二是作物秸秆覆盖。我国地面覆盖栽培总面积目前已超过1亿亩，在粮食生产中起着重要作用。为了进一步促进这项技术的发展，特别是在灌溉农业生产中的广泛应用，需要重点注意以下事项：塑料薄膜覆盖节水效应的发挥，应当与其增温效应的发挥很好地结合起来，即塑料薄膜覆盖节水技术，应主要用于需要增温的作物与生育时期；利用塑料薄膜覆盖时，要充分考虑残膜对环境的影响，并积极推行各类可降解膜覆盖节水技术的研究与应用；研究确定塑料薄膜覆盖条件下适宜的栽培耕作技术并以后者为中心；推广秸秆覆盖节水技术需要建立两个保证体系，一是要有适宜的机械进行秸秆覆盖作业及后续的耕作管理，二是要有适当的灌水方式和栽培耕作技术相配合。

（3）非充分灌溉技术是在缺水条件下提高灌溉管理水平，使有限水分得到高效利用，从而提高作物水分利用效率的重要保证。包括节水灌溉制度制定作物墒情实时监测预报和区域水源最优化调度等内容。

(4)农艺节水技术的发展,要在有关单项节水技术逐步完善的基础上进行必要的系统整合,集成为农艺节水技术体系。

3. 大力推广应用农艺节水技术,有效减少田间耗水量

农艺节水技术能在减少田间耗水量中发挥多大作用,最重要的决定因素是这些技术能在多大范围内推广应用。只有大面积推广应用这些技术,才能达到明显提高区域作物水分利用效率的目标。

三、2030 年的作物水分利用效率的估算值及实现途径

(一)2030 年作物水分利用效率的估算值

根据 2030 年全国粮食需求预测和全国灌溉面积发展预测结果,按现有灌溉用水量计算,我国 2030 年灌溉农田的作物水分利用效率需要达到 1.71 ~ 1.82 kg/m^3,比现状值分别提高 55% ~65.5%。

(二)2030 年作物水分利用效率估算值的实现途径

2030 年作物水分利用效率估算值的实现途径主要有以下几个方面:

(1)完善各项农艺技术。

(2)建立全国范围的作物灌溉实时管理体系。

(3)建立完善的农艺节水技术推广服务体系。

(4)在全国范围内广泛推广应用综合农艺节水技术。

四、加强农艺节水技术

农艺节水不同于工程节水。工程节水在于减少灌溉过程中的水分渗漏和地面流失,提高灌溉水的利用率。从水资源总量平衡上分析,渗漏和流失的水量,在不同时间和不同地点都还可被重复利用,并非真正的损失。而农艺技术在于减少农田水分蒸腾蒸发损耗和提高农作物产量,二者的综合效果即提高水分的生产率。

农艺节水技术措施包括调整作物种植结构、采用耐旱节水品种、利用秸秆或塑膜覆盖地面、培肥改土和施用化学保水剂等。这些措施的配套施用,一般可提高水分生产率 30% 以上。这些节水措施投入很低或较低,农民易于掌握,节水增产效果显著,应大面积推广应用。同时要强调农艺节水措施与工程节水措施的密切结合,因地制宜,以便大幅度提高水的利用率和利用效益。

节水灌溉制度即针对农作物的生理特点,通过灌溉和农艺措施,调节土壤水分,对农作物的生长发育实施促、控结合,以获得最佳经济产量的灌溉方式。各种农作物不同生育阶段对水分的需求有差异。许多旱作物苗期需保持土壤含水量较低,以促进根系深扎,即所谓"蹲苗";成熟期也要保持较低土壤含水量,否则容易引起贪青倒伏;并非全生长期都要求土壤湿润。以冬小麦为例,入冬前生长旺盛,分蘖已达到产量要求的成穗数,则在春季返青和拔节前期不应灌水,以抑止无效分蘖,减少水分和养分的无效消耗。过去河北省小麦要灌水 5 ~7 次,现在仅灌 2 ~3 次,产量有增无减。水稻生产也需通过灌溉和排水,

调节土壤的氧化还原状况,实施对作物生长发育促控结构的水分管理。我国的灌溉专家从20世纪60年代即倡导水稻栽培实行"浅、湿、晒"的灌溉方式,或"控制灌溉"方式,近年来在许多地方大面积推广都得到高产省水效果。这些都证明科学的灌溉制度是高效用水的基础。

五、近期节水灌溉发展的重点地区

华北、西北、东北地区是我国重要的粮食产地,也是全国水资源最为紧缺的地区。长期以来缺水问题一直是影响这些地区工农业生产发展的主要制约因素,因此从全国范围来讲,这些地区应该是节水灌溉发展的首选。

(1)工农业及城乡用水矛盾突出的地区。一些大中城市及经济发达地区,随着现代化和城镇化步伐的加快,对水的需求量猛增,但由于水资源有限或开采难度大,使供水量难以同步增长,出现行业之间争水、农业用水被挤占的情况。这类地区应加快节水灌溉发展步代。

(2)取用水过量使生态环境恶化的地区。由于过量引水使部分河段断流和湖泊干涸,给下游工农业生产带来巨大损失,甚至出现荒漠化的地区,以及地下水开采过度,使水位持续下降,引起地面破坏的地区。对这些地区全面实行节水灌溉已刻不容缓。

(3)通过节水可以扩大灌溉面积的地区。目前不少灌区因水量不足,有效灌溉面积达不到设计面积或者灌溉保证率较低,影响了灌溉增产潜力的正常发挥。这类地区通过推广节水灌溉技术,不但能够改善现有灌区的灌溉条件,提高灌溉保证率,还能扩大灌溉面积,形成新的棉油生产能力,也应作为发展的重点。

(4)受缺水困扰的"老、少、边、穷"地区。长期受缺水问题困扰,影响了社会进步和经济的发展,一直处于贫穷落后的状态。对这些地区的经济发展而言,水具有举足轻重的作用,水利兴则百业兴,发展节水灌溉的意义非同一般。

第四节　不同灌溉类型区高效农业建设途径

一、渠灌区

(一)特点

渠灌区面积占全国总灌溉面积的3/4,大多数是在1949年后、20世纪50年代末到60年代初和70年代三个时期建成的。由于建设资金不足,不少灌区从开灌之日起渠系工程就不配套,建设标准偏低;在几十年运行过程中,又由于缺乏维修经费,使工程老化失修严重;加之管理手段、技术落后,灌溉水的利用和利用效率较低。

(二)途径

建设模型。根据灌区情况,渠灌区高效农业建设基本途径,首先做到渠系配套、骨干渠道防渗、灌区内找井、井渠结合、平整土地、改进灌水技术;实行节水灌溉制度,结合农业措施,减少腾发量;制定科学水价;逐步推行激光平地、管网化和科学管理等先进技术。

渠道防渗技术是提高渠道输水有效利用系数的工程措施。采用防渗措施后,渗漏损失水量可大幅度减少。据测算，采用砌石防渗可减少渗漏损失50%～60%；混凝土防渗可减少渗漏损失60%～70%；塑料薄膜防渗可减少渗漏损失70%～80%。渠道防渗投入较大，应视灌区土质渗漏状况而定，田间渠道有时不防渗，而采取井渠结合更有利。

井渠结合是北方平原灌区的发展方向，地表水和地下水联合运用，提高水资源的重复利用，才能达到较高的水的利用率。尤其是多级渠道的大型灌区，就是各级渠道水的利用系数都达到0.9，经6级渠道后，水的利用系数也只有0.53。井渠结合有利于控制地下水位，对防治土壤盐渍化、减少潜水蒸发也十分有利。

平整土地是灌区节水的基础措施，应予重视。我国应首先在国营农场发展激光平地，并逐步推广。

大水漫灌是我国渠灌区的重大问题，渠系配套和平整土地是消除大水漫灌的基础。沟引提灌是克服大水漫灌的有效措施，在山东引黄灌区80%的灌溉面积上得到应用。埃及采用改自流灌为低扬程(0.5 m)提灌的方法，有效地控制了大水漫灌。

二、机井灌区

（一）特点

为改善农业生产条件，促进农村经济发展，从20世纪70年代初开始，伴随着我国机电工业的发展，以华北平原为中心，在北方地区兴起大规模打井抽取地下水灌溉的工程建设。据不完全统计，截至1998年，全国共配套机电井约300万眼，有效灌溉面积2.2亿亩。井灌区已成为我国重要的粮、棉、油、果、蔬菜的生产基地。

在井灌区集中的华北地区，由于工业发达，工农业用水需求量大，水资源供需矛盾十分尖锐。为满足工农业生产和城市生活用水，不得不超采地下水，致使地下水位持续下降，每年下降达0.5～3 m，形成多个大面积地下水位区域下降漏斗。据统计，华北平原出现大面积地下水漏斗区56个，面积达8.2万km^2，仅河北就占30多个，不但使大量机井报废，还引起地面沉降和海水倒灌等生态问题。

井灌区从20世纪80年代开始普遍推广U形渠道输水、管道输水、小畦灌溉和非充分灌溉等节水技术，灌溉用水水平高于渠道灌区。但灌溉水的利用效率仍然不高，还有较大节水潜力。

（二）途径

全国推广管道输水灌溉，有条件的地区发展喷灌和微灌；地下水超采区应采取调整农业种植结构和计划用水等综合措施减少地下水开采量，加强降水和地表水调蓄及利用经处理的城市生活污水补充地下水源；同时普遍推广非充分灌溉，以供定需，压缩耗水量大的作物种植比例，减少地下水的开采量，缓解由此引起的日益恶化的生态环境问题。

（三）典型

山东桓台县是老井灌区，多年平均降水量554 mm，水资源不足，很长时期地下水位持续下降。该县从1994年开始，采取综合节水措施提高用水效率，减少地下水开采量，达到地下水采补基本平衡并略有回升。该县把节水管理作为关键，建立县、乡、村三级管理体系，以法管水，举办培训班1 038期，受训人员25万人次。实行节水高产栽培措施，科学用水，该县连续多年粮食作物亩产超过1 000 kg，实现了节水吨粮县，水的利用效率粮食作物达到 2 kg/m^3,成为我国节水高效农业的典范。

山东淄博市临淄区对 15.15 万亩农田,遵循宜粮则粮、宜果则果、宜菜则菜的原则,实现节水"三灌",即"粮田喷灌,果树微灌,蔬菜滴灌",年增产粮食 850 万 kg,蔬菜 500 万 kg,水果 500 万 kg,实现了种植业的调整,增加了收入。另据对吉林、黑龙江两省井灌节水工程效率的调查,每投入节水工程 1 元钱,可产出粮食 2.0 ~ 2.5 kg。黑龙江省安达市井灌区通过发展先进的节水灌溉技术后蔬菜种植面积达 40.5 万亩,年收入达 3.2 亿元,比种植粮食作物增加收入 2.4 亿元。

三、集雨节灌区

(一)特点

我国中西部干旱山区和东部海岛地区受自然条件和经济条件的限制,很难修建利用地表水和地下水的水源工程,致使水资源紧缺和水资源调蓄能力差,区域性、季节性干旱缺水问题突出,长期以来一直制约着当地农业和社会经济的发展。因此,大力发展水窖、水窑、水柜等雨水集蓄工程和小水库、水塘坝、小水池等微型水利工程建设,对解决当地饮水和农田灌溉问题,促进上述地区农业和社会经济发展,具有重要意义。

集雨节灌技术在我国西北、华北和西南贫困、缺水山区得到了广泛应用,尤其在"九五"期间,随着广大群众对雨水集蓄利用认识的逐步加深,加上各级政府的扶持,开始大范围试点、示范,甘肃、宁夏、陕西、山西、内蒙古、河南、北京等地都建立了相应的试点。雨水集蓄利用从单项集雨技术变成农业综合集成技术,从传统集雨利用走向高效利用,从理论探讨、技术攻关走向实用阶段,从零星试点示范形成规模发展。

据统计,全国共建成集雨节灌工程 528.4 万处,蓄水容积 17.6 亿 m^3,发展节水灌溉面积 898.5 万亩,年增加粮食产量 21.2 亿 kg,年增产值 27.4 亿元,解决了 2 250 万人及 1 686万头牲畜的饮水问题,并使 1 530 万人解决了温饱问题。集雨节灌取得的成效有以下几个方面。

(1)有效缓解了部分地区的饮水困难。在我国干旱、半干旱的西北黄土高原和西北、华北山区以及西南山区,历来人畜饮水困难,长期困扰着当地各级政府和广大人民群众。一遇旱季,"亲友串门带的是水,干部下乡捎的是水,军队支农车载的还是水"。而在实施了集雨工程的地区,广大群众修了水窖,利用房屋院落作为集雨场地,通过一些净化措施,将雨水引至水窖中,储蓄起来,以供平日和生活之用,有效缓解了这些地区的人畜饮水问题。一般来说,一户有 60 m^3 的窖容(1 眼 60 m^3 的窖或是 2 眼 30 m^3 的窖)可稳定解决饮水困难,成为社会安定的重要因素。

(2)较为妥善地解决了部分农民群众的吃饭问题。集雨节灌工程建设前,农民群众基本上是广种薄收、靠天吃饭,遇到大旱之年,粮食歉收甚至绝收,生活困难;集雨节灌工程建设后,作为基本农田建设中抗旱水源的配套措施,利用所蓄集的雨水集约灌溉,解决农作物"卡脖子旱"问题,使粮食亩产量稳定在 350 ~ 400 kg,甚至更高,效果很明显。一般来说,一眼 50 m^3 的水窖,加上集约灌溉和科学用水,可以使 2 亩农田稳产,解决一家三口的吃饭问题。

(3)为农民增收创造了条件。但因缺水许多地区的水土资源潜力未充分发挥,如黄土高原地区许多本是优质果菜生产基地，但因缺水果菜种植面积和品质一直上不去，效益很低。实行集雨节灌以后，果菜等经济作物种植面积不断增加，经济效益明显提高。农民收入随果菜数量增加和品质提高，每年以15%的速度增加，有的地方农民增收速度更大。

集雨节灌工程配合当地的梯田建设，使粮食单产大幅度提高，改变了广种薄收的传统耕作方式，实现了精种高产，从而为退耕还林、还草创造了条件，为再造"山川秀美"的生态环境提供了一条可行之路。

(二)途径

(1)西北区。由于降雨量少，土壤渗透性强，需要人工修建集雨面，而且水资源稀缺，必须实施节水灌溉，工作重点为集雨面的选择和建设以及节水措施的配套。利用当地土地丰富、光照条件好的优势，将雨水集蓄工程和节水灌溉措施有机结合起来，一方面发展农田灌溉，解决群众温饱问题；另一方面配合农业种植结构的调整，发展果、蔬菜、花卉等高效农业种植。

(2)西南区。西南地区汛期雨水充沛，一般不需修建人工集雨面，只需在天然坡面下游或石山周边出水口修池建窖，一年之内可以多次蓄水，反复利用。这一地区不但季节性干旱缺水严重，耕地资源也十分紧缺，为充分利用水土资源，应以雨水集蓄工程为依托，在解决人畜饮水的基础上，发展融小型家庭种、养殖业、庭院建设和农村社区环境建设为一体的"池园经济"。将雨水集蓄工程发展与农业产业结构调整结合起来，实施一水多用，综合发展。

(3)华北区。华北地区的雨水资源虽不如西南充沛，不具备综合利用的条件，但比西北丰富，而且土地资源开发潜力大，因此发展方向在于更大规模的高效农业种植和生态建设。由于这些山区一直以梯田建设、荒山治理、旱作农业发展为主，配套发展的雨水集蓄工程和水土保持、生态治理、节水农业的联系尤为密切。重点和核心在于依据各地条件，因地制宜地选择合适的雨水集蓄工程形式和技术方法。

第三章　区域水土资源平衡与评价

第一节　概　述

一、区域水土资源平衡及评价的目的与任务

区域水土资源平衡及评价包括水资源和土地资源两个方面的平衡与评价内容。水资源评价的主要任务包括水资源数量、质量、时空分布特征和开发利用条件等方面的评价。一方面要采取适宜的方法计算确定区域内不同水文年份的水资源总量、水资源可利用量及水利工程可供水量,另一方面要通过典型调查或专题论证分析,确定区域内的工业、农业、城乡生活、生态环境等不同行业需水量,通过区域内水资源供需平衡分析,提出不同水文年份区域水资源合理开发利用的建议和必要的工程技术、管理和法律等保障措施。土地资源评价包括土地数量的计算和土地质量的鉴定、分类、评价和估价等。本章重点介绍水资源评价与供需平衡分析,对于土地资源评价仅从土地数量上介绍水土资源搭配及其相互影响。

区域水土资源的平衡及评价分析的根本目的是弄清所研究区域内可开发利用的水资源量和经济社会发展对土地资源提出的要求,以及可供使用的各种土地资源情况,分析二者的搭配情况,以确定适宜的区域经济发展格局、规模和水土资源利用策略,保障水资源的可持续利用,充分发挥农业土地资源生产潜力,达到人口、资源、环境与社会的健康协调和可持续发展。

通常所说的水资源指逐年可以得到恢复和更新的淡水量,即陆地上由大气补给地表、地下的动态水量。区域水资源主要指大气降水、地表水、地下水、土壤水及“四水”转化。但从区域内全社会各行业可以使用的水资源量的角度来说,回归水、微咸水、净化处理后的污水、淡化后的海水均可作为进行工、农业生产、生活及维护生态环境等的用水量,亦属于分配的资源量。

区域土地资源是指由地形、土壤、气候、水文、植被等各种自然因素长期作用以及人类活动影响所形成的耕地、园地、林地、草地、城镇和交通生产用地、水域及未利用土地等不同地类构成的综合体。

区域内的水资源与土地资源都是有限的自然资源,二者相辅相成且又相互制约,水资源是土地资源发挥最大生产优势的基本条件之一。水资源的开发利用与水环境生态系统的保护状态密切相关,如农业灌溉水平、工业生产废水排放达标率、城乡居民生活饮水安全性、维系基本生态系统功能的水资源需求的满足程度等,将会导致区域水资源的利用走上良性或恶性循环两种截然不同的方向,直接或间接地影响到区域内水资源利用的可持续性。另一方面,土地资源的利用程度也将影响水资源利用的效率及其可持续性。

二、区域水土资源平衡及评价的基本原则

(一)区域水资源平衡与评价

区域水资源平衡与评价要遵循以下原则。

1. 可持续发展原则

客观分析水资源总量、时空分布、可利用量和水资源承载能力,同时分析水资源供水能力和实际利用量,供需平衡或有余,努力做到与人口、资源、生态环境的相互协调,保障水资源可持续利用。进行水资源评价时,应考虑水量与水质的关系,保持水生态环境系统良性循环所必须满足的水环境目标和水资源开发利用方式、利用程度、利用效率等均要符合可持续性原则。

2. 高效利用原则

进行水资源评价时,应全面分析水资源利用率的现状和节水潜力,将农业节水放在优先位置。特别注意提高天然降水的利用率,重视灌溉水的重复利用,同时结合选育作物品种,以提高作物的水分生产率。且工程节水措施与非工程措施、水利措施与农业措施、现代技术与传统经验并举,实现水资源高效利用。

3. 效益优先、兼顾公平原则

水资源的开发利用要坚持效益优先,即要分析和评价投入产出比,努力降低用水成本和发挥有限水资源的最大效益。要保证水权分配的科学性、合理性和公正性,协调不同用水目标之间的矛盾。在先生活、后生产的前提下,处理好经济效益、社会效益、生态环境效益之间的关系,兼顾国家、集体和个人,农业、生活和生态各方面的利益。同时,要采取有效的机制,调动各方面的节水积极性。

4. 计划性原则

经济社会发展要与水资源开发利用统筹规划,以水资源承载能力为基础,实行有计划的用水管理,以供定需,总量控制,定额用水,目标管理。

5. 因地制宜原则

我国各地自然条件和社会条件差异很大,水资源开发利用和农业节水发展模式不可能相同,更不能盲目照搬国外模式。在总结当地高效用水经验和找准主要矛盾的基础上,应立足当前,着眼长远,讲求实效,根据当地自然条件、经济社会发展水平和管理水平,客观、科学地进行水资源评价。

6. 优化配置原则

要优化调配多种水源,通过田间合理灌排和工程措施,充分利用天然降水;通过工程措施和优化调度,高效使用地表水;在井灌区通过区域合理布局,在采补平衡的原则下,合理开采地下水;在灌溉试验的基础上,安全使用劣质水。一方面要大力推广渠道防渗、管道输水技术,平整土地,提高田间灌溉管理水平;另一方面要发挥"长藤结瓜"、"大、中、小,蓄、引、提"相结合的灌溉系统。

7. 动态性原则

自然界中以各种形式存在的水在一定条件下可以相互转化,如地表水与地下水的转化,降水与土壤水的转化等。在人类活动干预情况下,上述转化演变得更快、更剧烈。在

水资源总量减少、水资源利用量与利用程度大幅度提高的情况下，水文循环系统的规律必然发生改变；在地下水位下降、渠道输水损失减少、田间深层渗漏减少的情况下，地下水补给量必然减少。因此，在进行水资源评价时，必须运用动态的观点对地表水和地下水作全面的分析计算。

（二）区域土地资源平衡与评价

区域土地资源的平衡与评价所涉及的内容甚多，对于土地资源数量和质量的评价也要遵循合理开发、效益最优、可持续利用、因地制宜等基本原则。对于与水资源利用和农业节水发展相关的区域土地资源的平衡与评价，关键是考虑水土资源的一致性。依据土壤普查和土地利用规划，分析土地功能分区及其水资源需求情况。在水资源紧缺的地区，需特别注意避免灌溉规模过大，以水资源的可持续利用促进土地资源的效益发挥。

第二节　区域水资源状况和可供水量分析

区域水资源状况包括水资源量和水质两方面，其中，水资源量主要指大气降水、地表水、地下水、土壤水。虽然从水资源的有效性而言，土壤水资源评价十分重要，但土壤水均由其他水资源转化而成；灌溉回归水利用和污水净化处理回用是提高水资源利用效率和缓解水资源供需矛盾的重要手段，但不属于新的水资源；微咸水利用一般要以一定的淡水资源为基础；海水淡化则主要取决于经济条件和用水目的。因此，从水资源量的角度分析，本节仅讨论大气降水、地表水和地下水。

一、水资源量状况

（一）降水

大气降水是陆地上各种形态水资源总的补给来源，降水量的多少反映了水资源的丰枯情况，其计算主要是根据实测降水资料统计分析，确定降水量的多年平均值、变差系数、偏态系数等特征值。特征值的分析计算方法一般有矩法、三点法及图解适线法等。根据各种年份降水量的模比系数，即可得到不同频率水文年份的年降水量及各月降水分配过程。有效降水量与降水量、降水历时、地形、土质、前期土壤含水量、作物种类及生育阶段、农业耕作技术等有关，一般根据水量平衡法推求有效降水利用量。

1. 矩法

具有连续且足够长度（一般要求在30年以上）的降水观测资料时，降水量的各种统计参数计算公式如下：

$$\overline{P}=\frac{1}{n}\sum_{i=1}^{n}P_i \tag{3-1}$$

$$C_{\mathrm{v}}=\sqrt{\frac{\sum_{i=1}^{n}\left(\frac{P_i}{\overline{P}}-1\right)^2}{n-1}} \tag{3-2}$$

$$C_{\mathrm{s}}=\frac{\sum_{i=1}^{n}(K_i-1)^3}{(n-3)C_{\mathrm{v}}^3} \tag{3-3}$$

$$K_i = \frac{P_i}{\overline{P}} \tag{3-4}$$

式中　$\overline{P}$——多年平均年降水量,mm;

P_i——第 i 年降水量,mm;

C_v——变差系数;

C_s——偏态系数;

K_i——第 i 年的降水模比系数;

n——样本数量。

2. 三点法

在频率格纸上通过实际观测点群中心,目估确定并绘出一条光滑的经验频率曲线,从其上读取对称的三点,频率为 p_1、p_2、p_3,再利用下列公式计算,得到该理论频率曲线参数。

$$S = \frac{P_{p1} + P_{p3} - 2P_{p2}}{P_{p1} - P_{p3}} \tag{3-5}$$

$$\sigma = \frac{P_{p1} - P_{p3}}{\phi_{p1} - \phi_{p3}} \tag{3-6}$$

$$\overline{P} = P_{p2} - \sigma\phi_{p2} \tag{3-7}$$

式中　S——偏度系数,$S = f(p, C_s)$;

ϕ_{p1}——对应频率 p_1 的离均系数。

C_v 值可以通过查表得到,p_2 一般取为 50%,p_1 与 p_3 对应为丰水年、枯水年。

3. 图解适线法

该方法主要过程是先计算经验频率,点绘出年降水量的经验频率曲线,再用矩法或三点法求出 P、C_v 为初始参数,假定不同的 C_s 值,通过查皮尔逊—Ⅲ型曲线的模比系数 K_p 值表,得到不同的理论频率曲线,与经验频率曲线整体最接近的曲线对应的 P、C_v、C_s 就是所求统计参数。经验频率计算公式为

$$p = \frac{i}{n+1} \times 100\% \tag{3-8}$$

式中　p——偏度频率,%;

n——年降水量资料长度,年;

i——年降水量从大到小排序号,$i = 1, 2, \cdots, n$。

根据式(3-8)的计算结果,不同频率年逐月降水量计算公式为

$$P_p = K_p\overline{P} \tag{3-9}$$

式中　P_p——频率为 p 的年或逐月降水量,mm;

K_p——频率为 p 的年或逐月降水模比系数;

$\overline{P}$——多年平均年或月降水量,mm。

4. 有效降水量

降水的有效性与降水强度、降水历时、一次降水量、雨前土壤含水量、地形地貌、土壤质地与结构、作物种类与生长阶段、农技措施等多种因素有关,各项参数的拟定计算比较

复杂,实践中可采用系数法确定有效降水量,即

$$P_e = \alpha P \tag{3-10}$$

式中　P_e——次有效降水量,mm;

P——次降水量,mm;

α——有效降水系数。

α 值可根据试验得到,或近似取值,即

$$\alpha = \begin{cases} 0.7 \sim 0.6 & (P > 50\ \text{mm}) \\ 1.0 \sim 0.8 & (50\ \text{mm} \geqslant P \geqslant 5\ \text{mm}) \\ 0 & (P < 5\ \text{mm}) \end{cases} \tag{3-11}$$

(二)地表水

地表水指地球表面覆盖的液态及固态水体,包括河流、湖泊、冰川、海洋及沼泽等,狭义的地表水指年复一年可以更新的水量,即河川径流量。河川径流量的分析计算方法有代表站法、等值线法及降水径流相关法等。在进行典型径流年内分配计算时,要选择年水量或供水期水量与设计频率相应时段水量相等,并把对工程设计不利的分配年份作为分配典型年。若缺乏径流资料,可采取水文比拟法,或直接查算当地水文手册、水文图集得到典型年径流分配成果。

值得指出的是,地表水的分析一般只针对当地地表水资源进行,而不对过境水资源进行评价,区域水资源评价亦不包括过境水。对于过境水的利用,以水行政主管部门批准的取水计划为依据。

1. 代表站法

在规划区域内选择能够控制整个区域、实测径流资料较长,且具有足够精度的代表站,把代表站的年径流量按面积比或综合修正移用到规划区域,从而推算出设计多年平均年径流量及不同频率的年径流量,即

$$W_s = \frac{F_s}{F_d} W_d \tag{3-12}$$

式中　W_s——设计站年径流量;

F_s——设计站控制径流面积;

W_d——代表站年径流量;

F_d——代表站控制径流面积。

当规划区内缺实测年降水、径流量资料时,可直接借用与设计区域自然地理条件相似的典型流域之年径流系列进行设计年径流量推算,即

$$W_s = \frac{\overline{R}_s}{\overline{R}_d} R_d F_s \tag{3-13}$$

式中　$\overline{R}_s$——规划区域内的多年平均年径流深,mm;

$\overline{R}_d$——典型流域的多年平均年径流深,mm;

R_d——所选择典型流域某一年的径流深,mm。

2. 等值线法

等值线法主要用于缺乏实测资料地区多年平均和不同频率年径流量的推求。在包括

规划区域在内的较大范围的多年平均年径流量等值线图上，先用求积仪量出规划区域内相邻两条等值线间的面积 F_i，然后计算相应于 F_i 的平均年径流深 $\overline{R_i}$，即用相邻两条等值线值的平均值代替，再由此计算出规划区域的多年平均径流深 $\overline{R}$ 及多年平均年径流量 $\overline{W_s}$，即

$$\overline{R} = \frac{1}{N}\sum_{i=1}^{m}(\overline{R_i}n_i) \tag{3-14}$$

$$\overline{W_s} = \overline{R}F_s \times 10^{-5} \tag{3-15}$$

式中 N——等值线图上计算区域面积的求积仪读数总数；

m——等值线图上的分块数；

$\overline{W_s}$——规划区域的多年平均年径流量，亿 m^3；

F_s——规划区域的总土地面积，km^2。

3. 降水径流相关法

在代表流域内选择具有充足实测年降水和径流系列的代表站，统计分析其年降水与径流深的相关关系，当规划区域与该代表站的下垫面因素及产汇流条件相似的情况下，可以根据规划区设计站的年降水量查代表站的降水径流相关图，得到设计站的年径流深，乘以控制径流面积，即得到年径流量。该方法在降水丰沛、植被覆盖率高的地区具有较好的关系，而在干旱、半干旱地区，因受到蒸发、渗漏等的影响，需要作一定的修正。

（三）地下水

地下水指储存于地下岩石或土壤孔隙中的水，地下水资源量是指降水、地表水体（含河道、湖泊、水库、渠系和灌溉田间）入渗补给地下含水层的动态水量。地下水资源评价即是根据水文地质勘测资料，通过技术经济分析确定合理的地下水允许开采量，避免地下水超采。地下水资源评价的主要特征参数有给水度、降水入渗补给系数、潜水蒸发系数、灌溉等，采取的计算方法主要有分项计算法、水量均衡法、数值计算法等，且各地补给条件差异较大，实践中应仔细阅读当地地下水资源评价专门报告，参阅地下水开发利用方面的文献资料，并特别注意补给条件的变化趋势。此处仅介绍地下水资源量包含的主要内容和一般方法。

虽然地下水资源评价包括对深层承压水的分析计算，但由于承压水补给困难，一般不作为主要开采的水源，即在进行区域水量平衡分析时，不包含深层承压水。

1. 平原区地下水资源量

（1）降水入渗补给量。降水入渗补给量指当地降水渗入土壤后，在重力作用下补给地下水的水量，即

$$U_p = FP\alpha \tag{3-16}$$

式中 U_p——降水入渗补给量；

P——多年平均年降水量；

F——计算分区的面积；

α——多年平均年降水入渗补给系数。

（2）山前侧渗补给量。山前侧渗补给量按下式计算：

$$U_k = KIHL \tag{3-17}$$

式中 U_k——山前侧渗补给量；

K——含水层渗透系数；

I——地下水力坡度；

H——水层平均厚度；

L——计算剖面长度。

(3)河道渗漏补给量。当河道水位高于两岸地下水位时，河水可以通过侧向渗漏补给地下水，补给量计算公式为

$$U_r = Q\left(\frac{Q_1 - Q_2}{Q_1} \times 100\%\right) \tag{3-18}$$

式中 U_r——河道渗漏补给量；

Q——河道多年平均年径流量；

Q_1、Q_2——河段上、下游测站年径流量。

(4)渠系渗漏补给量。灌溉渠道在输配水过程中渗漏损失的水量，在重力作用下对地下水的补给量按下式计算：

$$U_c = Q_{引}(1 - \eta_{渠}) \tag{3-19}$$

式中 U_c——渠系渗漏补给量；

$Q_{引}$——渠首引水量；

$\eta_{渠}$——渠系水利用系数。

(5)灌溉田间入渗补给量。在灌溉过程中，灌溉田间的深层渗漏对地下水的补给量按下式计算：

$$U_f = \beta W_{灌} \tag{3-20}$$

式中 U_f——田间灌溉入渗补给量；

$W_{灌}$——实灌溉用水量；

β——灌溉入渗系数，一般取0.1～0.2。

(6)井灌回归补给量。井灌区域田间灌溉水下渗对地下水的补给量，可用井灌回归系数与实际开采量相乘得到，即

$$U_\omega = \varphi W_{采} \tag{3-21}$$

式中 U_ω——井灌入渗补给量；

$W_{采}$——地下水实际开采量；

φ——井灌区灌溉回归水系数。

(7)湖库闸渗漏补给量。湖泊、水库、塘堰、闸坝等水体渗漏对地下水的补给量，可用水量平衡法求得，计算公式为

$$U_l = W_{库始} - W_{库末} + W_{入库} - W_{供水} - W_{弃水} - W_{蒸发} \tag{3-22}$$

式中 U_l——湖泊、水库闸坝渗漏补给量；

$W_{库始}$——计算时段开始水库存水量；

$W_{库末}$——计算时段末水库存水量；

$W_{入库}$——计算时段内进入水库的总水量；

$W_{供水}$——计算时段内水库的各种供水量；

$W_{弃水}$——计算时段内弃水量；

$W_{蒸发}$——计算时段内水库的蒸发损失量。

(8)平原区地下水资源总量。根据上述各分项结果，可得到平原区地下水资源总量。其中，井灌区的灌溉水源为本区域内的地下水，其回归水量可作为地下水补给的一部分，但不能作为计算区域地下水资源总量的一个项目，因此平原区地下水资源总量为

$$U_{平原} = U_P + U_k + U_r + U_c + U_f + U_w + U_l \tag{3-23}$$

式中　$U_{平原}$——平原区地下水资源总量。

2. 山丘区地下水资源量

山丘区地下水资源量可通过排泄法计算得到，排泄量包括河川基流量、河床潜流量、山前侧向流出量、山前泉水流出量、潜水蒸发量及地下水开采消耗量等。

河川基流量 $W_{川}$ 是山区地下水排泄的主要方式，可根据河川径流过程线采取基流分割法计算得到；河床潜流量 $W_{床}$ 只有在控制断面以上径流区分布有较厚松散沉积物时需要计算；山前侧向流出量 $W_{侧}$ 可采用平原区山前侧渗补给量计算方法推求到；在有不泄入河道的泉水时需要计算山前泉水流出量 $W_{泉}$；潜水蒸发量 $W_{潜蒸}$ 亦可采取平原区潜水蒸发计算方法求得，其中，潜水蒸发系数应依据试验资料；地下水开采量 $W_{采}$ 计算方法与平原区完全一样。上述各项排泄之和即为山丘区地下水资源量，即

$$W_{山} = W_{川} + W_{床} + W_{侧} + W_{泉} + W_{潜蒸} + W_{采} \tag{3-24}$$

式中　$W_{山}$——山丘区地下水资源量。

3. 区域地下水资源总量

根据以上计算所得平原区及山丘区地下水资源量之和，扣除二者重复量，即得到区域地下水资源总量。重复部分为山前侧渗补给量和山丘区的河川基流对平原区地下水补给量。其中山前侧渗补给量即平原区地下水资源量计算的相应分项，山地河川基流对平原区地下水的补给量可通过下式简化计算得到，即

$$U_{rg} = U_r K_g \tag{3-25}$$

式中　U_{rg}——山地河川基流对平原区地下水的补给量；

K_g——平原区之上游山区的基流与径流量的比值。

(四)水资源总量

将以上各项水资源量成果汇总，扣除地表水与地下水资源量之间的重复利用量，即得到规划区域内的水资源总量。

二、水质状况评价

(一)灌溉用水水质

灌溉用水水质评价的主要内容是，采取不同的方法科学评价水源水质对灌溉需求的满足程度，方法有矿化度指标法、灌溉系数法、残余碳酸钙评价法、河南水文地质队经验法及综合危害系数法等，农田灌溉水质评价主要依照《农田灌溉水质标准》(GB 5084—92)执行。

(二)生活用水水质

对于城市集中供水水源地及农村人畜饮水水源的评价,按照《地下水环境质量标准》(GB 3838—2002)及《地下水质量标准》(GB/T 14848—93)执行。其中地表水源地水质评价项目包括溶解氧、pH 值等 24 个基本项目及"集中式生活饮用水地表水源地补充的项目"5 个。地下水质评价项目有矿化度、总硬度等 7 个必选项和氟化物、氯化物等反映实际情况的增选项目。一般而言,地面水为Ⅲ类以内水质的水体就达到生活取水水质要求。

(三)生产用水水质

生产用水的水质评价主要根据不同行业生产工艺对水质的要求,按照《地表水环境质量标准》(GB 3838—2002)、《地下水质量标准》(GB/T 14848—93)及《农田灌溉水质标准》(GB 5084—92)等执行。

(四)生态环境用水水质

生态环境用水水质评价包含对水体的纳污能力和自净能力评价、改善区域生态环境的用水(如生态调水)水质评价以及生态建设用水(如生态林草灌溉)水质评价等。污水排放要达到国家和地方规定的排放标准;生态环境用水以不对水源地和受水区生态环境造成新的破坏为原则;生态林草灌溉的水质评价还应参照《农田灌溉水质标准》(GB 5084—92)执行。

三、水资源利用现状

(一)供水基础设施调查

供水基础设施调查主要是对现状基准年规划区域供水基础设施的数量和供水能力进行调查统计,可按取水水源的不同划分为地表水、地下水及其他水源工程三类。区域内的市政、厂矿、农场供水工程均应纳入调查统计范围。供水能力是指现状条件下相应供水保证率的可供水量与取水水源的来水状况、取水水源和供水对象的相对位置关系、供水对象的需水特性(用水结构、用水时间和用水量)、供水工程的规模和运行调度方式等。来水状况指水源的补给状况,与当地及相关地区的降水和其他气象因素、地形、植被、土壤结构等自然条件有关。

地表水源工程分为蓄水工程、引水工程和提水工程。蓄水工程指水库、塘坝等,按大、中、小型水库和塘坝分别统计;引水工程指从河道、湖泊等地表水体自流引水的工程(不包括从蓄水工程中引水的工程),亦按大、中、小型规模分别统计;提水工程指利用扬水泵站从河道、湖泊等地表水体提水的工程(不包括从蓄水工程中提水的工程),按大、中、小型规模分别统计。各类水利工程的等级划分参照《水利水电工程等级划分及洪水标准》(SL 252—2000)执行。

地下水源工程指利用地下水的水井工程,按浅层地下水和深层承压水分别统计。浅层地下水指埋藏相对较浅,与当地降水、地表水体有直接补排关系,具有自由水位的潜水和与当地潜水有紧密水力联系的潜水——半承压水。深层承压水指埋藏相对较深,且与当地浅层地下水水力联系微弱,充满在两个隔水层之间的含水层中的地下水。

其他水源工程包括集雨工程、污水处理回用工程、海水利用、微咸水利用等。集雨工程指用人工收集储存屋顶、场院、道路等集雨场所产生径流的微型蓄水工程,包括水窖、水柜等。污水处理回用工程指城市污水集中处理厂处理后的回用设施,要统计其座数、污水处理能力和回用量。

(二)供水量调查

供水量指各种水源工程为用户提供的包括用水输水损失在内的供水量,即毛供水量。对于长距离输水的地表水源工程,其农业供水从受水口开始计算输水损失,城市供水从水厂开始计算输水损失,水源取水口至受水口(或水厂)之间的输水损失另行统计,称为非用水输水损失。在受水区内,按取水水源分为地表水源供水量、地下水源供水量和其他水源供水量等3种类型统计。

地表水源供水量按蓄、引、提3种形式统计,并且要避免供水量重复统计。从水库、塘坝引水或提水,均为蓄水工程供水量;从河道中自流引水的,无论有无闸门节制,均属引水工程供水量;利用扬水泵站从河流、湖泊中直接取水的,属于提水工程供水量。跨流域调水量是指跨水资源三级区以上流域之间的调配水量,计入引水工程类,但要单列。地表水源供水量应以实测引水量或提水量作为统计数据,无实测水量资料时可根据灌溉面积、工业产值、实际毛用水定额等资料进行估算。

地下水源供水量指水井工程的开采量,按浅层水(含潜水－半承压水)和深层承压水分别统计。城市地下水源供水量应以自来水厂的计量资料为主要依据,同时要调查统计自备井的开采量。缺乏计量资料的农用井开采量可根据配套机电井数和调查确定的单井出水量(或单井灌溉面积、单井耗电量等资料)估算开采量,但应进行分析和平衡校验。如:单井灌溉面积乘以实际灌溉毛用水定额可估算出单井出水量,同时可用单井耗电(油)量与开采单位水量所需电(油)量的乘积进行分析、校验。实际灌溉毛用水定额(即综合毛灌溉定额),是指调查区实际灌溉每亩田地的年综合毛用水量(含输水损失在内)。

其他水源供水量包括污水处理回用、集雨工程等供水量。对未经处理的污水也需要调查统计,要求单列,不计入总供水量中。海水利用包括一定条件下的海水直接利用量和经过一定的物理化学处理后达到一定标准的海水淡化处理供水量。

(三)用水量调查

用水量指分配给用户的包括输水损失在内的毛用水量。按用户特性主要包括农业用水、工业用水、生活用水和生态环境用水四大类,并按城乡分别进行统计。

农业用水包括农田灌溉和林牧渔等用水。农田灌溉是用水大户,应考虑灌溉定额的差别,按作物种类或土地类型,对井灌区和渠灌区用水分别统计。林牧渔用水指林果灌溉(含果树、苗圃、经济林等)、草场灌溉(含人工牧草和饲料基地)和鱼塘补水,其用水特点不同,应分别统计。农田灌溉用水量较大,如果具有水田、水浇地(旱田)和菜地的灌溉取水过程线,可根据该过程线分别计算用水量;否则,可根据当地的作物灌溉定额、有效灌溉面积及灌溉水利用系数分别进行估算。林果灌溉、草场灌溉用水量可参照农田灌溉用水量统计办法执行。鱼塘补水应结合当地降水量、水面蒸发量等气象特点对养殖鱼类及其生长期进行估算。

各工业行业的万元产值取水量差别较大,在调查统计中,对于有用水计量设备的工矿企业,以实测水量作为统计依据,没有计量资料的可根据产值和实际毛用水定额估算用水量,必要时,可进行用水量试验。工业用水量按新水量计,不包括企业内部的重复利用量。

实际分析计算过程中,可将工业划分为高耗水工业、一般工业、电力工业、建筑业进行分项调查、分析和统计。

生活用水按城镇生活用水和农村生活用水分别统计。城镇生活用水(居民住宅用水,服务业、商饮业、运输业、邮电业等公共用水)由自来水厂供水的,可采用自来水厂的计量水量进行计算;其他水源供水的以供水设备计量之供水量计算。农村生活用水除居民生活用水外,还包括牲畜用水在内,可根据当时当地的人均生活用水量、各种牲畜(按牛马、猪羊等大小分类)头均用水量指标和人、畜年鉴统计数量进行估算。

生态环境用水目前主要指生态林草灌溉用水、控制水体污染的河湖补水、维持河道一定流量的生态用水以及保持某一区域生态需要的供水等。除引进水厂的部分外,其他供水可根据实际情况进行统计。

城市供用水统计的地域范围为建成区,即城市建筑基本连片、公共设施基本完善的地区(主要指自来水供水能力覆盖的区域,不包括远郊区和市辖区域),包括已建成的工业园区、经济开发区、机场等。由于建成区范围逐年扩大,须注明统计年份的土地面积和人口。

(四)水资源开发利用程度分析

水资源开发利用程度指区域内各类水利工程控制、可以供人类利用的水资源量占区域自产水资源总量的比重。地表水资源开发率指地表水资源供水量占地表水资源量的百分比;平原区浅层地下水开发率指实际开采量占地下水总补给量的百分比。为了真实反映流域内自产地表水的控制利用情况,过境水的利用量、跨流域调水量(调出为正,调入为负)以及深层承压水的开采量等应分别计算。

$$u_r = \frac{W_r + W_c + W_p + W_b + W_o}{R_r} \tag{3-26}$$

$$u_g = \frac{W_\omega}{R_g} \tag{3-27}$$

式中 u_r、u_g——地表水及地下水资源开发利用率;

W_r——蓄水工程供水量;

W_c——引水工程供水量;

W_p——提水工程供水量;

W_b——调水工程供水量;

W_o——其他工程供水量;

W_ω——机电井工程供水量;

R_r——地表水资源量;

R_g——地下水资源量。

(五)水资源开发利用存在的问题

通过调查分析规划区域内的水利工程供水组成结构、控制来水能力、供水可靠程度、调度灵活性、供水保证率以及工程运行管理情况,客观分析用水效率、水量损失、水价、水费征收、管理体制与机制等方面的问题,以指导水资源利用规划和今后更科学地开发、利用、保护和管理水资源。

如果已经出现由于过量开采地下水带来的地下水位持续下降或由于地面水过度开发利用带来河道断流、纳污自净能力降低、水环境质量恶化等问题，水资源评价必须尽可能进行定量分析，并提出解决这些问题的方法和技术路线。

四、水资源可利用量分析

水资源可利用量分为地表水可利用量和地下水可利用量，扣除二者重复部分，即为水资源可利用总量。将此总量再加上水行政主管部门批准的对过境水的取水量，即为区域可利用的水资源总量。

（一）地表水资源可利用量

地表水资源可利用量是指在经济合理、技术可行，同时应满足最小生态需水和必要的河道内用水需求的前提下，通过各种工程措施调节控制可供河道外一次性利用的，但不包括回归水重复利用等的最大水量。

地表水可利用量包括未来所有规划工程在内的各项工程措施可控制、可持续利用的最大水量，在特定的技术经济条件下具有数量上的相对极限性。地表水可利用量一般指中远期、不确定为某一具体水平年的水量，具有时间的不确定性，需要通过各种工程设施调节控制可供利用的水资源，但不是指具体明确的工程方案所计算的可利用量。此外，地表水可利用量要考虑未来发展对水资源的宏观需求，从经济、技术和生态环境的角度，研究水资源的承载能力，估算水资源开发利用的潜力，但又不同于对未来各水平年进行需水预测的水资源供需分析。

根据各流域水系的特点以及水资源条件，可采用不同的方法估算地表水资源可利用量。如在水资源紧缺及生态环境脆弱的地区，优先满足最小生态需水的要求，采用先扣除最小生态需水量，并合理考虑汛期下泄的洪水；在水资源较丰沛的地区，其上游及支流重点考虑工程的调蓄能力，下游及干流主要考虑满足最小生态环境要求的河道内用水；对于国际河流，应根据有关国际协议及国际通用的规则，结合现状水资源利用的实际情况进行估算。

在估算地表水资源可利用量时，应注意以下 3 个方面的问题：

（1）必须考虑地表水资源的合理开发，即要保证地表水资源在自然界的水文循环中能够继续得到再生和补充，不致显著地影响到生态环境。将地表水资源开发利用程度控制在适度的可利用量范围之内，既能对经济社会的发展起促进和保障作用，又能维系良好的生态环境。

（2）确定的地表水资源可利用量是最大可利用水量。所谓最大可利用水量，是指根据水资源条件、工程和非工程措施以及生态环境条件，可被一次性合理开发利用的最大水量。地表水资源量应小于河川径流量。

（3）伴随着经济社会的发展和科学技术水平的提高，人类开发利用地表水资源的手段和措施不断增多，河道内用水需求以及生态环境对地表水资源开发利用的要求也会不断变化，因此，地表水资源可利用量在不同时期将会有所变化。

（二）地下水资源可利用量

地下水可开采量是指在经济合理、技术可行，同时保持水循环稳定、不引起生态环境恶化和水质恶化条件下可持续利用的最大开采量,地下水资源可利用量并不是指所有浅层地下水量,而与地下水的水质和地下水补给量密切相关。如果现状地下水位变化于一个合理的范围,则降水、地表水体(含河道、湖泊、水库、渠系和灌溉田间)入渗补给地下含水层的动态水量可以作为地下水资源可利用量或地下水可开采量。如果现状地下水位低于适宜的地下水埋深,地下水可开采利用量应从动态补给水量中减去逐年用于补充地下水位的水量。如果地面植被可直接吸收、利用地下水,地下水可开采量应从动态补给水量中减去植被已利用的水量。地下水可开采量评价的地域范围为目前已经开采和有开采前景的地区。

五、水利工程可供水量

(一)基本要求

水资源开发利用要统筹安排河道内、河道外用水以及生活、生产、生态环境用水。水资源开发利用潜力是指通过对现有工程的加固配套和更新改造、新建工程的投入运行和非工程措施的实施后,分别以地表水和地下水可供水量以及其他水源可能的供水形式,与现状条件相比所能提高的供水能力。

供水预测中的供水能力是指区域(或供水系统)供水能力。区域供水能力为区域内所有供水工程组成的供水系统,依据系统来水条件、工程状况、需水要求及相应的运用调度方式和规则,在不同保证率条件下提供不同用户的供水量。可供水量估算要充分考虑技术经济因素、水质状况、对生态环境的影响以及开发不同水源的有利条件和不利条件,预测不同水资源开发利用模式下可能的供水量,并进行技术经济比较,拟订水资源开发利用方案。

以大、中型水利工程为重点逐个进行分析统计,小型水利工程按计算分区统计,各类水利工程开发利用潜力按计算分区汇总。供水预测要充分吸收和利用有关专业规划以及流域、区域规划(如各地的地下水开发利用规划、污水治理再利用规划、雨水集蓄利用规划,以及各流域规划与区域水资源综合规划等)的成果,并根据具体规划要求和新的情况变化对成果做适当调整。

(二)地表水供水量分析

地表水可供水量计算要以各河系各类供水工程以及各供水区所组成的供水系统为调算主体,自上游到下游、先支流后干流逐级进行调算。一般而言,大、中型水库等骨干水源工程应采用长系列进行调节或典型年法计算,得出不同水平年、不同保证率的可供水量,确定其供水范围、供水目标、供水用户及其优先度、控制条件等,供水资源配置时进行方案比选。其他小型水利工程可采用简化方法计算,如小型水库及塘坝工程可采用兴利库容乘复蓄系数法估算,复蓄系数可通过对不同地区各类工程进行分类,采用典型调查方法,参照邻近及类似地区的成果分析确定。一般而言,复蓄系数丰水地区比干旱地区大,小Ⅱ型水库及塘坝比小Ⅰ型水库大,丰水年比枯水年大。

$$V_{t+1} = V_t + W_{t,\text{入库}} - W_{t,\text{生产}} - W_{t,\text{生活}} - W_{t,\text{生态}} - W_{t,\text{调}} - W_{t,\text{损}} - W_{t,\text{弃}} \tag{3-28}$$

式中 V_t、V_{t+1}——第 t、$t+1$ 时段水库库容;

$W_{t,\text{入库}}$——时段入库径流量;

$W_{t,生产}$——时段生产供水量，包括工业、灌溉、林牧渔、航运、发电等；

$W_{t,生活}$——时段生活供水量，包括城镇居民、农村人畜；

$W_{t,生态}$——时段生态环境供水量，包括河道内及河道外生态环境供水；

$W_{t,调}$——时段跨流域调出水量；

$W_{t,损}$——时段水库蒸发、渗漏损失水量；

$W_{t,弃}$——时段水库弃水量。

由于塘坝库容积小，难以区分出总库容中的兴利库容部分，且供水量相对值和绝对值都很小，故可采用总库容代替。小型水库及塘坝供水量计算的复蓄系数法为

$$W_{水库} = V_{兴}\alpha \tag{3-29}$$

$$W_{塘坝} = V_{总}\alpha \tag{3-30}$$

式中　$W_{水库}$、$W_{塘坝}$——小型水库及塘坝的供水量；

$V_{兴}$——小型水库的兴利库容；

$V_{总}$——塘坝的总库容；

α——复蓄系数，可根据水库或塘坝库区径流情况及水文频率取值。

引提水工程根据取水口的径流量、引提水工程的能力以及用户需水要求计算可供水量。引水工程的引水能力与进水口水位及引水渠道的过水能力有关；提水工程的提水能力则与设备能力、开机时间等有关。引提水工程可供水量可用下式计算：

$$W_{可供} = \sum_{i=1}^{t} \min(Q_i, H_i, X_i) \tag{3-31}$$

式中　$W_{可供}$——可供水量；

Q_i——第 i 时段取水口的可引水流量；

H_i——第 i 时段工程的引提水能力；

X_i——第 i 时段用户的需水量；

i——计算时段数，$i = 1, 2, \cdots, t$。

规划工程要考虑与现有工程的联系，与现有工程组成新的供水系统，按照新的供水系统进行可供水量计算。对于双水源或多水源用户，联合调算要避免重复计算供水量。

在跨区域或跨国境的河流水系上布设新的供水工程，要符合流域规划，充分考虑对下游和对岸水量及供水工程的影响。根据统筹兼顾上下游、左右岸各方利益的原则，合理布局新增水资源开发利用工程。对于各方有争议的工程，未经流域规划确定，不能将该工程新增的可供水量列入计算成果中。

可供水量计算应预测不同规划水平年工程状况的变化，既要考虑现有工程更新改造和续建配套后新增的供水量，又要估计工程老化、水库淤积和因上游用水增加造成的来水量减少等对工程供水能力的影响。要收集病险水库加固改造、区域工程续建配套、在建及规划大型水源工程和重要中型水源工程、规划和扩建的跨流域调水工程及其他中小型供水工程等的有关资料，按照规划工程的设计文件，统计工程供水规模、范围、对象和主要技术经济指标等，逐个分析工程的作用，分析工程建成后增加的供水能力以及单方水投资和成本等指标。有条件的地区应将新建骨干工程与现有工程所组成的供水系统，进行长系列调算，计算可供水量的增加量，并相应提出对下游可能产生的影响。

（三）地下水供水量分析

以矿化度不大于 2 g/L 的浅层地下水资源可开采量作为地下水可供水量估算的依据。采用以浅层地下水资源可开采量成果确定地下水可供水量时，要考虑相应水平年由于地表水开发利用方式和节水措施的变化所引起的地下水补给条件的变化，相应调整区域内的地下水资源可开采量，并以调整后的地下水资源可开采量作为地下水可供水量估算的依据。

要求结合地下水实际开采情况、地下水资源可开采量以及地下水位动态特征，综合分析确定具有地下水开发利用潜力的分布范围和开发利用潜力的数量，提出现状基础上增加地下水供水的地域和可供水量。

地下水可供水量与当地地下水资源可开采量、机井提水能力、开采范围和用户的需水量等有关。地下水可供水量计算公式为

$$W_{可供} = \sum_{i=1}^{t} \min(H_i, W_i, X_i) \tag{3-32}$$

式中　$W_{可供}$——地下水可供水量；

H_i——第 i 时段的机电井提水能力；

W_i——第 i 时段的地下水资源可利用量；

X_i——第 i 时段用户的需水量；

i——计算时段数，$i=1,2,\cdots,t$。

当地地下水资源可开采量是指布井区范围内的浅层地下水资源可开采量。根据地下水资源评价绘制的浅层地下水资源可开采量模数分区图以及划定的规划水平年布井区范围，估算在现状条件下，规划水平年供水范围内的地下水资源可开采量。考虑规划水平年与现状条件相比，地下水计算参数（渠系渗漏补给系数、渠灌田间入渗补给系数、可开采系数等）的变化，对上述可开采量成果进行修正。

地表水和地下水之间存在着复杂的转换关系，有些地区地下水的开发利用，将增加地表水向地下水的补给量（如山前区侧向补给、傍河河川径流补给）。这些地区只有在地下水开采量超过当地地下水资源可开采量与增加的地表水补给量之和时，才为超采地下水。

在供水预测中，各地应充分考虑当地政府已经和将要采取的措施，对于近期无其他替代水源的一般超采区（或压采、限采区），在保持地下水环境不再继续恶化或逐步有所改善的前提下，近期可适当开采一定数量的地下水。

划定地下水供水区和确定地下水供水量后，在现有地下水利用工程的基础上，提出对现有地下水利用工程的更新改造、续建配套以及规划地下水利用工程的规划成果。

（四）实际供水量

水利工程实际供水量指在现有水利设施运行状况之下，考虑受灌排沟渠配套程度、水库及渠系调度管理、工程维护及用水户采取的灌溉排水与农艺措施等方面的客观因素影响后的水利工程供水量。对于工程配套、整体管理水平比较高的水源工程，实际供水量接近于工程设计供水量（即可供水量）；而年久失修、管理不善、田间工程不配套的水利工程，实际供水量比设计可供水量小。

水利工程实际供水量可以从各地水行政主管部门每年发布的水资源公报及水利统计

年鉴(或年报),或者是通过实际水源工程的供放水记录,分析得到规划区域内的水利工程实际供水量。

(五)供水水质调查

根据地表水取水口、地下水开采井的水质监测资料及其供水量,分别统计供给生活、工业、农业不同水质类别的供水量。其中的农村生活用水和中小型区域用水可按"符合"或"不符合"各自的水质要求进行统计。

第三节　用水定额及需水量分析

一、主要用水定额分析

(一)工业生产用水定额

1.产值定额法

产值定额法是根据区域内现状的工业生产统计资料及工业结构调整、总产值及增加值的发展规划目标,结合当地工艺技术设备及用水情况,分析各工业行业的万元工业产值、工业增加值需水定额及整个城区工业产值综合用水定额。规划水平年需要考虑在可能的技术革新及循环水利用率提高等工业节水措施后,工业万元产值需水定额具有逐渐下降的趋势,由此拟定得到各水平年的工业生产需水定额的预测成果。

该方法的重点是调查、掌握现状基准年规划区域内城镇的工业行业门类和分布,对各工业行业的总产值、增加值、新水利用量、水的重复利用率等情况进行调查归类,经合理性分析,拟定各行业的万元工业产值用水定额、增加值用水定额,主要资料来源是各区域统计局发布的年度国民经济与社会发展统计年鉴、经贸委的工业生产统计报表及环保部门的年度工业"三废报表"等。由于在同一个行业内因企业经营等方面的原因,增加值会存在差异性,故可以根据该行业的工业增加值占行业总产值的比例(即工业增加值率)把单位增加值用水定额计算出来。按照区域内工业产值的构成分析,得到工业产值综合用水定额,计算公式为

$$W_{z,i} = \frac{W_{p,i}}{\beta_i} \tag{3-33}$$

$$W_a = \frac{\sum_{i=1}^{n} W_{z,i} A_i}{\sum_{i=1}^{n} A_i} \tag{3-34}$$

式中　$W_{p,i}$、$W_{z,i}$——第 i 个行业的工业万元产值和增加用水定额,m^3/万元;

A_i——第 i 个行业的工业总产值,万元;

W_a——区域内所有工业行业万元产值综合用水定额,m^3/万元;

β_i——第 i 个行业的工业增加值率,%。

2.产品定额法

产值定额法预测分析工业生产需水量中,存在不同年份产品产值波动的因素,带来用

水定额的时间差异性。产品定额法则正好弥补上述弊端。因此，只要预测各水平年的各种工业企业的产品产量，相应的生产需水量即可得到。

由于目前国际、国内在工业生产预测上都是采用总产值递增率法，很难预测出规划水平年各种工业详细的产品数量，故在生产实践中较难以推广使用。

3. 弹性系数法

根据各水平年的工业产值增长率，在综合分析区域内工业用水现状的基础上，拟定工业生产需水量相对于产值增长速度的弹性系数，从而可得工业生产需水量的递增率及生产需水量，即

$$\eta_\omega = \eta_g \mu \tag{3-35}$$

$$W_g = W_x (1 + \eta_\omega)^n \tag{3-36}$$

式中　η_ω、η_g——工业生产需水量和工业总产值的平均增长率，即年递增率；

μ——需水弹性系数，取值范围 0.3 ~ 0.5，发达地区取高值，落后地区取低值；

n——规划期跨度，年；

W_g、W_x——规划水平年和现状基准年的工业生产需水量。

需要说明的是，该方法中的需水弹性系数变化范围仅 0.2，即表示了最发达国家和最落后国家之间工业生产需水量增长的差异，实际工作中难以较为准确地选择合适的需水弹性系数。因此，使用中也受到一定的限制。

(二) 城镇生活用水定额

根据区域城镇发展的规划成果，需要调查城镇自来水水价、供水普及率、城镇居民生活用水定额、公共用水量占城镇自来水供水的百分率，分析城镇用水当量人口、城镇生活节水规划及措施效果，综合分析得到城镇居民生活总需水量预测成果。

供水当量人口指计算城镇生活需水过程中，作为用水人口的计算值，一般采取城镇常住人口按人数计算，暂住人口按该部分人口的 60% 计算，流动人口按其 30% 计算。自来水普及率指城镇自来水供水管网覆盖范围占整个城镇区域的百分率，反映出城镇居民生活用水的质量和保证程度，主要与城镇发展、建设有关，目前大中城市的自来水供水普及率已达到 100%，即城市建成区及城市发展延伸到的乡镇居民全部由自来水公司供水。居民生活用水定额一般指每个城镇人口一天内各项生活的总用水量，主要与城镇的气候特征、居民生活水平、生活习惯、城市水文化氛围等有关，大城市普遍高于小城镇，南方城市高于北方城市，夏季用水大于冬季。缺水城市由于节水意识的加强以及各种节水器具的普及使用，生活用水定额较低。城镇生活公共用水指消防、街道清洗、公共场所及其他用水等，用城镇生活用水总量的百分比计算，通常占 30% 左右。不同城市规模的居民生活用水定额可参考表 3-1。

表 3-1　不同城市规模的居民生活用水定额　　（单位：L/(人·d)）

城市规模	特大城市及大城市	中等城市	小城市	城镇
居民生活用水定额	120 ~ 150	100 ~ 120	80 ~ 100	60 ~ 80

(三) 农村人畜生活用水定额

根据规划区域总人口预测成果，减去城镇人口，即得到农村人口。通过调查供水设施状

况,分析、拟定农村居民生活用水定额和农村牲畜饮水定额,再利用农村牲畜头数预测结果,可以计算得到农村人畜饮水总需水量。由于农村居民生活、卫生条件与城镇居民存在较大差距,因而,同一个区域内的农村居民生活用水定额远低于城镇生活用水定额,年内季节性差异更小。家养牲畜的饮水定额则基本上取为常数,各个水平年间变化可以忽略。一般来说,农村居民生活用水定额为40～60 L/(人·d),牲畜饮水定额为20～25 L/(头·d)。

(四)农业灌溉用水定额

调查收集规划区内的气象、物候、土壤、作物等基础资料,在充分考虑可能的农业节水措施前提下,分析主要农作物蒸发蒸腾量、灌溉制度、灌溉用水定额及灌溉需水量。

二、各行业需水量分析

(一)国民经济发展预测

区域社会经济发展预测主要是通过对现有社会经济统计资料的分析,采取一定的数学方法对各规划水平年的各种经济社会发展指标进行预测,作为计算全社会各行业需水量预测的基础。需要进行预测分析的社会经济指标分为参数型和成果数量型两大类,参数型指标主要有人口自然增长率、城市(镇)化率、农村牲畜饲养率、工业经济增长率、工业增加值率、第三产业的增长率、农田有效灌溉程度等;成果数值型指标有总人口、城市(镇)人口、农村人口、农村饲养牲畜、工业总产值、工业增加值、第三产业产值、土地变更等。

参数型发展指标的预测工作主要是建立在对现状基准年各项社会经济指标的统计分析基础之上;再结合地方政府批准实施的国民经济与社会发展五年计划及十年规划纲要对该项指标的指导性意见,并认真听取当地各行业主管部门的指导性意见之后综合分析确定。土地变更指国土资源主管部门根据各个规划水平年整个区域内城镇发展、工业、交通、水利等行业的建设占用部分耕地后,为维持本地区人均占有耕地、食物等水平,进行土地平衡分析的过程,即称为土地变更。

(二)设计标准

根据规划任务、目标、项目实施对地方经济社会发展的重要性等多方面因素,分析拟定项目的规划设计水平年、工程等级、灌溉设计保证率和防洪排涝标准等。

项目规划设计水平年主要根据项目的复杂程度、对地方经济社会发展的重要性和影响程度、工程投资等因素而定,一般大、中型水利规划设计项目的设计水平年为从基准年开始的10年为一个阶段,即近期、中期、远期水平年,或只有一个设计水平年;小型水利规划设计则只有一个达标年份,不再分几个水平年实现规划目标。工程等级依照《水利水电工程等级划分及洪水标准》(SL 252—2000)确定规划设计工程的等级。灌溉设计保证率参照《灌溉与排水工程设计规范》(GB 50288—99)以及《节水灌溉工程规范》(SL 207—98)确定。防洪排涝标准主要根据《防洪标准》(GB 50201—94)等规范及保护区面积大小、城市或城镇重要程度、淹没损失等确定。

(三)工业生产需水量

目前,工业产值的预测一般采用工业经济平均增长率推算。工业经济增长率是衡量一个地区工业经济增长速度最直接的指标,短期(10年以内)内的工业经济增长率可以直接从当地政府批准实施的国民经济与社会发展五年计划及十年规划纲要中获取,中长期

(10～15年)的发展指标主要依靠对上述规划文件的分析研究,并考虑区域大环境下的可能发展速度拟定。利用规划区域内各水平年的工业总产值预测结果,乘以该水平年的工业产值综合需水定额,即得到工业生产需水量。

(四)城镇生活用水量

城镇化率是反映一个区域的城市化水平的主要指标,当地政府、计划、城建部门对此都有详细的发展构想及实施意见(即详细的规划报告),可以据此拟定规划设计水平年的城镇化率指标。区域总人口的自然增长率预测要结合地方政府制定的国民经济与社会发展五年计划和十年规划纲要及当地计划生育部门对人口增长控制的要求而定。暂住人口、流动人口的比例又要根据地方公安户籍管理部门的登记情况以及交通等部门的意见分析确定。

主要人口增长率等发展指标经过分析预测拟定后,总人口的预测可以根据人口自然增长率计算出常住人口,根据暂住及流动人口占常住人口的百分比得到这两部分人数,三者之和为总人口规模。不同水平年城镇总人口乘以该水平年城镇居民生活用水定额,即得城镇生活需水量。

(五)农村人畜生活用水量

根据区域人口预测结果,当忽略外来人口对整个规划区域内人口结构的影响时,可以用总人口减去城镇人口,即为农村人口数。农村饲养牲畜对区域规划具有影响的是大、小牲畜的饮水量,一般将家禽的饮水量忽略不计。除单独规划建设的畜牧场可以参照规划成果拟定牲畜头数外,家养的大、小牲畜主要根据现状水平年每个农村人口平均饲养的头数估算确定。现状水平年的农村人均饲养牲畜头数可以根据农村经济调查获得,在节水灌溉工程规划设计中,由于规划期较短,除具有发展规划外,可忽略各水平年农村人均饲养牲畜数的变化。由农村用水人口数、农村牲畜饲养量,乘以农村居民生活用水定额、牲畜饮水定额,即得农村人畜用水量。

(六)农业灌溉需水量

1. 耕地面积核实

耕地面积核实的工作内容是根据当地土地部门制定的土地利用现状调查、总体规划及基本农业保护区规划等相关土地利用规划成果,结合各规划水平年内城镇发展、水利工程及公路等基础设施建设、林业规划等国民经济与社会发展对非生产用地的需求,进行土地利用的平衡分析,得到各水平年的耕地变更结果。

农田有效灌溉程度是反映一个区域内的耕地旱涝保收程度、抵御自然灾害能力的重要指标,是耕地中由水利工程控制并保证供水的面积占总耕地的比例。现状基准年的农田有效灌溉程度主要根据各区域水行政主管部门完成的年度水利水电统计年鉴(或年报)查得,也可结合区域实际调查分析得到。规划水平年的指标则从当地水利发展五年计划及中长期发展规划成果中获得。

2. 作物种植结构

区域内作物组成、各种作物的种植比例等资料,可以从规划区近3～5年的国民经济与社会发展统计年鉴(年报)或者是农业综合统计年报上得到各种作物的种植面积和产量,再依据规划区内的耕地情况,可以分析得到作物的种植比例及复种指数。

3. 农业灌溉需水量

根据规划区内各种作物灌溉制度的拟定成果，利用各规划水平年的作物种植结构，即可得到规划区的农业灌溉综合净需水定额。考虑灌溉水利用系数，即可得灌溉毛需水定额，再乘以灌溉面积，即得到包括输配水过程中蒸发、渗漏损失在内的农业灌溉毛需水量。

（七）其他农业需水量

在农业用水中，林、牧、渔业用水占有一定比重。对于鱼塘补水用水量，可以根据调查结果和发展规划拟定需水预测成果，也可以根据鱼塘水面蒸发和渗漏量计算得到；林业灌溉主要是苗圃和移栽期的灌溉需水量，除我国西北干旱地区在树苗移栽后一段时期仍需要人工浇灌补充生长需水外，其他地区均可以不考虑。林业灌溉需水量也可以参照果树灌溉制度拟定方法确定。牧业用水量在扣除牲畜饮水量后，根据调查结果和发展规划确定。

（八）生态环境需水量

生态环境用水定额的确定尚无成熟的理论与方法，对于区域水土资源评价，一般指保证区域生态环境不再恶化并逐步改善而需要的水资源量，即保护、恢复和改善三方面的生态环境需水量，包括水土保持、林业生态工程建设、维持河流水沙平衡、保护和维持河流生态系统的生态基流、城市生态用水等多方面。对于地下水超采区，应包括回补地下水所需用水量；对于地面水环境恶化地区，应包括改善地面水质所需用水量；对于已经出现土地沙化、荒漠化等生态退化的地区，应包括恢复植被等所需用水量。

水土保持综合治理措施包括工程、生物、农艺等各种措施，可以根据各种单项措施的定额及治理面积加权平均得到水土保持措施综合需水定额及其需水量。林业生态工程生态环境需水主要指林业生态工程、天然林保护工程、各种防护林的用水量，可根据不同典型区域植被类型、耗水特性，结合降水补给土壤水分的实际可利用量，或实测各种类型植被减少河川径流的资料，确定其生态用水定额及其需水量。维持河流水沙平衡主要集中在黄河流域的多沙河流上。维持河流生态系统的生态基流主要指防止海水倒灌需要的最少入海水量，以及冲淤保港、河道蒸发损失、维持河道系统动植物自然生态等需求的水量，可根据实际情况分项确定。城市绿地用水可根据城市绿地面积及林草灌溉定额确定，控制水体污染的河湖补水可通过城市污水净化及排放要求确定。回补地下水超采区用水量主要根据超采区范围及地下水正常水位计算出回灌补水量。

利用以上各项生态环境措施对应的需水量，根据不同性质的规划区域采取一项或多项生态环境治理措施，综合分析可得生态环境需水量。

第四节　水土资源平衡及评价

一、土地资源状况及评价

（一）土地资源分类及适宜性评价

土地资源评价参照国土资源部门的专业报告进行，根据需要可包括土地类型评价、土地利用类型评价、土地质量评价、土地潜力分析及土地适宜性评价。对于节水灌溉规划，主要根据土地资源分类、分布及其适宜性，分析各区域的需水量，进而分析与水资源的匹配。我国土地利用分类时采取了三个层次类型表示,见表 3-2,同时还需要绘制土地利用现状(或规划)图,以简明表示出已利用及未利用的各种地类分布状况。

表 3-2 土地利用分类系统表

一级地类	二级地类	三级地类
耕地	灌溉水田	平田,梯田
	非灌溉水田	
	水浇地	
	旱地	平旱地,梯地,坡地,轮歇地
	菜地	
园地	果园	
	茶园	
	桑园	
	热带作物	
	其他园地	
林地	用材林	针叶林,阔叶林,混交林,竹林
	经济林	木本粮油,作场
	疏林地	
	薪炭林及灌木丛	
	防护林	
牧草地	天然牧草地	
	人工牧草地	
水域	河流	常年河流,时令河流
	运河,灌排沟渠	
	水工建筑	
	湖泊	淡水湖,咸水湖,盐湖
	水库	
	滩涂	沙滩,泥滩,草滩,红树林滩
	珊瑚礁	
	养殖场	淡水养殖场,海水养殖场
	沼泽地	
	芦苇地	
	冰川及永久积雪	
城镇用地	大城市	
	中、小城市	
	城镇	
工矿用地	工矿区	
	盐场	
交通用地	铁路	
	公路	
	海港	
	机场	

续表 3-2

一级地类	二级地类	三级地类
特殊用地	自然保护区	
	旅游地	
	田坎	
未利用土地	沙地	
	沙漠	
	戈壁	
	盐碱地	
	裸露地	裸岩,裸土
	其他	

土地适宜性评价主要是以农业发展为目标,针对种植业发展而言,评价土地对农业发展的适宜性、限制性及生产能力,以取得最佳生态效益、经济效益和社会效益。土地适宜性评价分为总体评价和单项评价,总体评价是根据土地利用对于农业生产的适宜程度和限制程度,确定土地质量等级;单项评价主要是根据土地对栽培某种作物的适宜性、限制因素及土地质量等级。

土地适宜性评价主要包括以下内容。

1. 划分土地评价单元

土地评价单元是土地评价对象的最小单元,同一评价单元中土地的基本属性应基本一致,评价单元的划分直接影响到土地评价工作量大小和评价成果的应用。划分土地评价单元的分类方法可采用:

(1)按土壤学分类。如耕地采用的土种,它是具有相同地形、母质、质地、剖面构成的地块集合。

(2)按土地类型体系划分。在一定气候条件下的地貌、土壤、植被的共同体。

(3)以耕作地块划分评价单元。主要依据长期耕作形成了相同的地形、土壤、水利状况等。

2. 选取评价项目和确定评级标准

评价项目是指参与评定土地质量等级的一种可度量或测定的土地属性,如坡度、地下水位、土质等,所选择的项目应符合下列要求:

能够正确反映土地自然属性的差异性,根据地区特点有所侧重。对于不同用途的土地,应采取相应的评价项目。为了使评价成果在较长时期内仍有使用价值,必须选择对土地肥力状况有显著影响,又不易改变稳定性的因素作为评价项目。此外,也需要选择有关的社会经济因素作为评价项目之一。

3. 比配

按照选定的评价项目,把土地质量与土地利用要求之间逐项进行质量鉴定。

4. 评定土地等级

在比配基础上，综合评定土地质量等级，得到土地适宜性评价结果。

5. 成果整理

绘制土地适宜性总体评价图和单项评价图及评价书等。

(二) 土地利用规划

项目区土地利用规划主要是依据地方国土资源主管部门主持编制的区域级土地利用总体规划报告和基本农田保护区规划报告等土地规划资料，在土地资源分类、分布及适宜性评价的基础上，分别预测确定规划区域内的各项生产用地，进行土地利用类型变更的动态平衡分析，包括城镇、交通、水利等建设占用耕地导致耕地减少和后备资源开发增加耕地之间的平衡，从而得到规划水平年的耕地预测结果。

二、水资源供需平衡

遵循高效、公平和可持续利用的原则，通过各种工程与非工程措施，考虑市场经济的规律和资源配置准则，通过合理抑制需求、有效增加供水、积极保护生态环境等手段和措施，对多种可利用的水源在区域间和各用水部门间进行调配。

(一) 基准年水资源供需分析

基准年水资源供需分析中要特别注意认真分析现状水资源开发、利用的合理性，不同用水户所需要的用水保证程度及其影响，不同用水户的用水优先度。

基准年水资源供需分析的目的是摸清水资源开发利用在现状条件下存在的主要问题，分析水资源供需结构、利用效率和工程布局的合理性，提出水资源供需分析中的供水满足程度、余缺水量、缺水程度、缺水性质、缺水原因及其影响、水环境状况等指标。缺水程度可用缺水率(缺水量与需水量的比值，用百分比表示)表示。通过分析计算分区内挖潜增供、治污、节水和外调水边际成本的关系，明确缺水性质(资源型、工程型或水质型缺水)和缺水原因，确定解决缺水措施的顺序，为水资源配置方案生成提供基础信息。

基准年水资源供需分析要扣除现状供水中不合理开发的水量部分(如地下水超采量、未处理污水直接利用量和不符合水质要求的供水量以及超过分水指标的引水量等)，并按不同频率的来水和需水进行供需分析。所以，基准年供需分析不等同于简单描述已发生的供需现状，其最主要的特征是现状供水中不合理的部分要扣除以及对应不同频率计算来水和需水。基准年不同频率的需水过程可以根据现状年的社会经济发展状况和工农业生产规模，采用现状相应于不同降水频率的需水定额加以计算确定。

(二) 规划水平年水资源供需分析

以计算分区为单元，按区域水量平衡原理，对流域或区域内水资源的供、用、耗、排水等进行长系列调算或典型年分析，并概化出水资源系统网络图，以反映出各计算分区中各主要因素的水力联系，得出不同水平年各分区的相关指标。供需分析计算一般应采用2～3次供需分析的方法，各项需水量、地表水资源量、地下水资源量，供、用、耗、排水量和污水处理再利用、微咸水、海水利用等要按计算分区统计列出，并提供流域(或区域)主要控制节点的相应成果；跨流域调水要明确供水范围及可供水量。

进行不同方案的水资源供需分析，应选择合适的供需计算方法。模拟模型具有直观易懂、仿真性强等优点，尤其适合构建输入、输出式的系统响应结构；数学规划模型（优化模型）的运用取决于研究范围的具体情况、以往的工作基础、人员素质和资料条件，同时要考虑计算成果对客观条件扰动的灵敏度。采用模型计算时，应利用已有资料对模型进行拟定。无论采用何种分析计算方法，均要对水资源供需分析的计算成果进行合理性和精度检验。

在进行供需分析时，要注意水量、水质的统一配置，结合供需分析逐步生成方案。供需分析成果中的各项指标应能够反映各规划水平年不同方案的水资源供需状况、水资源开发利用程度及结构、与水相关的生态环境状况、供水有效性及风险、各类人均和单位面积耕地平均指标以及相应的投资规模等。同时编绘出相应的成果图，以清晰地反映出各规划水平年不同方案人均水资源占有量、需求量、利用量、缺水量和亩均水资源利用量、地下水位变化及水环境变化等情况。

针对过去水资源开发利用中存在的问题，《中华人民共和国水法》明确规定，开发、利用、节约、保护水资源和防治水害，应当全面规划、统筹兼顾、标本兼治、综合利用、讲求效益，发挥水资源的多种功能，协调好生活、生产经营和生态环境用水。开发、利用水资源，应当首先满足城乡居民生活用水，并兼顾农业、工业、生态环境用水以及航运等需要。

在生态脆弱地区，生态环境用水应优先保证，否则，可持续发展失去基础。对于已经出现土地沙化、荒漠化等生态退化或地下水超采的地区（如西北内陆河地区、黄淮海平原地下水超采区），基准年水资源供需分析中的基本出发点是生态环境用水量不低于现状水平，并保证局部有所增加。生态环境用水量的增加应以不引起新的生态环境问题为前提，可以通过压缩生产规模（特别是灌溉规模）和用水量、水资源时空优化配置等手段逐步实现。

《中华人民共和国水法》明确规定，国家对用水实行总量控制和定额管理相结合的制度。因此，水资源供需分析要坚持“以供定需”的原则。在水资源供需不平衡、需水大于供水时，一方面要积极开源，另一方面要以可供水量为基础压缩用水量。主要采取以下措施。

1. 提高水的有效利用率

通过硬件措施的改造和软件措施的完善，促使各行业提高水的利用率。由于农业是用水大户，且用水效率不高，应结合流域综合治理、大型区域以节水为中心的技术改造等项目的实施，通过调整骨干渠系、渠道衬砌、管道输水，提高输水效率，减少输水损失；通过灌溉田间工程配套、土地整理，减少配水和灌水过程中的损失，并为节水灌溉技术的实施创造条件。

2. 提高水的重复利用率

在水资源总量不足、经济能力有限的条件下，提高灌溉水的重复利用率尤为重要。通过发展“长藤结瓜”、“大、中、小，蓄、引、提”灌溉系统、合理布局、井渠结合，充分发挥区域内部各种中、小型工程的作用，减少弃水，使上游漏水能被下游利用，使高处渗水能被低处利用；通过建立有效机制，提高区域管理局和农民充分利用各种水资源的积极性。

3. 调整经济结构和用水结构

对于工业，应压缩高耗水、高污染的产业；对于农业，主要是调整种植结构，压缩高耗水作物，发展节水的饲料作物和经济作物，努力建立“粮、经、饲”三元种植结构。

4. 压缩灌溉规模

我国西北、华北、东北许多地区的灌溉规模过大，但简单的压缩种植面积和灌溉面积是不现实的。在保障农民收入增加和农村经济发展的同时，要实现灌溉用水总量明显减少，应结合农业结构的调整进行。农业结构调整不是简单地以“种植比例”为标志的，要按照“品质优，效益高”的要求，建设高效节水现代农业园区，协调农产品生产、加工、流通与经营，在显著提高水分生产率和土地生产率的前提下，才能压缩种植面积和灌溉面积，实现“面积调小，水耗调低”。

调整种植结构，不仅可以使总耗水量降低，还可削减用水高峰，使耗水与供水在时间上、空间上相一致。此外，在水资源紧缺地区，必须压缩高耗水作物种植面积，发展高效节水农业。

三、水土资源的综合评价

通过对规划区域内水资源状况及其开发利用情况、土地资源、国民经济与社会发展对水土资源的需求等方面的深入分析，区域水土资源综合评价需要阐明区域水土资源的现状、开发利用情况、供需矛盾、存在问题、解决思路等，以揭示规划区域内今后可行的水资源开发方式，实现以水资源的可持续利用支撑国民经济与社会的可持续发展，主要内容如下。

（一）区域水资源情况

需要说明规划区域内的水资源条件及主要指标，如人均占有水资源量、单位面积耕地平均占有水资源量、水资源的时空分布规律、评价区域的水资源丰缺特性等，明确区域水资源存在方式。

（二）区域水资源开发利用情况

阐明区域内的水资源开发方式，用水效率，缺水形式、程度、范围，指出现状水资源开发利用中存在的问题及改进措施。

（三）区域土地资源情况

综合评价规划区域内的土地资源基本类型、土地利用分类及在区域内的分布情况，对社会经济发展的支撑作用以及今后的土地利用规划、土地变更等。

对于水资源紧缺地区，要特别注意控制灌溉土地的面积；相反，对于土地资源紧缺地区，在进行灌溉规划和水资源利用规划时，要注意分析土地后备资源。评价土地适宜性时，应根据地面坡度、土层厚度、土壤结构、土壤质地等，分析规划区土地是否适宜发展种植业，做到宜农则农，宜草则草。评价土地质量时，要分析是否需要增加生态环境用水量，如增加水土保持用水量等。

（四）区域国民经济与社会发展对水土资源的需求

根据区域经济社会发展的规划以及社会各行业发展对水资源的需求，论证规划期的需水变化情况、用水效率、节水潜力、供水满足程度以及水土资源对经济社会的制约等。

（五）区域水土资源供需平衡分析

根据分区水土资源平衡分析结果，评价区域水资源与光、热、土地等自然资源的匹配情况和利用效果，水利工程对社会发展需水的保证供给程度，缺水量、缺水时间、缺水形式、今后水资源开发利用方向以及对区域发展用水的规划思路。

（六）推荐方案与建议

依据水资源配置提出的推荐方案，统筹考虑水资源的开发、利用、治理、配置、节约与保护，研究提出水资源开发利用总体布局、实施方案与保障措施。总体布局要工程措施与非工程措施紧密结合，因地制宜，大、中、小工程相结合，努力提高用水效率。坚持充分利用降水，高效利用地表水，合理开采地下水，安全使用劣质水。虽然灌溉回归水、净化处理的污水、微咸水等不属于新水水资源，但提高灌溉回归水利用率和劣质水利用是减少新水的利用量的重要措施，水资源评价应积极推荐。

四、水资源供需平衡分析实例

下面以某区域水资源供需平衡为例进行分析。

（一）计算分区

根据某区域的地理、地貌、水文特点，可将全区域划分为 5 个水资源平衡计算区，即Ⅰ区为西北山地水保区（18.75 万亩），Ⅱ区为东南山地水保区（6 万亩），Ⅲ区为北部丘陵区（27.9 万亩），Ⅳ区为北岸平原区（46.2 万亩），Ⅴ区为南岸平原区（11.85 万亩）。

（二）水资源总量计算

该区域自产可利用地表水资源量、地下水资源量和当地水资源可利用总量计算结果见表 3-3 ~ 表 3-5。其中，多年平均地下水和地表水重复计算量为 1 498 万 m^3。

表 3-3　当地地表水资源可利用量计算结果　（单位：万 m^3）

水平年	分区					合计
	Ⅰ	Ⅱ	Ⅲ	Ⅳ	Ⅴ	
$P=20\%$	3 131	1 017	4 755	7 712	2 081	18 696
$P=50\%$	1 853	602	2 814	4 564	1 232	11 065
$P=75\%$	1 108	360	1 682	2 728	736	6 614
多年平均	2 130	692	3 235	5 246	1 416	12 719

表 3-4　当地地下水资源可利用计算结果　（单位：万 m^3）

水平年	分区					合计
	Ⅰ	Ⅱ	Ⅲ	Ⅳ	Ⅴ	
$P=20\%$	1 054	365	2 886	8 539	2 024	14 868
$P=50\%$	812	279	2 248	6 581	1 595	11 515
$P=75\%$	646	218	1 802	5 162	1 091	8 919
多年平均	836	287	2 317	6 761	1 635	11 836

表 3-5　当地水资源可利用总量计算结果　（单位:万 m^3）

水平年	分区					合计
	Ⅰ	Ⅱ	Ⅲ	Ⅳ	Ⅴ	
$P=20\%$	3 975	1 292	7 221	15 621	3 770	31 879
$P=50\%$	2 455	821	4 572	10 825	2 409	21 082
$P=75\%$	1 594	571	3 004	7 388	1 710	14 267
多年平均	2 766	919	5 112	11 467	2 793	23 057

(三)水利工程供水能力

当地地下水利用能力已经大于地下水可开采量,局部已经出现地下水超采现象,但地面水的利用能力有限,如表 3-6 所示。现状年当地总水资源工程供水能力如表 3-7 所示。

表 3-6　当地地表水工程供水能力　（单位:万 m^3）

水平年	分区					合计
	Ⅰ	Ⅱ	Ⅲ	Ⅳ	Ⅴ	
$P=20\%$	504.8	417.3	690.4	138.8	255.5	2 006.8
$P=50\%$	487.6	399.6	622.1	116.1	230.7	1 856.1
$P=75\%$	453.0	345.2	565.5	94.3	215.0	1 673.0
多年平均	488.5	410.3	645.2	119.2	235.6	1 898.8

表 3-7　现状年当地总水资源工程供水能力　（单位:万 m^3）

水平年	分区					合计
	Ⅰ	Ⅱ	Ⅲ	Ⅳ	Ⅴ	
$P=20\%$	1 558.8	782.3	3 576.4	8 677.8	2 279.5	16 874.8
$P=50\%$	1 299.6	678.6	2 870.1	6 697.1	1 825.7	13 371.1
$P=75\%$	1 099.0	563.2	2 367.5	5 256.3	1 306.0	10 592.0
多年平均	1 324.5	697.3	2 962.2	6 880.2	1 870.6	13 734.8

(四)各行业需水量计算

现状年国民经济各行业以及生态环境需水量计算结果如表 3-8 所示,规划水平年需水量计算结果如表 3-9 所示。其中,规划水平年需水量计算基于国民经济发展规划、农业发展规划以及农业节水规划。

表 3-8 现状年需水量计算结果 （单位：万 m^3）

水平年	分区					合计
	Ⅰ	Ⅱ	Ⅲ	Ⅳ	Ⅴ	
$P=20\%$	261.55	115.18	1 164.12	2 677.27	459.26	4 677.38
$P=50\%$	515.14	222.89	4 105.33	5 627.65	962.49	11 433.50
$P=75\%$	673.55	322.18	6 290.80	7 404.39	1 464.64	16 155.56

表 3-9 规划水平年需水量计算结果 （单位：万 m^3）

水平年	分区					合计
	Ⅰ	Ⅱ	Ⅲ	Ⅳ	Ⅴ	
$P=20\%$	274.34	123.79	1 647.41	2 123.81	184.30	4 353.65
$P=50\%$	540.58	246.75	2 651.02	3 866.75	376.88	7 681.98
$P=75\%$	807.64	343.29	3 646.89	5 596.89	769.63	11 164.34

（五）水资源供需平衡分析

1. 现状年水资源供需平衡分析

现状年水资源一次供需平衡计算结果如表 3-10 所示。从表中可以看出，该区域在 $P=75\%$ 时，当地水资源总量不足。由于地形条件的限制，各区之间不能跨区调配水资源，因此即使在 $P=50\%$ 时，仍然存在区域性缺水。

表 3-10 现状年水资源一次供需平衡计算结果 （单位：万 m^3）

水平年	分区					合计
	Ⅰ	Ⅱ	Ⅲ	Ⅳ	Ⅴ	
$P=20\%$	1297.2	667.1	2 412.3	6 000.5	1 820.2	12 197.3
$P=50\%$	784.5	455.7	−1 235.2	1 069.4	863.2	1 937.6
$P=75\%$	425.4	241.0	−3 923.3	−2 148.1	−158.6	−5 563.6

注：正值表示余水，负值表示缺水。

从表 3-3 和表 3-6 也可以看出，该区域当地地表水的利用率不高，水利工程供水能力不足，也表现为工程型缺水。另一方面，该区域尚有较丰富的过境水量，如表 3-11 所示。由于过境河流的取水条件较好，已形成了稳定的水利工程供水能力。根据上级水行政主管部门的规定，该区域 $P=20\%$ 时，可利用过境水量的 10%；$P=50\%$ 和 $P=75\%$ 时，可利用过境水量的 15%。区域内各分区之间，在过境水利用总量控制，且取水量不超过来水量 40% 的条件下，尽可能保证Ⅲ区的取水。过境水可利用量及各区分配如表 3-12 所示。考虑可利用的过境水量后，现状年水资源二次供需平衡计算结果如表 3-13 所示。

表 3-11　入(过)境水量　(单位:万 m^3)

水平年	分区					合计
	Ⅰ	Ⅱ	Ⅲ	Ⅳ	Ⅴ	
$P=20\%$	1 136	1 007	16 772	88 243	15 126	122 284
$P=50\%$	681	596	13 986	50 138	8 927	74 328
$P=75\%$	418	349	12 351	28 730	5 235	47 083
多年平均	773	685	14 607	56 832	10 290	83187

表 3-12　过境水可利用量及其分配　(单位:万 m^3)

水平年	分区					合计
	Ⅰ	Ⅱ	Ⅲ	Ⅳ	Ⅴ	
$P=20\%$	113.6	100.7	1 677.2	8 824.3	1 512.6	12 228.4
$P=50\%$	68.1	59.6	5 115.0	5 013.8	892.7	11 149.2
$P=75\%$	41.8	34.9	3 589.3	2 873.0	523.5	7 062.5

表 3-13　现状年水资源二次供需平衡计算结果　(单位:万 m^3)

水平年	分区					合计
	Ⅰ	Ⅱ	Ⅲ	Ⅳ	Ⅴ	
$P=20\%$	1 410.8	767.8	4 089.5	14 824.8	3 332.8	24 425.7
$P=50\%$	852.6	515.3	3 879.8	6 083.2	1 755.9	13 086.8
$P=75\%$	467.2	275.9	-334.0	724.9	364.9	1 498.9

注:1. Ⅲ区每年的地下水超采量为 150 万~200 万 m^3,该区农民每年利用灌溉回归水和生活污水为 150 万~200 万 m^3;

2. 正值表示余水,负值表示缺水。

现状年水资源二次供需平衡计算结果表明,在 $P=75\%$ 时,Ⅲ区仍然缺水。事实上,该区长期存在地下水超采现象,每年的地下水超采量为 150 万~200 万 m^3,该区农民每年利用灌溉回归水和生活污水为 150 万~200 万 m^3。因此,平衡分析结果与实际相符。

2. 规划水平年水资源供需平衡分析

针对该区域资源型缺水、工程型缺水的问题,同时面对可用水量增加有限的现实,该区域将农业节水的重点放在Ⅲ、Ⅳ、Ⅴ区,结合种植结构调整、退耕还林(主要在Ⅲ区),使规划水平年需水量显著降低,见表 3-9。在规划实施期内,立足于现有水利工程的除险加固和田间工程配套,因此,规划水平年水资源供需平衡分析中不考虑水利工程的供水能力增加。但是,由于Ⅲ区长期存在地下水超采现象,该区的需水量计算中,考虑了每年回补一定地下水,其中,$P=20\%$ 时地下水回补用水量 300 万 m^3;$P=50\%$ 时地下水回补用水量 200 万 m^3;$P=75\%$ 时地下水回补用水量 100 万 m^3。规划水平年水资源供需平衡计算结果如表 3-14 所示。

表 3-14　规划水平年水资源供需平衡计算结果　（单位：万 m^3）

水平年	分区					合计
	Ⅰ	Ⅱ	Ⅲ	Ⅳ	Ⅴ	
$P=20\%$	1 398.1	759.2	3 306.2	15 378.3	3 607.8	24 449.6
$P=50\%$	827.1	4 91.4	5 134.1	7 844.1	2 341.5	16 638.2
$P=75\%$	333.2	254.8	2 209.9	2 532.4	1 059.9	6 390.2

注：正值表示余水，负值表示缺水。

由表 3-14 可见，规划水平年各区不同水文年份都能满足水资源供需平衡有余的要求。

第四章 黄河流域大型灌区节水改造重点布局与对策

第一节 概 况

黄河是中国第二条大河,发源于青藏高原巴颜喀拉山北麓海拔 4 500 m 的约古宗列盆地,流经青海、四川、甘肃、宁夏、内蒙古、陕西、山西、河南、山东等 9 省(区),注入渤海。干流河道全长 5 464 km,流域面积 79.5 万 km^2。

黄河是中华民族的母亲河,黄河流域是中华民族的摇篮。新中国成立以后,我国对黄河流域进行了大规模的建设,黄河水资源的开发利用,促进了黄河供水区经济的高速发展。目前,黄河作为我国西北、华北地区的重要水源,为流域内及下游沿黄地区约 1.4 亿人口、2.46 亿亩耕地、50 多座大中城市及中原、胜利油田等大型工业企业提供用水。黄河以其占全国河川径流 2.1% 的有限水资源,承担着占全国 15% 的耕地面积和 12% 的人口的供水任务,为全流域的城镇居民生活、工农业生产、经济发展和生态建设提供了重要保障。

黄河又是一条世界闻名的多沙河流,水资源供需矛盾十分突出,下游断流频繁,生态环境脆弱,洪、涝、旱等灾害尚未根本治理,黄河流域国民经济整体发展水平仍落后于全国平均水平。

21 世纪国家加大中西部开发的大好形势,为黄河流域经济的快速发展提供了良好的机遇。黄河流域经济带具有横贯中国腹地的明显区域优势和能源、矿产、土地等资源优势,在实现 21 世纪中叶我国进入中等发达国家的战略中,黄河流域经济带必将进入一个高速发展时期,同时黄河供水压力将进一步增大,水资源供需矛盾更加突出。因此,合理配置、节约和保护黄河水资源,最大限度地满足黄河流域经济带的供水需求,促进资源的可持续利用和社会、经济、生态环境的持续发展,具有重大的战略意义。在实现黄河流域水土资源优化配置战略中,黄河流域灌区节水改造具有举足轻重的地位。

黄河流域灌区泛指黄河流域内从干流和支流引提河水灌溉及黄河下游流域外的引黄灌区。这大体上位于东经 101°~119°、北纬 34°~42°之间,西起湟水河谷,东临渤海,北抵阴山,南界秦岭。由于受地形和水资源条件的限制,黄河上游灌区集中分布在湟水河谷、甘宁沿黄高原和宁蒙河套平原,以引提干流水灌溉为主;中游灌区主要分布在汾渭盆地和洛、沁河流域,以引提支流水灌溉为主,还有部分扬黄灌区;下游灌区集中分布在沿黄的豫、鲁地区和大汶河流域,以引提干流水灌溉为主,主要灌溉流域外的豫、鲁两省沿黄平原。其中宁蒙平原、汾渭盆地和黄河下游平原三大片的灌溉面积约占全河灌区总灌溉面积的 56%,用水量占全河灌区总用水量的 72% 以上,是黄河灌区的主体。

黄河流域及下游引黄灌区现有耕地 2.46 亿亩,有效灌溉面积 1.13 亿亩,分别占全国的 17% 和 14.4%;总人口为 1.45 亿人,其中农业人口 1.14 亿人,分别占全国的 12.4% 和

12.9%；人均占有耕地1.70亩。黄河流域现有万亩以上灌区659处（其中上游235处，中游270处，下游154处），有效灌溉面积7 572万亩，占全河灌区有效灌溉面积的67%，其中30万亩以上的大型灌区76处（上游12处，中游22处，下游42处），设计灌溉面积9 212万亩，有效灌溉面积6 798万亩，占全河有效灌溉面积的60%；总人口5 702万人，农业人口4 810万人，分别占全河灌区总人口和农业人口的39.3%和42%。

总之，黄河流域大型灌区在引黄灌溉中占有重要的地位，其节水改造是实现黄河流域水土资源优化配置，发挥大型灌区的骨干作用，促进社会、经济、生态持续发展战略的重要组成部分。

第二节　大型灌区在国民经济和社会发展中的地位与作用

一、大型灌区是本区水资源优化配置的基础设施

大型灌区具有较完善的水源保障、跨地区跨流域的输水及配水系统，构成所在地区水资源配置的基础设施。特别是大部分大型灌区地处经济较发达的地区，这些基础设施对当地工业、农业及城乡供水发挥着极其重要的作用。据统计，黄河流域76个大型灌区供水量达336.22亿m^3，占该流域总用水量492亿m^3的68%；大型灌区的工业及生活供水量达44.6亿m^3，占黄河流域工业及城市供水总量100.5亿m^3的44%。在黄河水资源供需矛盾日趋尖锐、工农业高速发展、人口不断增加的形势下，大型灌区将在黄河流域水资源配置中发挥更重要的作用。

二、大型灌区是本区粮棉油生产的重要基地

黄河流域地处干旱和半干旱地区。黄河水是本区的主要灌溉水源，加之黄河水肥泥沃，灌溉增产十分显著。根据黄河大型灌区调查资料分析，灌溉区比不灌溉区粮食一般增产2～7倍，棉花增产1～3倍。因此，在占全流域总耕地44%的灌区内生产了占全流域总量70%以上的粮食和大部分经济作物。灌区已成为各省（区）重要的粮棉油生产基地，灌区的开发与建设极大地促进了流域经济的发展，在农业发展中占有极其重要的地位。

三、大型灌区肩负着沿黄工业及城乡供水的重要任务

大型灌区主要分布在当地经济较发达地区，不仅担负着农田灌溉任务，而且担负着沿黄工业及城乡供水的重要任务，大型灌区工业及城乡生活用水量约占全流域工业及城乡供水量的44%。黄河提水是黄河上游冶金基地的重要水源；宁蒙灌区不仅是黄河三大灌溉农业区之一，也是国家重要的能源基地；汾渭平原为山西、陕西两省政治、经济、文化的中心地带；胜利油田、中原油田是我国的重要能源基地。大型灌区成为沿黄50多座城市（银川、太原、西安、郑州、新乡、开封、济南、东营等）和工业企业的重要水源地，创造工业产值上千亿元，特别是1972年以来向天津多次送水，为缓解天津水荒、稳定居民生活和工业生产发挥了重要作用。

四、大型灌区是生态农业建设的基本单元

大型灌区具有较为完善的田、渠、路、沟、井、电、树、村基础设施，十分有利于促进当地农、林、牧、渔、小城镇、小企业的全面发展。只要全面规划、综合治理、优化配置水土资源，不仅可以提高当地抗御自然灾害的能力，促进社会、经济的持续发展，还将成为我国农村“生态农业”、“山川秀美工程”建设的样板和基本单元。

对比甘肃景电一期工程上水前后42年气象资料，年平均降水量增加16.6 mm，平均风速由3.5 m/s减小到2.4 m/s，相对湿度由46%增加到48%，多年平均蒸发量由3 399 mm减小到2 307.8 mm，这对调节灌区小气候起到良好作用；山东簸箕李灌区开灌后不仅使90万人摆脱了贫困，还解决了30万人口、20万头牲畜的吃水困难，改善了当地农民的生活条件及环境；黄河下游利用引黄放淤改土，使大片低洼盐碱沙荒变为良田，截至目前，仅在豫、鲁两省已累计放淤改土400余万亩，效果十分显著，同时引黄补充了内河、水库、塘水源，扩大了水域湿地面积，提高了林木覆盖率，大大改善了区域生态环境。

第三节　大型灌区现状及存在问题

一、大型灌区现状

（一）大型灌区自然地理与社会经济状况

黄河流域大型灌区包括青海、甘肃东部，宁夏、内蒙古西部，山西、陕西、河南、山东等8省（区）内以黄河及其支流为主要水源的灌溉区域。区内大型灌区共计76处，其中青海1处，甘肃3处，宁夏2处，内蒙古6处，山西8处，陕西10处，河南17处，山东29处。按水系流域、自然地理状况、经济发展水平及引水灌溉方式分为黄河提水灌区、宁蒙自流灌区、汾渭平原灌区、河南灌区、山东灌区等5个子区，见表4-1。

表4-1　黄河流域大型灌区一览表　　（单位：万亩）

子区名称	灌区名称	水源所在水系	省（区）、地、县	现状灌溉面积	规划灌溉面积
黄河提水灌区	湟水灌区	湟水	青海省	43.5	54.1
	景电一期	黄河	甘肃省	26.3	30.4
	靖会	黄河	甘肃省	21.5	30.4
	兴电	黄河	甘肃省，白银市	18.0	30.2
	固海	黄河	宁夏	48.6	48.6
	镫口	黄河	内蒙古，包头市等	63.5	67.0
	麻地壕	黄河	内蒙古，托克托县	36.02	78.3
	民族团结	黄河	内蒙古，土默特右旗	22.5	31.0
	夹马口	黄河	山西省，运城地区	33.0	45.0
	尊村	黄河	山西省，运城地区	56.62	120.0
	大禹渡	黄河	山西省，运城地区	18.81	31.4
	禹门口	黄河	山西省，河津、稷山县等	18.6	49.8
	东雷	黄河	陕西省，合阳、大荔县等	87.3	102.0
	小计			494.25	718.2

续表 4-1

子区名称	灌区名称	水源所在水系	省(区)、地、县	现状灌溉面积	规划灌溉面积
宁蒙自流灌区	青铜峡	黄河	宁夏,青铜铁、石嘴山市	495.0	506.0
	河套	黄河	内蒙古,巴盟	860.0	860.0
	伊盟南	黄河	内蒙古,伊盟	139.6	139.6
	大黑河	大黑河	内蒙古,呼和浩特	76.0	85.5
	小计			1 570.6	1 591.1
汾渭平原灌区	潇河	汾河	山西省,榆次市、太谷县等	33.2	33.2
	文峪河	汾河	山西省,吕梁地区	49.7	51.2
	汾河	汾河	山西省,太原市、吕梁地区	138.8	149.6
	汾西	汾河	山西省,临汾地区	35.0	70.3
	石头河	渭河	陕西省,眉县、岐山县	22.0	37.00
	宝鸡峡	渭河	陕西省,宝鸡、咸阳、杨凌市	282.8	280.00
	冯家山	渭河	陕西省,宝鸡、咸阳市	124.7	126.00
	羊毛湾	渭河	陕西省,乾县、武功、永寿县	24.0	32.54
	泾惠渠	渭河	陕西省,泾阳、三原县等	125.9	135.50
	交口抽渭	渭河	陕西省,西安、渭南市	113.0	119.0
	洛惠渠	渭河	陕西省,大荔、蒲城、澄城县	74.3	74.30
	石堡川	渭河	陕西省,白水、澄城、洛川县	23.0	31.00
	桃曲坡	渭河	陕西省,富平、耀县	23.5	31.83
	小计			1 069.9	1 171.47
河南灌区	窄口	窄口水库	灵宝市	14	35.5
	陆浑	陆浑水库	洛阳、平顶山、郑州、嵩县	52	134
	引沁	沁河	焦作市	30.9	30.9
	广利	沁河、当地	济源、沁阳等四县市	31	31
	武嘉	引黄、当地	新乡与焦作两市	20	36
	人民胜利渠	引黄、当地	新乡、焦作、安阳市	84.8	85
	韩董庄	引黄	新乡市原阳县	29.1	58.2
	中牟杨桥	引黄、当地	中牟县	34.3	41.3
	祥符朱	引黄、当地	新乡市、原阳县、延津县、	32	36.5
	赵口	引黄、当地	郑州、开封、许昌、周口等市	366.5	366.5
	大功	引黄、当地	新乡、安阳市的六县	141	141
	柳园口	引黄、当地	开封县、杞县、开封市部分	27.4	30
	三义寨	引黄、当地	开封、商丘市九县	181	181
	石头庄	引黄、当地	长垣县	30.5	35
	渠村	引黄、当地	濮阳、安阳市五县	145.7	145.7
	南小堤	引黄、当地	濮阳、清丰、南乐等县	83	83
	彭楼	引黄、当地	范县	28	31.1
	小计			1 331.2	1 501.7

续表 4-1

子区名称	灌区名称	水源所在水系	省(区)、地、县	现状灌溉面积	规划灌溉面积
山东灌区	阎潭	引黄,当地	菏泽地区东明等四县	100.0	100
	谢寨	引黄,当地	菏泽、定陶等四县	72.0	72
	刘庄	引黄	菏泽市	52.4	60
	苏泗庄	引黄	菏泽、鄄城县	46	46
	苏阁	引黄,当地	菏泽、郓城县	37	37
	杨集	引黄,当地	菏泽、郓城县	30.4	41.6
	陈垓	引黄,当地	济宁市、梁山县	42.2	42.2
	国那里	引黄,当地	济宁市、梁山县	31	31
	彭楼	引黄	聊城、莘县、冠县	128.7	130
	陶城铺	引黄,当地	聊城、莘县、杨各到	74	74
	位山	引黄,当地	聊城地区七县	508	508
	郭口	引黄,当地	聊城地区东阿县	33	33
	潘庄	引黄	德州地区八县(市)	330	357
	李家岸	引黄	德州地区六县	230	230
	田山	引黄,当地	济南市,平阳、肥城等县	24	31.7
	邢家渡	引黄	济南市,济阳、商河等县	89.3	93
	陈孟圈	引黄,当地	济南市、历城区	24.6	30.7
	胡家岸	引黄,当地	济南市、章丘市	34.6	34.6
	刘春家	引黄,当地	淄博市、高青县	30.7	30.7
	马扎子	引黄,当地	淄博市、高青县	33	33.0
	胡楼	引黄	邹平县	38	65
	簸箕李	引黄,当地	滨州地区惠民等县	77	90
	白龙湾	引黄,当地	滨州地区惠民县	14.5	35
	小开河	引黄	滨州地区惠民等县	66	66
	韩墩	引黄	滨州地区惠民等县市	40	40
	打渔张	引黄	滨州地区博兴县	38	66.4
	麻湾	引黄	东营市、东营区、广饶县	50	40
	王庄	引黄,当地	东营市、利津县	47.1	47
	双河	引黄	东营市、垦利县	10	30
	小计			2 331.5	2 494.9
合计				6 797.45	7 477.37

上游灌区位于鄂尔多斯高原及河套平原,海拔 1 000 ~ 1 300 m,是干旱缺水、风沙严重的地带。中游位于黄土高原区,海拔 1 000 ~ 2 000 m,其中晋中、晋南盆地由北向南,海拔自 1 000 m 降至 400 m;渭河盆地由西向东海拔 600 ~ 330 m,地势平坦,土地肥沃。区内土壤主要为褐土、黑垆土、灰钙土等。下游多位于海拔 100 m 以下的黄河冲积平原,总体上地势平坦,地面坡度为 1/300 ~ 1/500,由于受黄河泛滥与切割的影响,地形起伏大,形成了黄河下游冲积平原特有的地貌,土壤以沙壤土、黏壤土为主。整个灌区属干旱、半

干旱大陆性气候，冬春干旱多风，夏季高温多雨，多年平均降水量上游为150～350 mm，中游为400～600 mm，下游为600～700 mm，年降水量空间分布呈现由东南向西北递减的趋势。地面蒸发量为2 300～800 mm，分布趋势从西向东递减。由于降水量时空分布不均匀，且降水量多集中在6～9月份，干旱年枯水季河流流量甚少，给水资源开发利用以及农业生产带来很大困难。

黄河流域面积占全国面积的8%，径流量为580亿 m^3，只占全国河川径流量的2.1%，居于全国七大江河的第4位。人均年径流量为542 m^3，为全国人均年径流量的25%，年径流量为全国的16%。与七大江河中水量最多的长江相比，流域面积是长江的42%，而水量却不到长江的6.2%。长江流域人均径流量和亩均径流量分别是黄河的4.6倍和7.8倍。

黄河流域在我国各大河流中具有自然灾害类型多、发生频率高且危害大的特点。洪水灾害主要出现在宁蒙河段及下游平原区，成灾洪水主要由暴雨与冰凌造成；同时黄河流域又是我国旱灾最频繁的地区之一；黄河上中游黄土高原是我国最为严重的水土流失区；宁蒙地区北部是较为严重的风蚀沙化地区；土壤盐渍化也是宁蒙灌区及黄河下游地区的突出灾害。

灌区内总人口5 702万人，其中农业人口4 810万人，分别占全流域的39%和42%；耕地面积10 531.5万亩，有效灌溉面积6 798万亩，分别占全流域的43%和60%；工业总产值1 874.1亿元，农业总产值1 084.3亿元，分别占全流域的31%和71.9%；粮食总产量282.1亿kg，约占全区粮食总产的75.5%，人均占有粮食495 kg，为流域人均粮食352 kg的1.41倍，如表4-2所示。

表4-2　黄河流域大型灌区现状社会经济情况(1998年)

子区名称	总人口(万人)	农村人口(万人)	耕地面积(万亩)	工业总产值(亿元)	农业总产值(亿元)	粮食总产量(亿kg)
宁蒙自流灌区	463.1	307.7	2 300.9	187.6	126.9	38.8
黄河提水灌区	389.4	347.0	1 013.8	63.5	48.7	18.2
汾渭平原灌区	998.1	810.4	1 328.9	390.0	138.7	43.9
河南灌区	1 659	1 455.9	2 252.5	370.0	290.0	59.3
山东灌区	2 192.4	1 889	3 635.4	863.0	480.0	121.9
合计	5 702	4 810	10 531.5	1 874.1	1 084.3	282.1

黄河上中游水电容量约占全国的1/10，煤炭资源占全国的70%以上，有色金属储量占全国的1/2以上，下游石油产量占全国的1/3，该区是我国重要的石油及煤炭能源基地、冶金化工基地和粮食生产基地。其中湟水是青海省主要的工农业基地；黄河干流提水灌区自开灌以来社会经济及农民生活水平明显提高；宁蒙平原是国家主要的商品粮基地和重要的能源基地之一；汾渭平原是山西、陕西两省政治、经济、文化的中心；河南、山东均是我国的农业大省，大型灌区不仅是两省的农业生产支柱，还肩负着胜利油田等大型工业基地的供水任务。

灌区总体发展水平低于全国水平，但在我国宏观经济战略布局中具有重要的地位。主要表现在：有明显的区位优势，是横贯中国腹地、连接亚欧大陆桥、沟通东西南北的重要纽带；有丰富的能源、矿产和土地资源。因此，本区以兰州为中心的黄河上游水电和冶金化工基地、以西安为中心的高新技术装备基地、以山西为中心的能源基地、山东半岛和黄河河口经济开发区等已被列为国家重点综合开发地区。

（二）大型灌区水资源利用现状

黄河流域大型灌区中，除青海湟水灌区，内蒙古大黑河灌区，山西及陕西汾渭平原灌区，河南陆浑、引沁、广利等灌区分别从黄河支流湟水、大黑河、汾河及渭河、洛河及沁河引水外，其余绝大部分灌区主要利用黄河干流水源。

黄河流域大型灌区灌溉用水量为291.58 亿 m^3，工业及生活用水量为44.64 亿 m^3，分别占黄河流域总灌溉用水量、工业及生活用水量的63%、44%。大型灌区总用水量为336.22 亿 m^3，约占黄河流域总用水量的68%。其中当地径流利用量53.85 亿 m^3；引黄水量220.14 亿 m^3，约占黄河流域引用河川径流量395 亿 m^3 的69%；地下水利用量62.23 亿 m^3，约占全流域地下水利用量的56%。见表4-3。

表4-3　黄河流域大型灌区现状水资源利用情况（1998 年）　（单位：亿 m^3）

子区名称	灌溉用水量	工业及生活用水量	用水量合计	当地径流利用量	引黄水量	地下水利用量
宁蒙自流灌区	89.07	7.75	96.82		91.15	5.67
黄河提水灌区	20.96	4.53	25.49		20.37	5.12
汾渭平原灌区	36.10	8.99	45.09	37.03		8.06
河南灌区	58.03	8.40	66.43	12.77	32.96	20.70
山东灌区	87.42	14.97	102.39	4.05	75.66	22.68
合计	291.58	44.64	336.22	53.85	220.14	62.23

在现状条件下，本区水资源及其利用特点主要表现在以下几个方面。

（1）水资源特点：①水少。黄河虽为我国的第二条大河，但河川径流量仅占全国河川径流量的2.1%，居我国七大江河的第四位；亩均河川径流量仅占全国亩均河川径流量的17%；人均河川径流量为全国的25%。因此，黄河水资源短缺问题将成为21世纪本区经济持续发展的主要制约因素。②多沙。河川径流1 m^3 含沙量平均达35 kg，在国内外大江大河中居首位，90%以上的黄河沙量来自中游。③径流量年际、年内变化大。黄河干流各水文站年最大径流量一般为最小径流量的3.1～3.5倍，支流一般达5～12倍；径流量年内分布集中，汛期7～10月的径流量占全年的比例达60%以上，且多以洪水形式出现。④水土资源分布很不协调。全河1/2以上的河水径流来自兰州的上游，宁夏、内蒙古区间产流很少，下游更少。上、中游径流量分别占全河的50%、43%。黄河流域土地资源丰富，但水土资源分布极不协调，大部分耕地集中在干旱少雨的宁蒙沿黄灌区，中游汾渭平原及当地河川径流较少的黄河下游引黄灌区，三大片耕地占全区大型灌区总耕地面积的90%。

(2)水资源利用特点:①生态环境用水缺口很大。目前黄河流域生态环境需水,包括水土保持、非汛期生态基流、汛期输沙水量200亿~220亿 m^3,约占黄河流域总需水量的38%。随着生态环境建设的发展,生态环境需水约260亿 m^3,需水缺口将更大。②灌溉是用水大户,灌溉用水量占总水量的87%。③引黄水是本区的主要水源。在大型灌区现状用水中,引黄水量约占总水量的66%,当地径流占16%,地下水占18%。④灌溉用水相对集中。约有92%的灌溉用水集中在宁蒙灌区、汾渭平原灌区及下游引黄灌区。⑤工业及城乡生活用水增长较快。现状与1980年相比,灌溉用水增幅仅1.3%,而工业及城乡生活用水增幅达90%。

(三)大型灌区土地利用现状

大型灌区土地利用现状见表4-4。

表4-4　黄河流域大型灌区土地利用现状　(单位:万亩)

子区名称	土地面积	耕地面积	现状灌溉面积	
			设计	有效
宁蒙自流灌区	3 575.29	2 300.9	1 858.22	1 570.6
黄河提水灌区	1 440.22	1 013.8	829.62	494.3
汾渭平原灌区	1 671.25	1 328.9	1 179.74	1 069.9
河南灌区	3 544.00	2 252.5	1 978.07	1 331.2
山东灌区	6 050.30	3 635.4	3 366.43	2 331.5
合计	16 281.06	10 531.5	9 212.08	6 797.5

黄河流域大型灌区总土地面积16 281.06万亩,总耕地面积10 531.5万亩,约占全流域总耕地面积的43%;原设计灌溉面积9 212.08万亩,现状有效灌溉面积6 797.5万亩,占全流域有效灌溉面积的60%以上。土地利用具有以下特点:

(1)受水源限制,扩大灌溉面积的潜力不大。黄河上中游地区水资源紧缺,生态环境属重点水土保持治理区,尽管土地资源丰富,在南水北调工程完成前,扩大灌溉面积的潜力不大;下游工农业发达,人口密集,土地开发利用率高,后备资源不足,耕地面积只会逐年减少。

(2)自流引水灌区是节水的重点。自流引水灌区灌溉面积约占总灌溉面积的88%,提水灌区灌溉面积约占9%,纯井灌区灌溉面积约占3%,自流引水灌区面积及用水量所占比重较大,是节水改造的重点。

(3)大型灌区灌溉面积相对集中。宁蒙、汾渭及黄河下游三大片灌区灌溉面积占流域大型灌区总灌溉面积的90%以上,是黄河大型灌区的主体。

(4)提高现有耕地利用率的潜力较大。中低产田面积在总灌溉面积中所占比重达30%~40%,其中因缺水造成的中低产田面积占2/3。现有节水灌溉面积仅占有效灌溉面积的12%,有效灌溉面积不足原设计灌溉面积的73%。因此,改造现有耕地、提高耕地利用率的潜力较大。

二、黄河流域大型灌区存在的问题

(一)水资源极为紧缺,且浪费严重

黄河流域年均天然河川径流量约580亿m^3,还有可利用的地下水约100亿m^3。河川径流量中,除必须保持河道泥沙输送入海所需的汛期水量200亿~220亿m^3外,可供工农业生产和城乡生活用水为380亿m^3。20世纪90年代以来,引黄实际耗水量约为307亿m^3,其中灌溉用水约为286亿m^3。各地实际用水量情况为:内蒙古年均用水量约70亿m^3,山东年均用水量约75亿m^3,均超过国务院分配指标。根据现状水资源供需平衡分析,由于黄河水资源总量不足,部分地区水土资源分布不相适应,水资源供需矛盾已相当突出,全河多年平均缺水26亿m^3。2010年来水保证率$P=50\%$,缺水量41亿m^3;$P=75\%$,缺水量51亿m^3。从流域内矿产资源分布、工农业发展、人口增长、土地资源及引水条件等因素综合考虑,2030年以后黄河流域将缺水110亿~160亿m^3。黄河河川径流利用率已达66.5%,在国内外属较高水平。受以下因素的影响,黄河水资源紧缺状况将进一步加剧。

(1)随着城市化率的提高、工农业结构比例的变化,黄河流域城乡生活供水及工业用水将大幅度增长(目前黄河流域农业用水约占总用水量的80%,而发达国家为40%~60%)。1997年较1980年工业及城乡生活用水增幅达90%,而灌溉用水增幅仅1.3%。

(2)生态环境建设、湿地水面保护区、水土保持等生态用水将明显增长。

(3)由于气候变化及人类活动影响,黄河流域近20年来平均降水量偏少5%~10%,黄河花园口的天然来水量偏少20%,地面蒸发量有所提高,黄河流域水资源量有减少的趋势。据“八五”国家攻关项目“黄河流域与水资源开发利用”研究分析,从1950~1989年,黄河上中游地区随着水土保持面积的不断扩大,水保用水量也随之增加,改善了黄河上中游入黄的水沙条件,对黄河水沙资源产生了较大的影响,见表4-5。

表4-5　黄河上中游水土保持减水减沙量

时段	河段	减水量(亿m^3)	减沙量(亿t)
1950~1959	三门峡以上	1.85	0.634
1960~1969	三门峡以上	4.35	1.042
1970~1979	三门峡以上	11.86	2.793
1980~1989	三门峡以上	21.00	5.543

水沙减少的原因有降雨量变化的影响和人类活动的影响,但主要是人类活动的影响,其中引黄灌溉的减水作用占80.8%,水保减水占10.7%;在减沙作用中,水保减沙占61%,水库拦沙占33.4%,引黄灌溉占5.6 %,见表4-6。

在节水的同时,黄河流域同时存在着水资源的浪费现象,大型灌区灌溉水利用率较低。目前,灌溉渠道衬砌率只有20%~40%,且老化破坏严重,建筑物配套差,导致渠系水量损失严重,加之田间灌水方式落后,灌溉水利用率在0.41以下。如:宁夏引黄灌区按引水量计,每亩灌溉定额达1 500 m^3以上,而按农作物的有效利用水量每亩只有300~

400 m^3;内蒙古河套灌区,渠系水利用系数为 0.42;河南、山东引黄灌区的渠系水利用系数也只有 0.45 左右。可以说,目前黄河流域大型灌区灌溉用水总量 291.58 亿 m^3 中,有 1/2 以上的水量在渠道输水和田间渗漏中损耗掉。

表 4-6　黄河三门峡以上河段减水减沙量

时段	减水量(亿 m^3)				减沙量(亿 t)				
	灌溉引水	干流水库调蓄	水土保持	合计	灌溉引水	干流水库拦沙	支流水库拦沙	水土保持	合计
1950~1959	97.5		1.85	99.35	0.821	0	0.23	0.634	1.685
1960~1969	129.0	8.2	4.35	141.55	0.606	7.753	1.16	1.042	10.561
1970~1979	146.0	-2.0	11.86	155.86	0.756	1.230	1.93	2.793	6.709
1980~1989	159.0	16.7	21.0	196.7	0.508	1.150	1.89	5.543	9.091
所占比例(%)	80.8	8.5	10.7	100	5.6	33.4		61	100

(二)灌溉水源污染与黄河泥沙危害并存

黄河水资源危机还表现在由于水污染而造成的水质恶化,水体功能降低和丧失。近 10 年来,黄河流域水污染呈恶化趋势:从支流发展到干流;干流污染也从原来的上游兰州段、包头蔓延到中下游;20 世纪 80 年代水质恶化主要在枯水季节,目前平、枯水季节的水污染不相上下,丰水季节水质污染显著加重。据 1997 年水质检查,黄河流域Ⅰ~Ⅲ类水质的河水仅占评价河长的 17%。在地表灌溉水源遭到不同程度污染的同时,由于污水灌溉,面污染也在不断加剧,导致灌溉水源和水质恶化。如果灌溉用水严格按照《农田灌溉水质标准》控制,21 世纪灌溉可利用水量还要大大减少。

引黄灌溉泥沙危害突出,黄河北干流提水灌区受黄河主流摆动、河道泥沙淤积和黄河"揭河底"现象的影响,往往引水口脱流、上水困难。引黄泥沙还加剧了水泵、钢管磨蚀,造成运行效率下降及出水能力降低。引黄灌区泥沙淤积情况见表 4-7。

表 4-7　多年引黄灌区泥沙淤积情况　(%)

地区	年引沙量(亿 t)	沉沙池	灌溉渠系	排水系统	田间
河南省	0.68	14.4	30.8	11.5	43.3
山东省	1.00	46.2	38.5	6.5	8.8
下游地区	1.68	33.2	35.3	8.6	22.9

从目前形势看,土地沙化有发展的趋势。据美国陆地卫星 TM 图像量测及中国科学研究院地理研究所测算成果,20 世纪 90 年代初黄河下游引黄灌区沙地面积 3.59 km^2,占土地总面积的 30%。而且 90 年代与 80 年代相比,距黄河干流较远的下游地区,沙地面积变化不大,有减少的趋势,而距黄河干流较近的有些灌区,沙地面积有明显的增加。原来沙地面积较大、较集中的郑州至开封、新乡、兰考 3 个典型片,10 年来沙地面积扩大了近 40%,见表 4-8。

表 4-8　三个典型区域沙地面积扩大情况

地 点	沙地面积(km^2)			增加幅度(%)
	20 世纪 80 年代	20 世纪 90 年代	增 加	
郑州至开封	7 225	10 131	2 906	40.32
新乡附近	1 350	1 850	500	37.0
兰考附近	200	280	80	40.0
合 计	8 775	12 261	3 486	39.7

(三)工程配套差,老化失修严重

由于历史原因,已建大型灌区中多数没有按照设计要求完成渠系、田间及渠系建筑物配套工程,许多灌区只修建了渠首、干渠和支渠,而支渠以下的斗、农、毛渠和相应的建筑物修建不全。造成灌区实际灌溉面积远小于设计灌溉面积,76 个大型灌区现状有效灌溉面积只有设计灌溉面积的 73.8%。

黄河灌区工程多数建于 20 世纪 50 年代和 60 年代,工程设施已运行 30 年以上,自然老化现象十分严重。据黄河水利委员会调查,流域内大型灌区各类建筑物老化失修的占 28% ~42%,渠道老化的占 38% ~70%。如青铜峡灌区,干渠建筑物老化失修的占 51.6%,排水沟坍塌淤积的占 55.1%,支、斗渠道损坏失修的占 40%。尤其是几条总干渠,每条长达 100 多公里,由于绝大部分没有衬砌,两岸冲刷坍塌,每次放水都要防护抢险,稍有差错,便会导致决口。总之,目前大多数灌区工程已达到或超过了设计使用年限,处于带病运行或超期服役状态,必须进行更新改造。

(四)水土资源过度开发,水生态环境日趋恶化

(1)黄河断流。黄河断流已成为北方地区社会、经济、环境持续发展最严重的危机。从 1972 ~1998 年 27 年中黄河有 21 年出现了断流,累计断流时间长达 1 050 天,断流年份年均断流 50 天。1997 年断流最为严重,利津站断流 226 天,逐年断流情况见表 4-9。进入 20 世纪 90 年代,断流加剧,其主要表现为:一是断流时间变长,利津站 20 世纪 70、80 年代断流年份平均断流时间分别为 14 天和 15 天,90 年代达 107 天;二是年内首次断流时间提前,20 世纪 70、80 年代首次断流出现在 4 月份,90 年代提前至 2 月份;三是断流长度增加,20 世纪 70、80、90 年代平均断流长度分别为 242 km、256 km 和 438 km;四是断流月份增加,20 世纪 70、80 年代断流主要集中在 5、6 月份,90 年代扩展到 3 ~7 月份和 10 月份;五是主汛期断流时间延长,70、80 年代主汛期平均断流分别为 3.3 天和 2.3 天,90 年代延长到 20.3 天。汾河中下游非汛期基本断流,渭河每年 4 ~6 月份河道最小流量仅 1 ~2 m^3/s,整个华北地区已经没有一条长流河。人类社会历史发展表明,人是傍河而居的,断流将给人类生存带来巨大的危害。断流造成黄河下游的城市生活供水几近断绝,成为严重的社会不安定因素;断流造成下游数百万亩农业难以耕种,严重受旱;工业及油田由于供水不足而处于半停产状态,首先直接引起河道萎缩,泥沙淤积,主河槽抬高,形成地上悬河,河床一般已高出两岸地面 3 ~5 m,部分河段高出 10 m 以上,而且漫滩流量由 20 世纪 80 年代的 6 000 m^3/s 减小到目前的 3 000 m^3/s,造成"小洪水、高水位、大漫滩"的不利局面；中下游地区地下水补给减少，加重黄河沿岸灌区土壤沙化的趋势；黄河水量减少，严重影响鱼类的繁衍与生存；黄河三角洲在黄河泥沙入海量迅速递减等多因素作用下，三角洲地区将面临海岸线退蚀的挑战；黄河河口地区淡水资源不断减少，植被生态系统不断遭到破坏，生物种群多样性已在很大程度上丧失。由此可见，黄河断流引起的生态环境问题对黄河上中游的水资源供求提出了更高的要求。

表 4-9　黄河下游利津站历年断流情况统计

年份	断流最早日期（月-日）	断流次数	全年断流天数（d）	断流长度（km）
1972	04-23	3	19	310
1974	05-14	2	20	316
1975	05-31	2	13	278
1976	05-18	1	8	166
1978	06-03	4	5	104
1979	05-27	2	21	278
1980	05-14	3	8	104
1981	05-17	5	36	662
1982	06-08	1	10	278
1983	06-26	1	5	104
1987	10-01	2	17	216
1988	06-27	2	5	150
1989	04-04	3	24	277
1991	05-15	2	16	131
1992	03-16	5	83	303
1993	02-13	5	60	278
1994	04-03	4	74	380
1995	03-04	3	122	683
1996	02-14	6	136	579
1997	02-07	13	226	704
1998	01-01	16	142	449

（2）土壤盐渍化。内蒙古河套灌区，长期以来大水漫灌、排水不善。20 世纪 50 年代末期，灌区耕地的 90% 有不同程度的盐碱化；80 年代中期以后，修建了排水泵站，加强了排水系统，现在有 50% 的灌溉面积开始达到脱盐状态，但还有 1/2 面积仍处于积盐状态，有待于进一步治理；宁夏青铜峡灌区 1991 年中低产田面积 275 万亩，占耕地面积的 71%，

经过 10 年的开发治理，目前尚有低产田 220 万亩，占耕地面积的 52.9%，中低产田大部分属盐碱型；黄河下游的豫鲁两省灌区，20 世纪 60 年代曾因严重盐碱化被迫全面停灌，以后大力开挖排水河道，并积极发展井灌，盐碱化得到改善，引黄灌溉又逐步恢复，但近年来由于排水系统的淤积和堵塞，很多地区地下水位偏高，有些灌区仍处于积盐状态，目前尚有 10% ~15% 耕地为盐碱地和低洼易涝地，盐、碱、渍、涝的威胁依然存在。黄河流域大型灌区由于灌溉不善造成中低产田达 953 万亩。

(3) 地下水超采。汾渭平原地下水超采引起一系列生态环境问题：山西运城、临汾、太原等六大盆地地下水超采面积达 5 182 km^2，占盆地总面积的 19%，有的超采量占可开采量的 33.8%。其地下水降落漏斗水位下降速率一般为 1 ~ 3 m/年，太原盆地达 4.7 m/年。关中平原的西安、咸阳等地大范围地下水超采，其中西安连年超采率达 10% 以上，已经形成 250 km^2 的降落漏斗，漏斗中心水位埋深已降至 140 m 以下。长期超采地下水诱发地面沉降与裂缝，西安累计沉降量大于 100 mm 的面积为 100 km^2，最大累计沉降量已达2 300 mm，沉降速率为 30 ~93 mm/年，地面沉降与裂缝对建筑物及地下管网威胁很大。

（五）灌区管理体制不适应市场经济的要求

灌区基本上仍沿用计划经济时代的管理模式，政企不分，责权不清，投入机制不完善，没有形成经济自立、良性循环的机制，加之管理、量水、通讯等技术落后，远不适应市场经济对灌区的要求。

灌区的水价体系不合理，现行灌溉水价仅为成本的 30% ~40%，水费收入无力支持灌区正常的运行维修。这种水价体系淡化了人们的节水意识，助长了灌区粗放、落后的灌溉方式，节水灌溉技术难以推广，造成人为的水资源浪费。总之，灌区在水资源管理方面既未形成强制性节水的自我约束机制，又没有推动效益性节水的激励机制。

第四节　节水改造潜力分析

黄河大型灌区节水改造潜力分析，关系到黄河水土资源开发利用的总体布局。从黄河流域大型灌区的现状看，节水潜力（包括工程节水、生物节水、管理节水）、土地利用潜力（包括土壤改良等）都很大。随着节水技术的发展、节水技术标准的提高和高科技投入的增加，节水改造工程的节水增效潜力将得到进一步发挥。

一、水土资源平衡成果

（一）社会经济发展预测成果

黄河流域是我国最早的经济发达地区，新中国成立后虽有较大的发展，但总体发展水平仍落后于全国平均水平。面对 21 世纪我国加大中西部开发的大好机遇，黄河流域具有重要的战略地位，发展潜力巨大，发展速度将明显加快。但在未实施南水北调供水前，由于受水资源及生态环境的制约，经济必须在“节水、挖潜、增效”的战略下求发展，在优先保证黄河生态环境低限用水、维持地下水采补总量平衡的前提下，安排经济发展的结构及规模。

根据黄河流域大型灌区规划,2015 年本区总人口将由现状年的 5 702.5 万人增加到 6 444.4 万人,其中农村人口为 4 784.6 万人,年增长率为 6‰～9‰;城镇化率由现状年的 16%提高到 26%;工、农业总产值分别为 6 802.9 亿元和 2 160.6 亿元,年增长率分别为 7.9%和 4.1%;预计粮食总产将由现状年的 282.1 亿 kg 增加到 394.7 亿 kg,人均粮食达 612.5 kg,粮食总产量增长 39.9%,年均增长 1.88%,见表 4-10。

表 4-10　黄河流域大型灌区 2015 年社会经济发展指标预测

子区名称	总人口（万人）	农村人口（万人）	工业总产值（亿元）	农业总产值（亿元）	粮食总产量（亿 kg）	增产量（亿 kg）
宁蒙自流灌区	590.7	318.5	581.5	217.1	57.9	19.1
中游提水灌区	458.3	382.9	193.8	83.3	29.5	11.3
汾渭平原灌区	1 139.8	883.1	1 416.6	237.2	62.1	18.2
河南灌区	1 830.8	1 374.0	1 287.0	611.0	82.1	22.8
山东灌区	2 424.8	1 826.1	3 324.0	1 012.0	163.1	41.2
合计	6 444.4	4 784.6	6 802.9	2 160.6	394.7	112.6

(二)土地利用规划

根据本区水资源紧缺、水土资源不相匹配又过度开发、生态环境恶化的现状,从区域可持续发展战略出发,在南水北调工程实施前,原则上不再扩大灌溉面积,土地利用规划以改造中低产田、提高土地利用率为主,以本区水土资源的可持续利用支持社会、经济、生态环境的可持续发展。黄河流域大型灌区土地利用现状及规划见表 4-11。

表 4-11　黄河流域大型灌区土地利用现状及规划　（单位:万亩）

子区名称	土地面积	耕地面积	现状灌溉面积		2015 年规划		
			设施	有效	规划灌溉面积	节水灌溉面积	中低产田改造面积
宁蒙自流灌区	3 575.29	2 300.9	1 858.22	1 570.6	1 591.1	1 530.69	811.50
中游提水灌区	1 440.22	1 013.8	829.62	494.3	718.2	693.88	442.23
汾渭平原灌区	1 671.25	1 328.9	1 179.74	1 069.9	1 171.4	1 093.25	345.60
河南灌区	3 544.00	2 252.5	1 978.07	1 331.2	1 501.7	1 386.80	580.00
山东灌区	6 050.30	3 635.4	3 366.43	2 331.5	2 494.9	1 639.60	774.00
合计	16 281.06	10 531.5	9 212.08	6 797.5	7 477.3	6 344.22	2 953.33

(三)水土资源平衡成果

随着我国西部大开发的展开,工农业及城乡生活、生态环境建设等都对黄河供水提出了更高的要求。面对黄河全流域水资源紧缺的状况,必须按照国务院规定的分水指标控制引黄水量,保证黄河生态环境低限用水,维持地下水采补总量平衡。规划 2015 年黄河大型灌区总需水量为320.38亿m^3,较现状年减少4.7%;工业及生活需水增长至60.7亿m^3,较现状年增长36.0%;作为用水大户的农业灌溉用水,必须通过各种节水措施,在有效面积有所扩大的情况下,用水量减至259.7亿m^3,较现状年减少10.9%。黄河流域大型灌区规划水平年水资源供需基本平衡,这种平衡是相对的、有条件的。因为有些支流年径流的水资源利用率已达50%以上,下游出现季节性断流,开发程度很高;规划需水量中有些灌区实行了有限灌溉,毛灌溉定额较低;对水土保持及气候变化引起的地表径流减少、节水措施引起的地下水补给量减少和生态等其他需水增长可能估计不足。因此,从长远出发,在挖掘本区节水潜力的基础上,修建引江济黄及北干流水利工程,对彻底解决汾渭平原及黄河下游黄淮海平原的缺水,充分挖掘黄河上中游的土地资源,改善其生态环境是必不可少的。

黄河流域大型灌区现状水资源利用情况见表4-12。

表4-12　黄河流域大型灌区现状水资源利用情况　（单位:亿m^3）

子区名称	灌溉用水量	工业及生活用水量	用水量合计	地表水利用量	引黄水量	地下水利用量
宁蒙自流灌区	89.07	7.75	96.82		91.15	5.67
中游提水灌区	20.96	4.53	25.49		20.37	5.12
汾渭平原灌区	36.10	8.99	45.09	37.03		8.06
河南灌区	58.03	8.40	66.43	12.77	32.96	20.70
山东灌区	87.42	14.97	102.39	4.05	75.66	22.68
合计	291.58	44.64	336.22	53.85	220.14	62.23

黄河流域大型灌区2015年水资源平衡成果见表4-13。

表4-13　黄河流域大型灌区2015年水资源供需平衡

子区名称	需水量(亿m^3)			比现状需水量增减(亿m^3)	供水量(亿m^3)				灌溉供水保证率(%)
	灌溉	工业及生活	合计		地表水	引黄水量	地下水	合计	
宁蒙自流灌区	67.6	13.81	81.17	-15.65		75.10	6.07	81.17	50~75
中游提水灌区	25.11	5.33	30.44	4.95		26.99	3.45	30.44	50~80
汾渭平原灌区	34.06	12.97	47.03	1.94	38.40		8.63	47.03	50~75
河南灌区	54.31	9.87	64.18	-2.25	9.07	36.00	19.11	64.18	50
山东灌区	78.83	18.73	97.56	-4.83	11.63	63.00	22.93	97.56	50
合计	259.67	60.71	320.38	-15.84	59.1	201.09	60.19	320.38	50~80

二、黄河流域大型灌区节水灌溉现状

据水利部黄河水利委员会统计分析,截至1997年,黄河流域大型灌区符合水利部《节水灌溉技术规定》技术标准的节水灌溉面积为 817 万亩，占大型灌区有效灌溉面积的 12%。渠灌区达到节水标准的面积为 235 万亩，占现状有效灌溉面积的 3.5%，渠灌区节水灌溉面积所占比率很低，见表 4-14。

表 4-14　1997 年黄河流域部分省(区)大型灌区节水现状

省(区)	喷灌面积(万亩)	微灌面积(万亩)	管灌面积(万亩)	渠灌区节水面积(万亩)	其他节水面积(万亩)	合计(万亩)	节水占有效灌溉面积的比例(%)
宁夏	1.5	0.1		69.2		70.8	11.5
内蒙古	3.7				8.2	11.9	1.1
山西	1.3	0.2	19.8	29.8		51.1	16.9
陕西	0.1	0.8	0.4	113.4		114.7	12.9
河南			46.6	11.0	6.9	64.5	6.7
山东	2.6	0.3	489.9	11.5		504.3	18.5
合计	9.2	1.4	556.7	234.9	15.1	817.3	12.02
节水占灌溉面积的比例(%)	0.14	0.02	8.18	3.46	0.22	12.02	

地区节水灌溉状况差异较大。目前黄河流域大型灌区主要灌溉方式是漫灌和畦灌，现状综合灌溉水利用系数为 0.411，综合毛灌溉定额为 485 m^3/亩。由于水源条件、工程设施和管理水平不同，各区灌溉用水情况差距较大。如宁蒙灌区灌溉面积 1 570.6 万亩，占流域大型灌溉面积的 23%，但灌溉引水量达 89.1 亿 m^3，占流域大型灌区灌溉用水量的 31.0%，平均每亩灌水量 823 m^3。其中青铜峡灌区毛灌溉定额为 1 341 m^3/亩，是全流域大型灌区平均值的 2.8 倍，灌溉水利用系数为 0.37。除青铜峡引黄灌区有 40% 的灌溉用水回归黄河外，其他灌区回归水量很少。黄河下游河南、山东灌区，由于工程与管理不善，加之引水方便，用水浪费，不少灌区毛灌溉定额达 600 ~ 780 m^3/亩。与此相反，汾渭灌区由于水资源贫乏，工程配套相对较好，灌溉面积 1 070 万亩，占黄河大型灌区总灌溉面积的 16%，但灌溉用水量仅 36.1 亿 m^3，只占相应总用水量的 12%。其中渭河平原灌区平均每亩灌水量 357 m^3，灌溉水利用系数为 0.497。

从节水措施看，主要为地面灌溉节水技术，包括 U 形渠道衬砌的小畦灌、沟灌等；低压管灌主要分布在井灌区，分布面积不到有效灌溉面积的 10%；喷灌、微灌面积由于受河流泥沙等因素影响，在黄河灌区不足有效灌溉面积的 1%，多分布在水库与井灌区。

从工程管理和水资源调度看，大部分灌区通讯设施落后且不完善；灌区量水及闸门启闭设备不配套；河源水情与作物需水缺乏科学预测，灌区范围内缺水与弃水现象同时存在，由于管理手段落后，有些灌区无效弃水达 10% 以上。

三、黄河流域大型灌区分区节水改造重点措施

分区节水改造重点布局及措施要针对各分区存在的主要矛盾和影响全局的问题，优

先安排节水增效潜力较大、改善黄河生态环境明显、缓解水资源供需矛盾显著、挖掘土地潜力较大的措施。各分区节水改造在工程方面的重点布局及措施各有侧重，但在改善管理方面有其共同的对策。

四、大型灌区节水改造潜力分析

黄河流域大型灌区总人口 5 702.5 万人，农业人口 4 810.2 万人，分别占全流域总人口的39%和42%；耕地面积10 531.5 万亩，灌溉面积6 797.5 万亩，分别占全流域的43%和63%；工业总产值 1 874.1 亿元，农业总产值 1 084.3 亿元，分别占全流域的 31% 和71.9%；粮食总产量282.1 亿 kg，约占全区粮食总产的 75.5%，人均占有粮食 495 kg，为全流域人均粮食 352 kg 的 1.41 倍。

(一) 工程节水潜力

目前黄河流域大型灌区灌溉水利用系数为 0.411，与《节水灌溉技术规范》规定的标准值0.5 以及与“节水改造长远规划”值0.65～0.75 相差较远。现状水分生产率为0.8～1.1 kg/m^3，与“中国可持续发展水资源战略研究”成果要求的 1.5～1.8 kg/m^3，以及与目前黄河流域一些节水先进灌区 1.83～2.02 kg/m^3（山东）相距较大，与发达国家 2.0～2.3 kg/m^3 的要求值则有更大差距。这说明本区大型灌区一方面存在着严重缺水问题，另一方面又存在着水资源浪费现象，节水潜力很大。据上述水资源平衡成果分析，大型灌区节水改造，进行渠道防渗衬砌、完善田间工程等，可使灌溉水利用系数从 0.411 提高到0.599 4，减少灌溉用水量 36.1 亿 m^3。灌区 1998 年与规划灌溉定额及方式对比见表 4-15。

表 4-15　黄河流域大型灌区 1998 年与规划年灌溉定额及方式对比

子区名称	1998 年				规划年(2015 年)			
	灌溉水利用系数	毛灌溉定额（m^3/亩）	净灌溉定额（m^3/亩）	灌溉方式	灌溉水利用系数	毛灌溉定额（m^3/亩）	净灌溉定额（m^3/亩）	灌溉方式
宁蒙自流灌区	0.366 7	823	301	漫灌	0.562 1	503	283	畦灌
中游提水灌区	0.47～0.44	463～443	217～195	漫灌 畦灌	0.65～0.63	385～306	202～193	畦灌 沟灌
汾渭平原灌区	0.35～0.50	422～357	148～177	畦灌	0.59～0.61	279～292	164～179	畦灌 沟灌 管灌
河南灌区	0.42	357	150	畦灌	0.60	300	180	畦灌 沟灌 管灌
山东灌区	0.44	409	180	畦灌	0.64	313	200	畦灌 沟灌 管灌
全区	0.411 7	485	200		0.599 4	347	208	

(二)改进灌溉制度,挖掘节水潜力

黄河流域大型灌区约有60%以上灌溉面积采取粗放灌溉方式,灌溉定额远大于作物生长期的实际需水量,其中宁蒙河套灌区最高毛灌溉定额达1 341 m^3/亩,平均为823 m^3/亩。节水改造后,每亩毛灌溉定额减少320 m^3,提水灌区亩均毛灌溉定额减少78～137 m^3。

另外,黄河流域中下游约有70%以上地区降雨量在500～700 mm。根据国内外经验,在年降水400～500 mm以上地区,可以推行补充灌溉、非充分灌溉、巧灌关键水、提高降雨的有效利用、降低田间腾发量等措施,可使小麦、玉米等大田作物节水15%～25%。

(三)工程改善及水资源优化调度多引水量

通过工程及管理措施,使有限的水资源最大限度地发挥效益,减少损失,增大供水。包括渠井结合、渠库结合等地下水和地表水联合调度,以及浑水利用、补源灌溉等措施。规划在预计时间内增供水量20.2亿 m^3。

另外,土壤墒情监测、供需水预报、优化配水技术、自动测控技术等先进的优化调度管理手段,可以减少由于调度不当引起的灌区过量用水及弃水现象,根据国内外一般经验可节水10%～15%。

(四)中低产田改造,提高土地利用率

宁蒙灌区及黄河下游引黄灌区由于长期过量引水灌溉,排水不畅,在强烈蒸发作用下,形成大片盐碱化土地;黄河下游引黄灌区还有一部分土地受风和泥沙的影响,形成沙化土壤;上游由于干旱缺水成为旱地。据统计,黄河流域大型灌区有各类中低产田2 000余万亩,约占总灌溉面积的40%。通过灌区节水改造及综合治理,这些中低产田将建成为"两高一优"的基本农田,成为农、林、牧生产基地。

通过大型灌区节水改造,预计可节约用水36.1亿 m^3,挖潜多引水20.2亿 m^3,在土地利用方面改造中低产田2 953万亩。

总之,黄河流域大型灌区通过节水改造、改造中低产田、提高土地利用率等措施,可以缓解水资源紧缺的状况,基本实现水土资源的优化配置;在调整农业结构的同时提高农业经济效益;在改善供水结构及保持需水负增长的同时,保障工业发展、城乡居民生活及生态环境不断增长的供水需求;在促进灌区社会经济发展的同时,改善生态环境;在形成符合社会主义市场经济规律的水价体系和灌区管理体制的同时,逐步建立大型灌区良性循环的运行机制。

第五节　节水改造目标与任务

一、指导思想与原则

黄河流域大型灌区节水改造要以节水增效为中心;围绕着提高灌溉水的利用效率和水分生产率这个核心,通过工程措施、农业措施、管理措施等进行综合改造;以灌区的科技创新与体制创新带动以节水增效为中心的现代生态农业与灌溉农业园区建设;以水土资源的可持续利用支持灌区生态环境改善和社会、经济的可持续发展。

二、目标及任务

(1)在保证灌区生态环境建设的基础上,优化水土资源的配置,使灌区规划适合国土规划与流域整体规划,便于水土资源的统一管理。

(2)以灌区水土资源的可持续利用和优化配置为前提,确定灌区发展规模,实现社会、经济的可持续发展。

(3)逐步调整灌区农业结构,使粮经比由现状的9:1~8:2提高到7:3~5:5。

(4)灌区防洪、除涝工程达到规划设计规范规定的设防标准,并有一套防洪、除涝、减灾的非工程对策及措施,形成完整的安全保障体系。

(5)使灌区引水、配水、输水、灌水、用水等各个环节实现全面节水。灌溉设计保证率为50%~75%,灌溉水利用率达到0.5~0.65;水分生产率达到1.5~1.8 kg/m^3;毛灌溉定额减少到350 m^3/亩左右;节水灌溉面积占有效灌溉面积的80%以上。

(6)农村人口饮用安全卫生水到村率和入户率达95%以上。

(7)排水通畅,渠井结合,地下水调控在临界深度以下。

(8)灌区实现农、林、牧、副、渔相结合,渠、路、沟、井、电、林全面配套,农田防护林网率达60%~90%,水土流失治理面积达60%~80%,主要河道水体水质达到Ⅲ类标准,灌溉水源水质达到国家规定标准,使灌区成为现代化生态农业园区。

(9)灌区量水到末级固定渠道的比例达80%~100%。通信及计算机管理网络全部覆盖到灌区管理站、干支渠配水点及重点枢纽工程。管理信息网等设施建设达到发达国家20世纪80、90年代水平。

(10)在科技创新、体制创新的同时,注重符合中国特色、适合当地条件的实用技术和措施的应用。

(11)建成适合本区水资源优化配置和市场经济原则的水价和水费体系。

(12)建立产权清晰、责权利明确、管理高效、适合我国社会主义市场经济规律的管理体制及机制,使管理单位步入良性运行和自我发展的轨道。

第六节 节水改造战略布局

黄河大型灌区有共同问题,但由于自然条件、社会经济发展水平、灌溉及农业生产状况等方面的差异,其节水改造的重点有明显的地域性和不同侧重。黄河流域分为黄河上游的宁蒙灌区、中游的提水灌区及汾渭平原灌区和下游的河南、山东沿黄灌区,各分区节水改造战略布局如下。

一、宁蒙灌区

本区干旱少雨,年降水量为139~222 mm,风大,蒸发量大(1 000~2 400 mm),土地肥沃,光照资源丰富。该区是黄河流域的主要灌溉农业区,是以引黄为主要水源的用水大户。灌区灌排工程布局及配套差,田间工程标准低,大定额超量灌水,加剧了本区土壤次生盐碱化、黄河下游径流量的减少及黄河断流等生态状况的恶化。宁蒙灌区北部大风频繁,土壤疏松干旱,加上人畜活动影响,风蚀较为严重。因此,宁蒙灌区节水改造的重点如下。

(一)首先完成骨干排灌系统的硬件改造

本区要严格按照国务院规定的配水指标控制引黄水量,这是灌区水土资源优化配置和黄河流域水安全战略的要求。要规范灌排系统的布设,并完成整治、续建与配套。宁夏灌区要改变原有的灌溉渠道平行布设,空流段长,以及灌排渠系交叉布设等不合理和布局;内蒙古河套灌区在完成干支渠道配套的基础上,按照新的流量设计标准完成渠道防渗衬砌及建筑物配套、田间工程配套,以提高水的利用率。

(二)重点抓好中、低产田改造及土壤盐碱化防治

宁蒙灌区由于土壤次生盐碱化形成的中低产田达 811 万亩,是影响灌区社会、经济、生态全面发展的主要障碍。因此,灌区开发的任何阶段都要对土壤盐碱化的防治给予高度重视。为此,要采取综合措施合理调控地下水位,使其控制在临界深度以下,实现灌区水盐动态平衡,这是防治土壤盐碱化的关键。要搞好灌排分区规划,即渠灌、井灌、井渠结合灌溉分区,以及明沟排水、井排分区规划;要研究确定合理的排灌比,实现水盐动态平衡;在搞好田间工程的同时,推广节水灌溉制度;进行水价、水费制度的改革。通过综合治理改变大水漫灌的落后局面,减少水资源浪费,实现中、低产田的改造和土壤盐碱化防治。

合理调控地下水位不仅是改造中、低产田的需要,也是优化水资源配置、实现节水型灌溉模式的必要。黄河流域平原灌区地下水可开采资源 216.5 亿 m^3,其中上中游为 127.4 亿 m^3,大部分集中在宁蒙河套平原等地,下游平原及引黄灌区为 89.1 亿 m^3。宁蒙灌区由于引黄水量过大,地下水资源不仅未能给予合理的利用,而且有相当的浅层地下水资源通过潜水蒸发无效地被消耗。不同土壤、不同地下水埋深潜水蒸发系数 C 见表 4-16。

表 4-16　宁蒙灌区不同地下水埋深潜水蒸发系数 C

潜水埋深(m)	沙壤土				黏土			
	5~10月		全年		5~10月		全年	
	潜水蒸发量(mm)	潜水蒸发系数 C	潜水蒸发量(mm)	潜水蒸发系数 C	潜水蒸发量(mm)	潜水蒸发系数 C	潜水蒸发量(mm)	潜水蒸发系数 C
0.5	608.16	0.669	760.23	0.615	221.30	0.244	263.83	0.213
1.0	379.28	0.418	464.95	0.376	46.17	0.051	96.17	0.078
1.5	220.15	0.242	276.47	0.223	32.30	0.036	82.18	0.066
1.8	151.21	0.166	212.27	0.172	19.80	0.022	48.10	0.039
2.1	94.62	0.104	168.83	0.136	13.50	0.015	41.48	0.034
2.5	48.70	0.054	121.20	0.096	11.50	0.013	34.19	0.028
3.0	25.40	0.028	79.07	0.064	12.05	0.013	27.25	0.022

将井渠结合的泾惠渠灌区与宁蒙灌区用水情况通过水资源平衡计算对比如表 4-17

所示。

表 4-17　井渠结合灌区与渠灌区水资源利用率对比

项目	泾惠渠灌区（渠井结合）	青铜峡灌区（渠灌区）	内蒙古河套灌区（渠灌区）
灌溉面积(万亩)	135.45	550.05	1 063.05
平均田间需水量 M (m^3/亩)	537	335	324
灌区总耗水量 E_T+E (亿 m^3)	7.95	40.11	144.34
平均耗水量(m^3/亩)	587	729	1 358
平均耗水量/平均田间需水量(%)	109	218	419
非生产性地效蒸发量 E (亿 m^3)	0.31	20.98	108.77
非生产性无效蒸发量/灌区总耗水量(%)	3.9	52.3	75.4
地表水消耗量(亿 m^3)	2.28	25.17	65.22
平均消耗地表水量(m^3/亩)	168	458	614
平均消耗地表水量/平均田间需水量(%)	31	136.7	189.7
地下水开采量/地下水补给量(%)	62.9	11.3	15.1
农田蒸腾 E_T/灌区总耗水量(%)	96.1	47.7	24.6

注:此表来自“八五”国家重点科技攻关项目“黄河治理与水资源开发利用”。

从表 4-17 可以看出:

(1)泾惠渠灌区地下水开采程度为62.9%,宁蒙灌区地下水利用程度只有 11.3% ~ 15.1%。

(2)泾惠渠灌区地表水消耗量为田间需水量的 31%,而宁蒙灌区地表水消耗量为田间需水量的 136.7% ~189.7%。

(3)泾惠渠灌区非生产性的无效蒸发量为灌区总耗水量的 3.9%,而宁蒙灌区高达 52.3% ~75.4%。

(4)泾惠渠灌区农田蒸腾量占全灌区总耗水量的 96.1%,宁蒙灌区为 24.6% ~ 47.7%,说明宁蒙灌区的水资源有效利用率低,仅为 24.6% ~47.7%。

(5)据“八五”攻关项目研究成果“黄河治理与水资源开发利用”分析,如宁蒙灌区使水资源的有效利用率提高到 70%,总耗水量由 184.4 亿 m^3 减至 78 亿 m^3,总耗水量可减少 106.4 亿 m^3,可减少引黄水量 40 亿 m^3。

同时,井渠结合、井灌代排有显著的改良土壤作用。例如,20 世纪 70 年代内蒙古河套灌区在上游的三道桥、下游的长胜、五原地区所进行的竖井排灌试验证明,井渠结合、井灌代排后,土壤盐分逐年减轻。试验前(1977 年 5 月)与试验后(1979 年 5 月)相比:0 ~ 20 cm 土层土壤平均脱盐率为 47%,0 ~80 cm 土层脱盐率为 41%,盐斑面积由 20% 降至 4%,严重缺苗面积由 32% 降至 15%,全苗面积由 48% 增至 80%。试验区井灌代排与地下水埋深关系如表 4-18 所示。

表 4-18　井灌代排与地下水埋深关系

年份	竖井控制面积(亩)	9~11月总抽水量(万 m^3)	井灌面积(亩)	12月初各类地下水埋深(m)占控制面积的百分比(%)					
				0.5~1.0	1.0~1.3	1.3~1.5	1.5~2.0	2.0~2.5	2.5~3.0
1977	2 100	25.03	880	1.52	47.80	29.34	21.34		
1978	4 566	27.06	1 681	5.20	7.60	14.70	54.80	17.70	
1979	6 900	63.25	2 240		15.00	13.00	54.00	11.00	7.00

(三)调整种植结构,推行高效节水技术

宁夏与内蒙古引黄灌区的毛灌溉定额分别为 1 340 m^3/亩及 650 m^3/亩,居全流域之首,节水潜力很大。结合农业结构调整,改进农业及田间工程节水增产措施,特别对秋浇保墒压盐灌溉、组合种植作物灌溉、水稻控制灌溉、有限灌溉等进行深入试验研究,并分区形成制度,加大节水力度,严格减少并控制引黄水量。小麦、玉米、水稻等粮食作物是宁蒙灌区传统的种植品种,耗水量大,效益较差。近年来宁蒙引黄灌区减少水稻种植面积 10 万亩,扩大种植沙生药材等其他经济作物 40 万亩,河套灌区也增加沙棘等节水增效型作物的种植。即使传统的作物,由于当地光照资源丰富,作物间作套种的面积不断扩大,也为推行高效节水技术带来新的机遇。如宁夏水稻节水控制灌溉技术 1998 年只有几十亩的试验田,2000 年已扩大到 22.5 万亩,较常规灌溉方式亩均节水 400 m^3,增产 28.4 kg。内蒙古河套灌区夏秋田套种,如小麦套玉米,小麦套甜菜,小麦套花葵和油葵,采用套种分灌的节水灌溉制度。试验证明套种分灌比混灌每亩节约水量 85 m^3,节水 25%,单位水量产值由 1.14 元/m^3 提高到 1.53 元/m^3,而且在井灌区由于作物能进行适时、适量灌溉,套种分灌的灌溉制度具有更大的节水增产潜力,亩均节水 170 m^3,节水 48%,增产 20%,单位水量产值井灌区较渠灌区提高 69.3%。

宁蒙灌区地面蒸发量较大,作物株间蒸发量占总耗水量的 20% ~60%,因此通过作物套种或覆盖措施尽量减少株间的"无效"水分消耗,提高可以形成干物质产量的作物蒸腾的有效比重,可以获得较高的水分生产率。从小麦秸秆覆盖田间试验所进行的不同生育阶段蒸发强度计算可以看出,覆盖后作物蒸腾量占总蒸发量的比例有明显的提高(见表 4-19),而且大量试验结果表明,覆盖农田由于改善了农田的光热环境和土壤的水分及地温条件,作物都能增产。

(四)防治北部土壤风蚀沙化

宁蒙灌区北部边缘要实施以治沙为中心的综合开发战略,要逐步退耕还草、还林,加强防护林及草场建设,控制畜群盲目增长与人类的过度开发,缓解并治理土壤沙化的侵蚀。对此有许多经验值得借鉴,内蒙古河套灌区对一些灌溉条件困难的地区,实行退耕还林、还草,种植沙棘、枸杞等;宁夏在沙丘种植节水高效的中草药植物(麻黄草),既节约了用水,调整了农林牧结构,提高了土地自身的利用率,增加了经济效益,又改善了生态环境,取得了明显的综合效益。

表 4-19　冬小麦蒸腾及蒸发量强度变化

生育	处理	腾发量（mm/d）	蒸腾量（mm/d）	蒸发量（mm/d）	蒸腾量/蒸发量
返青—拔节期	不覆盖	1.730	1.369	0.361	3.79
	覆盖	1.632	1.489	0.143	10.41
拔节—抽穗期	不覆盖	2.856	2.548	0.308	8.27
	覆盖	2.756	2.589	0.167	15.50
抽穗—灌浆期	不覆盖	4.800	4.431	0.369	12.01
	覆盖	4.856	4.47	0.216	20.69
灌浆—黄熟期	不覆盖	5.155	4.215	0.904	4.70
	覆盖	4.756	4.382	0.374	11.72

二、中游提水灌区

大部分高扬程提水灌区受黄河主流摆动及泥沙影响，引水困难；泵站机组超期服役，磨损老化，出水量不足，效率低，损耗高；高扬程提水成本高，尽管国家给予电费补贴，群众仍难以承受。另一方面现行水价相当于运行费的 1/3 ~ 1/5，维修管理经费不足，面对市场经济的挑战，灌区难以生存和良性发展。

（一）重点抓好以节能高效为重点的泵站更新改造

抓好以泵站机电设备更新改造为重点的渠首及渠系工程节水改造，使其达到节能高效运行。为此要解决好渠首防沙、机组磨损、高效节能、测水量水、高填方渠系运行安全和渠道防渗、田间工程配套等一系列问题，以降低运行成本。

泵站更新改造要着眼于技术更新，特别对泥沙危害引起的建筑物淤积和水泵、管道磨损导致引水能力下降及安全问题，要采用新材料、新结构、新设备予以改造。

首先要对水力电力性能、结构强度、变形裂缝等进行必要的检测与诊断，判断设备的运行状态及发展趋势，根据老化程度（或等级）确定改造方案，包括报废更新、维修改造或改进提高等方案。

对淤积严重的进水口应通过水力学检验增设导流墩、拦沙坎、沉沙冲沙设施，改变流态、减少淤积；对于水力性能较差的水泵和过流部件应采用叶型较好的高效率叶轮；对于易气蚀磨损的叶轮等部件，采用 SE 型黏合剂为底层的浇筑型聚氨酯橡胶保护层等技术，可使叶轮寿命超过 1 万 h 以上；对利用小时数较高的泵站，采用变频调速泵可优化泵站级间匹配状态，减少弃水及上水成本；机组软启动装置可减少机组启动冲击电流，减少机组故障；采用绝缘强度高及防潮性能好的真空浸漆绕组电机定子线圈可减少事故维修；压力钢管采用防锈耐磨层保护，以提高其过流能力和减缓锈蚀速度。总之，通过各种技术改造措施，提高设备效率和降低运行成本。

（二）解决好节水灌溉模式创新问题

现行的渠首集中提水及渠道集中配水的灌溉模式，在以大田作物为主的种植结构和优惠电价、水价条件下，只能维持简单的再生产。随着市场经济的发展、作物种植结构的多样化、水资源配置的多目标化以及水价体系的改革，现有的扬黄灌区面临着生存的危机，必须进行技术创新和体制创新。

要结合农业结构调整探索不同的灌水方式，对于大田作物宜采用畦田灌溉，也可用管道灌溉技术。例如，宁夏固海扬水灌区所进行的节水增产试验证明，畦灌较现行大田灌节水10%～17.75%，小麦生育期平均可节水24～42 m^3/亩。田间水利用系数大田灌溉为71.6%～82.5%，畦田灌溉为86.5%～95.1%，一般可提高15.0%左右。畦田灌溉提高产量11%～26%，平均增产30～42 kg/亩，见表4-20。

表4-20　不同规格畦田灌溉对比试验成果

畦田规模	灌水次数	灌水量（m^3/亩）	灌水方式	灌溉定额（m^3/亩）	作物产量（kg/亩）
42.5 m×8.5 m（0.54 亩）	第一次	79.76	畦灌	179.20	502.76
	第二次	26.24			
	第三次	44.76		210.94	
	第四次	28.34			
	第五次	31.74			
42.5 m×9.3 m（0.59 亩）	第一次	79.34	畦灌	175.14	507.34
	第二次	25.40			
	第三次	44.17		206.74	
	第四次	26.23			
	第五次	31.60			
42.5 m×11.3 m（0.72 亩）	第一次	75.34	畦灌	192.7	452.02
	第二次	49.86			
	第三次	41.78		228.32	
	第四次	25.72			
	第五次	36.62			
42.5 m×16.6 m（1.06 亩）	第一次	66.14	畦灌	139.9	444.24
	第二次	45.76			
	第三次	47.53		240.62	
	第四次	34.47			
	第五次	46.72			
42.5 m×23.5 m（1.50 亩）	第一次	66.25	群众习惯灌	193.71	420.14
	第二次	45.73			
	第三次	47.32		240.45	
	第四次	34.37			
	第五次	46.68			
42.5 m×32.6 m（2.06 亩）	第一次	77.02	群众习惯灌	215.40	400.0
	第二次	53.21			
	第三次	54.46		258.74	
	第四次	30.42			
	第五次	43.63			

注：灌溉定额一栏中，上为小麦生育期灌水定额，下为小麦套玉米灌水定额（多一水），产量为小麦产量。

盐环定扬水灌区九泵站进行的含沙水管道灌试验证明，管道灌定额为 247 m^3/亩，渠道灌定额为 276 m^3/亩，管道灌亩均节水 29 m^3，较渠灌节水 10.51%，小麦管道灌比渠灌增产 10 kg/亩。

探索扬水灌溉工程与雨水集蓄等小型水利工程相结合，实现人畜饮水、灌溉、养殖业、农村加工业及庭院经济的多目标用水体系。试行以骨干渠系集中提水，窑或池分散蓄水，管道灌、微灌、喷灌等高效适时用水的节水灌溉模式，探索渠灌与窑灌、黄河水资源与当地雨水联合运用的灌溉模式，以适应由于作物种植多样化对灌溉方式、灌水时间、灌水量的不同需求以及农业产业结构调整后的多目标用水要求，解决浑水高效节水灌溉的困难，减少亩均灌溉水电消耗量；在水价体系上逐步推行成本价；在管理和工程布局上探索渠水灌溉与雨水集蓄利用统一管理的体系，以充分利用当地水资源，降低运行成本，提高水资源利用效益，减少农民负担，促进灌区良性发展。

(三)逐步推广灌区用水的计算机管理调度技术

随着灌区水资源用户的多元化、农业种植结构的多样化、管理体制的企业化、灌区用水规律的多变化以及水、机、电运行成本的提高，要求高扬程、多梯级、多机组泵站的联合运行具有更高的预见性、计划性和灵活性，为此必须在灌溉用水方面应用计算机管理调度技术，包括水量检测与泵站计算机监控，用水计划的预测与优化决策，闸门自动控制等技术。事实证明，开始应用该项技术的景泰、夹马口等灌区，已收到初步效益，对减少机组开停机次数、改善梯级泵站间的流量配合、机组运行优化组合、制定并执行灌区动态配水计划、选择系统最优运行方案、泵站安全运行、提高设备的运行效率和水的有效利用率、降低运行成本等起到了明显的作用。比如景泰灌区通过机组优化运行，装置效益提高 6%，单位水的能源消耗降低 5%，较好地做到机组间流量配合，减少了弃水，使水的利用率提高 3%，提高了管理水平。根据夹马口灌区介绍，2000 年上水 4 568 万 m^3，浇地 64 万亩次，水费收入 1 141 万元，计算机管理调度技术应用前后效益比较见表 4-21。

表 4-21 夹马口灌区计算机管理调度技术应用前后效益比较

效益指标	系统运行前	系统运行后
斗渠口以上水利用系数	0.69	0.74
1 m^3 水 1 km 损失系数	0.019 4	0.017 1
泵站 1 m^3 水耗量(Wh/m^3)	0.3	0.295
泵站上水稳定系数(%)	90	95
灌区亩次毛用水量(m^3/亩)	75	71.5
管理局增加收入(万元)		84.41
年维修费(万元)	125	112
节约开支(万元)		19
全年节水(万 m^3)		224
全年节电(万 kWh)		22.84
浇地亩次成本降低(元/亩)		1.7

三、汾渭平原灌区

该区灌溉历史悠久，管理水平及工程设施相对较好。其中渭河平原灌区现有灌溉水利用系数为0.50，亩均毛灌溉定额为357 m^3，节水灌溉有一定基础，加之水资源贫乏，供水保证率低，人均及亩均用水量在黄河流域属于较低水平。随着社会经济的发展，工业及城镇生活用水不断挤占农业用水，地下水超采现象日趋加剧，水土资源的过度开发引发了一系列生态环境问题。因此，普通节水措施难以缓解本区供需矛盾，必须采用高效节水措施，增加供水及其调蓄能力，以解决用水矛盾。

（一）抓好高标准渠道防渗和园田化建设

抓好以高标准渠道防渗衬砌工程为重点的续建配套，以改进地面灌溉为主的灌区方田和园田化建设，大力推行U形防渗衬砌渠道，积极推广管道小畦灌溉，在井灌区结合种植结构调整，逐步推广微灌、喷灌、渗灌及波涌灌等高效节水技术。

低压管道灌溉技术经在陕西关中和山西的工程实践证明，对于大田作物的渠灌区、水库灌区，只要地形条件允许，该项技术具有明显的技术经济优势：在技术方面，与喷灌相比，不受泥沙影响，低压管道输沙超限达10%；与渠道衬砌相比，具有省地、防冻胀、便于农村交通与耕作、节省管理用工等优点；在经济方面，其效益费用比（R_0）、投资回收年限（T_0）和内部收益率（IRR）等指标均优于大田喷灌与渠道衬砌。几种节水技术综合效益比较见表4-22。

表4-22　几种节水技术综合经济效益比较

项目	大田喷灌	低压管道	渠道衬砌
效益费用比	1.77	2.08	1.95
投资回收年限（年）	8.39	6.31	7.17
内部收益率（%）	21.70	25.40	23.51

注：本表为陕西省泾惠渠、宝鸡峡灌区田间工程节水措施综合经济效益分析成果。

因此，对于水资源极其短缺，而经济较为发达，水土资源开发程度较高的汾渭灌区，在适宜的条件下，低压管道灌溉技术应是优先选择的高效节水措施。

（二）推行井渠结合灌溉

井渠结合有利于天然降水、地面水、地下水的联合运用，有利于充分利用当地水资源，同时也能利用地下水库实现水资源的多年调节，提高水资源的利用率。渠井结合灌溉也是合理调整地下水位、治理和防止土壤盐碱化、改善生态环境的有效措施。陕西省泾惠渠实行“渠井结合、以渠养井、以井补渠、丰储枯用”的经验取得了显著的效果。灌区渠井结合灌溉控制面积120余万亩，占总灌溉面积的88%，全年渠井灌溉亩次比例一般为6:4～5:5。夏灌以井灌为主，降低地下水位，蓄存天然降水，预防渍涝；冬灌用渠灌，可洗盐补淡，控制盐碱化发展，促进了农业增产。全灌区亩均粮食产量为560 kg/亩，灌溉水的利用率达0.5～0.54，毛灌溉定额335 m^3/亩，节水增效效果明显。

在实行地表水与地下水联合运用的同时，还必须通过改革建立渠井水资源统一管理的组织（比如供水公司）及体制，以实现田间渠井结合灌溉的适时联合调度与管理。

(三)逐步推广非充分灌溉制度

非充分灌溉是指作物生育期保证关键期灌水,减少一次或几次非关键期灌水,以降低总的灌水量,使作物产量总体损失最小,而水分生产率较高的一种灌溉方式。

根据关中四大灌区多年高产节水灌溉经验、灌溉试验站及大田作物的中间试验成果,对于小麦、玉米等大田作物,如能保证其生长关键需水期适宜的土壤水分条件,以尽可能少的灌水量补充降雨之不足,满足作物的基本需水要求,作物全年亩产可达 500 ~ 1 000 kg,而灌溉定额可大大减少。以泾惠渠灌区为例,对比小麦 4 种灌溉制度的差异(见表 4-23),在 75% 频率的干旱年,非充分灌溉制度分别比计算节水灌溉制度、现状灌溉制度、规划节水灌溉制度省水 58%、33%、23%。

表 4-23　泾惠渠灌区小麦四种灌溉制度对比　（单位:m^3/亩）

频率(%)	计算节水灌溉制度			试验非充分灌溉制度			现状灌溉制度	规划设计灌溉制度
25	12 月上旬 3 月中下旬	100 70	170	12 月	50 ~ 55	50 ~ 55		
50	12 月上旬 3 月中下旬 5 月	100 50 50	200	12 月 3 月	50 ~ 55 40 ~ 45	90 ~ 100		
75	12 月上旬 4 月上旬 5 月上旬	100 70 70	240	12 月 3 月	50 ~ 55 40 ~ 45	90 ~ 100	150	130

(四)增加供水是缓解水资源短缺的重要措施

根据“八五”及“九五”研究成果,汾渭平原人均供水量为 200 ~ 250 m^3/(人·年),为全国人均数的 15% ~ 20%,仅为北京、天津市人均供水量的 71% ~ 83%。随着工农业生产与城市规模的迅速发展,供水严重短缺不仅抑制当地经济发展,而且使生态环境迅速恶化,所以必须在节水的基础上增加水资源供给量。对于山西北部由万家寨引黄入晋工程补水,南部运城、临汾地区由黄河干流提水工程引水,近期可增加供水约 27 亿 m^3。对于陕西关中地区要尽快实施引洮入渭工程、泾河东庄水库工程,近期可增加供水 26 亿 m^3 以上。

充分利用黄河北干流及主要支流骨干水库工程的调蓄能力,增加水资源的有效供给。待建的黄河中游碛口、古贤两水利枢纽位于晋陕峪谷,两库总库容分别为 125.7 亿 m^3 和 153 亿 m^3,有效库容分别为 27.9 亿 m^3 和 48.5 亿 m^3,是控制黄河北干流洪水和粗泥沙、有效拦蓄利用中上游汛期水量、缓解晋陕两省缺水状况的重点工程。

(五)实施关中灌区水利联网调度

实施关中水利联网调度是充分挖掘现有工程潜力、优化配置地区水资源、实现工程水利向资源水利转变的有效途径。关中水利设施相对集中,西片有冯家山、石头河、羊毛湾、宝鸡峡等灌区,中片有泾惠渠、桃曲坡等灌区,东片有交口、洛惠渠、东雷、石堡川等灌区。

三片灌溉面积1 247万亩,引水能力425 m^3/s。各片内工程集中,灌区相连,已具备和形成联网调度的工程基础,现有和规划中的10个1亿m^3以上库容的重点水库为关中水利网络水量的调蓄提供了保证。从水资源的供需分布看,地区降雨东西部相差100 mm,东部较西部干旱,北部较南部干旱;降雨与黄河、泾、洛、渭几条大河的径流的时空分布不同步,各条河径流来水亦不同步,灌区之间由于农业种植结构的差异,工农业用水的不同步,为关中联网调度创造了条件,同时也提出了更高的要求。为此,初步规划从工程设施上实现以冯家山、石头河、黑河、羊毛湾、黄河古贤、泾河东庄等10座水库为重点,以泾高干、宝鸡峡引水、黑河引水三条骨干输水系统结合的"三线十点"水利网络。从管理体制上进行创新,建立联合调度的供水集团公司,实现关中地区水资源的联网调度,年可增加供水量约4亿m^3。

四、黄河下游引黄灌区

黄河下游的引黄灌区是我国重要的粮棉油产区,土地面积虽占全国的0.92%,而粮食和棉花产量却分别占全国的4.3%和21.8%。由于本区为黄河下游的冲积平原,受洪水及风力的混合侵蚀,风沙危害严重,加之水土资源匮乏而又被高度开发,近年来受黄河断流的影响,本来以引黄作为主要水源的引黄灌区,农业灌溉挤占黄河下游生态环境用水的状况更为突出。其中山东省黄河分水指标为70亿m^3,而每年实际引水81.86亿m^3。黄河下游河道年均淤积1亿~2亿t,黄河滩面高出新乡、开封、郑州等市10余m,有专家预言,如果黄河出现1958年洪峰,下游将形成洪水横扫华北平原,并夺淮入江的局面,给中华民族带来极大灾难,防洪形势非常严峻。黄河水资源的过度开发,不仅加剧河道淤积,还造成灌区土壤沙化、土壤盐碱化的负面效应。因此,本区处于旱、涝、盐碱、沙化等多灾并存的灾害环境。黄河下游大型灌区节水改造的重点有以下几个方面。

(一)严格控制引黄水量及灌区发展规模

黄河下游农业灌溉缺水率为15.5 %,季节性缺水尤为严重,引黄水量超过国务院分配指标,工农业用水挤占生态用水,随着社会经济的发展,这种矛盾将会进一步加剧。在调水工程完成前,本区只能靠节约用水求得自身的生存与黄河安全及生态保护的关系。

(二)探索分区灌排工程布局与管理模式

黄河下游冲积平原具有风蚀沙化的特点,水多(雨季,地下水位高)时出现土壤盐渍化,水少(旱季,地下水位低)时出现土壤风沙化,因此在节水改造中必须坚持以下原则:因地制宜,统一规划;旱、涝、碱、沙综合治理;完善灌排工程体系,推行按计划控制灌溉制度;实行井渠结合灌溉和地表水与地下水联合调度;重点改变灌溉水利用率过低状况,因地制宜地选择适合当地的灌排工程布局和管理模式。

(1)自流引黄灌区。灌排分设,以排为基础,自成体系,以便自如地排除暴雨径流,并将本区地下水位控制在安全的范围内,防止土地盐碱化;加大灌溉渠系的输沙能力,便于集中和分散处理泥沙。该布局模式较适应于灌区上游和地面坡度较大的地区。该区以渠道自流灌溉为主,河网灌区为辅,也有少量井灌。

(2)渠河结合灌区。该区大部位于中游地区,自流灌溉较困难,大部分为地下渠沟,经过上游引黄沉沙池,将较清的水放入排水河沟进行调蓄,实行灌、排、蓄合一的提水灌溉。这种灌、排、蓄结合，以提灌为主的模式，适合当地水源丰枯变化大的地区。在丰水期，以排为主，按需供水，进行补墒灌溉；枯水期，以灌溉为主，实行渠、河、田结合节水灌溉；非灌溉季节，泄空河网，排涝排碱，一沟三用。

(3)引黄补源灌溉。该区位于下游距黄河较远地区，以井灌为主、河网灌为辅。利用已有的引黄排灌工程设施，在正常引黄间歇期将经过泥沙处理的黄河水引至井灌补源地区，并用渠、塘、库、河进行调蓄，通过渗漏补充地下水库，以便维持正常的井灌和沟渠提水灌溉。此种方式也可在黄河丰水期结合灌溉进行渠灌补源，地下水位高时也可以井灌代排。

总之，对于黄河下游灌区，地面水及地下水联合灌溉，渠、沟、井结合，采用适宜的分区灌排模式，合理利用水资源，以控制土壤沙化和次生盐碱化的发生，实现旱、涝、碱、沙综合治理。

(三)加强灌区引黄泥沙危害的防治

泥沙危害是黄河下游大型灌区运行中的突出问题，也是一个难题。趋利避害不仅要依靠黄河上中游的水土保持、黄河干流重点工程控制和水沙资源的优化调度管理措施，还需在引黄灌区采取局部区域的工程与管理措施。在引黄灌区工程布局方面，要采取渠首和骨干工程对黄河泥沙的"拦、引、沉、输"对策，将粗沙拦在渠首进水闸外，沉在渠首沉沙池，细沙引入渠系下游、输入田间。

1. 渠首拦沙

渠首引水常由于河道游荡摆动，造成脱河脱流，引水困难。同时由于河道主槽淤高、引水进沙增多增粗。为此渠首闸址应选在河道控制坝间弯道的防护工程段，这样的河段多在凹岸，水深流急。在横向环流作用下，可多引表层水，少进底层粗沙，形成正面引水、侧面排沙流态。从人民胜利渠渠首实测资料看，非汛期灌溉引水含沙量与黄河同期水流含沙量之比为0.77，起到了引水渠减沙的效果。在工程布置上采取锐角引水，引水轴线与河岸线交角40°左右；引水闸前设置拦沙潜堰，防止底部粗沙入渠；对于游荡性河段引水，应采取在滩区增建防沙闸、多口引水等措施，防止口门处淤积。

2. 引黄灌区泥沙处理

1)引黄泥沙特点

综合起来，灌区泥沙具有以下几个特点：

(1)泥沙颗粒分布较细。汛期7、8、9三个月含沙量较大，多年平均为42.29 kg/m^3，12月至翌年6月含沙量较少，多年平均为8.41 kg/m^3(以高村站为例)。泥沙颗粒较细，河南段细粒($D<0.05$ mm)约占80.4%；山东段细粒泥沙占78%。其具体泥沙特性见表4-24。

(2)灌区上游泥沙淤积量较大且颗粒较粗(见表4-25)。从黄河下游引黄灌区入渠泥沙量分布看，河南段由于地面坡度大，且多为自流灌溉，送入田间的泥沙量达40%，而山东段占75%以上；河南段有70%～97%的粗粒泥沙($D>0.05$ mm)沉在干渠以上，而山东段有70%～90%的次粗粒($D>0.03$ mm)泥沙淤积在支渠及干渠以上。

(3)细沙入田可增肥改土。泥沙淤积物中含有较高的肥分，每吨泥沙约含氮1 kg、磷1.5 kg，钾20 kg，而且养分随淤积物颗粒的减小而增大。多处试验证明，细沙入田不仅可以肥田,有利于作物的生长,而且能改良土壤结构,所以下游广大农民乐于引黄灌溉。表4-26为人民胜利渠淤积物养分测定成果。

表4-24　河南、山东河段引水悬移质泥沙颗粒组成　(%)

河段	时间	<0.005 mm	<0.025 mm	<0.05 mm
河南河段	汛期(7~10月)	24.1	56.7	83.6
	非汛期(11月至翌年6月)	7.0	22.7	58.3
	全年	22.3	52.4	80.4
山东河段	汛期(7~10月)	25.4	53.5	79.6
	非汛期(11月至翌年6月)	12.3	37.1	68.0
	全年	23.6	51.3	78.0

表4-25　黄河下游黄灌区入渠泥沙量分布　(%)

子区名称	沉沙池	渠道淤积	田间淤积	排水沟淤积
河南灌区	20	30	40	10
山东灌区	40	35	10	15

表4-26　人民胜利渠淤积物养分测定成果

项目	平均粒径(mm)	有机质(%)	全氮(%)	碱解氮(mg/kg)	速效磷(mg/kg)	速效钾(mg/kg)
东三分沙池分水闸下	0.069 5	0.053	0.007	12	2	51
东一干三支一斗5+200	0.028 2	0.130	0.028	15	4	60
东一干三支一斗6+000	0.0214	0.480	0.028	16	6	132
东一干三支一斗7+600	0.018 4	1.070	0.013	51	20	360

注:本表中数据为1983年4月12日取样植。

从以上泥沙特点看,集中处理了必须处理的粗沙($D>0.05$ mm)或次粗沙($D>0.03$ mm)后,较细颗粒的泥沙即可以利用水流挟沙能力输送到田间,细沙可以肥田和改土。若不经过粗沙处理,就会淤积输水渠道,加重清淤负担,使两岸土地沙化,生态环境恶化。未经处理的浑水退入排水系统,造成排河淤积,降低行洪排涝能力,引起内涝、土地盐碱等负面效应。总之,引黄泥沙的"沉粗输细",将是引黄灌溉扬长避短的关键。

2)集中沉沙

利用渠道和渠旁的洼地修建沉沙地,集中处理入渠泥沙,其泥沙量约占黄河下游灌区总引沙量的33.2%。主要是将粗沙($D>0.05$ mm)沉入池内,尽量使出池含沙量控制在2~4 kg/m^3($D<0.05$ mm),这样可将细沙送入田间改良土壤,便于处理与利用相结合。通过堤防加固工程用粗沙、淤地改土和田间用细沙,使粗细泥沙各得其所,趋利避害。

利用沉沙池可将大部分粗沙集中处理。共产主义渠、潘庄等灌区沉沙池的沉沙效果分别见表4-27、表4-28。

表 4-27　共产主义渠沉沙形成主槽后的拦沙效果及进出口泥沙粒径变化

项目		进口含沙量（kg/m³）	出口含沙量（kg/m³）	排沙比 $\rho_{出}/\rho_{进}$（%）	拦沙效果（%）	泥沙粒径（mm）	
						进口	出口
节制水深 2.5 m	上限～下限	13.7～46.2	5.0～22.6	36.6～58.3	52.4～63.0	0.028 0～0.036 2	0.009 0～0.027 8
	平均	23.3	11.9	51	49		
节制水深 2.5～3.0 m	上限～下限	9.7～25.2	1.0～10.3	10.8～40.8	59.2～89.2	0.022 3～0.033 7	0.004 4～0.017 6
	平均	17.0	4.0	23	76		
合计	上限～下限	9.7～46.2	1.0～22.6	10.8～40.8	59.2～89.2	0.022 3～0.036 2	0.004 4～0.027 8
	平均	20.5	8.3	40	60		

表 4-28　潘庄上黄三级沉沙池分级规划指标

池级	灌区位置	池面积（km²）	运用方式	使用年限（a）	入池含沙量（kg/m³）	出池含沙量（kg/m³）	排沙率（%）	拦沙率（%）	堆筑高度（m）
一级	上部	22.0	以挖待沉	26～27	13	9	69.3	30.7	5
二级	中部	24.7	以挖待沉	25～27	9	4	44.5	55.5	2.6～5.0
三级	下部	15.6	以挖待沉	26	4	2	50.0	50.0	5

集中处理泥沙的方式有洼地自流沉沙和挖地沉沙。洼地自流沉沙可结合灌区淤地改土与盐碱地改良进行。挖地沉沙用于无低洼地的地区，用于推土机等施工机械的使用，为挖地沉沙的善后处理提供了条件。一般应对沉沙区进行土地还耕，用原挖地土进行覆盖，这样对防治沙害、保护农业用地和生态环境都能起到积极作用。

3）分散处理泥沙

由于黄河水含沙量高，引黄灌溉的沉沙池可集中处理大部分粗沙，对于大部分细沙仍应通过分散处理引入田间加以利用。

（1）工程措施。利用淤积高地和改建渠道，加大渠道比降、提高输沙能力；归并引入口门，提高引水高程，以增大灌溉水头；进行渠道衬砌，提高输沙能力；改局部高地为提水灌溉，以减少输水渠道壅水淤积；水、旱作物供水渠道分设，集中向水稻灌区输送高含沙浑水；利用井、库，进行清水、浑水混合灌溉；利用渠道中、下游低洼盐荒地，结合土壤改良，增设扬水沉沙设施，进行长距离高含沙浑水输沙。

（2）管理措施。尽量采取河南"高水位、大流量、速灌速停"及山东"大、平、稳、攻"的集中引水输水方式（大流量引水，沉沙池进出流量平衡，稳定渠首流量，大比降及大流量攻沙），具体办法有：①轮灌与续灌结合供水。为了及时引水，满足集中用水、快速灌溉，以加大水流挟沙能力的要求，一般骨干输水渠道多实行连续供水，干渠以下的支、斗、农、毛等配水渠道采用轮灌用水。如引水流量小于灌区的设计能力，干渠也可实行轮灌供水。根据人民胜利渠的经验，渠道引水流量小于设计流量是造成渠道淤积的重要原因。当引用流量为设计流量的 75% 时，挟沙能力降至 92% ～94%；引用流量为设计流量的 40% 时，挟沙能力降至 78% ～81%。②清、浑水搭配，利用库、井及沉沙池出池清水与浑水搭配使用，可减轻渠道淤积和节省沉沙用地、用水。③按照先难后易的原则配水，先满足容易淤积或小流量、大面积、灌溉时间长的渠道用水。

总之，通过各种措施，以提高渠首的拦沙能力、渠道的输沙能力及田间的用沙能力，减少渠沟泥沙淤积。

（四）实行水资源的联合调度

利用灌区内河网、湖泊、塘库、地下水库的调蓄能力，采用冬季提前引蓄黄河水，以弥补春季水量不足，夏季充分利用天然降雨与当地水源，推行补充灌溉及非充分灌溉方式。

黄河沿岸地下水资源丰富，河南大部分为宜井灌区，山东除滨海外，大部分亦为宜井灌区。黄河下游沿黄地区的地下水资源可开采量为101亿 m^3，其中河南40亿 m^3，山东61亿 m^3，目前开采量不足50%。如果推行以黄补源，井渠结合，可大大提高水资源利用率，改善地区水环境状况。根据"中国可持续发展水资源战略研究"，黄河下游引黄灌区的地表水毛灌溉定额为：渠灌区为600～800 m^3/亩，井渠结合灌区为420～590 m^3/亩，以井灌为主的引黄补源灌区为100～150 m^3/亩，因此大型灌区实行井渠结合灌溉是当前节水灌溉的首要任务。

通过调整农业种植结构，推行引黄灌区错峰灌溉。比如河南与山东引黄灌区比较，河南春季降雨量较大，夏季降雨量较少，而水稻种植面积较大，因此春、夏季的引黄水量相对均匀，用水高峰在5～8月；而山东降雨状况、种植结构与河南相反，用水高峰在3～5月。推行错峰灌溉，可以避免集中用水的现象。

（五）适时实施南水北调工程

从长远看，面对黄河下游灌区资源性缺水状况，仅依靠节水改造和管理措施难以满足沿黄省区经济建设、社会发展及生态环境对水资源日益增长的需求。据分析，黄河片在向外区供水100亿 m^3 的情况下，预计2010年、2030年、2050年遇平水年，缺水量分别为40亿 m^3、110亿 m^3、160亿 m^3。

黄河下游的黄淮海平原是我国最缺水的地区，特别是北部海河流域，多年来大量超采地下水和利用未经处理的污水进行灌溉，已造成严重的生态问题，绝大部分浅层地下水是咸水。实现南水北调东线及中线工程，增补黄河水量、调整黄河上下游用水比例，是解决黄河下游黄淮海平原缺水，黄河上中游缺水，实现黄河下游乃至整个流域持续发展的必不可少的措施。

第七节　节水改造措施与对策

一、实现黄河水资源的科学统一规划、管理及调度

黄河流域水资源的开发利用率高达50%～60%，供水范围及供水人口已经超过黄河水资源的承载能力，导致供需失衡。同时水土资源的过度开发引发了一系列的生态环境问题。为了改善目前存在的工农业争水、城乡争水、上下游争水、经济与环境争水的局面，加强水资源利用的规划与统一管理是发挥黄河水资源综合利用效益的迫切任务。建议根据《中华人民共和国水法》等有关法律法规和黄河流域实际情况，建立以流域统一管理为

主并与省(区)分级管理相结合的黄河水资源管理体系。统一组织协调流域管理各方面的关系,研究决策黄河治理开发中的重大问题,建立和完善黄河水资源宏观管理和保护制度、取水许可制度,适时进行全河水资源的调度控制与严格监督。同时,根据黄河近年来水资源的变化情况,尽快重新制定黄河和黄河主要支流水资源利用的统一规划、管理法规及水资源的利用分配方案,报国务院批准颁布实施。

黄河流域内的水资源(包括地表水、地下水)要实行科学调度,优化配置,使有限的水资源发挥更大的经济效益和社会效益。

二、建立稳定有效的资金投入体制,加大投入力度

20 世纪 70 年代后期,由于对水利的作用存在认识上的分歧,水利建设的投资大幅度削减,以后虽逐渐增加,但很不稳定。黄河流域大型灌区节水改造是促进地区经济、社会与生态持续发展的战略性举措,是实现黄河流域水土资源优化配置和"费省效宏"的基础设施建设工程。应明确中央、地方、受益区群众的权利与责任,在国家逐步加大对水资源紧缺地区、生态环境严重恶化地区以及骨干工程投资的同时,局部受益的工程应由地方政府和当地群众分担投入。对涉及城市、工业供水的工程要采用多种方式筹集资金,对挤占农业用水部分进行补偿,按照市场经济规律运作,逐步建立起稳定、有效的资金投入机制。

三、建立灌区良性发展的管理体制

大型灌区的体制改革关系到灌区自身的生存与发展,关系到巩固续建配套与节水改造的成果,关系到节水灌溉事业的持续发展,为此要按照"谁投资,谁所有,谁管理"的原则,逐步建立起产权清晰、责权明确、管理科学、政企分开的良性运行机制。国家是大型灌区投资的主体,政府应加强对灌区资产保值增值的宏观监督,但是要将所有权与经营权分开,管理单位就成为取得法人地位、自主经营的实体。要积极推行用水户参与管理,建立用水者协会和民主监督机制,在条件成熟时,试行供水股份制公司,尽快使灌区由工程管理向经营管理转变,实行灌区协会(投资者与用水户组成)领导下的局长负责制,体现利益、责任、权利一致的原则,将灌区从计划经济管理体制转变到适应市场经济的轨道上来。

按照社会主义市场经济的要求,建立有利于灌区可持续发展、有利于节约用水的灌区供水水价体制。水资源浪费问题必须依靠政策和经济、强制与激励两种措施来解决:一是要严格执行取水许可制度和水资源有偿使用制度,强化节水的监督管理,同时,根据当地生产条件和作物结构,制定科学合理的节水灌溉限额和各类用水标准,通过行政措施颁布实施。二是根据此标准实行以供水成本为基础的累进制水价。凡是标准内用水实行优惠水价,超过部分实行累进水价;凡节约用水者实行经济补偿和特殊扶持政策(即按照节水量予以经费补助)。这样可以同时发挥行政手段和经济杠杆的双重作用,提高全社会的节水意识,达到节约水资源的目标。对于工业和城市供水,要按照国家计委等单位颁发的《占用农业灌溉水源、灌排设施补偿办法》的规定,对灌区进行补偿。供水价按照成本加利润的原则分别核定,受益全部用于灌区的管理运行与维护。通过水价体制改革以保障灌区水资源的可持续利用和灌区良性循环。

四、依靠科技创新推进灌区现代化建设

要努力培养大批高素质的灌区建设和管理人才，建立高效精干、科技创新、按照社会主义市场法规经营管理的灌区管理机构；要完善灌区量水设施；改造通信调度系统；改善办公、交通、生活条件；要建立完善的灌溉试验站和观测设施，为节水灌溉提供组织和物质保障。

要在总结灌区新经验的基础上，用现代化的新技术改造传统的灌区，促进灌区用水方式和生产方式的改革，特别注意重点工程改造、渠道防渗衬砌中新材料及新结构的应用；井渠结合地下水及地表水联合调度技术；充分利用当地水资源的雨水集流灌溉新技术；引洪淤灌水沙资源利用技术；劣质水资源利用技术；调整作物种植结构，推行组合种植作物节水灌溉制度、有限灌溉与非充分灌溉制度；大力推广各种节水农业技术；利用现代测控技术、信息网络、计算机技术，提高灌区水资源科学调度的水平；加快节水灌溉新设备、新技术的研制与推广；在大力宣传、推广节水先进技术的同时实行一票否决制度，凡未完成节水目标的灌区，不再批准新的取水工程，不采取节水先进技术的工程不予批准上马。

五、处理好灌区节水改造与治黄战略的关系

黄河大型灌区节水改造是缓解黄河水资源供需矛盾的有效途径，是实现黄河水资源优化配置的重要措施，同时灌区节水改造效益的发挥还与治黄总体规划、黄河水沙资源统一调度密切相关。

在水资源利用方面，开源与节流并重，以节流为先，但要从根本上缓解黄河流域资源性缺水问题，引江济黄是必不可少的。

生态环境建设方面，灌区节水改造对改善灌区泥沙危害及黄河干流泥沙淤积有积极作用，但是只有在推进黄河流域生态可持续发展战略的基础上，才能实现水资源的优化配置和灾害防治。

黄河流域以及与之息息相关的黄淮海平原，横跨我国北部，是我国重要的生态环境屏障，它对全国的生态环境持续发展有着举足轻重的作用，必须认真大力推进整个流域的生态可持续发展战略。上游是黄河流域最大的径流产汇区和水源涵养区，流域面积约占全流域的52.9%，径流量占总径流量的55.9%，但由于过度放牧，植被被大量破坏。20世纪80年代中期以来，黄河上游径流逐年减少，1997年1～3月源头首次出现断流，该年下游断流天数达226天。上游毁林开荒、草原沙化和荒漠化加剧是造成沙尘暴的罪魁祸首。

黄河泥沙主要来自中游黄土高原，其粗沙占70%以上。实测资料表明，粒径大于0.05 mm的粗沙是形成黄河河道淤积的泥沙的主要来源。每年在黄河下游河道淤积的4亿t泥沙中，粗粒泥沙占69%。

黄河下游洪涝灾害威胁严重，河床高出两岸地面3～8 m，部分地区高出10 m以上，而且仍以每年平均淤高10 cm的速率继续抬高，黄河一旦决口，将给两岸平原地区和中华民族带来严重灾难。因此，建立黄河流域及中西部地区生态安全体系和生态保障屏障，不仅是本地区恢复生态良性循环的需要，也是本地区乃至全国可持续发展的重要保障。

黄河生态安全体系的建立，要进行点、面、线相结合，综合治理。在黄河源头要恢复植

被、封山育林、封山育草、涵养水源。在面上以中小流域为单元建立生态、经济协调发展体系。比如汾河流域有汾河汾西灌区、文峪河灌区、潇河灌区等农业用水和太原、榆次等城市工业用水，为此修建了一批大、中、小型水库。为了保库又在上游进行了大量的水土保持工程，特别对汾河水库上游 5 200 多 km^2 进行了大规模的水土保持综合治理，平均 1 km^2 投资 4 万元。初步形成了上中游水土保持区、中下游水库群及下游工农业用水部分相结合的生态经济区，收到了明显的效果。若以 20 世纪 50 年代减沙量为 1 计，则 60 年代、70 年代、80 年代平均减沙量的比值为 1:7.0:8.4:11.0，见表 4-29。如果泾河、北洛河、沁河等产沙区分别通过修建东庄水库、南川河水库、张峰及河口村水库，加强水土保持，实施灌区改造，也可以形成人与自然协调共存的生态经济区，取得生态建设与工农业共同发展，为黄河流域生态保护屏障建设做出贡献。

表 4-29　汾河(河津站)各年代水沙量变化

时段		年降水量(mm)	年减水量				年减沙量			
			天然径流量(亿 m^3)	实测径流量(亿 m^3)	减水量(亿 m^3)	减水量占天然径流量百分比(%)	天然输沙量(万 t)	实测输沙量(万 t)	减沙量(万 t)	减沙量占天然输沙量百分比(%)
1954 ~ 1959	最大	651.6	38.20	32.1	6.10	16.0	16 240	13 730	2 510	15.5
	最小	386.1	18.71	9.5	9.21	49.2	2 460	1 559	901	36.6
	平均	570.7	29.05	20.6	8.45	29.1	9 910	9 087	823	8.3
1960 ~ 1969	最大	732.9	46.20	33.4	12.80	27.7	18 560	6 550	12 010	64.7
	最小	313.3	17.58	13.4	4.18	23.8	1 240	840	400	32.3
	平均	557.5	28.80	17.9	10.90	37.8	7 750	3 441	4 309	55.6
1970 ~ 1979	最大	624.9	30.01	16.0	14.01	46.7	14 990	5 160	9 830	65.6
	最小	319.1	14.95	5.5	9.45	63.2	1 490	181	1 309	87.9
	平均	501.0	24.04	10.3	13.74	57.2	6 243	1 911	4 332	69.4
1980 ~ 1989	最大	625.2	30.56	14.10	16.46	53.9	15 730	1 420	14 310	91.0
	最小	328.4	13.34	3.40	9.94	74.5	1 510	18	1 492	98.8
	平均	492.2	22.46	6.66	15.8	70.3	5 111	455	4 656	91.1

在黄河干流上，尽早实施并完成黄河上游大柳树、北干流大型水库、下游小浪底水库建设，并与现有龙羊峡、刘家峡、三门峡等水库进行联合调度，以便形成以削减洪峰、提高供水保证率、拦沙减淤、下游排沙等多目标的水沙调控体系。

六、在灌区节水改造中推进农业经济结构调整

黄河流域，特别是上中游地区长期受“粮食自给”思路的影响，农业结构单一，土地利用不合理，多种经营水平低，林牧业优势得不到发挥。黄河上中游各省(区)的林、牧、渔业所占比重为 25% ~38%，低于全国平均水平的 41%，更低于较发达的福建、广东的 58% ~47%；农业多样比指数 1.63 ~1.98，低于全国平均指数 2.326；单位 GDP 和单位农业产出耗水量相当于全国平均值的 4 倍。不合理的农业结构使其农业产出效率一直处于

较低水平，这一现状与我国正在推进的生态环境可持续发展战略对土地利用结构和水资源配置的要求不适应，也与我国加入 WTO 后粮食、油料、糖料、棉花等面临的市场经济形势很不适应。这就要求：

(1)发展多种经营，调整和优化大农业结构，形成粮食作物、经济作物、饲料作物三元结构，使畜牧业发展成为一个大产业，适应我国食物结构中动物性食品消费迅速增长的需要。

(2)调整和优化种植业品种及结构，瞄准进口替代产品和出口产品，大力发展特色农业和养殖业。

(3)调整和优化农业的地区结构，各地立足本地资源优势，按照市场需求，发展特色农业，形成专业化、区域化的布局。对以粮食生产为主的大型灌区，要在稳定面积、提高单产、优化品种的基础上提高粮食生产水平，不断扩大经济作物种植比例，加强林牧业发展，重点发展猪禽等养殖业，加快发展农业企业化经营，促进农产品加工增值，提高农业和农村经济的整体效益，增强我国加入 WTO 后在国际农业经济分工中的地位和总体竞争力。

随着大型灌区农业经济结构、土地利用结构、种植结构的优化调整，其用水方式、灌溉方式和节水技术将发展到新的水平。

第八节 节水改造工程技术投资需求及效益分析

一、投资需求

投资估算是在黄河流域各省(区)大型灌区续建配套与节水改造规划投资估算编制基础上汇总而成的，大型灌区共计 76 处，2015 年规划灌溉面积 7 477.3 万亩，总投资 431.0 亿元，其中骨干工程 282.65 亿元，田间工程 148.35 亿元，亩均投资 576 元，其中骨干工程亩均投资 378 元，田间工程亩均投资 198 元。骨干工程投资占总投资的 66%，田间工程占 34%，投资总额占全国大型灌区节水改造投资 1 914.0 亿元的 22.5%，亩均投资为全国大型灌区改造亩均投资 668 元的 86%。骨干工程、田间工程节水改造工程量及工程投资分别见表 4-30、表 4-31、表 4-32。

表 4-30 黄河流域大型灌区骨干工程节水改造工程量

子区名称	水源(座)	渠道(km)	排水沟(km)	沟渠建筑物(座)	投资(亿元)
宁蒙自流灌区	5	8 768.0	4 858.0	16 285	65.41
中游提水灌区	66	5 091.0	5 807.0	38 145	38.28
汾渭平原灌区	31	4 683.0	1 788.0	22 639	59.46
河南灌区	7	7 451.0	2 761.6	11 431	40.40
山东灌区	89	8 640.8	12 491.4	18 254	79.10
合 计	198	34 633.8	27 706.0	106 754	282.65

表 4-31　黄河流域大型灌区田间工程节水改造工程量

子区名称	规划灌溉面积（万亩）	常规节水灌溉面积（万亩）	喷灌面积（万亩）	微灌面积（万亩）	管灌面积（万亩）	投资（亿元）
宁蒙自流灌区	1 591.1	1 261.33	70.88	32.0	166.48	38.94
中游提水灌区	718.2	630.36	6.42	2.8	54.30	19.51
汾渭平原灌区	1 171.4	858.00	71.0	28.11	136.14	31.20
河南灌区	1 501.7	1 118.40	68.71	8.99	190.70	22.30
山东灌区	2 494.9	1 133.26	168.21	58.03	280.10	36.40
合 计	7 477.3	5 001.35	385.22	129.93	827.72	148.35

表 4-32　黄河流域大型灌区节水改造工程投资汇总

子区名称	总投资（亿元）	骨干工程投资（亿元）	田间工程投资（亿元）	亩均投资（元/亩）		
				骨干工程	田间工程	合计
宁蒙自流灌区	104.35	65.41	38.94	411	245	656
中游提水灌区	57.79	38.28	19.51	533	272	805
汾渭平原灌区	90.66	59.46	31.20	508	266	774
河南灌区	62.70	40.40	22.30	269	149	418
山东灌区	115.50	79.10	36.40	317	146	463
合 计	431.0	282.65	148.35	378	198	576

二、效益分析

（一）节水

节水改造后，亩均毛灌溉定额普遍降低，灌溉水利用系数提高，在灌溉面积有所增加的情况下，可节约灌溉用水 36.06 亿 m^3，占现状灌溉用水量的 12.3%。

（二）增加供水

进行节水改造，不但节约了用水量，增加了可供水源 20.22 亿 m^3，而且也改善了灌区外水量，具体情况见表 4-33。

表 4-33　黄河流域各大灌区增加供水量汇总　（单位：亿 m^3）

子区名称	灌溉用水量			工业及生活用水量			总 计		
	现状年	规划年	节约	提供	现状年	规划年	提供	节约	增供
宁蒙自流灌区	89.07	67.36	21.71		7.75	13.81	6.06	21.71	6.06
中游提水灌区	20.96	25.11		4.15	4.53	5.33	0.80		4.95
汾渭平原灌区	36.10	34.06	2.04		8.99	12.97	3.98	2.04	3.98
河南灌区	58.03	54.31	3.72		8.40	9.87	1.47	3.72	1.47
山东灌区	87.42	78.83	8.59		14.97	18.73	3.76	8.59	3.76
合 计	291.58	259.67	36.06	4.15	44.64	60.68	16.07	36.06	20.22

(1)增加灌溉供水量4.15亿m^3。在供水保证率及亩均用水量过低的地区,通过挖潜增加灌溉供水量4.15亿m^3,缓解了供需矛盾。

(2)增加非农业供水量16.07亿m^3。通过节水改造增加工业及生活用水16.07亿m^3,较现状提高36%,极大程度地适应了大型灌区内工业的发展、城镇化水平的提高及居民生活水平的改善。

(3)改善生态环境及供灌区外水量34.8亿m^3,其中上中游18.0亿m^3,下游16.8亿m^3。

(三)提高水的利用率

节水改造后,水资源利用指标明显提高,见表4-34。

表4-34　黄河流域大型灌区水资源利用指标比较

水资源利用指标	现状年	规划年	规划年较现状年增加百分数(%)
亩均毛灌溉定额(m^3/亩)	485	347	-28.5
灌溉水综合利用系数	0.411 7	0.599 4	45.6
灌溉保水保证率(%)	30~40	50~80	20~40
年人均用水量(m^3)	589.6	497.2	-15.7
水分生产率(kg/m^3)	0.97	1.52	56.7
万元工业产值耗水量(m^3/万元)	238.2	89.2	-62.6

(1)全区亩均毛灌溉定额可由现状的485 m^3/亩降低到347 m^3/亩,平均降低28.5%。

(2)全区灌溉水综合利用系数由现状的0.411 7提高到0.599 4,提高了45.6%。

(3)灌区灌溉供水保证率由原来的30%~40%提高到50%~80%,改善了灌区农业缺水状况。

(4)年人均用水量由现状的589.6 m^3降低到497.2 m^3。

(5)水分生产率由现状的0.97 kg/m^3提高到1.52 kg/m^3,是现状的1.6倍。

(6)万元工业产值耗水量由现状的238.2 m^3降低到89.2 m^3,降低了62.6%。

(四)提高了土地利用率

通过节水改造,土地利用率明显增强,增产效益显著,见表4-35。

表4-35　黄河流域大型灌区节水改造工程土地利用效益

项 目	扩大灌溉面积(万亩)	改造中低产田(万亩)	发展节水灌溉面积(万亩)	亩均粮食产量(kg)	亩均农业产值(元)
数量	679.8	2 953.0	6 344.22	528	2 890
较现状增长倍数	0.1		7.07	1.7	2.46

(1)扩大有效灌溉面积679.8万亩。通过节水改造在原设计灌溉面积控制范围内增

加了有效灌溉面积 679.8 万亩,较现状提高了 10%,对实现全流域灌溉面积发展目标起到了重要作用。

(2)改造中低产田面积 2 953 万亩,提高了土地利用率。

(3)发展节水灌溉面积 6 344.22 万亩,使得节水灌溉面积占有效灌溉面积的比率由现状的 12% 提高到 84.9%。

(4)亩均粮食产量由现状的 306 kg(以设施灌溉面积计)、415 kg(以有效灌溉面积计)提高到 528 kg(以规范灌溉面积计),是现状的 1.7 倍。

(5)亩均农业产值由现状的 1 177 元提高到 2 890 元,是现状年的 2.46 倍。

(五)农业经济效益显著

黄河流域大型灌区的节水改造工程极大地提高了农业经济效益,具体情况见表 4-36。

表 4-36　黄河流域大型灌区节水改造工程农村经济效益比较

项 目	现状年	规划年	规划年较现状年增加的百分数(%)
粮经比	9:1 ~ 8:2	7:3 ~ 5:5	
粮食总产量(亿 kg)	282.1	394.7	39.9
年人均粮食(kg)	494.7	612.5	23.8
农业总产值(亿元)	1 084.3	2 160.6	99.3
年人均农业产值(元)	1 901.5	3 352.7	76.3
工业总产值(亿元)	1 874.1	6 802.9	263
年人均工业产值(元)	3 286.5	10 556.3	221.2

(1)粮食总产量提高了 39.9%。节水改造完成后,粮食总产量由 282.1 亿 kg 增加至 394.7 亿 kg,增产 39.9%。在总人口较现状增加 13% 的情况下,人均粮食产量达 612.5 kg,仍较现状提高 23.8%,对保障粮食安全有重要作用。

(2)农业结构调整。灌区节水改造后,农村种植结构中经济作物比重提高,粮食与经济作物的种植比例由原来的 9:1 ~ 8:2提高到 7:3 ~ 5:5。农业结构中林、牧、副、渔业的比重增加。灌区内工业与农业总产值之比由现状的 1.7:1提高到 3.2:1,乡镇企业有较大发展。农业结构的良性调整为农业增效打下了坚实的基础。

(3)农业总产值翻了一番。农业总产值将从现状的 1 084.3 亿元提高至 2 160.6 亿元,较现状提高了 99.3%。年人均农业总产值由现状的 1 901.5 元提高至 3 352.7 元,提高了 76.3%。

(4)工业总产值提高 2.63 倍。工业总产值由现状的 1 874.1 亿元增加至 6 802.9 亿元,提高了 2.63 倍。年人均工业总产值由 3 286.5 元提高至 10 556.3 元,提高了 2.212 倍。

由此可见,大型灌区节水改造不仅反映在节约水资源、增加供水、提高水利用率等方面,而且在挖掘土地潜力、提高作物单产、增加粮食产量、调整农业结构、提高农业经济效益等方面效益显著，对保障粮食安全、繁荣农村经济、改善农村环境及提高农民收入将起到重要的作用。

（六）生态环境效益显著

引黄灌区节水改造后，由于灌溉水利用率提高，黄河干流引水量减少，从工程措施上将保证国务院批准的黄河分水指标的贯彻和落实，对缓解黄河下游生态用水和断流危机、改善流域的生态环境起到积极作用。

上中游退耕还林、还草，涵养水土等水土保持措施，对控制流域水土流失及土壤风蚀沙化危害、对黄河防沙减淤调节径流、改善防洪形势将收到明显的效果。

宁蒙灌区通过灌排系统的配套建设，合理灌溉及土壤改良，减少了灌区渍涝灾害，提高了灌区防御自然灾害的能力。

汾渭盆地通过控制灌溉规模、高效节水措施，井渠结合，实行地下水、地表水联合运用，使地下水位超采状况得到了一定的控制。

黄河下游灌区通过山、水、田、林、路园田化建设，水沙资源合理运用及井渠结合、引黄补源等灌溉方式的改进，将大大改变泥沙危害、盐渍及地下水超采等不良的生态环境。

总之，通过大型灌区续配套与节水改造这一基础设施的建设，将使黄河流域大型灌区真正成为粮食和经济作物的主产区，成为粮食安全的支柱；同时，随着灌区水土资源的优化配置，农村经济实力的加强，农民收入增加，大大提高了灌区的经济与生活环境；再者，对改善土壤次生盐碱化，治理风沙，保持水土，缓解黄河断流等都将产生积极影响。因此，大型灌区节水改造不仅具有巨大的经济效益，还有良好的社会效益与生态效益。

第五章　管道输水工程技术

我国北方井灌区现有井灌面积 1.7 亿亩，管道灌溉面积不过 4 000 万亩，只占北方井灌区面积的 23%，推广前景十分广阔。

管道输水灌溉是以管道代替明渠输水灌溉的一种工程形式，通过一定的压力，将灌溉水由分水设施输送到田间。管道输水有多种使用范围，大中型灌区可以采用明渠无压输水与管道有压输水相结合，有专门为喷灌供水的压力输水管道，还有为田间沟畦灌溉供水的低压管道输水。本章主要介绍工作压力低于 0.2 MPa，自成独立灌溉系统的低压管道输水。

第一节　管道输水灌溉系统的类型及特点

一、管道输水的特点

（一）节水节能

管道输水减少渗漏损失和蒸发损失，与土垄沟相比，管道输水损失可减少 5%，水的利用率比土渠提高了 30% ~40%，比混凝土等衬砌方式节水 5% ~15%。而对机井灌区，节水就意味着降低能耗。

（二）省地、省工

用土渠输水，田间渠道用地一般占灌溉面积的 1% ~2%，有的多达 3% ~5%，而管道输水只占灌溉面积的 0.5%，提高了土地利用率。同时管道输水速度快，避免了跑水漏水现象，缩短了灌水周期，节省了巡渠和清淤维修用工。

（三）投资小，效益高

管灌投资较低，一般每亩在 100 元左右。同等水源条件下，由于能适时适量灌溉，满足作物生长期需水要求，而起到增产增收作用。

（四）适应性强

压力管道输水可以越沟、爬坡和跨路，不受地形限制，施工安装方便，便于群众掌握，便于推广。配上田间地面移动软管，可解决零散地块浇水问题，适合当前农业生产责任制形式。

二、管道输水灌溉系统的组成

管道输水灌溉系统由水源与取水工程部分、输配水管网系统和田间灌水系统 3 部分组成。

（一）水源与取水工程

管道输水灌溉系统的水源有井、泉、沟、渠道、塘坝、河湖和水库等。水质应符合农田灌溉用水标准，且不含有大量杂草、泥沙等杂物。

井灌区的取水工程应根据用水量和扬程大小，选择适宜的水泵和配套动力机、压力表及水表，并建有管理房。自压灌区或大中型提水灌区的取水工程还应改进水闸、分水闸、拦污栅及泵房等配套建筑物。

(二)输配水管网系统

输配水管网系统是指管道输水灌溉系统中的各级管道、分水设施、保护装置和其他附属设施。在面积较大灌区，管网可由干管、分干管、支管和分支管等多级管道组成。

(三)田间灌水系统

田间灌水系统指出水口以下的田间部分，它仍属地面灌水，因而应采取地面节水灌溉技术，达到灌水均匀并减少灌水定额的目的。

三、管道输水灌溉系统的分类

管道输水灌溉系统按其输配水方式、管网形式、管网固定方式等可分为以下类型。

(一)按输配水方式分类

按输配水方式可分为水泵提水输水系统和自压输水系统。

1. 水泵提水输水系统

水泵提水输水系统又分为水泵直送式和蓄水池式。当水源水位不能满足自压输水要求时，要利用水泵加压将水输送到所需要的高度或蓄水池中，通过分水口或管道输水至田间。目前，井灌区大部分采用直送式。

2. 自压输水系统

在水源较高时，可利用地形自然落差所提供的水头作为管道输水所需要的工作压力，在丘陵地区的自流灌区多采用这种形式。

(二)按管网形式分类

按管网形式可分为树状网和环状网两种类型。

1. 树状网

管网呈树枝状，水流通过“树干”流向“树枝”，即从干管流向支管、分支管，只有分流而无汇流，见图5-1(a)。

2. 环状网

管网通过节点将各管道连接成闭合的环状，形成环状网，见图5-1(b)。环状网供水的保证率较高，但管材用量大、投资高，只在一些试点采用，目前国内主要为树状网。

(三)按管网固定方式分类

管网系统按固定方式分为移动式、固定式和半固定式。

1. 移动式

除水源外，管网系统的机泵和输配水管道都是可移动的，特别适合于小水源、小机组和小管径的塑料软管配套使用。其优点是一次性投资少，适应性强，常作抗旱临时应用。缺点是软管使用寿命短，易被杂草、秸秆划破，在作物生长后期，尤其是高秆作物灌溉比较困难。

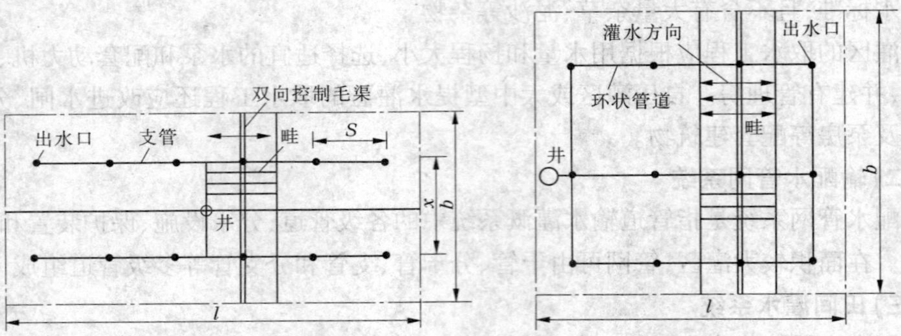

(a)树状网　　(b)环状网

图 5-1　管网系统示意图

2. 固定式

机泵、输配水管道、给配水装置都固定田间的，水从管道系统的出水口直接分水进入田间畦、沟，因而管道密度大、投资高，在有条件的地区可应用这种形式。

3. 半固定式

机泵固定，干(支)管和给水栓等埋于地下，移动软管输水进入田间沟、畦，它把上述两种形式的优点结合在一起，是比较常用的一种形式。

第二节　管道输水系统的主要设备

一、管材与管件

管材及管道附件用量大，占总投资的2/3以上，其对工程质量和造价以及效益的发挥影响很大，规划设计时要慎重选用。

(一)管材

按管道材质可分为塑料类管材、金属管材、水泥类管材和其他材料管4类。

1. 塑料类管材

塑料类管材有硬管和软管两类。硬管如聚氯乙烯管、聚乙烯管、聚丙烯管和双壁波纹管等，一般常作为固定管道使用，也可用于地面移动管道。软管如改性聚乙烯薄塑料管、锦纶布管等，主要用做地面移动管道。

2. 金属管材

如各种钢管、铸铁管、铝合金管、薄壁钢管等，均为硬管材，钢管、铸铁管用做固定管道，铝合金管、薄壁钢管用做移动管道。

3. 水泥类管材

如钢筋混凝土管、素混凝土管、水泥土管以及石棉水泥管等，用做地埋暗管。

4. 其他材料管

如缸瓦管、陶瓷管、灰土管等，均属硬管，用做固定管道。

(二)管材选择

1. 管材应达到的技术要求

(1)能承受设计要求的工作压力。管材允许工作压力应为管道最大工作压力的 1.4 倍,且大于管道可能产生水锤时的最大压力。

(2)管壁薄厚均匀,壁厚误差应不大于5%。

(3)地埋管材在农机具和外荷载的作用下管材的径向变形率不得大于5%。

(4)便于运输和施工,能承受一定的沉降应力。

(5)管材内壁光滑、糙率小,耐老化,使用寿命满足设计年限要求。

(6)管材与管材、管材与管件连接方便,连接处同样满足相应的工作压力,满足抗弯折、抗渗漏、强度、刚度及安全等方面的要求。

(7)移动管道要轻便,易快速折卸,耐碰撞、耐摩擦,具有较好的抗穿透及抗老化能力等。

(8)当输送的水流有特殊要求时,还应考虑对管材的特殊要求。

2. 管材选择的方法

在满足设计要求的前提下综合考虑管材价格、施工费用、工程的使用年限、工程维修费用等经济因素进行管材选择。

通常在经济条件较好的地区,固定管道可选择价格相对较高但施工、安装方便及运行可靠、管理简单的硬 PVC 管;移动管可选择塑料软管。在经济条件较差的地区,可选择价格低廉的管材,如固定管可选素混凝土管、水泥砂管等地方管材;移动软管可选择塑料软管。在将来可能发展喷灌的地区,应选择承压能力较高的管材,以便今后发展喷灌时使用。

二、管道附件

管道附件种类繁多,依其功能作用不同,可分为连接附件和控制附件两类。

(一)连接附件

连接附件即管件,主要有同径和异径三通、四通、弯头、堵头及异径渐变管和快速接头等多种。快速接头主要用于地面移动管道上,以迅速连接管道,节省操作时间和减轻劳动强度。

(二)控制附件

控制附件是用来控制管道系统中的流量和水压的各种装置或构件。在管道系统中最常用的控制附件有阀门、进排气阀、给水装置、逆止阀、安全阀、调压装置、带阀门的配水井和放水井等。

1. 给水装置

给水装置是连接三通、立管、给水栓(或出水口)的统称。通常所说的给水装置一般是指出水口或给水栓。出水口是指把地下管道系统的水引出地面进行灌溉的放水口,它一般不能连接地面移动软管。能与地面移动软管连接的出水口称给水栓。给水栓各地有定型产品,可根据需要选用,也有自行制造的。给水栓要坚固耐用、密封性能好、不漏水、软管安装拆卸方便等。

1)给水装置分类

给水装置有多种分类方法,按阀体结构分为移动式、半固定式、固定式3类。

(1)移动式给水装置也称分体移动式给水装置,它由上、下栓体两部分组成。其特点是:①止水密封部分在下栓体内,下栓体固定在地下管道的立管上,下栓体配有保护盖出露出地表面或地下保护池内;②系统运行时不需停机就能启闭给水栓、更换灌水点;③上栓体移动式使用,同一管道系统只需配2~3个上栓体,投资较省;④上栓体的作用是控制给水、出水方向。如GY系列给水栓。

(2)半固定式给水装置的特点是:①一般情况下,止水、密封、控制、给水于一体,有时密封面也设在立管上;②栓体与立管用螺纹连接或法兰连接,非灌溉期可以卸下放室内保存;③同一灌溉系统计划同时工作的出水口必须在开机运行前安装好栓体,否则更换灌水点时需停机;④同一灌溉系统也可按轮灌组配备,通过停机而轮换使用,不需每个出水口配一套,与固定式给水装置相比投资较省。如螺杆活阀式给水栓、LG型系列给水栓、球阀半固定式给水栓等。

(3)固定式给水装置也称整体固定式给水装置,其特点是:①止水、密封、控制、给水于一体;②栓体一般通过立管与地下管道系统牢牢地结合在一起,不能拆卸;③同一系统的每一个出水口必须安装一套给水装置,投资相对较大。如丝盖式出水口、地上混凝土式给水栓、自动升降式给水栓等。有些固定式给水装置经改型后(如加法兰等),可成为半固定式给水装置,如轻便式给水栓、杠杆压盖型给水栓等。

2)给水装置的选用原则

(1)应选用经过专家鉴定并定型生产的给水装置。

(2)根据设计出水量和工作压力,选择的规模应在适宜流量范围内,且局部水头损失小。

(3)密封压力满足低压管道输水灌溉系统设计要求。

(4)在低压管道输水灌溉系统中,给水装置用量大,使用频率高,长期置于田间,因此在选用时还要考虑耐腐蚀、操作灵活、运行管理方便等因素。

(5)根据是否与地面软管连接来选择给水栓或出水口;根据保护难易程度选择移动式、半固定式或固定式。

3)定型给水装置的选用

经过十几年的研究开发与应用,目前我国定型给水装置较多,表5-1中列出使用较广泛的几种,通过简单的性能参数及特点的介绍、比较,并结合插图,以方便使用。

表5-1 常用给水装置的主要性能参数及特点

型号名称	公称直径(mm)	公称压力(MPa)	局部阻力系数	主要特点	图号
G1Y2-H/L Ⅱ型、G1Y3-H/L Ⅲ型平板阀移动式给水栓	75、90、110、125、160	0.25、0.40	1.52~2.2	移动式,旋紧锁口连接,平板阀内外力结合止水,地上保护,适用于多种管材	图5-2(a)、(b)

续表 5-1

型号名称	公称直径（mm）	公称压力（MPa）	局部阻力系数	主要特点	图号
G1Y3-H/L Ⅳ型平板阀移动式给水栓	75	0.60、1.00	5.76	螺纹式外力结合止水，可调控流量，其特点同 G1Y2-H/L Ⅱ、G1Y3-H/L Ⅲ型	图 5-2（c）
G2Y1-G 型平板阀移动式给水栓	进/出口直径 80、100、150	0.20	1.50～2.00	移动式，倒钩连接装置，平板阀外力止水，地上保护，适用于多种管材	图 5-3
G1Y5-S 型球阀移动式给水栓	110	0.20	A 型：1.23	移动式，快速接头式连接，浮阀内力止水，地上保护，适用于塑料管材	图 5-4
G2Y5-H 型球阀移动式给水栓	110	0.20	1.53	移动式，快速接头式连接，浮阀内力止水，地上保护，适用于塑料管材	图 5-5
G3Y5-H 型球阀移动式给水栓	200/100	0.20	1.53	移动式，丝连接，浮阀内力止水，地上保护，适用于混凝土管道系统	图 5-6
G2Y5-S/H 型球阀移动式给水栓	75、100、125、160	0.15	ϕ160 时为 3.47	移动式，浮阀内力止水，地上保护，集多功能于一体，适用于混凝土管材	图 5-7
G2Y2-H 型平板阀移动式给水栓	75	0.05 0.10		移动式，橡胶活舌内力止水，地上保护，多适用于塑料管材	图 5-8
G3B1-H 型平板阀半固定式给水栓	63	0.25	1.175	半固定式，平板阀外力止水，地上保护，适用于塑料管材	图 5-9
G2B1-H（G）型平板阀半固定式给水栓	A 型：50～160 B 型：110	0.25	A 型：1.0～1.8	半固定式，平板阀外力止水，阀瓣与操作杆利用活节连接，不磨损密封垫圈，地上保护，多用于塑料管	图 5-10
G2B3-H 型平板阀半固定式给水栓	100/75 100/100 125/100		0.20	半固定式，丝堵外力止水，地上保护，适用于压力、流量较小的塑料管道系统	图 5-11

续表 5-1

型号名称	公称直径（mm）	公称压力（MPa）	局部阻力系数	主要特点	图号
G2B7-H 型丝堵半固定式出水口	75、90、110、125	0.20		半固定式，丝堵外力止水，地上保护，适用于压力、流量较小的塑料管道系统	图 5-12
C7G7-N 型丝盖固定式出水口	100	0.20	0.4	固定式，平板阀外力止水，地上保护，适用于压力、流量较小的水泥预制管道	图 5-13(a)、(b)
C2G7-S/N 型丝盖固定式出水口	75、90、110、125	0.20		固定式，丝盖外力止水，地上保护，适用于压力、流量较小的塑料管道系统	图 5-14
C2G1-S 型平板阀固定式给水栓	75	0.05	1.938	固定式，平板阀外力止水，地下保护，适用于塑料管材	图 5-15
C2G7-S 型丝盖固定式出水口	90、110	0.05		固定式，丝盖外力止水，地下保护，适用于塑料管材、压力较小的管道系统	图 5-16
C2G1-N 型平板阀固定式出水口	114			固定式，平板阀外力止水，地上保护，适用于压力、流量较小的塑料管道系统	图 5-17
C2G1-G 型平板阀固定式给水栓	160			固定式，平板阀外力止水，集节制闸、三通、给水于一体，适用于丘陵梯田塑料管道系统	图 5-18、图 5-19
C1G1-S 型双向堵头固定式出水口	63、75、90、110、125			固定式，用密封胶垫与壳内摩擦力止水，地上保护，适用于压力、流量较小的塑料管道系统	图 5-20

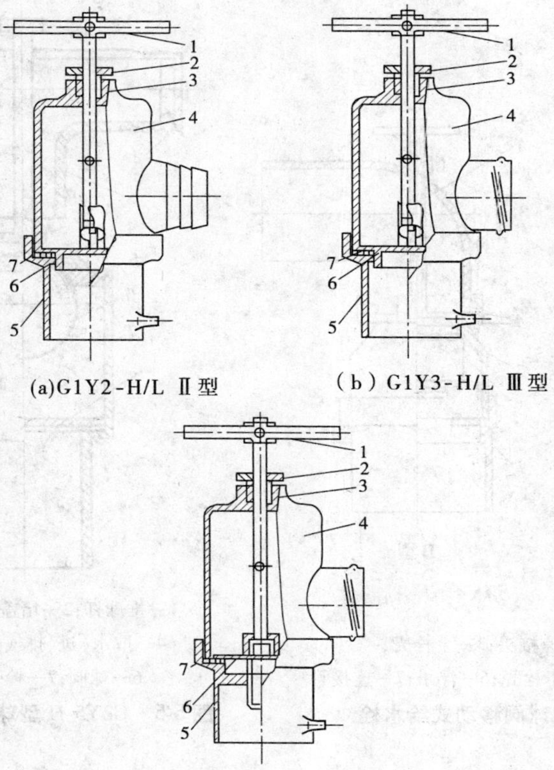

(a)G1Y2-H/L Ⅱ型　（b）G1Y3-H/L Ⅲ型

（c）G1Y3-H/L Ⅳ型

1—阀杆;2—填料压盖;3—填料;4—上栓壳;5—下栓壳;6—阀瓣;7—密封胶垫

图 5-2　G1Y2-H/L、G1Y3-H/L 型平板阀移动式给水栓

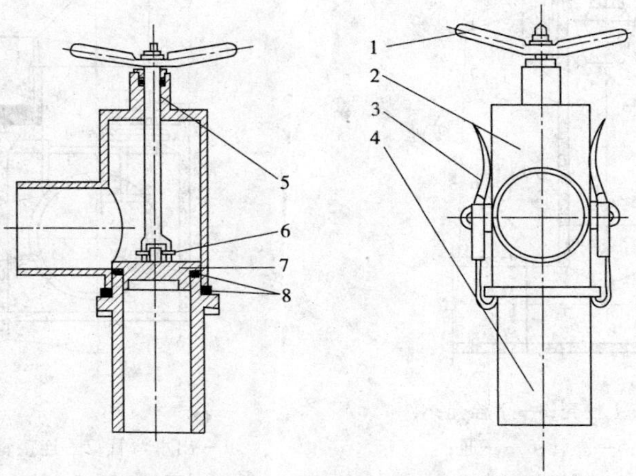

1—阀杆;2—上栓壳;3—连接装置;4—下栓壳;

5—填料;6—销钉;7—阀瓣;8—密封胶垫

图 5-3　G2Y1-G 型平板阀移动式给水栓

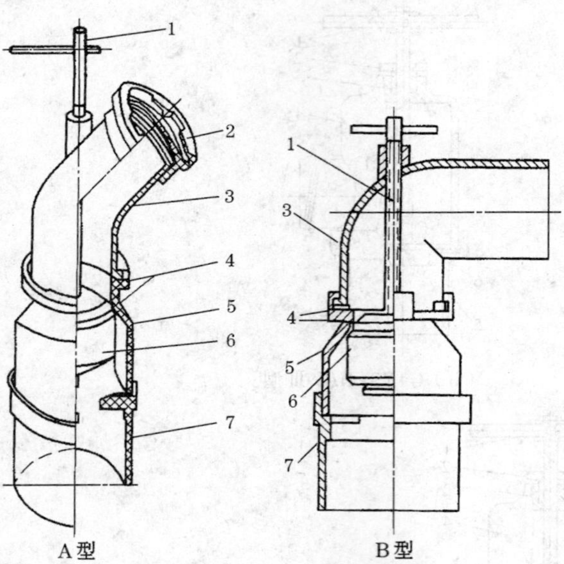

1—操作杆;2—快速接头;3—上栓壳;
4—密封胶圈(扩建);5—下栓壳;6—浮子;7—连接管

图 5-4　G1Y5-S 型球阀移动式给水栓

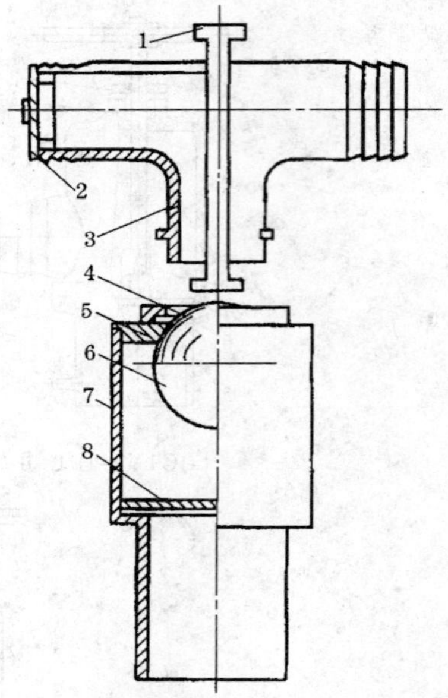

1—推球杆;2—堵盖;3—取水三通;
4—取水(进、排气)口;5—顶盖;
6—球阀;7—栓壳;8—球栅

图 5-5　G2Y5-H 型球阀移动式给水栓

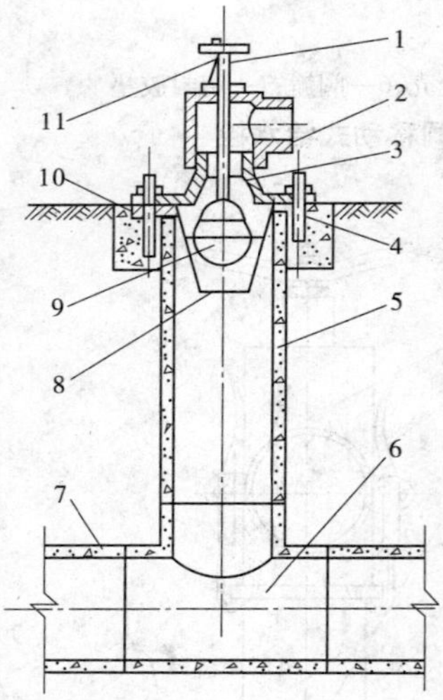

1—操作杆;2—上栓壳;3—下栓壳;
4—预埋螺栓;5—立管;6—三通;
7—地下管道;8—球篮;9—球阀;
10—底盘;11—固定挂钩

图 5-6　G3Y5-H 型球阀移动式给水栓

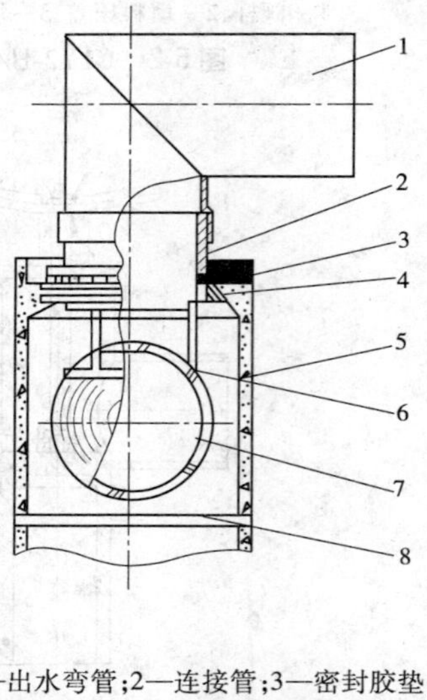

1—出水弯管;2—连接管;3—密封胶垫;
4—密封口环;5—球室;6—推球支架;
7—球阀;8—拦球栅

图 5-7　G2Y5-S/H 型球阀移动式给水栓

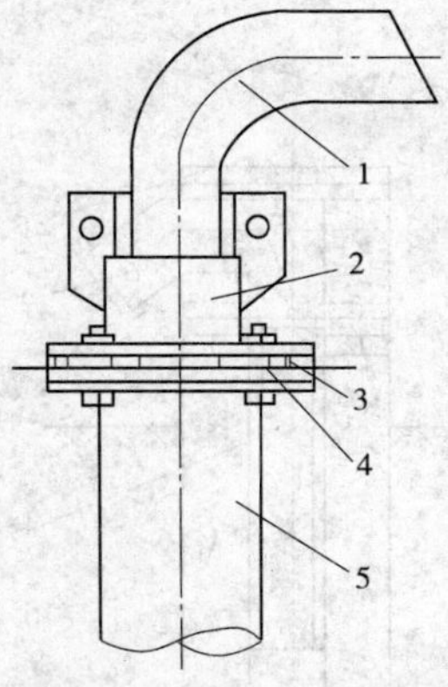

1—上栓体;2—插座;3—密封胶垫;
4—橡胶活舌;5—立管

图 5-8　G2Y2-H 型平板阀移动式给水栓

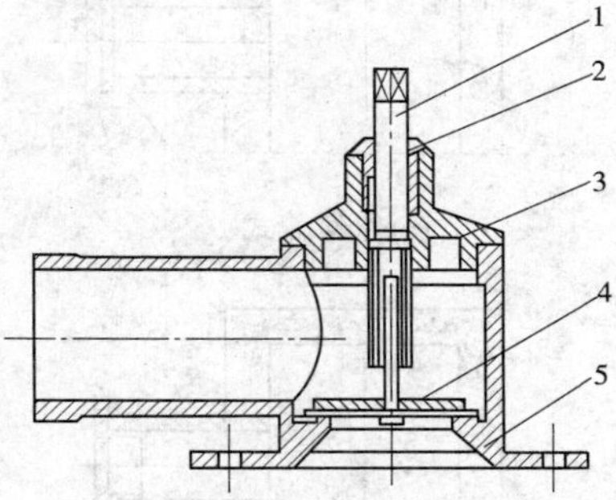

1—螺杆;2—填料压盖;3—顶盖;
4—阀瓣;5—栓壳

图 5-9　G3B1-H 型平板阀半固定式给水栓

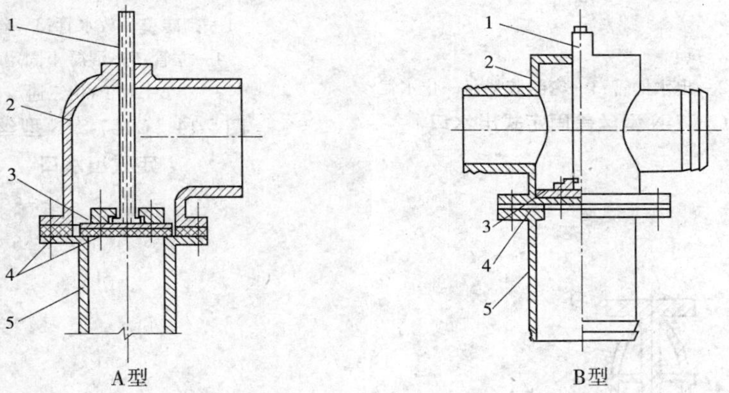

1—操作杆;2—栓壳;3—阀瓣;4—密封胶垫;5—法兰管

图 5-10　G2B1-H(G)型平板阀半固定式给水栓

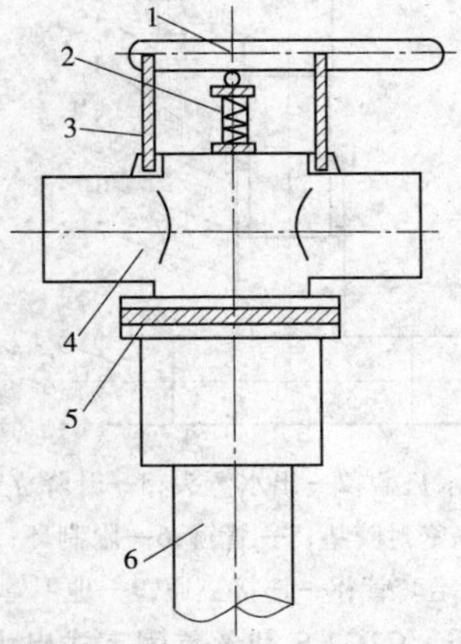

1—操作杆;2—弹簧;3—固定挂钩;
4—栓壳;5—密封胶垫;6—法兰立管

图 5-11　G2B3-H 型平板阀半固定式给水栓

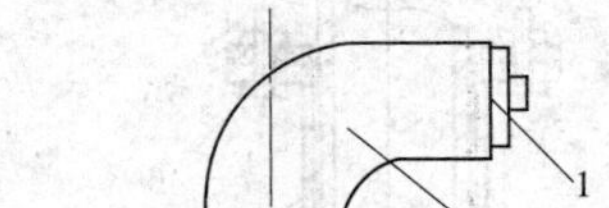

1—丝堵;2—弯头;3—密封胶垫;
4—法兰立管;5—地下管道

图 5-12　G2B7-H 型丝堵半固定式出水口

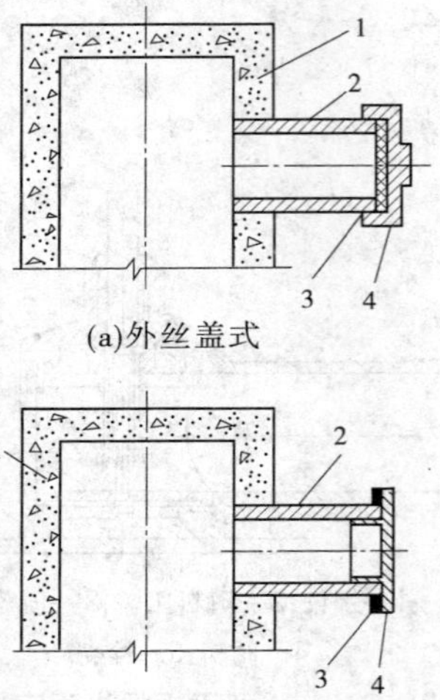

(a)外丝盖式

(b)内丝盖式

1—混凝土立管;2—出水槽管;3—密封胶垫;4—止水盖

图 5-13　C7G7-N 型丝盖固定式出水口

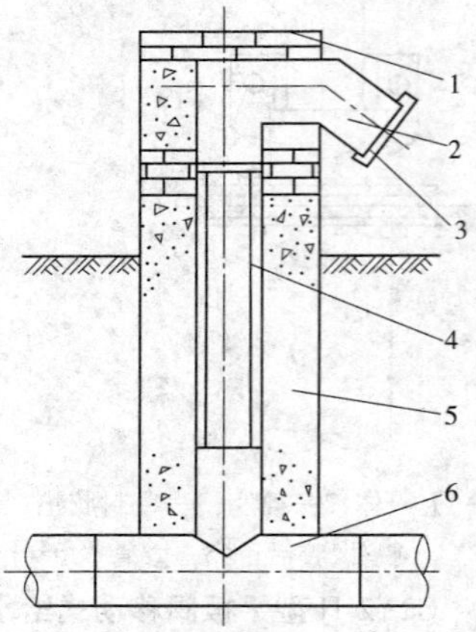

1—砌砖;2—放水管;3—丝盖;
4—立管;5—混凝土固定墩;
6—硬 PVC 三通

图 5-14　C2G7-S/N 型丝盖固定式出水口

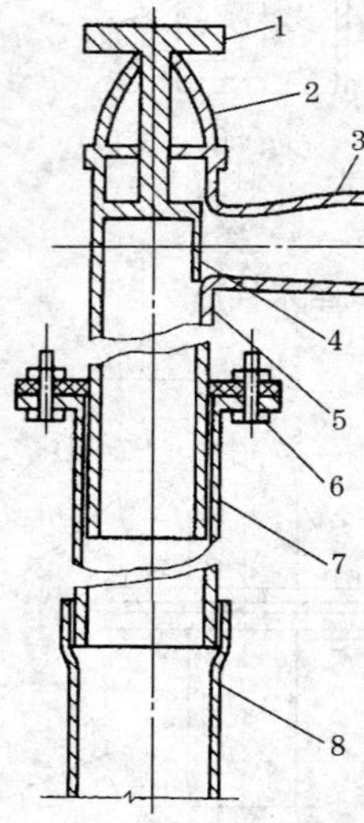

1—开关手轮;2—冲土帽;3—出水嘴;
4—阀门;5—升降管;6—双层橡胶圈;
7—外套管;8—立管

图 5-15　C2G1-S 型平板阀固定式给水栓

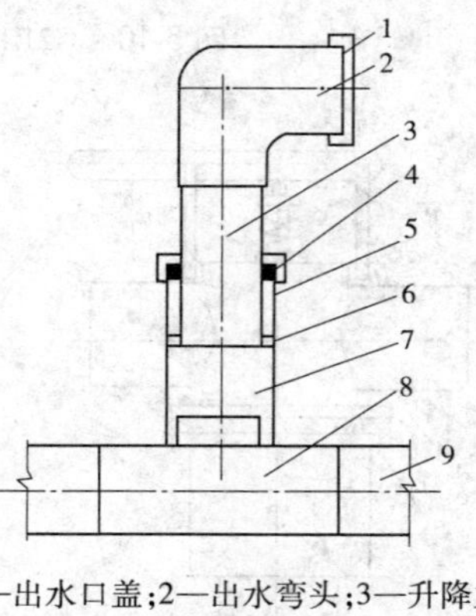

1—出水口盖;2—出水弯头;3—升降立管;
4—密封胶垫;5—管箍;6—限制环;
7—固定套管;8—连接三通;9—地下管道

图 5-16　C2G7-S 型丝盖固定式出水口

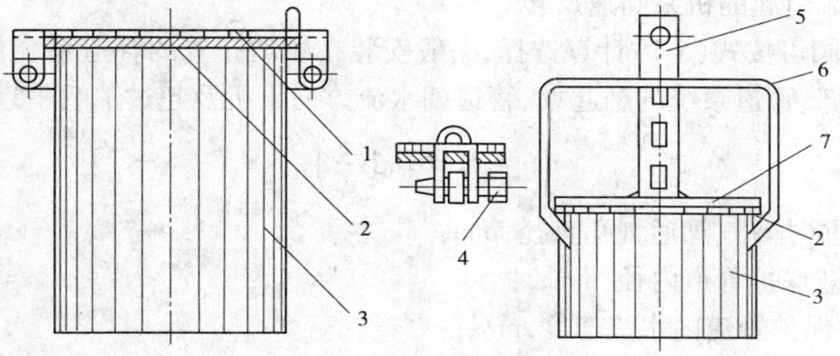

A型　　　　　　　　　　　　　　　　B型

1—顶盖;2—密封胶垫;3—外壳;4—销钉;5—操作杆;6—支撑框架;7—阀瓣

图 5-17　C2G1-N 型平板阀固定式出水口

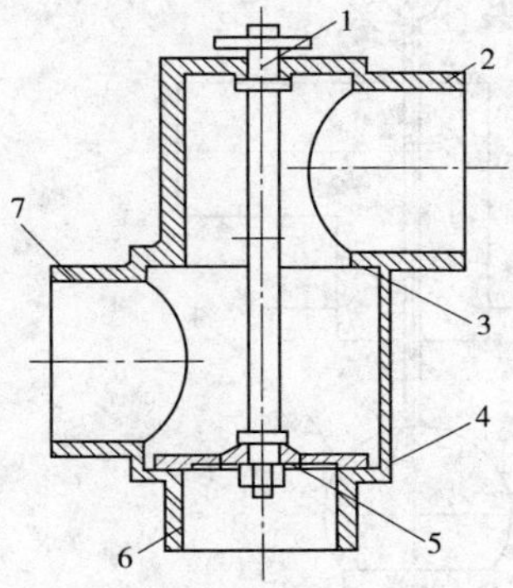

1—操作杆;2—出水口;3—上密封面;
4—下密封面;5—阀瓣;6—下游管道出水口;
7—上游管道进水口

图 5-18　C2G1-G 型平板阀固定式给水栓

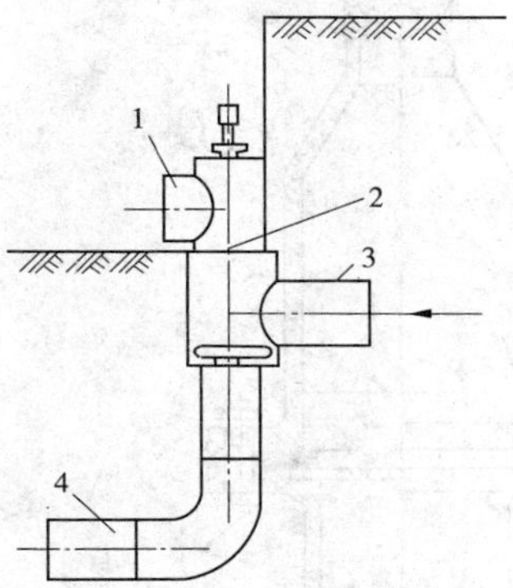

1—出水口;2—阀杆;
3—进水口(接上游管道);4—接下游的管道

图 5-19　C2G1-G 型平板阀固定式给水栓安装示意图

2. 安全保护装置

管道输水灌溉系统的安全保护装置主要有进(排)气阀、安全阀、调压阀、逆止阀、泄水阀等。安全保护装置的主要作用分别是破坏管道真空,排除管内空气,减少输水阻力,超压保护,调节压力,防止管道内的水回流入水源而引起水泵高速反转。

1)进(排)气阀

进(排)气阀按阀瓣结构分为球阀式、平板式进(排)气阀两大类。其工作原理是管道充水时,管内气体从进(排)气口排出,球(平板)阀靠水的浮力上升,在内水压力作用下封闭进(排)气口,使进(排)气阀密封而不渗漏,排气过程完毕。管道停止供水时,球(平板)阀因虹吸作用和自重而下落,离开球(平板)口,空气进入管道,破坏了管道真空或使管道水的回流中断,避免了管道真空破坏或

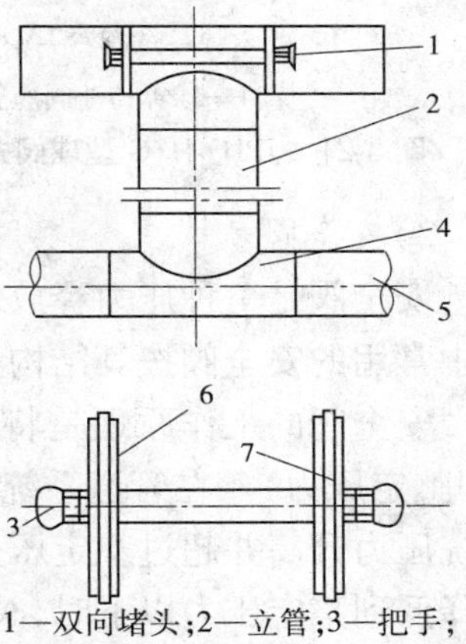

1—双向堵头;2—立管;3—把手;
4—三通;5—地下管道;6—压板;
7—密封胶垫

图 5-20　C1G1-S 型双向堵头固定式出水口

因管内水的回流引起的机泵高速反转。

进(排)气阀可按式(5-1)计算选择,一般安装在顺坡布置的管道系统首部、逆坡布置的管道系统尾部、管道系统的凸起处、管道朝水流方向下折及超过10°的变坡处。

$$d_0 = 1.05D_0\left(\frac{v}{v_0}\right)^{1/2} \tag{5-1}$$

式中　d_0——进(排)气阀通气孔直径,mm;

D_0——被保护管道内径,mm;

v——被保护管道内水流速度,m/s;

v_0——进(排)气阀排出空气流速,m/s,计算时可取45 m/s。

几种常见进(排)气阀见图5-21～图5-25。

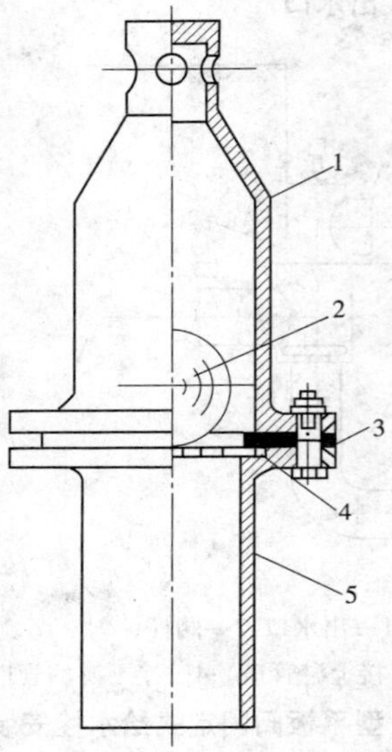

1—阀室;2—球阀;3—密封胶垫;
4—球箅;5—阀座管

图5-21　JP1Q-H/G型球阀式进(排)气阀

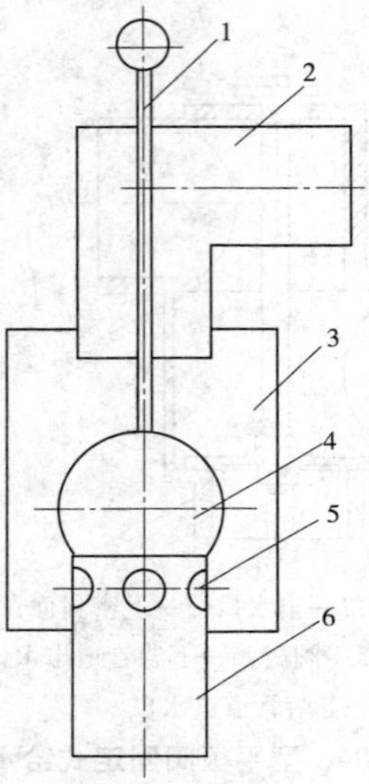

1—取水操作杆;2—进(排)气口,出水弯头;
3—阀壳;4—球阀;5—进(排)气孔;6—连接管

图5-22　JP1Q-H型球阀式进(排)气阀

2)安全阀

安全阀是一种压力释放装置,安装在管路较低处,起超压保护作用。低压管道灌溉系统中常用的安全阀按其结构型式可分为弹簧式、杠杆重锤式。

安全阀的工作原理是将弹簧力或重锤的重量加载于阀瓣上来控制、调节开启压力(即整定压力)。在管道系统压力小于整定压力时,安全阀密封可靠,无渗漏现象;当管道系统压力升高并超过整定压力时,阀门则立即自动开始排水,使压力下降;当管道系统压力降低到整定压力以下时,阀门及时关闭并密封如初。

在选用安全阀时,应根据所保护管路的设计工作压力确定安全阀的公称压力。由计算出的定压值决定其调压范围,根据管道最大流量计算出安全阀的排水口直径,并在安装前校正好阀门的开启压力。弹簧式、杠杆重锤式安全阀均用于低压管道灌溉系统。

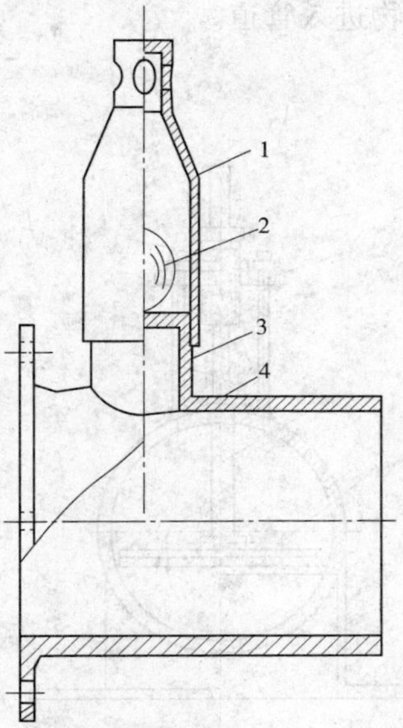

1—阀室；2—球阀；3—球箅管；4—法兰

图 5-23　JP3Q-H/G 型球阀式进(排)气阀

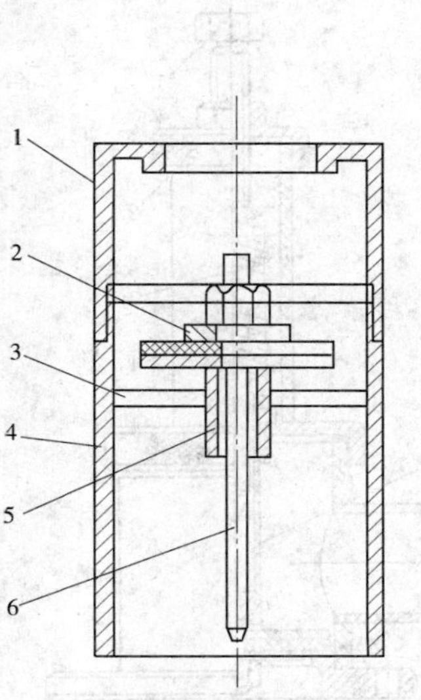

1—上阀壳；2—阀瓣；3—支架；
4—下阀壳；5—导向套；6—阀杆

图 5-24　JP1P-G 型球阀式进(排)气阀

安全阀一般铅垂安装在管道系统的首部，操作者容易观察到，并便于检查、维修，也可安装在管道系统中任何需要保护的位置。图 5-26、图 5-27 是两种常见的安全阀。

3) 调压管

调压管又称调压塔、水泵塔、调压进(排)气井，其结构型式见图 5-28。其作用是当管内压力超过管道的强度时，调压管自动放水，从而保护管道安全。因此，调压管可代替进(排)气阀、安全阀和止回阀。调压管(塔)有 2 个水平进、出口和 1 个溢流口，进口与水泵上水管出口相接，出口与地下管道系统的进水口相连，溢流口与大气相通。

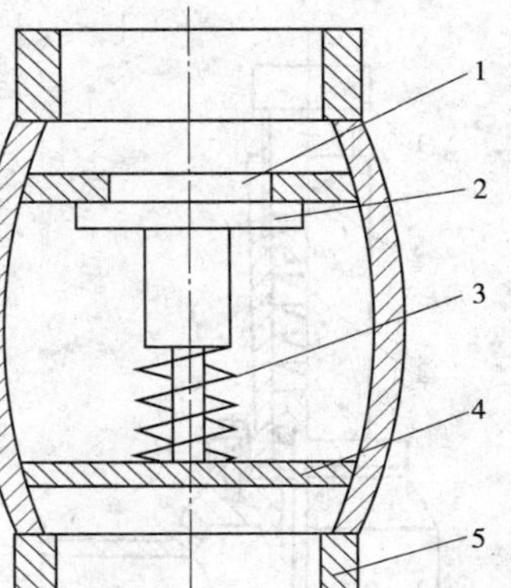

1—进(排)气口；2—阀瓣；3—弹簧；
4—弹簧支座；5—阀壳

图 5-25　J4P-H 型平板阀外力止水进气阀

调压管(塔)设计时应注意以下几个问题：

(1) 调压管(塔)溢流水位应不大于系统管道的公称压力。

(2) 为使调压管(塔)起到进气、止回水作用，调压管(塔)的进水口应设在出水口之上。

(3) 调压管(塔)的内径应不小于地下管道的内径。为减小调压管(塔)的体积，其横断面可以在进水口以上处开始缩小，但当系统最大设计流量从溢流口排放时，在缩小断面处的平均流速不应大于 3.05 m/s。

(4) 水源含沙量较大时，调压管(塔)底部应设沉沙池。

(5)调压管(塔)的进水口前应装设拦污栅,防止污物进入管道。

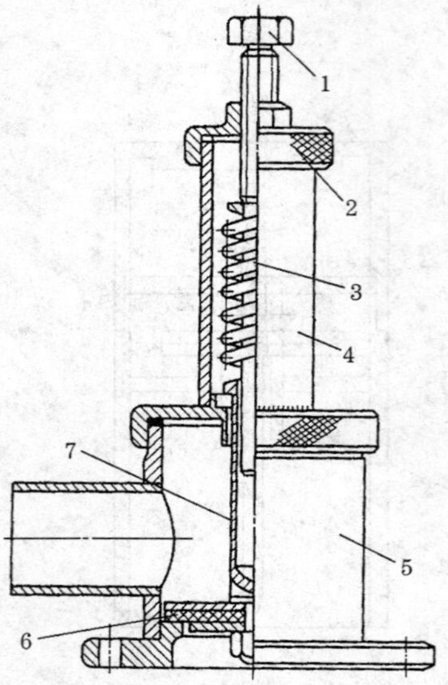

(a)A型

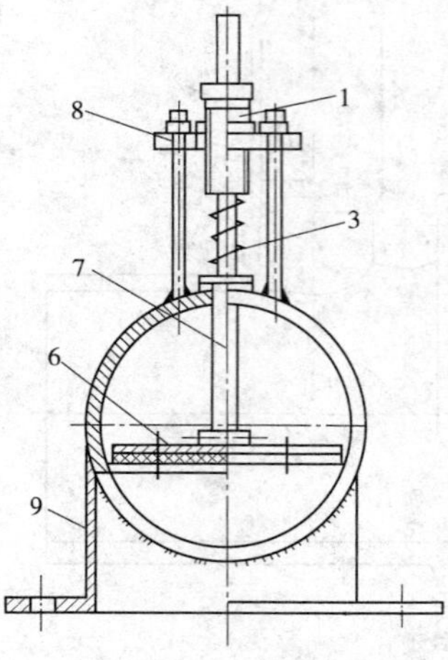

(b)B型

1—调压螺栓;2—压盖;3—弹簧;4—弹簧室壳;5—阀室壳;6—阀瓣;7—导向套;8—弹簧支架;9—法兰管

图 5-26　A3T-G 型弹簧式安全阀

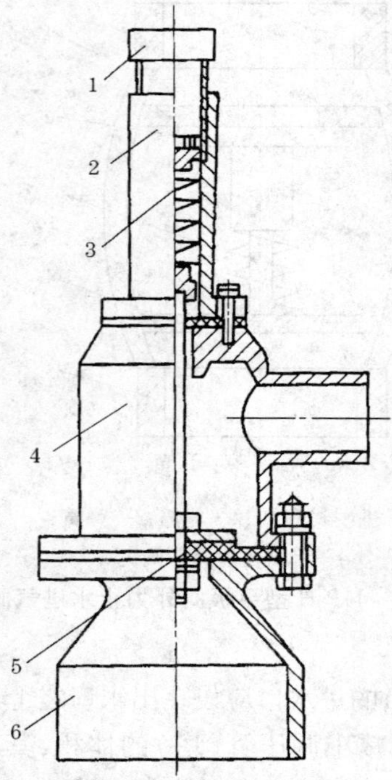

1—调压螺栓;2—弹簧室;3—弹簧;4—阀瓣室;5—阀瓣;6—阀座管

图 5-27　A1T-G 型弹簧式安全阀

4)分(取)水控制装置

管道灌溉系统中常用的分(取)水控制装置主要有闸阀、截止阀以及结合低压管道系统特点研制的一些专用控制装置等。闸阀和截止阀大部分是工业通用产品。管道输水灌溉系统常用的工业阀门主要是公称压力不大于1.6 MPa 的闸阀和截止阀,其主要作用是接通或截断管道中的水流。

5)计量设备

为实现计划用水,按时计征水费,促进节约用水,在管道输水系统中安装量水设备。我国目前还没有专用的农用水表,在管道输水灌溉系统中通常采用工业与民用水表、流量计、流速仪、电磁流量计等进行量水。井灌区常用的量水设备为水表,水表可以累计用水量,量水精度可以满足计量要求,且牢固耐用,便于维修。在选用水表时,应遵循以下原则:

(1)根据管道的流量,参考厂家提供的水表流量—水头损失曲线进行选择,尽可能使水表经常使用流量接近公称流量。

(2)用于管道灌溉系统的水表一般安装在野外田间,

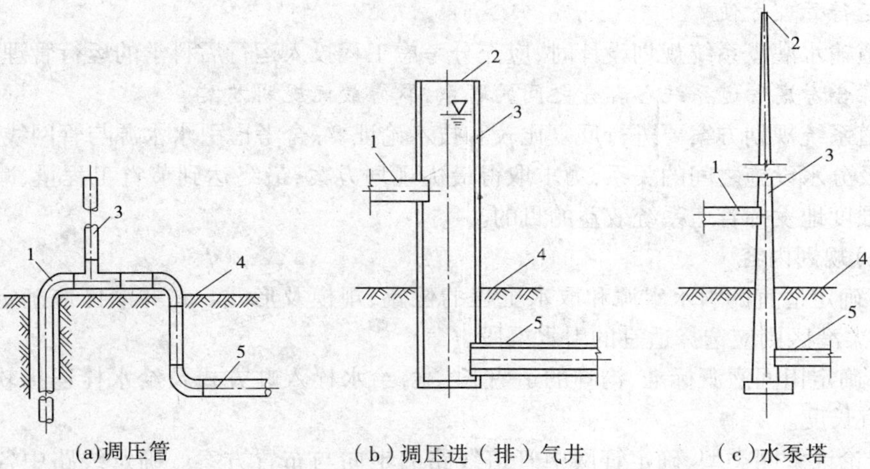

1—水泵上管;2—溢流口;3—调压管;4—地面;5—地下管道

图 5-28　调压管(塔)的结构示意图

因此选用湿式水表较好。

(3)水平安装时,选用旋翼式或水平螺翼式水表。

(4)非水平安装时,宜选用水平螺翼式水表。

第三节　管道输水工程规划设计

一、管道输水灌溉系统规划的原则与内容

(一)规划的基本原则

1. 全面规划,统筹安排

管道输水灌溉系统规划属农田基本建设规划范畴,因此必须与当地农业区划、农业发展计划、水利规划及农田基本建设规划相结合。在原有农业区划和水利规划的基础上,综合考虑与规划内沟、渠、路、林、输电线路、引水水源等布置的关系,统筹安排,全面规划,充分发挥已有水利工程的作用。

2. 近期需要与远景发展规划相结合

进行管道输水工程规划设计时,需结合当前的经济状况和今后农业现代化发展的需要,特别是节水灌溉技术的的发展要求。如果管道系统有可能改建为喷灌或微灌系统,规划时,干、支管应采用符合改建后系统压力要求的管材。这样,既能满足当前的需要,又可避免今后发展喷灌或微灌系统重新更换管材而造成巨大浪费。

3. 系统运行可靠

管道输水灌溉系统能否长期发挥效益,关键在于能否保证系统运行的可靠性。因此,从规划一开始就要对水源、管网布置、管材、管件和施工组织等进行反复比较。不可匆忙施工,不能采用劣质产品,要做到对每一个环节严格把关,确保整个管道输水灌溉系统的质量。

4.运行管理方便

管道输水灌溉系统规划设计时,应充分考虑工程投入运行后科学的运行管理。

5.综合考虑管道系统各部分之间的联系,取得最优规划方案

管道系统规划方案要进行反复比较和技术论证,综合考虑引水水源与管网线路、调蓄建筑物及分水设施之间的关系,力求取得最优规划方案,最终达到节省工程量、减少投资和最大限度地发挥管道系统效益的目的。

(二)规划内容

(1)确定适宜的引水水源和取水工程的位置、规模及形式。在井灌区应确定适宜的井位,在渠灌区则应选择适宜的引水渠段。

(2)确定田间灌溉标准,沟畦的适宜长、宽,给水栓入畦方式及给水栓连接软管时软管的适宜长度。

(3)论证管网类型、确定管网中管道线路的走向与布置方案。确定线路中各控制阀门、保护装置、给水栓及附属建筑物的位置。

(4)拟定可供选择的管材、管件、给水栓、保护装置、控制阀门等设施的系列范围。

(三)规划设计的主要技术参数

(1)灌溉设计保证率。应根据当地自然条件和经济条件确定,但应不低于75%。

(2)管道灌溉系统水利用系数。井灌区应不低于0.95,渠灌区应不低于0.90。

(3)田间水利用系数应不低于0.85。

(4)灌溉水利用系数。井灌区应不低于0.80,渠灌区应不低于0.70。

(5)规划区灌水定额。根据当地试验资料确定,无资料地区可参考邻近地区试验资料确定。

(四)规划设计步骤

(1)调查收集规划前所需要的基本资料,当地农业区划、水利规划和农田基本建设规划等基本情况,并应进行核实和分析。

(2)进行水量平衡分析,确定管道输水灌溉区规模。

(3)实地勘测并绘制规划区平面图,在图中标明沟、渠、路、林及水源的位置和高程。

(4)确定取水工程位置,确定管网形式和畦田规格、范围和形式。

(5)进行田间工程布置,确定管网形式和畦田规格。

(6)根据管网类型、给水装置位置,选择适宜的管网线路,确定保护设施及其他附属建筑物位置。

(7)汇总管网类型、给水装置、保护设施、连接管件及其他附属建筑物的数量。

(8)选择适宜管材、给水分水装置及保护设施,对没有性能指标说明的材料和设备应通过试验确定基本性能。

(五)规划成果

规划阶段的成果应包括以下内容:①序言;②基本情况与资料;③主要技术参数;④水量供需平衡分析;⑤规划方案比较;⑥田间工程布置;⑦机井装置;⑧投资估算;⑨经济效益分析;⑩附图,1:5 000~1:10 000水利设施现状图,1:5 000~1:10 000管道灌溉工程规划图,1:1 000~1:2 000典型管道系统布置图。

二、管道输水工程规划设计方法

管网规划与布置是管道系统规划中关键的一部分。其方法是将水源与各给水栓(出水口)之间用管道连接起来形成管网,保证输送所需水量在输送过程中保持水质不发生变化,损耗的水量最少,使整个管网实现正常经济的运行。因为管网工程投资占管道系统总投资的70%以上,所以管网布置的合理与否,对工程投资、运行状况和管理维护都有很大影响。因此,应对管网规划布置方案应进行反复比较,最终确定合理方案,以减小工程投资并保证系统可靠运行。

(一)规划布置的原则

(1)井灌区的管网常以单井控制灌溉面积作为一个完整系统。渠灌区应根据作物布局、地形条件、地块形状等分区布置,尽量将压力接近的地块划分在同一分区。

(2)规划时首先确定给水栓的位置。给水栓的位置应当考虑到灌水均匀。若不采用连接软管灌溉,向一侧灌溉时,给水栓纵向间距可在40~50 m之间;横向间距一般按80~100 m布置。在山丘区梯田中,应考虑在每个台地中设置给水栓以便于灌溉管理。

(3)在已确定给水栓位置的前提下,力求管道总长度最短。

(4)管线尽量平顺,减少起伏和折点。

(5)最末一级固定管道的走向应与作物种植方向一致,移动软管或田间垄沟垂直于作物种植行。在山丘区,应尽量使干管平行于等高线、支管垂直于等高线布置。

(6)管网布置要尽量平行于沟、渠、路、林带,顺田间生产道路和地边布置,以利于耕作和管理。

(7)充分利用已有的水利工程,如穿路倒虹吸和涵管等。

(8)充分考虑管路中量水、控制和保护等装置的适宜位置。

(9)尽量利用地形落差实施重力输水。

(10)各级管道尽可能采用双向供水。

(11)避免干扰输油、输气管道及电讯线路等。

(二)规划布置的步骤

根据管网布置的原则,按以下步骤进行规划布置。

(1)根据地形条件分析确定管网类型。

(2)确定给水栓的适宜位置。

(3)按管道总长度最短原则确定管网中各级管道的走向与长度。

(4)在纵断面图上标注各级管道桩号、高程、给水装置、保护设施、连接管件及附属建筑物的位置。

(5)对各级管道、管件、给水装置等,列表分类统计。

(三)主要技术参数

管道布置后应达到以下要求:

(1)管道灌溉系统水利用系数,井灌区应不低于0.95,渠灌区应不低于0.90。

(2)田间水利用系数应不低于0.85。

(3)每个给水栓平均控制面积9亩左右。

(4)每亩管道宜为 6～10 m。

(5)机泵装置效率:电动机为动力的 40% 以上,柴油机为动力的 30% 以上。

(四)管网布置

管网布置之前,首先根据适宜的畦田长度和给水栓供水方式确定给水栓间距,然后根据经济分析结果将给水栓连接而形成管网。由于渠灌区管网布置比井灌区复杂,下面仅介绍井灌区管网布置方法。

1. 井灌区管网典型布置形式

当给水栓位置确定时,不同的管道连接形式将形成管道总长度不同的管网,因此工程投资也不同。在我国井灌区管道输水灌溉的发展过程中,许多研究和施工人员根据水源位置、控制范围、地面坡降、地块形状和作物种植方向等条件,总结出如图 5-29～图 5-35 所示的几种常见布置形式。

当机井位于地块一侧,控制面积较大且地块近似呈方形时,可布置成图 5-29、图 5-30 所示的形式。这些布置形式适合于井出水量 60～100 m^3/h,控制面积 150～300 亩,地块长宽比约等于 1 的情况。

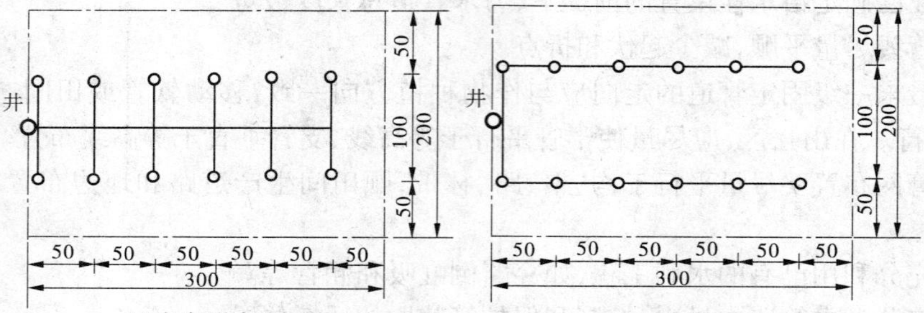

(a)圭字形布置　　　　(b)Ⅱ形布置

图 5-29　给水栓向一侧分水示意图　(单位:m)

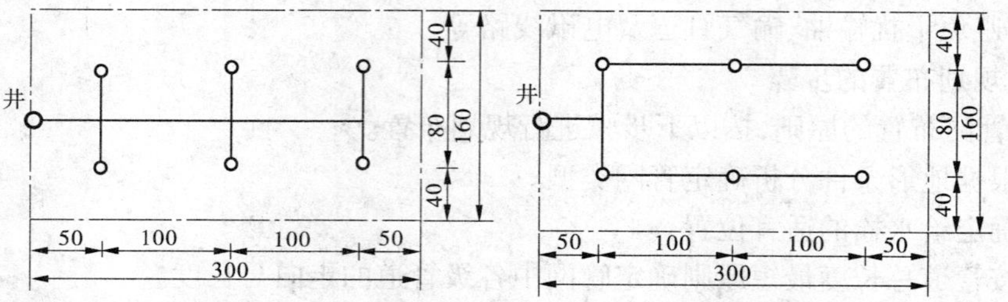

(a)圭字形布置　　　　(b)Ⅱ形布置

图 5-30　给水栓向两侧分水示意图　(单位:m)

当机井位于地块一侧,地块呈长条形时,可布置成一字形、L 形、T 字形,如图 5-31～图 5-33 所示。这些布置形式适合于井出水量 20～40 m^3/h,控制面积 50～100 亩,地块长宽比不大于 3 的情况。

当机井位于地块中心时,常采用如图 5-34 所示的 H 形布置形式。这种布置形式适合于井出水量 40～60 m^3/h,控制面积 100～150 亩,地块长宽比不大于 2 的情况。当地块长宽比大于 2 时,宜采用图 5-35 所示的长一字形布置形式。

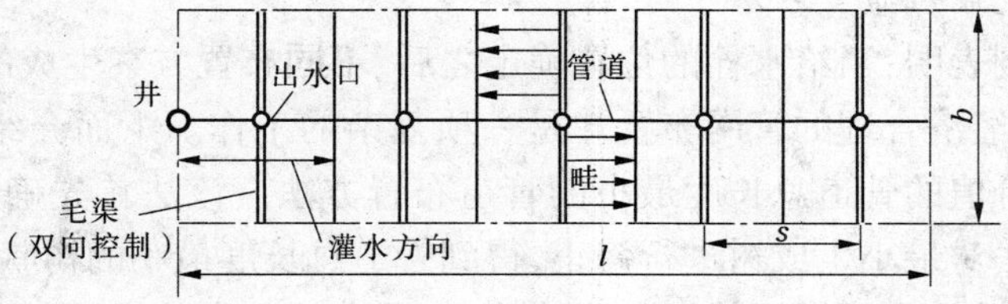

图 5-31　一字形布置

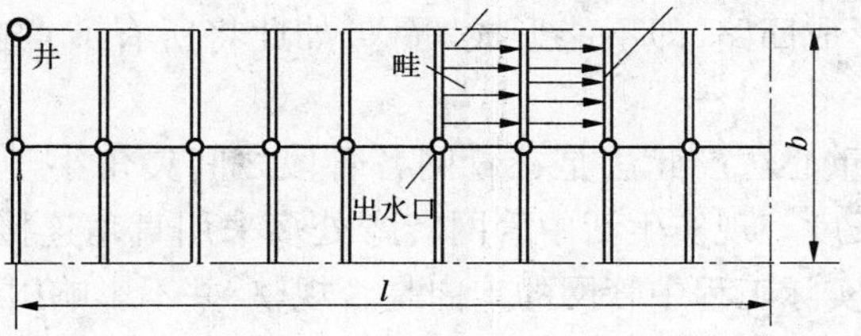

图 5-32　L 形布置

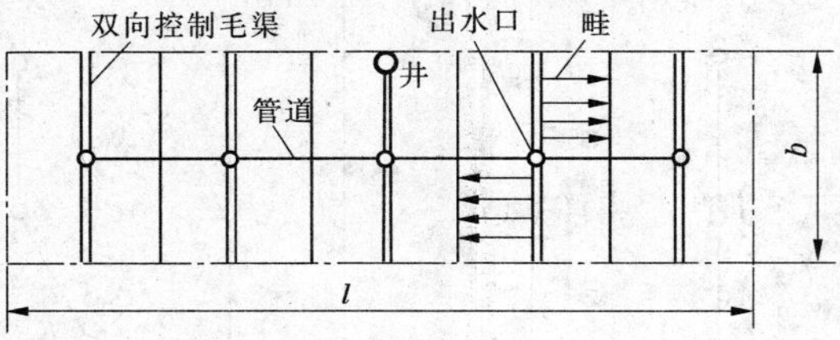

图 5-33　T 形布置

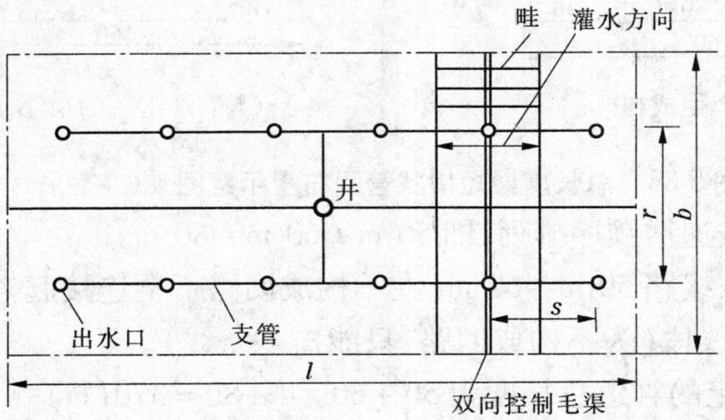

图 5-34　H 形布置

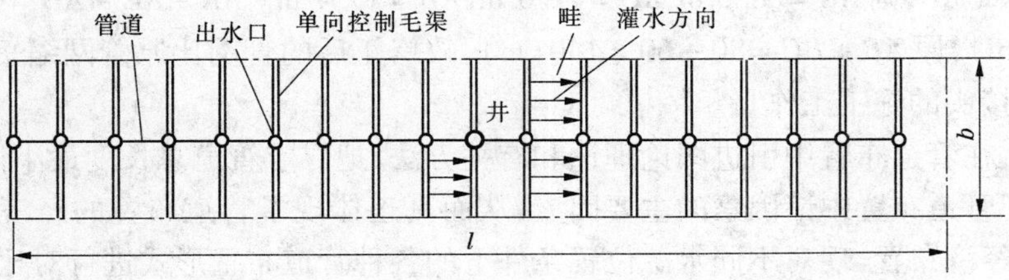

图 5-35　长一字形布置

2. 树状网总长度最短布置方法

管网布置的实例表明：当给水栓的位置确定之后，不同布置方案生成的管网管道总长度差别很大，但寻求经济合理的管网布置却是一项复杂的工作。下面介绍近年来研究较多且有一定的实用价值的管道总长度最小的管道布置方法。该法首先确定最小生成树，然后采用费尔玛点法对最小生成树进行修正，得到管道总长度最小的树状管网。

最小生成树法：最小生成树可采用避圈法确定，此方法是先将水源至各给水栓及各给水栓之间按递增顺序排列，再选最小两条线段连接起来，然后由小到大连第三条、第四条……但连线时不可形成回路，即不能形成“圈”，如此将所有节点连起来即可得到生成最小树。

费尔玛点法：也称重心法。此法是在管网各管段之间夹角小于120°处补加点，以实现进一步缩短管道总长度。现实生活中管网转弯处多采用直角连接形式，这种布置在几何图形上比较规整，但实际工程中管网的走向是否规整，并不影响田间工程、作物种植。

如图5-36所示，给水栓位置已确定的田块，按以下步骤构成最小生成树：

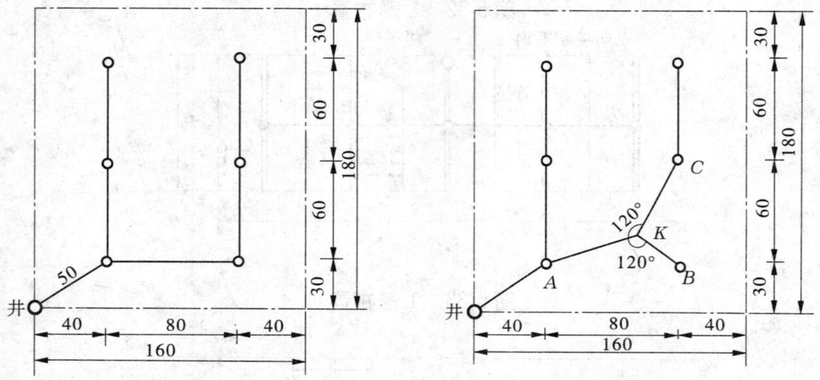

(a)最小生成树　　　　（b）修正后的最小生成树

图5-36　总长度最短树状管网布置示意图　（单位：m）

(1)将所有线段按递增顺序排列，即50 m→60 m→80 m。

(2)连接最短两条线路50 m→60 m(在不构成回路下全连接起来)。

(3)连接80 m长线段(为不构成回路，只能连一条线)。

由最小生成树确定的管道总长度为 $50+60\times4+80=370(\text{m})$。

采用费尔玛点法对最小生成树进行修正，首先确定图5-36(b)中△*ABC* 的重心 *K*，然后连接 *AK*、*KC*、*KB*，则 $AK=68.6$ m，$KC=47.0$ m，$KB=19.4$ m。$AK+KC+KB=68.6+47+19.4=135(\text{m})$，原 $AB+BC=80+60=140(\text{m})$，故修正后的管网比原管网缩短5 m，但增加一个异形接头的施工工作量。

近年来，在管道布置中引进图论理论和有关方法，把寻求管道总长度最小值作为目标函数，抓住了管道布置中诸因素的主要因素，从而真正体现了管道布置的经济性原则，实现了管道的经济布置，现对不同水源位置条件下的各种管道布置形式进行对比分析，供管网布置时参考，见表5-2。

表 5-2　各种管网布置方案分析表

水源位置	管网形式	布置方法	管道总长（m）	总长次序		说明
				相同水源位置	不同水源位置	
田块中间	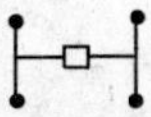	最小树	320	1	1	最小树不能再修正
	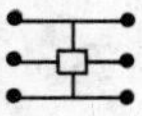		360	2		
	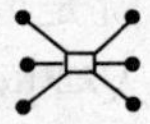		368.4	3		
短边中间	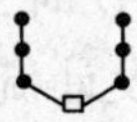	最小树	340	1	2	最小树不能再修正
	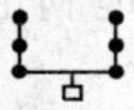		350	2		
	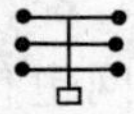		390	3		
长边中间	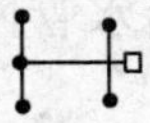	最小树	360	1	3	最小树不能再修正
	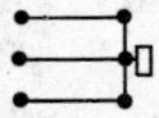		400	2		
			532.6	3		
田块边角	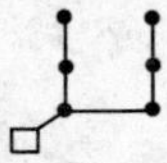	最小树	370	1	4	修正最小树后，管道总长为365 m
	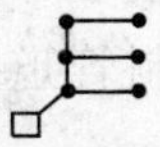		410	2		
	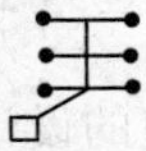		445.4	3		

（五）水力计算

管道工程设计是依据水源供水条件、田间需水要求和管网规划布置等资料，进行管道设计流量、管径选择、水头损失计算和水源压力水位推算及管道变形与强度等力学指标验算等项工作，以寻求在确保管道安全运行条件下取得最大的经济效益。

1. 管道设计流量

管道设计流量是确定管道过水断面和各种管件规格尺寸的依据。通常是根据各级管道轮灌和续灌工作制度、管道输水损失和作物需水要求等条件进行计算的。在比较小的灌区，通常根据主要作物需水高峰期的最大一次灌水量，按下式计算灌溉设计流量。

$$Q = \frac{mA}{Tt\eta} \tag{5-2}$$

式中 Q——灌溉设计流量，m^3/h；

m——设计的一次灌水定额，m^3/亩；

A——灌溉设计面积，亩；

T——一次灌水的连接时间，d；

t——每天灌水时间，h/d；

η——管道系统的灌溉水利用系数，取0.98。

这里的灌溉设计流量不一定就是管道的设计流量，更不一定就是管道的运行流量。在低压管网系统中，多数场合都是以水泵扬水作为水源。此时，进入管网的总流量即为水泵出水量。对于树状管网来说，当水泵流量 Q_0 大于灌溉设计流量 Q 时，应取 Q 为管道设计流量；当水泵流量 Q_0 小于灌溉设计流量 Q 时，应取 Q_0 为管道设计流量。对于环状管网来说，管道设计流量取入管网总流量的一半。这样，可最大限度地满足供水可靠性和流量均匀分配的要求。

2. 经济管径的确定

由于低压管道系统的设计流量只有一个固定值，所以整个管网也仅有一个管径值。为此，低压管网管径的确定实质上是单管管径的确定，其有别于给水管网管径的计算，即根据设计流量确定的管径就是整个管网的管径。

由水力学公式推导出管网管径的基本计算公式如下

$$d = \sqrt{\frac{4Q}{\pi v}} = 1.13\sqrt{\frac{Q}{v}} \tag{5-3}$$

式中 d——管道直径，m；

Q——管道内通过的设计流量，m^3/s；

v——管道内水的流速，m/s。

对于管道内水的流速，一般在设计时取平均经济流速，即管径为100～400 mm时，v = 0.6～0.9 m/s。为了防止管道中产生水锤破坏管网，在技术上限制管道内最大流速在2.5～3.0 m/s；为了避免在管道内沉积杂物，最小流速不得低于0.5 m/s。

3. 沿程水头损失计算

确定管网中的水头损失也是设计管网的主要任务。知道了管道的设计流量和经济管径，便可以计算水头损失。常用的计算公式有以下几类。

(1)刚性管道水头损失计算。这种管材主要指当地建筑材料制成的管材，如混凝土管、水泥砂浆管、水泥石屑管、水泥炉渣管、水泥砂土管和水泥土管等。

刚性管材内表面比较粗糙，水流多呈紊流状态，沿程水头损失可用式(5-4)计算。

$$h_f = kL\frac{Q^n}{d^m} \tag{5-4}$$

式中 h_f——沿程水头损失，m；

Q——管道设计流量，m^3/h；

L——管道长度，m；

d——管道直径，mm；

k、m、n——系数和指数，国家标准《喷灌工程技术规范》对式中系数和指数都作出了规定。

糙率系数 n 值视管材管道接口质量、管槽开挖平直情况、各级管道之间连接形式和管道工作条件等确定，可取 $n=0.013\sim0.015$。石棉水泥管、预应力混凝土管和挤压成型管等其糙率系数可取 $n=0.011\sim0.013$。

（2）硬质塑料管水头损失计算。这种管材内壁光滑，粗糙度小，管内流速不宜大于 2 m/s，多呈紊流状态。沿程水头损失系数与管内壁粗糙度无关，可用舍维列夫公式计算：

$$h_f = 0.000\,915\frac{Q^{1.774}L}{d^{4.774}} \tag{5-5}$$

（3）移动软管沿程水头损失计算。地面移动软管多用高密（低密）度聚乙烯、维纶塑料、尼龙和胶布等材料，在输水过程中由于内水压力不断变化，使得过水断面也在不断变化，再加上软管出现起伏、折曲，这些都增大了管道内壁的粗糙度。有关软管沿程水头损失计算介绍如下 3 个公式：

地面软管沿程水头损失计算可参考如下公式

$$h_f = 0.442\times10^{-3}\frac{Q^{1.093}L}{d^{5.246}} \tag{5-6}$$

地埋软管外包混凝土或灰土等材料时，可参考使用如下公式

$$h_f = 2.28\times10^{-3}\frac{Q^{1.805}L}{d^{4.453}} \tag{5-7}$$

对塑料软管，也可以考虑使用哈－威公式，美国在低压管道输水灌溉工程中使用较多

$$h_f = 1.13\times10^{9}\frac{L}{d^{4.487\,4}}\left(\frac{Q}{C}\right)^{1.852} \tag{5-8}$$

式中　C——沿程摩擦阻力系数，对于 PVC、PP、PE 塑料管，$C=150$。

根据实测值分析，哈－威公式计算值偏小 3%～10%，对地面软管则偏小 20%。所以应用式（5-8）时，应将计算值适当加大 3%～20%。

4. 局部水头损失计算

在工程实践中，经常根据水流沿程水头损失和局部水头损失在总水头损失中的分配情形，将有压管道分为长管与短管两种。前者沿程水头损失起主要作用，局部水头损失和流速水头可以忽略不计；后者局部水头损失和流速水头与沿程水头损失相比不能忽略。习惯上，将局部水头损失和流速水头占沿程水头损失的 5% 以下的管道称为长管；反之，局部损失和流速水头损失占沿程水头损失的 5% 以上的管道称为短管。一般的低压管道工程常取局部水头损失为沿程水头损失的 5%～10%。

（六）水泵扬程计算与水泵选择

1. 确定管网水力计算控制点

管网水力计算的控制点是指管网运行时所需最大扬程的出流点，即最不利灌水点。

一般应选取离管网首端较远而地面高程较高的地点。在管网中这两个条件不可能同时具备时,应在符合以上条件的地点综合考虑,选出一个最不利灌水点为设计控制点。在轮灌方式中,不同轮灌组应选择各轮灌组的设计控制点。

2. 确定管网水力计算的线路

管网水力计算线路是自设计控制点到管网首端的一条管线。对于不同轮灌组,水力计算的线路长度和走向不同,应确定各轮灌组的水力计算线路,对于续灌方式则只需选择一条计算线路。

3. 各管段水头损失计算

(1)给水栓工作水头。在采用移动软管的系统中,一般采用管径为 $\phi50 \sim \phi110$ mm 的软管,长度一般不超过 100 m。给水栓工作水头计算如下:

$$H_g = h_{yf} + h_g + \Delta H_{gy} + (0.2 - 0.3) \tag{5-9}$$

式中 H_g——给水栓工作水头,m;

h_{yf}——移动软管沿程水头损失,m;

h_g——给水栓局部水头损失,m;

Δh_{gy}——移动软管出口与给水栓出口高差,m。

当出水口直接配水入渠时,上式中 $h_{yf}=0$,$\Delta H_{gy}=0$。

(2)不同管段水头损失计算。根据不同管材、管长和管径,计算各管段沿程水头损失和局部水头损失。不同轮灌组各管段水头损失应分别计算。控制线路各管段水头损失可采用表 5-3 格式进行计算。

表 5-3 控制线路管段水头损失计算表

管段	长度(m)	流量(m^3/h)	管径(mm)	h_f(m)	h_i(m)	h_w(m)
1 ~ 2						
2 ~ 3						
⋮						
$(n-1) \sim n$						
合计						

注:表中 h_f 为沿程水头损失;h_i 为局部水头损失;h_w 为总水头损失。

(3)控制线路各节点水头推算。输水干管线路中,各节点水压是根据各管段水头损失和节点地面高程自下而上推算的,计算公式如下。

$$H_0 = H_2 + \sum h_i - H_1 \tag{5-10}$$

式中 H_0——上游节点自由水头,m;

H_2——下游节点高程,m;

H_1——上游节点高程,m;

$\sum h_i$——上、下游节点间总水头损失,m。

管网各节点及沿线不得出现负压,节点自由水头应满足支管配水要求,且不得大于管材的允许工作压力。管网入口节点的水压确定后,可根据净扬程计算水泵所需总扬程,以便选择适宜的机泵。

(4)管网入口设计压力计算。管网入口是指管网系统干管进口,管网入口设计可按式(5-11)计算,在采用潜水泵或深井泵的井灌区,管网入口在机井出口处;在使用离心泵的灌区则管网入口在水泵出口处。计算公式如下

$$H_{in} = \sum h_f + \sum h_j + \Delta z + h_g \tag{5-11}$$

式中 H_{in}——管网入口设计压力,m;

$\sum h_f$——计算管线沿程水头损失之和,m;

$\sum h_j$——计算管线局部水头损失之和,m;

Δz——设计控制点与管网入口地面高程之差,m,逆坡取正值,顺坡取负值;

h_g——给水栓工作水头。

(5)水泵扬程计算。对于使用潜水泵和深井泵的井灌区,水泵扬程按式(5-12)计算

$$H_p = H_{in} + H_m + h_p \tag{5-12}$$

式中 H_p——水泵扬程,m;

H_m——机井动水位与井台高差,m;

h_p——机井井台至动水位以下 3 ~ 5 m 的总水头损失,m;

H_{in}——管网入口设计压力,m。

对于使用离心泵的灌区则采用式(5-13)计算

$$H_p = H_{in} + H_s + h_p \tag{5-13}$$

式中 H_s——水泵吸程,m;

h_p——吸水管路水头损失之和,m。

(6)水泵选型。根据以上确定的水泵扬程和系统设计流量选取水泵,并校核水泵工况点,使水泵在高效区运行。若控制面积大且各轮灌组流量与扬程差别很大时,可采用变频调节,几台水泵并联或串联,以节省运行费用。

第四节 井灌区低压管输水灌溉工程设计实例

一、自然概况

某自然村位于山前平原,有 835 户共3 760人,耕地 3 583 亩,以井灌为主。近年来,随着工农业用水量的不断增加,地下水位逐年下降,灌溉用水日益紧张。为节约用水,保证增产,根据当地条件和群众要求,兴建低压管道输水灌溉试区。

试区共有机井 11 眼,单井涌水量为 48 ~ 125 m^3/h。农作物以小麦、玉米为主,辅以林果和蔬菜。土壤质地为中壤土,容重 $\gamma_d = 1.47\ g/cm^3$,田间持水率 $\beta = 22.5\%$(占干土重百分比),土壤最大冻深为 0. 5 m,日最大蒸发量为 5. 5 mm,多年平均年降水量 698 mm,当保证率为 80% 时,年降水量为 560 mm。据分析,小麦全生育期需水 357 mm,合 238 m^3/亩,生育期内降雨 120. 75 mm,合 80. 5 m^3/亩,尚缺 157. 5 m^3/亩,需补充灌溉。

二、设计依据

《节水灌溉技术规范》(SL 207—98)。

《低压管道输水灌溉工程技术规范(井灌部分)》(SL/T 153—95)。

三、设计参数的确定

(一)设计净灌水定额

试区种植作物为一年两季,小麦是需水量大的作物;玉米生长期正逢雨季,适时灌水即可满足需水要求;蔬菜灌水次数多,但定额小。因此,设计时以小麦需水量最高的灌浆期确定灌水定额。

$$m = 0.1\gamma_d H\beta(\beta_1 - \beta_2)$$

式中 m——设计灌溉定额,mm;

γ_d——土壤干容重,g/cm^3;

H——土壤湿润层深,cm;

β——田间持水率;

β_1、β_2——以干土重百分率表示的适宜土壤含水量的上限和下限,%。

取 $H=60$ cm,$\beta_1=95\%$,$\beta_2=65\%$,则设计净灌水定额为

$$m = 0.1 \times 1.47 \times 60 \times 22.5 \times (95\% - 65\%) = 59.535(\text{mm})$$

或
$$m = 39.7 \text{ m}^3/\text{亩}$$

根据小麦全生育期需补充的灌水大小和设计灌水定额,需灌水 4 次。按当地灌水经验,分为返青水、拔节水、抽穗水和灌浆水。玉米生育期一般灌溉 2 次即可。

(二)设计灌水周期

根据小麦需水规律,其需水高峰在灌浆期,计算公式如下:

$$T = m/E_p$$

式中 T——设计灌水周期,d;

E_p——作物日需水量,mm,根据小麦需水规律,其需水高峰在灌浆期,此时取 $E_p=5.5$ mm/d。

则
$$T = m/E_p = 59.535/5.5 = 10.82(\text{d})$$

取
$$T = 10 \text{ d}$$

(三)设计灌水流量

采用式(5-2),计算公式如下:

$$Q = \frac{mA}{\eta T t}$$

式中 Q——设计灌水流量,m^3/h;

η——灌溉水利用系数,$\eta=0.95\times0.85=0.81$;

A——灌溉面积,亩;

t——每天灌溉时间,h/d,取 $t=13$ h/d。

已知 $m=39.7$ m^3/亩,设计流量计算结果见表 5-4。

表 5-4　设计流量计算结果

分区	机井编号	井出水量（m^3/h）	A（亩）	T（d）	t（h/d）	Q（m^3/h）	流量取值（m^3/h）
一	1	74	378	10	13	142.5	74
	2	48.8	150	10	13	56.5	48.8
二	3	68.3	235	10	13	88.8	68.3
	5	125.0	415	10	13	156.6	125.0
三	7	72	355	10	13	134.0	72
四	10	75.4	284	10	13	106.9	75.4

计算结果表明，设计流量大于单井出水量，故采用单井出水量为设计流量。

（四）管道系统布置

按照村队地片分区管理，适当考虑双井汇流、远距离送水并能独立使用的原则，根据当地的地形、种植条件进行管网布置。其半固定式管道灌溉工程平面布置见图 5-37，试区管网工程量统计情况见表 5-5。

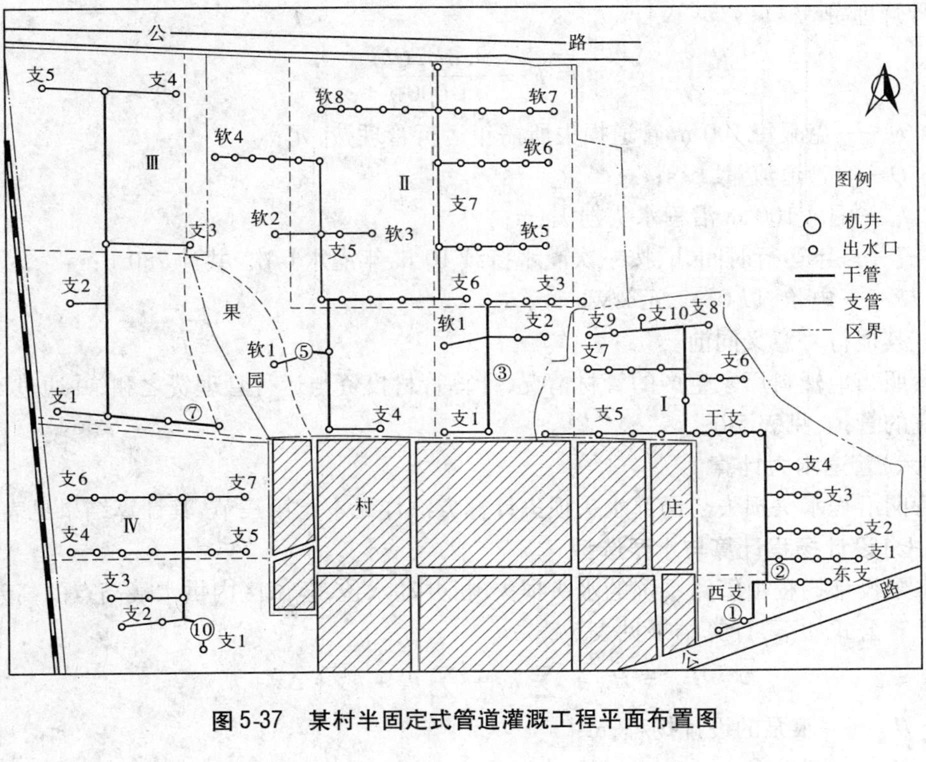

图 5-37　某村半固定式管道灌溉工程平面布置图

表 5-5　试区管网工程量统计情况

分区	机井编号	井出水量 (m^3/h)	控制面积 (亩)	干管		支管		出水口		控水箱 (个)
				条数	长度 (m)	条数	长度 (m)	个数	间距 (m)	
一	1	74	378	1	790	12	1 600	52	35 ~ 40	3
	2	48.8	150							3
二	3	68.3	235	1	172	3	300	8	50 ~ 70	6
	5	125.0	415	2	1 050	4	1 436	16		0
三	7	72	355	1	813	5	489	13	35 ~ 40	3
四	10	75.4	284	1	420	7	670	14	40 ~ 50	0
合计	6	—	1 817	6	3 245	31	4 495	103	—	15

（五）管材与管径选择

当地劳动力紧张，工值较高，故施工量不宜过大；试区地形较复杂，水泵扬程较高，压力波动大，要求管材耐压能力较强，所以大部分管材选用聚氯乙烯管（PVC 硬管），小部分地形平缓的地段选用混凝土管材。

确定管材后，按管材的投资与运行管理费之和最小为目标函数确定经济管径。其中年运行管理费为

$$F = \frac{9.8ETQh_f}{1\ 000\eta}$$

式中　F——克服每 100 m 管道损失所需年运行管理费，元；

Q——管道流量，L/s；

h_f——每 100 m 沿程水头损失，m；

T——年运行时间，h，按一次灌水持续 10 d，年灌水 6 次，共计 780 h；

E——电价，以 0.12 元/kWh 计；

其他符号意义同前。

参照当地塑料厂家生产的管材情况，计算管材投资与运行管理费之和，并通过比较选择适宜的管径，见表 5-6。

（六）管道水力计算

管网沿程水头损失与局部水头损失计算方法详见本章第三节，其计算结果见表 5-7。

（七）设计扬程计算与水泵选型

水泵设计扬程由管路系统的水头损失、机井动水位、至试区内供水最高点的高差等确定。计算公式如下，计算结果见表 5-8。

$$H_{扬} = H_m + \sum h_f + \sum h_j + h_g + \Delta z + h_p$$

式中　$H_{扬}$——水泵的设计扬程，m；

H_m——动水位，m；

$\sum h_f$——计算管路线沿程水头损失，m；

$\sum h_j$——计算管路局部水头损失，m；

h_g——设计控制点给水栓工作水头，一般取 0.1 m；

Δz——设计控制点与管网入口地面高程之差（顺坡为正，逆坡为负），m；

h_p——泵管水头损失，m。

表 5-6　各井配套管路管材管径选择情况

井号	管材	管壁厚（mm）	管径（mm）		正常工作压力（MPa）	爆破压力（MPa）	备注
			干管	支管			
1、2	PVC	5.0	160	110	0.045	1.0～1.2	塑料厂生产
3	PVC	2.5	120	110	0.050	≥0.8	塑料厂生产
5	PVC	2.5	120	120	0.055	≥0.8	塑料厂生产
7	混凝土	50.0	250	250	0.020	0.25～0.4	现浇
10	PVC	2.5	120	120	0.035	≥0.8	塑料厂生产

表 5-7　管网水头损失计算结果

井号	干管				支管				沿程水头损失之和 $\sum h_f$（m）	局部水头损失之和 $\sum h_j$（m）
	管径（mm）	流量（m^3/h）	管长（m）	水头损失（m）	管径（mm）	流量（m^3/h）	管长（m）	水头损失（m）		
1	100	74.0	140	5.60	—	—	—	—	—	—
	150	123.0	140	1.95	100	37.0	230	3.01	5.60 + 1.95 + 2.57 + 3.01 = 13.13	1.70
2	150	48.8	390	2.57	—	—	—	—	2.57 + 3.01 = 5.58	1.36
3	115	68.3	130	2.73	115	68.4	160	3.36	2.73 + 3.36 = 6.09	1.23
5	2 × 115	125.0	530	5.51	115	62.0	50	0.90	5.51 + 0.90 = 6.41	1.61
7	250	72.0	813	0.80	250	72.0	78	0.10	0.80 + 0.10 = 0.90	1.88
10	115	75.4	150	4.60	115	37.7	150	1.20	4.60 + 1.20 = 5.80	1.89

按照设计流量、设计扬程进行水泵选型。根据水泵工作性能，6 眼机井选配水泵型号及性能情况见表 5-9。经水泵工况校核，各井管道运行时水泵均处在高效区工作。

表 5-8　水泵的设计扬程计算结果　（单位：m）

井号	$H_m + h_p$	$\sum h_f$	$\sum h_j$	ΔZ	h_g	$H_{扬}$
1	50.63	13.13	1.70	-5.60	0.1	59.96
2	50.16	5.58	1.36	-4.30	0.1	52.90
3	35.30	6.09	1.23	-2.10	0.1	40.62
5	35.50	6.41	1.61	-1.98	0.1	41.64
7	45.56	0.90	1.88	-2.12	0.1	46.32
10	47.60	5.80	1.89	-1.31	0.1	54.08

表 5-9　水泵型号及性能情况

井号	泵型号	额定流量（m^3/h）	额定扬程（m）	转速（r/min）	水泵效率（%）	电机功率（kW）	水泵外径（mm）
1	200QJ80-55	80	55	2 850	73	22	184
2	丰产 480	56	64	2 900	68	22	150
3	200QJ80-44	80	44	2 850	73	13	184
5	10JD140×12	140	60	1 460	72	40	220
7	8JD80×15	80	60	1 460	70	22	185
10	200QJ80-50	80	50	2 850	73	18.5	184

（八）主要设备、材料及土建投资预算

工程投资预算可按表 5-10 和表 5-11 的格式进行分项计算。

表 5-10　主要设备、材料投资预算

设备、材料名称	单位	规格型号	数量	单价（元）	合价（元）	备注

表 5-11　管灌工程预算

序号	项目	金额（元）	所占比例（%）	备注
1	设备、材料			
2	土　建			
3	不可预见费			
合　计				

第六章　渠道防渗工程技术

第一节　渠道防渗工程技术的类型及特点

一、概述

渠道防渗工程技术就是杜绝或减少由渠道渗入渠床而流失水量的各种工程技术和方法。它是建设节水农业所采取的技术措施中最重要的组成部分之一，是提高水的利用率的一项重要措施。未采用防渗措施的渠道，渗漏损失水量一般要达到灌溉总用水量的30%～40%，许多大型渠道甚至在50%以上。我国北方大、中型灌区，渠系水利用系数最高的为0.55左右，低的仅为0.24～0.32。这即是说，从渠首引入的水量有一半以上在输水过程中损失掉，在损失的水量中，80%以上是沿程的渗漏损失，亦即是说，渠道的渗漏损失是渠系水利用系数不高的决定因素。采用衬砌防渗技术，可以大大减少渠道渗漏损失；同时还可提高渠道的抗冲能力；减少渠床糙率，增加流速，加大输水能力；渠床渗漏减少后将减少灌溉对地下水的补给，防止土壤盐碱化；也能降低成本，提高灌溉效益。

（一）渠道防渗技术的种类及其适用条件

渠道防渗技术的种类很多，从防渗材料上分为土料、水泥土、石料、膜料、混凝土、沥青混凝土等；从防渗特点上分为设置防渗层、改变渠床土壤渗漏性质等。其中前者多采用各种黏土类、灰土类、砌石、混凝土、沥青混凝土、塑膜防渗层等，后者多采用夯实土壤和利用含有黏粒土壤、淤填渠床土壤孔隙减少渠道渗漏损失等。各种防渗使用的主要材料、适用条件、防渗效果，使用年限如表6-1所示。

（二）渠道防渗的作用

渠道防渗的作用主要有以下几方面：

（1）提高了灌溉渠系水的利用系数，节约了用水量，可扩大灌溉面积和增加灌溉亩次；

（2）充分发挥了现有工程设施的供水能力，节药了新建水源工程的资金；

（3）可减小渠道糙率，加大流速，从而减小了渠道断面及渠系建筑物工程量；

（4）减小了渠道占地面积；

（5）防止渠道冲刷坍塌，减少了渠道淤积及清淤工作量；

（6）渠水流速加快，缩短了灌溉输水时间，使灌溉更能适应农时的要求；

（7）防渗后避免了渠道杂草丛生，减少了维护管理费用；

（8）防止渠道两侧农田盐渍化，防止地下水污染。

表6-1 防渗结构的允许最大渗漏量及适用条件

防渗衬砌结构类别		主要原材料	允许最大渗漏量（$m^3/(m^2 \cdot d)$）	使用年限（a）	适用条件
土料	黏性土、黏砂混合土	黏质土、砂、石、石灰等	0.07~0.17	5~15	就地取材，施工简便，造价低，但抗冻性、耐久性较差，工程量大，质量不易保证。可用于气候温和地区的中、小型渠道防渗衬砌
	灰土、三合土、四合土			10~25	
水泥土	干硬性水泥土、塑性水泥土	壤土、沙壤土、水泥等	0.06~0.17	8~30	就地取材，施工较简便，造价较低，但抗冻性较差。可用于气候温和地区的附近有壤土或沙壤土的渠道衬砌
石料	干砌卵石（挂淤）	卵石、块石、料石、石板、水泥、砂等	0.20~0.40	25~40	抗冻、抗冲、耐磨和耐久性好，施工简便，但防渗效果一般不易保证。可用于石料来源丰富、有抗冻、抗冲、耐磨要求的渠道衬砌
	浆砌块石、浆砌卵石、浆砌料石、浆砌石板		0.09~0.25		
埋铺式膜料	土料保护层、刚性保护层	膜料、土料、砂、石、水泥等	0.04~0.08	20~30	防渗效果好，重量轻，运输量小，当采用土料保护层时，造价较低，但占地多，允许流速小，可用于中、小型渠道衬砌；采用刚性保护层时，造价较高，可用于各级渠道衬砌
沥青混凝土	现场浇筑、预制铺砌	沥青、砂、石、矿粉等	0.04~0.14	20~30	防渗效果好，适应地基变形能力较强，造价与混凝土防渗衬砌结构相近。可用于有冻害地区且沥青料来源有保证的各级渠道衬砌
混凝土	现场浇筑	砂、石、水泥、速凝剂等	0.04~0.14	30~50	防渗效果、抗冲性和耐久性好，可用于各类地区和各种运用条件下的各级渠道衬砌；喷射法施工宜用于岩基、风化岩基以及深挖方或高填方渠道衬砌
	预制铺砌		0.06~0.17	20~30	
	喷射法施工		0.05~0.16	25~35	

二、土料防渗

土料防渗主要包括素土、黏砂混合土、灰土、三合土、四合土等几种材料。

(一)土料防渗的优点

(1)有较好的防渗效果。一般可减少渗漏量的60%~90%,经统计分析大量工程实践资料,渗漏量为0.07~0.17 $m^3/(m^2\cdot d)$。

(2)土料防渗材料来源丰富。凡有黏土、砂、石灰等材料的地方皆可采用,是一种便于就地取材的防渗形式。

(3)技术简单,造价低。施工技术较简单,易为群众掌握。灰土类防渗形式适用于中、小型渠道,特别适用于较贫困地区及资金缺乏的中、小型渠道防渗工程。

(二)土料防渗的缺点

(1)抗冲性较差。一般灰土类渠道的允许不冲流速要求小于1 m/s,素土类渠道允许流速更低一些。因此,土料防渗仅能用于流速较低的渠道。

(2)抗冻性差。在气候寒冷地区,防渗层在冻融的反复作用下,从开始疏松到逐渐剥蚀,会很快丧失防渗功能。因而,灰土类防渗明渠只能适用于气候温暖无冻害地区。

(3)耐久性差。耐久性与其工作环境、施工质量关系极大。特别要注意抓好石灰的熟化、拌和、养护等几个关键环节,其耐久性差的弱点是可以得到改善的。

(三)土料防渗对原材料的质量要求

1. 土料

按照《渠道防渗工程技术规范》(SL 18—2004),渠道防渗工程采用的素土料应按表6-2的要求选定,并特别要注意清除树根、草皮等有机质多的表土。

表6-2　土料的技术要求

项目	黏性土、黏砂混合土防渗	灰土、三合土、四合土防渗	膜料防渗土保护层及过渡层	水泥土防渗
黏粒含量(%)	20~30	15~30	3~30	8~12
砂粒含量(%)	10~60	10~60	10~60	50~80
塑性指数 I_P	10~17	7~17	1~17	—
土料最大粒径(mm)	<5	<5	<5	<5
有机质含量(%)	<3.0	<1.0	—	<2.0
可溶盐含量(%)	<2.0	<2.0	<2.0	<2.5
钙质结核、树根、草根含量	不允许	不允许	不允许	不允许

注:经过论证,采用风化砂和页岩渣配制水泥土时,可不受表中土料最大粒径的限制。

2. 石灰

石灰中氧化钙和氧化镁的总含量(按干重计)应不小于75%;石灰中氧化钙含量应不小于45%。

3. 砂料

砂料宜采用天然级配天然砂或人工砂。天然砂的细度模数宜为2.2~3.0,人工砂的细度模数宜为2.4~2.8,人工砂饱和面干含水率宜不超过6%。混凝土可采用中砂、粗砂,砂浆可采用中砂、细砂。在缺乏中砂、粗砂地区,渠道流速小于3 m/s时可采用细砂或特细砂。砂料的技术要求应符合表6-3的规定。砂料中有活性骨料时应进行专门试验论证。

表6-3　砂料的技术要求

项目		沥青混凝土用砂		混凝土用砂	
		天然砂	人工砂	天然砂	人工砂
含泥量(%)	不小于$C_{90}30$和有抗冻要求的混凝土	≤2	≤2	≤3	—
	$<C_{90}30$			≤5	
泥块含量		不允许	不允许	不允许	不允许
石粉含量(%)		—	<5	—	6~18
坚固性(%)	有抗冻要求的混凝土	≤10	≤10	≤8	≤8
	无抗冻要求的混凝土	≤15	≤15	≤10	≤10
云母含量(%)		≤2	—	≤2	≤2
表观密度(kg/m^3)		≥2 500	≥2 500	≥2 500	≥2 500
轻物质含量(%)		≤1	—	≤1	—
硫化物及硫酸盐含量(%)(折算成SO_3,按质量计)		—	—	≤1	≤1
有机质含量		不允许	不允许	浅于标准色	不允许
水稳定等级		不小于4级	不小于4级	—	—

三、水泥土的防渗

水泥土是以土为主,掺少量水泥,控制适宜含水量,经均匀拌和、压实、硬化而成的。因其主要靠水泥与土料的胶结与硬化,故水泥土硬化的强度类似于混凝土。水泥土防渗因施工方法不同分为干硬性水泥土和塑性水泥土两种,干硬性水泥土适用于现场铺筑或预制块铺筑进行施工的工程;塑性水泥土是一种在施工时稠度与建筑灰膏或砂浆类似,由土、水泥、水拌匀而成的混合物,因而它适用于以现场浇筑方式进行施工的工程。

(一)水泥土防渗优点

(1)料源丰富,可以就地取材。水泥土中土料占80%~90%,凡有符合技术要求的土料的地方均可采用。

(2)防渗效果较好。水泥土防渗较土料防渗效果要好,一般可以减少渗漏量80%~90%,其渗漏量为0.06~0.17 $m^3/(m^2\cdot d)$。

(3)投资较少,造价较低。

(4)技术较简单,容易被群众所掌握。

(5)可以利用现有的拌和机、碾压机等施工设备施工。

(二)水泥土防渗缺点

(1)水泥土早期强度低,收缩变形较大,容易开裂,需要加强管理和养护。

(2)水泥土防渗的适应冻融变形性能差,因而,水泥土防渗宜用于气候温和的无冻害地区。

(三)水泥土防渗对原材料的质量要求

1. 土料

(1)黏粒含量宜为8% ~10%。

(2)砂粒含量宜为50% ~80%。

(3)岩石风化料的最大粒径不得超过50 mm和衬砌厚度的1/2,但不含直径大于5 mm的土团。

(4)土料选用良好级配,当黏粒含量小于5%时,应掺入黏土。当砂砾含量小于50%时,宜掺入砂砾料。

(5)其他杂质的质量:①有机质含量不超过2%;②水溶盐总量不大于2.5%;③土的pH值应在4~10之间;④土料中不得含有树根、杂草、淤泥等杂物。

2. 水泥

(1)一般水工混凝土使用的水泥均可拌制水泥土。有抗冻和抗冲刷要求的渠道,宜用硅酸盐或普通硅酸盐水泥。

(2)符合国家标准规定,要求有出厂合格证。

3. 水

凡饮用水均可用于拌制和养护水泥土。

四、砌石防渗

砌石防渗有着悠久历史,也是古老的渠道防渗形式,具有防止渗漏、加固渠堤、稳定渠形、防塌防冲等作用。

砌石防渗按结构型式分,有护面式和挡土墙式两种;按材料和砌筑方法分,有干砌卵石、干砌块石、浆砌卵石、浆砌块石、浆砌料石、浆砌片石等多种。

(一)砌石防渗的优点

1. 防渗效果较好

砌石防渗的防渗效果与砌筑质量和勾缝质量密切相关,还与采用砂浆标号有关。当质量保证时,浆砌石一般可减少渗漏损失80%左右。

2. 抗冲流速大,耐磨能力强

浆砌石的抗冲流速一般在3.0~6.0 m/s,故在一定设计流量下,可以通过减小过水断面,并砌成较陡边坡,从而节约土地和降低工程投资。

3. 抗冻防冻害能力强

天然石料本身比较密实,抗温度变形能力较强。砌石防渗的衬砌厚度较厚,砌体后的冻土层相对较薄,冻害变形减小,再加上砌石本身重和分散性较大,防冻害能力增强。

4. 施工技术简单易行,能因地制宜,就地取材

砌石防渗施工技术简单易行,不需复杂机械设备,群众便于掌握。在石料丰富的地区,可以就地取材,降低造价。

5. 具有较强的固渠、护面作用

浆砌石防渗由于自身自重大,稳定性好,做成挡土墙式,具有较强的固定和稳定渠道作用。在土渠做护面,可防冲,抗磨蚀。

(二)砌石防渗的缺点

1. 砌石防渗难以机械化施工

用工多,劳动强度大,建设慢,而且施工质量较难控制。

2. 造价高

砌石防渗的厚度大,用工多,因而造价高。在石料丰富地区采用砌石防渗,必须确保防渗效果好,耐久性强,通过技术经济论证后确定。

五、混凝土防渗

混凝土防渗就是用混凝土预制或现浇衬砌渠道,减少或防止渗漏损失的渠道防渗技术措施。

(一)混凝土防渗的优点

(1)防渗效果好。一般能减少渗漏损失90%~95%以上,根据全国统计资料,我国一般实测单位面积渗漏量为100 L/(m^2·d),最好的达10 L/(m^2·d)。

(2)经久耐用。只要设计施工和养护得好,在正常情况下,可使用50年以上。

(3)糙率小,流量大。一般糙率n值为0.012~0.018,允许流速值为3~5 m/s,混凝土本身的耐冲流速可达10~40 m/s。由于n值小、v值大,可加大渠道坡降,缩小断面,节省占地和渠系建筑物尺寸,并大大降低了造价。

(4)强度高,渠床稳定。混凝土衬砌的抗压、抗冻和抗冲等强度都较高。能防止土中植物穿透,对外力、冻融、冲击都有较强抵抗作用,同时渠床也就保持了稳定状态。

(5)适应范围广泛。混凝土具有良好的模塑性,可根据当地气候条件、工程的不同要求制成不同形状、不同结构型式、不同原材料、不同配合比、不同生产工艺的各种性能混凝土衬砌。

(6)管理养护方便。因渠道流速大、淤积较少、强度较高,以及渠床稳定、杂草少、不易损坏等,故便于管理养护和节省管理费用。

(二)混凝土防渗的缺点

混凝土衬砌板适应变形能力差,在缺乏砂、石料和交通不便地区造价较高。

六、膜料防渗

膜料防渗就是用不透水的土工膜来减少或防止渠道渗漏损失的技术措施。土工膜是一种薄型、连续、柔软的防渗材料。

(一)膜料防渗的优点

(1)防渗性能好。只要设计正确,施工精心,就能达到最佳防渗效果。实践证明,膜料防渗渠道一般可减少渗漏损失 90% ~95%。特别是在地面纵坡缓、土的含盐量大、冻胀严重而又缺乏砂石料源的地区,应当推广。

(2)适应变形能力强,防冻胀好。由于土工膜具有良好的柔性、延伸性和较强的抗拉能力,所以适用于各种不同形状的断面渠道,特别能适应冻胀变形。

(3)质轻、用量少、材料运输量小。土工膜具有薄、轻、单位重量的膜料衬砌面积大、用量少、运输量小等特点。因此,对于交通不便、当地缺乏其他建筑材料的地区具有明显经济意义。

(4)施工工艺简便,工期短,便于推广。膜料防渗施工主要是挖填土方、铺膜和膜料接缝处理等,不需复杂技术,方法简便易行,可大大缩短工期。

(5)耐腐蚀性强。土工膜具有较好的抵抗细菌侵害和化学作用的性能,不受酸碱和土壤微生物的侵蚀,耐腐蚀性强,因此特别适用于有侵蚀性水文地质条件及盐碱化地区的渠道或排污渠道的防渗工程。

(6)工程造价低,投资少。由于膜料防渗具有上述优点,所以造价低、投资省。据经济分析,每平方米塑膜防渗的造价为混凝土防渗的 1/10 ~1/5,为浆砌卵石防渗的 1/10 ~1/4,一层塑膜的造价仅相当于 1 cm 厚混凝土板造价。

(二)膜料防渗的缺点

膜料防渗的缺点是抗穿刺能力差、与土的摩擦系数小、易老化等。

随着现代塑料工业的发展,将会越来越显示出膜料防渗的优越性和经济性。膜料防渗将是今后渠道防渗工程发展的方向,其推广和使用范围将会越来越广。

(三)膜料防渗的适用范围

由于膜料防渗具有许多突出优点,它既适用于大、中型渠道,也适用于小型渠道。尤其对于远离砂石料源和交通不便的灌区,既能节约能源,又能解决运输紧张困难的问题,具有显著的优越性和经济效益。

七、沥青混凝土防渗

沥青混凝土是以沥青为胶结剂,与矿粉、矿物骨料经加热、拌和、压实而成的具有一定强度的防渗材料。

(一)沥青混凝土防渗的优点

(1)防水性能好,防渗效果好。一般可以减少渗漏损失 90% ~95%。

(2)具有适当的柔性和黏附性,因而沥青混凝土防渗工程如果出现裂缝有自愈能力。

(3)能适应较大变形,特别是在低温下,它能适应渠基土的冻胀变形而不裂缝,因而防冻害能力强,对北方地区的渠道防渗工程有明显意义,且裂缝率为水泥混凝土防渗的 1/17。

(4)老化不严重,故耐久性好,一般可使用 30 年。

(5)造价低。沥青混凝土防渗的造价仅为水泥混凝土防渗造价的 70%。

(6)无毒无害,容易修补。沥青混凝土由石油沥青拌制而成,对裂缝处加热,然后用锤子击打,即可使裂缝弥合。

(二)沥青混凝土防渗的缺点

(1)料源不足。我国沥青的生产规模满足不了社会需求,且我国沥青多为含蜡沥青,满足不了水工沥青的要求,需要掺配和改性处理,从而限制了沥青混凝土防渗的发展。

(2)施工工艺要求严格,且加热拌和等需在高温下施工。

(3)存在植物穿透问题,在穿透性植物丛生地区,要对基土进行灭草处理。

第二节　渠道防渗工程防冻胀措施

一、渠道防渗工程的冻害及原因

(一)渠道防渗工程冻害类型

由于负气温对渠道防渗衬砌工程的破坏作用而失去了防渗意义,统称为渠道防渗工程的冻害。根据负气温造成各种破坏作用的性质,冻害可分以下3种类型。

1. 渠道防渗材料的冻融破坏

渠道防渗材料具有一定的吸水性,这些吸入到材料内的水分在负温下冻结成冰,体积发生膨胀。当这种膨胀作用引起的应力超过材料强度时,就会产生裂缝并增大吸水性,使第二个负温周期中,结冰膨胀破坏的作用加剧。如此经过多次冻结—融化循环和应力的作用,使材料破坏、剥蚀、冻酥,从而使结构完全受到破坏而失去防渗作用。

2. 渠道中水体结冰造成防渗工程破坏

当渠道在负温期间通水时,渠道内的水体将发生冻结。在冰层封闭且逐渐加厚时,对两岸衬砌体产生冻压力,造成衬砌体破坏或产生破坏性变形。

3. 渠道基土冻融对防渗工程破坏

由于渠道渗漏、地下水和其他水源补给、渠道基土含水量较高,在冬季负温作用下,土壤中的水分发生冻结而造成土体膨胀,使混凝土衬砌开裂、隆起而折断。在春季消融时又造成渠床表土层过湿、疏松而使基土失去强度和稳定性,导致衬砌体的滑塌。

(二)冻害的原因

1. 土

能发生冻胀的土称为冻结敏感性土。一般的判别准则是以土是否为细粒土(粒径<0.05 mm),含量大于50%的重黏土冻胀性很小,这主要是由于土中空隙孔径减小,导水率急剧下降,使水分迁移难以发生。

2. 水分

土体冻结前其本身的含水量决定着土体的冻胀与否,只有当土中水分超过一定界限值才能产生冻胀。在无外界水源补给时,土体的冻胀性强弱主要取决于土中含水量的大小;在有外界水源补给时,尽管土体初始含水量不大,但在冻结时外界水源的补给却可以使土体的冻胀性剧烈增加。

3. 温度

温度条件包括外界负气温、土温、土中的温度梯度和冻结速度等。土的冻胀过程的温度特征值有冻胀起始温度和冻胀停止温度，土的冻胀停止温度值表征当温度达到该值后，土中水的相变已基本停止，土层不再继续冻胀。在封闭系统中，黏土的冻胀停止温度是 -8 ~ -10 ℃，亚黏土是 -5 ~ -7 ℃，亚砂土是 -3 ~ -5 ℃，砂土是 -2 ℃。

4. 压力

增加土体外部荷载可抑制一部分水分迁移和冻胀。如果继续增加荷载，使其等于土粒中冰水界面产生的界面能量时，冻结锋面将不能吸附未冻土体中的水分，土体冻胀停止。为防止地基土的冻胀，所需的外荷载是很大的，因而单纯依靠外荷载抑制冻胀是不现实的。

5. 人为因素

渠道防渗衬砌工程会由于施工和管理不善而加重冻害破坏，如抗冻胀换基材料不符合质量要求或铺设过程中掺混了冻胀性土料；填方质量不善引起沉陷裂缝或施工不当引起收缩裂缝，加大了渗漏，从而加重了冻胀破坏；防渗层施工未严格按施工工艺要求，防渗效果差，使冻胀加剧；排水设施堵塞失效，造成土层中壅水或长期滞水等。另外，渠道停水过迟，土壤中水分不及时排除就开始冻结。开始放水的时间过早，甚至还在冻结状态下，极易引起水面线附近部位的强烈冻胀，或在冻结期放水后又停水，常引起滑塌破坏；对冻胀裂缝不及时修补，造成裂缝年复一年的扩大，变形积累，造成破坏。

二、防冻害措施

根据冻害成因分析，防渗工程是否产生冻胀破坏，其破坏程度如何，取决于土冻结时水分的迁移和冻胀作用，而这些作用又和当时当地的土质、土的含水量、负温度及工程结构等因素有关，因而，防治衬砌工程的冻害，要针对产生冻胀的因素，根据工程具体条件从渠系规划布置、渠床处理、排水、保温、衬砌的结构型式、材料、施工质量、管理维修等方面着手，全面考虑。

（一）回避冻胀法

回避冻胀是在渠道衬砌工程的规划设计中，注意避开出现较大冻胀量的自然条件，或者在冻胀性土存在地区，注意避开冻胀对渠道衬砌工程的作用。

（1）避开较大冻胀存在的自然条件。规划设计时，应尽可能避开黏土、粉质土壤、松软土层、淤泥土地带、有沼泽和高地下水位的地段，选择透水性较强、不易产生冻胀的地段或地下水位埋藏较深的地段，将渠底冻结层控制在地下水毛管补给高度以上。

（2）埋入措施。将渠道做成管或涵埋入冻结深度以下，可以免受冻胀力、热作用力等影响，是一种可靠的防冻胀措施，它基本上不占地，易于适应地形条件。

（3）置槽措施。置槽可避免侧壁与土接触以回避冻胀，常被用于中、小型填方渠道上，是一种价廉的防治措施。

（4）架空渠槽，用桩、墩等构筑物支承渠槽，使其与基土脱离，避免冻胀性基土对渠槽的直接破坏作用，但必须保证桩、墩等不被冻拔。此法形似渡槽，占地少，易于适应各种地形条件，不受水头和流量大小限制，管理养护方便，但造价高。

（二）削减冻胀法

当估算渠道冻胀变形值较大，且渠床在冻融的反复作用下，可能产生冻胀累积或后遗性变形情况时，可采用削减冻胀的措施，将渠床基土的最大冻胀量削减到衬砌结构允许变化范围内。

(1)置换法。置换法是在冻结深度内将衬砌板下的冻胀性土换成非冻胀性材料的一种方法，通常采用铺设砂砾石垫层。砂砾石垫层不仅本身无冻胀，而且能排除渗水和阻止下层水向表层冻结区迁移，所以砂砾石垫层能有效地减少冻胀，防止冻害现象发生。

(2)隔垫保温。将隔热保温材料(如炉渣、石蜡渣、泡沫水泥、蛭石粉、玻璃纤维、聚苯乙烯泡沫板等)布设在衬砌体背后，以减轻或消除寒冷因素，并可减少置换深度，隔断下层土的水分补给，从而减轻或消除渠床的冻深和冻胀。

目前采用较多的是聚苯乙烯泡沫塑料，具有自重轻、强度高、吸水性低、隔热性好、运输和施工方便等优点，主要适用于强冻胀大、中型渠道，尤其适用于地下水位高于渠底冻深范围且排水困难的渠道。

(3)压实。压实法可使土的干容重增加，孔隙率降低，透水性减弱，干容重较高的压实土冻结时，具有阻碍水分迁移、聚集，从而削减甚至消除冻胀的能力。压实措施尤其对地下水影响较大的渠道有效。

(4)防渗排水。当土中的含水量大于起始冻胀含水量，才明显地出现冻胀现象。因此，防止渠水和渠堤上的地表水入渗，隔断水分对冻层的补给，以及排除地下水，是防止地基土冻胀的根本措施。

(三)优化结构法

所谓优化结构法，就是在设计渠道断面衬砌结构时采用合理的形式和尺寸，使其具有削减、适应、回避冻胀的能力。

弧形渠底梯形断面和U形渠道已在许多工程中应用，证明对防止冻胀有效。弧形渠底梯形断面适用于大、中型渠道，虽然冻胀量与梯形断面相差不大，但变形分布要均匀得多，消融后的残余变形小，稳定性强，U形断面适用于小型支、斗渠，冻胀变形为整体变位，且变位较均匀。

(四)加强运行管理

冬季不行水渠道，应在基土冻结前停水；冬季行水渠道，在负温期宜连续行水，并保证在最低设计水位以上运行。

每年应进行一次衬砌体裂缝修补，使砌块缝间填料保持原设计状态，衬砌体的封顶应保持完好，不允许有外水流入衬砌体背后。

应及时维修各种排水设施，保证排水畅通，冬季不行水渠道，应在停水后及时排除渠内和两侧排水沟内积水。

第三节　渠道防渗工程规划设计

一、渠道防渗工程规划设计原则

(1)坚持正确的规划指导思想。

(2)坚持分类指导、突出重点的原则。

(3)认真做好规划设计前期工作。

(4)贯彻因地制宜、就地取材的原则。

(5)重视施工与管理工作。

(6)吸收国内外先进技术与经验。

(7)统一规划,分期实施。

(8)重视方案比较,进行必要的技术和经济论证。

二、防渗渠道断面形式的确定

防渗明渠可供选择的断面形式有梯形、弧形底梯形、弧形坡脚梯形、复合形、U 形、矩形;无压防渗暗渠的断面形式可选用城门洞形、箱形、正反拱形和圆形(见图 6-1)。

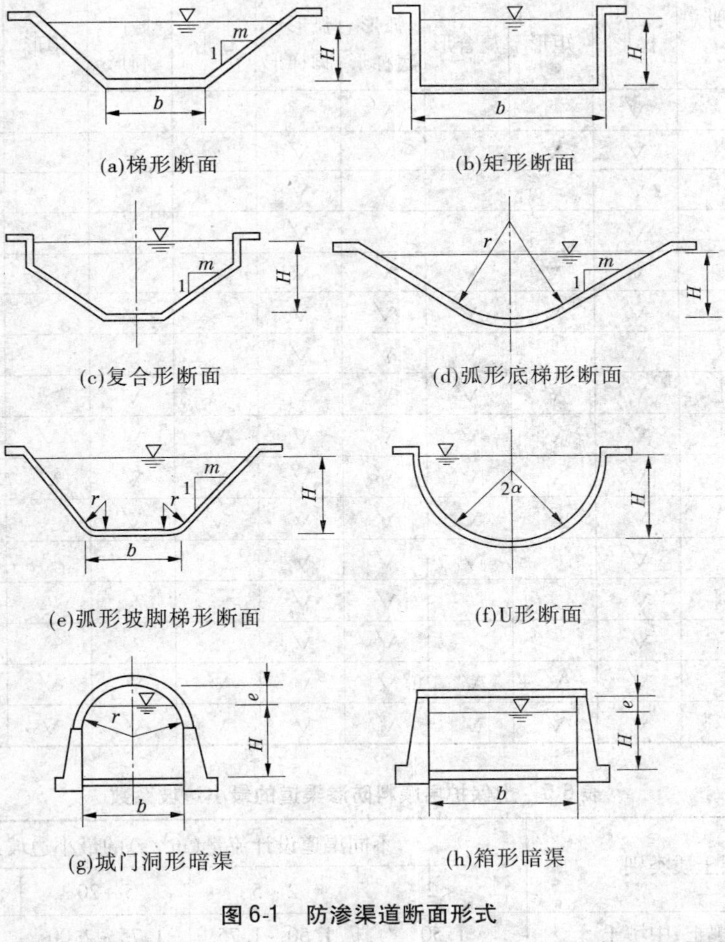

图 6-1　防渗渠道断面形式

防渗渠道断面形式的选择应结合防渗结构的选择一并进行,不同防渗结构适用的断面形式按表 6-4 选定。

三、设计参数的确定

(一)边坡

(1)堤高超过3 m或地质条件复杂的填方渠道,堤岸为高边坡的深挖方渠道,大型的黏性土、黏砂混合土防渗渠道,其最小边坡系数应通过边坡稳定计算确定。

(2)土保护层膜料防渗渠道的最小边坡系数可按表6-5选定;大、中型渠道的边坡系数宜按《渠道防渗工程技术规范》(SL 18—2004)通过分析计算确定。

(3)混凝土、沥青混凝土、砌石、水泥土等刚性材料防渗渠道,以及用这些材料作为保护层的膜料防渗渠道,其最小边坡系数可按表6-6选用。

表6-4　不同防渗结构适用的断面形式

防渗结构类别	明渠					暗渠				
	梯形	矩形	复合形	弧形底梯形	弧形坡脚梯形	U形	城门洞形	箱形	正反拱形	圆形
黏性土	√			√	√					
灰土	√	√	√	√	√		√		√	
黏砂混合土	√			√	√					
膨润混合土	√			√	√					
三合土	√	√	√	√	√		√		√	
四合土	√	√	√	√	√		√		√	
塑性水泥土	√		√	√	√					
干硬性水泥土	√	√	√	√	√		√		√	
料　石	√	√	√	√	√	√	√	√	√	√
块　石	√	√	√	√	√	√	√	√	√	√
卵　石	√		√	√	√	√	√		√	
石　板	√		√	√	√					
土保护层膜料	√			√	√					
沥青混凝土	√			√	√					
混凝土	√	√	√	√	√	√	√	√	√	√
刚性保护层膜料	√	√	√	√	√	√	√	√	√	√

表6-5　土保护层膜料防渗渠道的最小边坡系数

保护层土质类别	不同渠道设计流量(m^3/s)的最小边坡系数			
	<2	2~5	5~20	>20
黏土、重壤土、中壤土	1.50	1.50~1.75	1.75~2.00	2.25
轻壤土	1.50	1.75~2.00	2.00~2.25	2.50
沙壤土	1.75	2.00~2.25	2.25~2.50	2.75

表 6-6　刚性材料防渗渠道的最小边坡系数

防渗结构类别	渠基土质类别	不同渠道设计水深(m)的最小边坡系数											
		<1			1~2			2~3			>3		
		挖方	填方		挖方	填方		挖方	填方		挖方	填方	
		内坡	内坡	外坡	内坡	内坡	外坡	内坡	内坡	外坡	内坡	内坡	外坡
混凝土、砌石、灰土、三合土、四合土以及上述材料作为保护层的膜料防渗	稍胶结的卵石	0.75	—	—	1.00	—	—	1.25	—	—	1.50	—	—
	夹砂的卵石或砂土	1.00	—	—	1.25	—	—	1.50	—	—	1.75	—	—
	黏土、重壤土、中壤土	1.00	1.00	1.00	1.00	1.00	1.00	1.25	1.25	1.00	1.50	1.50	1.25
	轻壤土	1.00	1.00	1.00	1.00	1.00	1.00	1.25	1.25	1.25	1.50	1.50	1.50
	沙壤土	1.25	1.25	1.25	1.25	1.25	1.50	1.50	1.50	1.50	1.75	1.75	1.50

(二)糙率

(1)不同防渗结构渠道糙率可按表 6-7 选定。

表 6-7　不同防渗结构渠道糙率

防渗结构类别	防渗渠道表面特征	糙　率
黏性土、黏砂混合土	平整顺直,养护良好	0.022 5
	平整顺直,养护一般	0.025 0
	平整顺直,养护较差	0.027 5
灰土、三合土、四合土	平整,表面光滑	0.015 0~0.017 0
	平整,表面较粗糙	0.018 0~0.020 0
水泥土	平整,表面光滑	0.014 0~0.016 0
	平整,表面粗糙	0.016 0~0.018 0
砌　石	浆砌料石、石板	0.015 0~0.023 0
	浆砌块石	0.020 0~0.030 0
	干砌块石	0.030 0~0.033 0
	浆砌卵石	0.025 0~0.027 5
	干砌卵石,砌工良好	0.027 5~0.032 5
	干砌卵石,砌工一般	0.032 5~0.037 5
	干砌卵石,砌工粗糙	0.037 5~0.042 5

续表 6-7

防渗结构类别	防渗渠道表面特征	糙 率
混凝土	抹光的水泥砂浆面	0.012 0 ~ 0.013 0
	金属模板浇筑,平整顺直,表面光滑	0.012 0 ~ 0.014 0
	刨光木模板浇筑,表面一般	0.015 0
	表面粗糙,缝口不齐	0.017 0
	修整及养护较差	0.018 0
	预制板砌筑	0.016 0 ~ 0.018 0
	预制渠槽	0.012 0 ~ 0.016 0
	平整的喷浆面	0.015 0 ~ 0.016 0
	不平整的喷浆面	0.017 0 ~ 0.018 0
	波状断面的喷浆面	0.018 0 ~ 0.025 0
沥青混凝土	机械现场浇筑,表面光滑	0.012 0 ~ 0.014 0
	机械现场浇筑,表面粗糙	0.015 0 ~ 0.017 0
	预制板砌筑	0.016 0 ~ 0.018 0

(2)砂砾石保护层膜料防渗渠道的糙率可按式(6-1)计算确定:

$$n = 0.28 d_{50}^{0.1667} \tag{6-1}$$

式中　n——砂砾石保护层的糙率;

d_{50}——通过砂砾石重 50% 的筛孔直径,mm。

(3)渠道护面采用几种不同材料的综合糙率,当最大糙率与最小糙率的比值小于 1.5 时,可按湿周加权平均计算。

(4)有条件者,宜用类似条件下的实测值予以核定。

(三)允许不冲流速

防渗渠道的允许不冲流速可按表 6-8 选定。

表 6-8　防渗渠道的允许不冲流速

防渗结构类别	防渗材料名称与施工情况	允许不冲流速(m/s)
土 料	轻壤土	0.60 ~ 0.80
	中壤土	0.65 ~ 0.85
	重壤土	0.70 ~ 1.00
	黏土、黏砂混合土	0.75 ~ 0.95
	灰土、三合土、四合土	<1.00

续表 6-8

防渗结构类别	防渗材料名称与施工情况	允许不冲流速(m/s)
土保护层膜料	沙壤土、轻壤土	<0.45
	中壤土	<0.60
	重壤土	<0.65
	黏土	<0.70
	砂砾料	<0.90
水泥土	现场浇筑施工	<2.50
	预制铺砌施工	<2.00
沥青混凝土	现场浇筑施工	<3.00
	预制铺砌施工	<2.00
砌　石	浆砌料石	4.00～6.00
	浆砌块石	3.00～5.00
	浆砌卵石	3.00～5.00
	干砌卵石挂淤	2.50～4.00
	浆砌石板	<2.50
混凝土	现场浇筑施工	3.00～5.00
	预制铺砌施工	<2.50

注：表中土料防渗及土保护层膜料防渗的允许不冲流速为水力半径 $R=1$ m 时的情况。当 $R\neq1$ m 时，表中的数值应乘以 R^{α}。对于砂砾石、卵石、疏松的沙壤土和黏土，$\alpha=1/3\sim1/4$；对于中等密实的沙壤土、壤土和黏土，$\alpha=1/4\sim1/5$。

(四)伸缩缝、砌筑缝

(1)刚性材料渠道防渗结构应设置伸缩缝。伸缩缝的间距应依据渠基情况、防渗材料和施工方式按表 6-9 选用；伸缩缝的形式见图 6-2；伸缩缝的宽度应根据缝的间距、气温变幅、填料性能和施工要求等因素确定，一般采用 2～3 cm。伸缩缝宜采用黏结力强、变形性能大、耐老化、在当地最高气温下不流淌及最低气温下仍具柔性的弹塑性止水材料，如用焦油塑料胶泥填筑，或缝下部填焦油塑料胶泥、上部用沥青砂浆封盖，还可用制品型焦油塑料胶泥填筑。有特殊要求的伸缩缝宜采用高分子止水带或止水管等。

表 6-9　防渗渠道的伸缩缝间距

防渗结构	防渗材料和施工方式	纵缝间距(m)	横缝间距(m)
土　料	灰土，现场填筑	4～5	3～5
	三合土或四合土，现场填筑	6～8	4～6
水泥土	塑性水泥土，现场填筑	3～4	2～4
	干硬性水泥土，现场填筑	3～5	3～5
砌　石	浆砌石	只设置沉降缝	
沥青混凝土	沥青混凝土，现场浇筑	6～8	4～6
混凝土	钢筋混凝土，现场浇筑	4～8	4～8
	混凝土，现场浇筑	3～5	3～5
	混凝土，预制铺砌	4～8	6～8

注：1. 膜料防渗不同材料保护层的伸缩缝间距同本表。

2. 当渠道为软基或地基承载力明显变化时，浆砌石防渗结构宜设置沉降缝。

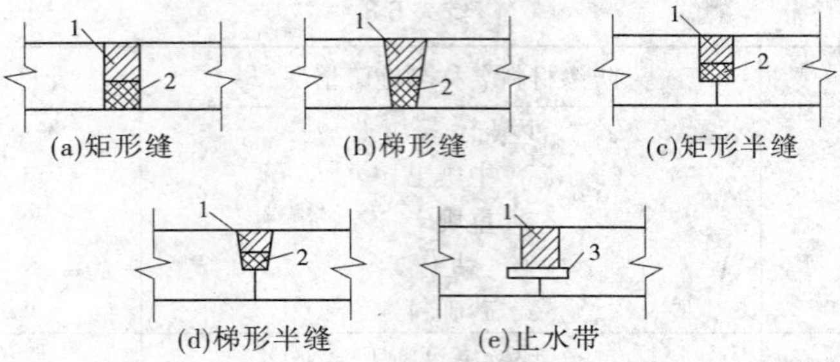

1—封盖材料;2—弹塑性胶泥;3—止水带

图 6-2　刚性材料防渗层伸缩缝形式

(2)水泥土、混凝土预制板(槽)和浆砌石,应用水泥砂浆或水泥混合砂浆砌筑,水泥砂浆勾缝。混凝土 U 形槽也可用高分子止水管及其专用胶安砌,不需勾缝。浆砌石还可用细粒混凝土砌筑。砌筑和勾缝砂浆的强度等级可按表 6-10 选定;细粒混凝土强度等级不低于 C15,最大粒径不大于 10 mm 沥青混凝土预制板宜采用沥青砂浆或沥青玛琋脂砌筑。砌筑缝宜采有梯形或矩形缝,缝宽 1.5 ~ 2.5 cm。

表 6-10　砂浆的强度等级　　(单位:MPa)

防渗结构	砌筑砂浆		勾缝砂浆	
	温和地区	严寒和寒冷地区	温和地区	严寒和寒冷地区
水泥土预制板	5.0		7.5 ~ 10.0	
混凝土预制板	7.5 ~ 10.0	10.0 ~ 20.0	10.0 ~ 15.0	15.0 ~ 20.0
料　石	7.5 ~ 10.0	10.0 ~ 15.0	10.0 ~ 15.0	15.0 ~ 20.0
块　石	5.0 ~ 7.5	7.5 ~ 10.0	7.5 ~ 10.0	10.0 ~ 15.0
卵　石	5.0 ~ 7.5	7.5 ~ 10.0	7.5 ~ 10.0	10.0 ~ 15.0
石　板	7.5 ~ 10.0	10.0 ~ 15.0	10.0 ~ 15.0	15.0 ~ 20.0

(3)防渗渠道在边坡防渗结构顶部应设置水平封顶板,其宽度为 15 ~ 30 cm。当防渗结构下有砂砾石置换层时,封顶板宽度应大于防渗结构与置换层的水平向厚度 10 cm;当防渗结构高度小于渠深时,应将封顶板嵌入渠堤。

(五)堤顶宽度

防渗渠道的堤顶宽度可按表 6-11 选用,渠堤兼做公路时,应按道路要求确定。对于 U 形和矩形渠道,公路边缘宜距渠口边缘 0.5 ~ 1.0 m,堤顶应做成向外倾斜 1/100 ~ 1/50 的斜坡。

表 6-11　防渗渠道的堤顶宽度

渠道设计流量(m^3/s)	<2	2 ~ 5	5 ~ 20	>20
堤顶宽度(m)	0.5 ~ 1.0	1.0 ~ 2.0	2.0 ~ 2.5	2.5 ~ 4.0

四、断面尺寸水力计算

(一)防渗渠道断面尺寸

防渗渠道断面尺寸应按式(6-2)进行计算,断面尺寸确定后应校核其平均流速,满足不冲不淤要求,即

$$Q = \omega \frac{1}{n} R^{2/3} i^{1/2} \tag{6-2}$$

式中　Q——渠道设计流量,m^3/s;

ω——过水断面面积,m^2;

n——渠道糙率;

R——渠道水力半径,m;

i——渠道比降。

(二)梯形防渗渠道断面

梯形防渗渠道水力最佳断面及实用经济断面的水力计算,应按《灌溉与排水工程设计规范》(GB 50288—99)规定的方法进行。

(三)弧形底梯形防渗渠道断面

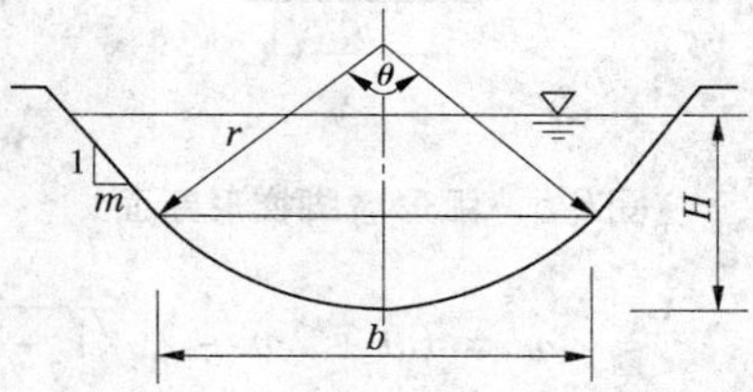

图6-3　弧形底梯形断面

弧形底梯形防渗渠道断面见图6-3,其断面尺寸的计算应按下列方法进行:

(1)断面尺寸的各项主要指标按式(6-3)~式(6-6)进行计算。

$$\omega = \left(\frac{\theta}{2} + 2m - 2\sqrt{1+m^2}\right)K_r^2 H^2 + 2(\sqrt{1+m^2} - m)K_r H^2 + mH^2 \tag{6-3}$$

$$\chi = 2\left(\frac{\theta}{2} + m - \sqrt{1+m^2}\right)K_r H + 2H\sqrt{1+m^2} \tag{6-4}$$

$$K_r = r/H \tag{6-5}$$

$$b = 2r/\sqrt{1+m^2} \tag{6-6}$$

$$m = \cot\frac{\theta}{2}$$

式中　χ——湿周,m;

θ——渠底圆弧的圆心角,rad;

H——断面水深,m;

r——渠底圆弧半径,m;

b——弧形底的弦长,m;

m——渠道上部直线段的边坡系数。

(2)水力最佳断面和实用经济断面的计算见其他参考书。

(四)U形防渗渠道断面

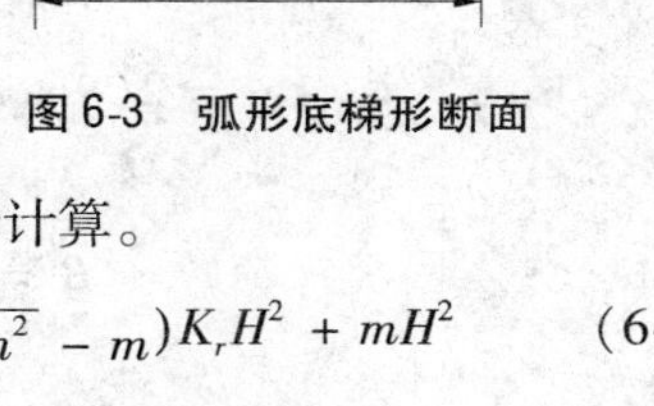

图6-4　U形断面

U形防渗渠道断面见图6-4,其断面尺寸的水力计算

应按式(6-2)～式(6-6)进行。K_r 的取值如下：

(1)渠顶以上挖深不超过 1.5 m、边坡系数 $m \leqslant 0.3$、渠线经过耕地时，K_r 值可按表 6-12 选用。

表 6-12　U 形渠道的 K_r 值

m	0	0.1	0.2	0.3	0.4
θ(°)	180	168.6	157.4	146.6	136.4
K_r	0.65～0.72	0.62～0.68	0.56～0.63	0.49～0.56	0.39～0.47

注：挖深大、土质好、土地价值高时取小值。

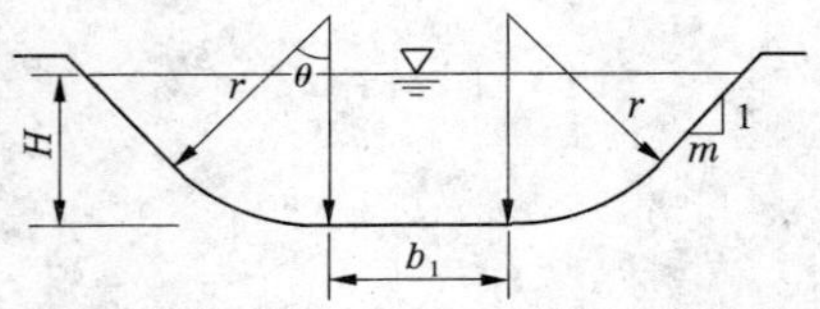

图 6-5　弧形坡脚梯形断面

(2)填方断面或渠顶以上挖深很小(接近 0)、土质差时，K_r 取 1.0～0.8。

(五)弧形坡脚梯形防渗渠道断面

弧形坡脚梯形防渗渠道断面见图 6-5，其断面的宽深比参照梯形渠道的宽深比经过比较后确定。断面尺寸应按式(6-2)及式(6-7)～式(6-10)进行水力计算

$$\omega = (\theta + 2m - 2\sqrt{1+m^2})K_r^2H^2 + 2(\sqrt{1+m^2} - m)K_rH^2 + b_1H \tag{6-7}$$

$$\chi = 2(\theta + m - \sqrt{1+m^2})K_rH + 2H\sqrt{1+m^2} + b_1 \tag{6-8}$$

$$K_r = r/H \tag{6-9}$$

$$B = 2m(H - r) + 2r\sqrt{1+m^2} + b_1 \tag{6-10}$$

$$m = \cot\theta$$

式中　θ——弧形坡脚的圆心角，rad；

b_1——渠底水平段宽，m；

B——水面宽，m；

m——渠道上部直线段边坡系数；

其余符号意义同前。

(六)其他防渗渠道断面

暗渠防渗断面中的箱形(见图 6-6)、城门洞形(见图 6-7)、正反拱形(见图 6-8)，其宽深比应按施工要求通过经济比较选定，宜用窄深式。水面以上的净空高度 e_0 为：城门洞形及正反拱形可采用 $e_0 \geqslant \frac{1}{4}H_g$($H_g$ 为暗渠断面总高度)，箱形可采用 $e_0 \geqslant \frac{1}{6}H_g$。断面尺寸应通过水力计算确定。

(1)城门洞形断面按式(6-2)及式(6-11)～式(6-14)进行计算：

$$\omega = H_1b_2 + \frac{1}{2}\left[r_2^2(\pi - \theta_2) + BH_2\right] \tag{6-11}$$

$$\chi = b_2 + 2H_1 + (\pi r_2 - r_2\theta_2) \tag{6-12}$$

$$B = 2\sqrt{r_2^2 - H_2^2} \tag{6-13}$$

$$\theta_2 = 2\arctan\left(\frac{\sqrt{r_2^2 - H_2^2}}{H_2}\right) \tag{6-14}$$

式中　H_1——暗渠直墙段高，m；

H_2——顶部圆弧段水深，m；

b_2——暗渠宽，m；

B——水面宽，m；

r_2——顶部圆弧半径，m；

θ_2——水面宽圆弧圆心角，rad；

其余符号意义同前。

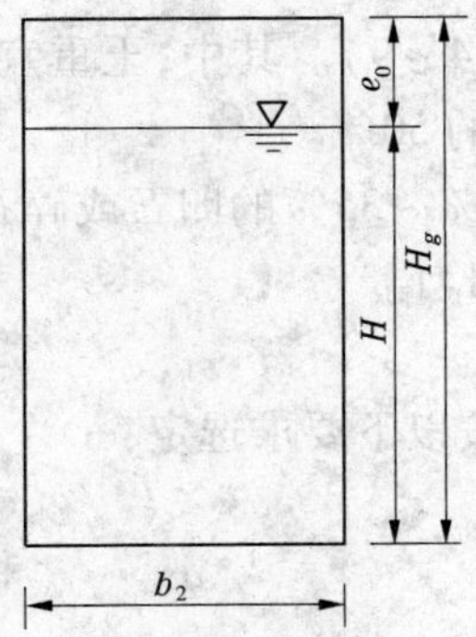

图 6-6　箱形断面

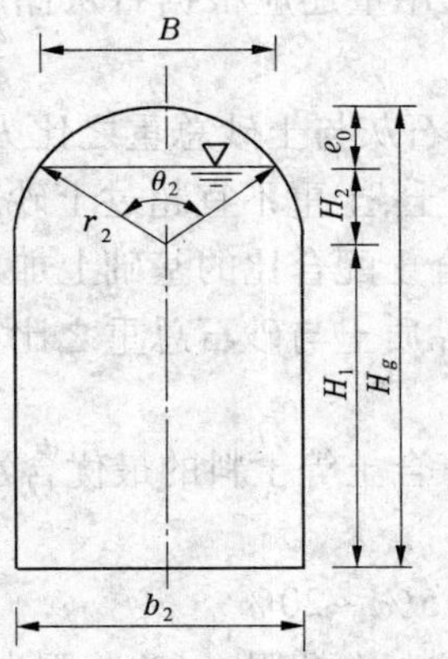

图 6-7　城门洞形断面

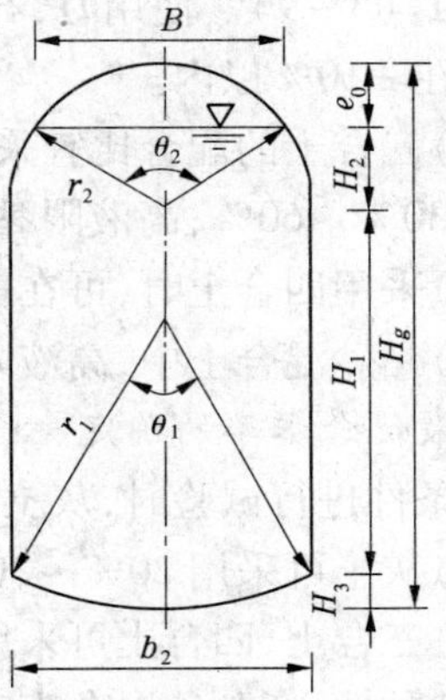

图 6-8　正反拱形断面

（2）正反拱形断面应按式（6-2）及式（6-15）~式（6-18）进行计算

$$\omega = b_2H_1 + \frac{1}{2}[r_1^2\theta_1 - b_2(r_1 - H_3) + r_2^2(\pi - \theta_2) + BH_2] \tag{6-15}$$

$$\chi = 2H_1 + r_1\theta_1 + r_2(\pi - \theta_2) \tag{6-16}$$

$$\theta_2 = 2\arctan\left(\frac{\sqrt{r_2^2 - H_2^2}}{H_2}\right) \tag{6-17}$$

$$B = 2\sqrt{r_2^2 - H_2^2} \tag{6-18}$$

式中　H_3——底部圆弧矢高，m；

θ_1——底部圆弧圆心角，rad；

r_1——底部圆弧半径，m；

其余符号意义同前。

五、防渗结构设计

（一）土料防渗

1. 黏性土的选用和混合土料配合比的确定

黏性土的选用和黏砂混合土、灰土、三合土、四合土等混合土料的配合比，应按下列步骤和要求确定：

(1)通过试验确定黏性土、不同配合比混合土料的夯实最大干容重和最优含水率。

(2)按不同黏性土和不同配合比混合土料的最优含水率、最大干容重制备试件,进行强度和渗透试验。根据最大强度、最小渗透系数选用黏性土和确定混合土料的最优配合比。

(3)黏性土和黏砂混合土进行泡水试验。若试验发现试体崩解或呈浑浊液,改换黏性土或调整黏砂混合土的配合比。

2. 无条件试验时混合土配合比的确定

无条件进行试验时,混合土的配合比按以下要求确定:

(1)灰土的配合比应根据石灰的质量、土的性质和工程要求选定。可采用石灰与土之比为1:(3~9)。使用时,石灰用量还应根据石灰储放期的长短适量增减,其变动范围宜控制在±10%以内。

(2)三合土的配合比宜采用石灰与土砂总重之比为1:(4~9)。其中,土重宜为土砂总重的30%~60%;高液限黏质土,土重不宜超过土砂总重的50%。

(3)采用四合土时,可在三合土配合比的基础上加入25%~35%的卵石或碎石。

(4)黏砂混合土中,高液限黏质土与砂石总重之比宜为1:1。

3. 最优含水率的确定

无条件进行试验时,灰土、三合土等土料的最优含水率按以下要求选定:

(1)灰土可采用20%~30%。

(2)三合土、四合土可采用15%~20%。

(3)黏性土、黏砂混合土宜控制在塑限±4%范围内,并可参见表6-13选用。

表6-13　黏性土、黏砂混合土的最优含水率

土　质	低液限黏质土	中液限黏质土	高液限黏质土	黄　土
最优含水率(%)	12~15	15~25	23~28	15~19

注:土质轻的宜选用小值,土质重的宜选用大值。

4. 土料防渗结构的厚度

土料防渗结构的厚度应根据防渗要求通过试验确定。中型、小型渠道可参照表6-14选用。

表6-14　土料防渗结构的厚度　(单位:cm)

土料种类	渠　底	渠　坡	侧　墙
高液限黏质土	20~40	20~40	—
中液限黏质土	30~40	30~60	—
灰　土	10~20	10~20	—
三合土	10~20	10~20	20~30
四合土	15~20	15~25	20~40

(二)水泥土防渗

1. 水泥土配合比

水泥土配合比应通过试验确定,并符合下列要求:

(1)气候温和地区水泥土的抗冻等级不宜低于 F12;抗压强度允许最小值应满足表 6-15的要求;干容重允许最小值应满足表 6-16 的要求;水泥用量宜为 8% ~12%。

表 6-15　水泥土抗压强度允许最小值

水泥土种类	渠道运行条件	28 d 抗压强度(MPa)
干硬性水泥土	常年输水	2.5
	季节性输水	4.5
塑性水泥土	常年输水	2.0
	季节性输水	3.5

表 6-16　水泥土干容重允许最小值　(单位:g/cm^3)

水泥土种类	含砾土	砂土	壤土	风化页岩渣
干硬性水泥土	1.9	1.8	1.7	1.8
塑性水泥土	1.7	1.5	1.4	1.5

(2)水泥土的渗透系数应不大于 1×10^{-6} cm/s。

2. 水泥土含水率的确定

水泥土的含水率应按下列方法确定:

(1)干硬性水泥土用击实法或强度试验法确定。当土料为细料土时,水泥土的含水率宜为 12% ~16%。

(2)塑性水泥土按施工要求经过试验确定。当土料为微含细粒土砂和页岩风化料时,水泥土的含水率宜为 20% ~30%;当为细料土时,水泥土的含水率宜为 25% ~35%。

3. 水泥土防渗结构厚度的确定

水泥土防渗结构的厚度宜采用 8 ~10 cm;小型渠道应不小于 5 cm。水泥土预制板的尺寸,应根据制板机、压实功能、运输条件和渠道断面尺寸等因素确定,每块预制板的重量宜不超过 50 kg。

另外,耐久性要求高的明渠水泥土防渗结构,宜用塑性水泥土铺筑,表面用水泥砂浆、混凝土预制板、石板等材料作为保护层。水泥土 28 d 的抗压强度应不低于 1.5 MPa。

(三)砌石防渗

1. 砌石防渗结构设计

砌石防渗结构设计应符合下列规定:

(1)浆砌料石、浆砌块石挡土墙式防渗结构的厚度,根据使用要求确定。护面式防渗结构的厚度,浆砌料石宜采用 15 ~25 cm;浆砌块石宜采用 20 ~30 cm;浆砌石板的厚度宜不小于 3 cm(寒冷地区浆砌石板厚度不小于 4 cm)。

(2)浆砌卵石、干砌卵石挂淤护面式防渗结构的厚度,根据使用要求和当地料源情况确定,可采用15～30 cm。

2. 防渗措施

为防止渠基淘刷,提高防渗效果,宜采用下列措施:

(1)干砌卵石挂淤渠道,在砌体下面设置砂砾石垫层,或铺设复合土工膜料层。

(2)浆砌石板防渗层下,铺设厚度为2～3 cm的砂料,或低标号水泥砂浆作垫层。

(3)对防渗要求高的大型、中型渠道,在砌石层下加铺黏土、三合土、塑性水泥土或塑膜层。

另外,护面式浆砌石防渗结构可不设伸缩缝;软基上挡土墙式浆砌石防渗结构宜设沉陷缝,缝距可采用10～15 m。砌石防渗层与建筑物连接处应按伸缩缝结构要求处理。

(四)混凝土防渗

1. 混凝土性能及配合比设计

混凝土性能及配合比设计,应符合下列规定:

(1)大、中型渠道防渗工程混凝土的配合比,按《水土混凝土试验规程》(DL/T5150—2001)进行试验确定,其选用配合比满足强度、抗渗、抗冻与和易性的设计要求。小型渠道混凝土的配合比可参照当地类似工程的经验采用。

(2)混凝土的性能指标不低于表6-17中的数值。严寒和寒冷地区的冬季过水渠道,抗冻等级比表6-17内数值提高一级。

表6-17　混凝土性能的允许最小值

工程规模	混凝土性能	严寒地区	寒冷地区	温和地区
小型	强度(C)	10	10	10
	抗冻(F)	50	50	—
	抗渗(W)	4	4	4
中型	强度(C)	15	15	10
	抗冻(F)	100	50	50
	抗渗(W)	6	6	6
大型	强度(C)	20	15	10
	抗冻(F)	200	150	50
	抗渗(W)	6	6	6

注:1. 强度等级的单位为MPa。
2. 抗冻等级的单位为冻融循环次数。
3. 抗渗等级的单位为0.1 MPa。
4. 严寒地区为最冷月平均气温低于-10 ℃;寒冷地区为最冷月平均气温不低于-10 ℃但不高于-3 ℃;温和地区为最冷月平均气温高于-3 ℃。

(3)渠道流速大于3 m/s,或水流中挟带推移质泥沙时,混凝土的抗压强度不低于15 MPa。

(4)混凝土的水灰比为砂石料在饱和面干状态下的单位用水量与胶凝材料的比值,

其允许最大值可参照表6-18选用。

表6-18　混凝土水灰比的允许最大值

运用情况	严寒地区	寒冷地区	温和地区
一般情况	0.50	0.55	0.60
受水流冲刷部位	0.45	0.50	0.50

(5)混凝土的坍落度可参照表6-19选定。

表6-19　不同浇筑部位混凝土的坍落度　(单位:cm)

混凝土类别	部位		机械捣固	人工捣固
混凝土	渠底		1~3	3~5
	渠坡	有外模板	1~3	3~5
		无外模板	1~2	—
钢筋混凝土	渠底		2~4	3~5
	渠坡	有外模板	2~4	5~7
		无外模板	1~3	—

注:1. 低温季节施工时,坍落度宜适当减小;高温季节施工时宜适当增大。
2. 采用衬砌机施工时,坍落度不大于2 cm。

(6)大、中型渠道所用的混凝土,其水泥的最小用量宜不小于225 kg/m^3;严寒地区宜不小于275 kg/m^3。用人工捣固时,增加25 kg/m^3;当掺用外加剂时,可减少25 kg/m^3。

(7)混凝土的用水量及砂率可分别按表6-20及表6-21选用。

表6-20　混凝土用水量

坍落度(cm)	不同石料最大粒径的混凝土用水量(kg/m^3)		
	20 mm	40 mm	80 mm
1~3	155~165	135~145	110~120
3~5	160~170	140~150	115~125
5~7	165~175	145~155	120~130

注:1. 表中值适用于卵石、中砂和普通硅酸盐水泥拌制的混凝土;
2. 用火山灰水泥时,用水量宜增加15~20 kg/m^3;
3. 用细砂时,用水量宜增加5~10 kg/m^3;
4. 用碎石时,用水量宜增加10~20 kg/m^3;
5. 用减水剂时,用水量宜减少10~20 kg/m^3。

表 6-21　混凝土的砂率

石料最大粒径(mm)	水灰比	砂率(%)	
		碎　石	卵　石
40	0.4	26 ~ 32	24 ~ 30
	0.5	30 ~ 35	28 ~ 33
	0.6	33 ~ 38	31 ~ 36

注：石料常用两级配，即粒径 5 ~ 20 mm 的占 40% ~ 45%，粒径 20 ~ 40 mm 的占 55% ~ 60%。

(8)渠道防渗工程所用水泥品种以 1 ~ 2 种为宜，并固定厂家。当混凝土有抗冻要求时，优先选择普通硅酸盐水泥；当灌溉水对混凝土有硫酸盐侵蚀时，优先选择抗硫酸盐水泥。

(9)粉煤灰等掺和料的掺量，大、中型渠道按《水工混凝土掺用粉煤灰技术规范》(DL/T 5055—1996)通过试验确定；小型渠道混凝土的粉煤灰掺量可按表 6-22 选定。

表 6-22　粉煤灰掺量

水泥等级	混凝土性能指标		粉煤灰掺量(%)
	强度	抗冻	
32.5	C10	F50	20 ~ 40
	C15	F50	30
	C20	F50	25

(10)混凝土根据需要掺入适量外加剂，其掺量可通过试验确定。

(11)设计细砂、特细砂混凝土配合比时，应符合下列要求：

①水泥用量较中砂、粗砂混凝土宜增加 20 ~ 30 kg/m^3，并宜掺加塑化剂，严格控制水胶比；

②砂率较中砂混凝土减少 15% ~ 30%；

③砂、石的允许含泥量，应符合《渠道防渗工程技术规范》(SL 18—2004)的规定要求；

④采用低流态或半干硬性混凝土时，坍落度不大于 3 cm，工作度不大于 30 s。

(12)喷射混凝土的配合比可参照下列要求并通过试验确定：

①水泥、砂和石料的重量比，宜为水泥: 砂: 石子 = 1:(2 ~ 2.5):(2 ~ 2.5)；

②宜采用中砂、粗砂，砂率宜为 45% ~ 55%，砂的含水率宜为 5% ~ 7%；

③石料最大粒径宜不大于 15 mm；

④水灰比宜为 0.4 ~ 0.5；

⑤宜选用普通硅酸盐水泥，其用量为 375 ~ 400 kg/m^3；

⑥速凝剂的掺量宜为水泥用量的 2% ~ 4%。

2. 防渗结构设计

防渗结构设计应符合下列规定：

(1)混凝土防渗结构型式见图 6-9,按下列要求选定:

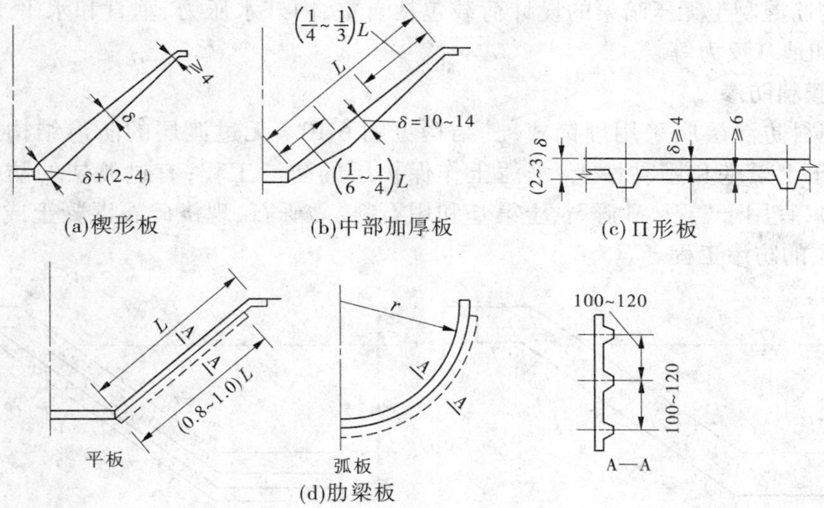

图 6-9　混凝土防渗结构型式　(单位:cm)

①宜采用等厚板;

②当渠基有较大膨胀、沉陷等变形时,除采取必要的地基处理措施外,对大型渠道宜采用楔形板、肋梁板、中部加厚板或 Π 形板;

③小型渠道采用整体式 U 形或矩形渠槽,槽长宜不小于 1.0 m;

④特种土基宜采用板膜复合式结构。

(2)当渠道流速小于 3 m/s 时,梯形渠道混凝土等厚板的最小厚度应符合表 6-23 的规定;当流速为 3 ~4 m/s 时,最小厚度宜为 10 cm;当流速为 4 ~5 m/s 时,最小厚度宜为 12 cm。渠道超高部分的厚度可适当减小,但不应小于 4 cm。

表 6-23　混凝土防渗层的最小厚度　(单位:cm)

工程规模	温和地区			寒冷地区		
	钢筋混凝土	混凝土	喷射混凝土	钢筋混凝土	混凝土	喷射混凝土
小型		4	4		6	5
中型	7	6	5	8	8	7
大型	7	8	7	9	10	8

(3)肋梁板和 Π 形板的厚度比等厚板可适当减小,但不应小于 4 cm。肋高宜为板厚的 2 ~3 倍。楔形板在坡脚处的厚度比中部宜增加 2 ~4 cm。中部加厚板部位的厚度宜为 10 ~14 cm。板膜复合式结构的混凝土板厚度可适当减小,但不应小于 4 cm。

(4)基土稳定且无外压力时,U 形渠和矩形渠防渗层的最小厚度可按表 6-23 选用;渠基土不稳定或存在较大外压力时,U 形渠和矩形渠宜采用钢筋混凝土结构,并根据外荷载进行结构强度、稳定性及裂缝宽度验算。

(5)预制混凝土板的尺寸根据安装、搬运条件确定。

(6)钢筋混凝土无压暗渠的设计荷载包括自重、内外水压力、垂直和水平土压力、地面活荷载和地基反力等。

(五)膜料防渗

(1)膜料防渗层应采用埋铺式,其结构见图6-10。无过渡层的防渗结构见图6-10(a),宜用于土渠基和用黏性土、水泥土作保护层的防渗工程;有过渡层的防渗结构见图6-10(b),宜用于岩石、砂砾石、土渠基和用石料、砂砾石、现浇碎石混凝土或预制混凝土作保护层的防渗工程。

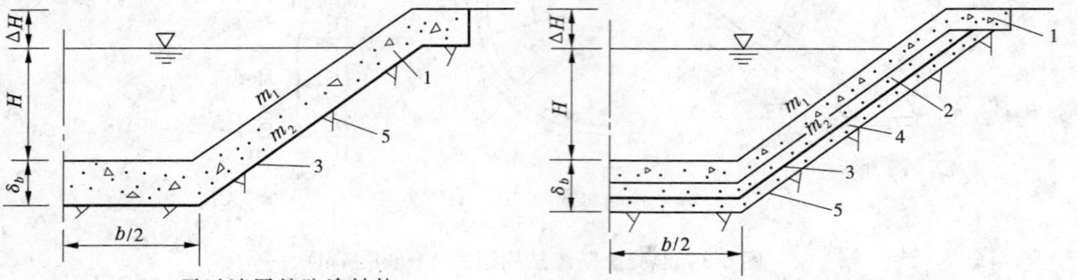

(a)无过渡层的防渗结构　　(b)有过渡层的防渗结构

1—黏性土、水泥土、灰土或混凝土、石料、砂砾石保护层;2—膜上过渡层;
3—膜料防渗层;4—膜下过渡层;5—上渠基或岩石

图6-10　埋铺式膜料防渗结构

(2)膜料防渗层的铺设范围有全铺式、半铺式和底铺式3种。半铺式和底铺式可用于宽浅渠道,或渠坡有树木的改建渠道。

(3)土渠基膜料防渗层铺膜基槽断面形式应根据土基稳定性、防渗、防冻要求与施工条件合理选定,可采用梯形、弧底梯形、弧形坡脚梯形等断面形式。

(4)膜层顶部宜按图6-11铺设。

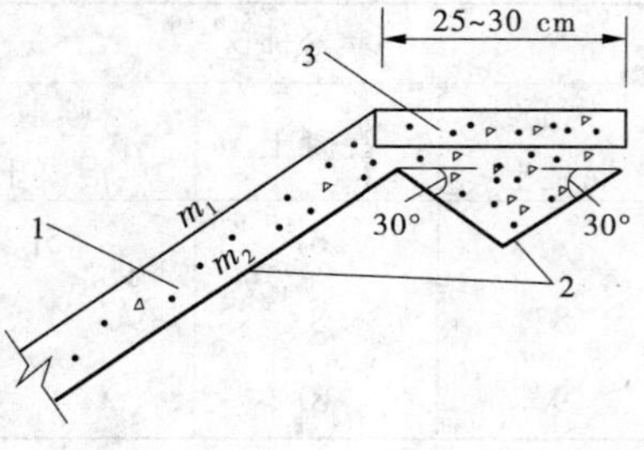

1—保护层;2—膜料;3—混凝土盖板

图6-11　膜层顶部铺设形式

(5)膜料包括土工膜、复合土工膜等,按下列原则选用:

①在寒冷和严寒地区,可优先采用聚乙烯膜;在芦苇等穿透性植物丛生地区,可优先采用聚氯乙烯膜。

②中、小型渠道宜用厚度为0.18~0.22 mm的深色塑膜,或厚度为0.60~0.65 mm的无碱或中碱玻璃纤维布机制的油毡;大型渠道宜用厚度为0.3~0.6 mm的深色塑膜;

③特种土基,应结合基土处理情况采用厚度0.2~0.6 mm的深色塑膜;

④有特殊要求的渠基宜采用复合土工膜。

(6)过渡层按下列要求确定:

①过渡层材料，在温和地区可采用灰土或水泥土；在严寒和寒冷地区宜采用水泥砂浆，采用土及砂料作过渡层时应采取防止淘刷的措施；

②过渡层的厚度宜按表 6-24 选用。

表 6-24　过渡层的厚度

过渡层材料	厚　度(cm)
灰土、塑性水泥土、砂浆	2～3
土、砂	3～5

(7)土保护层的厚度，根据渠道流量大小和保护层土质情况，可按表 6-25 采用。

表 6-25　土保护层的厚度　(单位：cm)

保护层土质	渠道设计流量(m^3/s)			
	<2	2～5	5～20	>20
沙壤土、轻壤土	45～50	50～60	60～70	70～75
中壤土	40～45	45～55	55～60	60～65
重壤土、黏土	35～40	40～50	50～55	55～60

(8)土保护层的设计干容重应经过试验确定。无试验条件时，采用压实法施工，沙壤土和壤土的干密度不小于 1.50 g/cm^3；沙壤土、轻壤土、中壤土采用浸水泡实法施工时，其干密度宜为 1.40～1.45 g/cm^3。

(9)水泥土、石料、砂砾料和混凝土保护层的厚度，可按表 6-26 选用。在渠底、渠坡或不同渠段，可采用具有不同抗冲能力、不同材料的组合式保护层。

(10)水泥土、石料、混凝土等刚性材料保护层，应分别符合相关规范的规定。

(11)防渗结构与建筑物的连接应符合下列要求：

①膜料防渗层按图 6-12 用黏结剂与建筑物黏结牢固；

②土保护层与跌水、闸、桥连接时，在建筑物上、下游改用石料、水泥土、混凝土保护层；

③水泥土、石料和混凝土保护层与建筑物连接，按要求设置伸缩缝。

表 6-26　不同材料保护层的厚度　(单位：cm)

保护层材料	水泥土	块石、卵石	砂砾石	石板	混凝土	
					现浇	预制
保护层厚度	4～6	20～30	25～40	≥3	4～10	4～8

(六)沥青混凝土防渗

1.技术要求

沥青混凝土应满足下列技术要求。

1)防渗层沥青混凝土

(1)孔隙率不大于 4%。

(2)渗透系数不大于 1×10^{-7} cm/s。

(3)斜坡流淌值小于0.80 cm。

(4)水稳定系数大于0.90。

(5)低温下不得开裂。

2)整平胶结层沥青混凝土

(1)渗透系数不大于 1×10^{-3} cm/s。

(2)热稳定系数小于4.5。

2.配合比

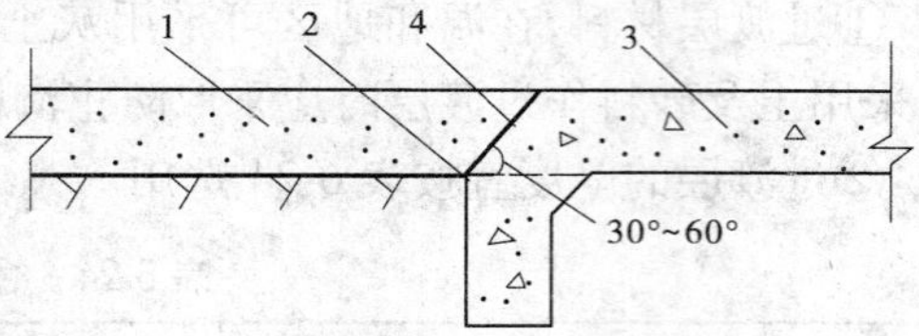

1—保护层;2—膜料防渗层;3—建筑物;
4—膜料与建筑物黏结面

图6-12　膜料防渗与建筑物的连接

沥青混凝土配合比应根据技术要求，经过室内试验和现场试铺筑确定，亦可参照《土石坝沥青混凝土面板和心墙设计准则》(SLJ01—88)选用。防渗层沥青含量应为6%～9%；整平胶结沥青含量应为4%～6%。石料最大粒径，防渗层不得超过一次压实厚度的1/3～1/2，整平胶结层不得超过一次压实厚度的1/2。

3.防渗结构设计

防渗结构设计应符合下列规定：

(1)沥青混凝土防渗结构的构造见图6-13。无整平胶结层断面宜用于土质地基；有整平胶结层断面宜用于岩石地基。

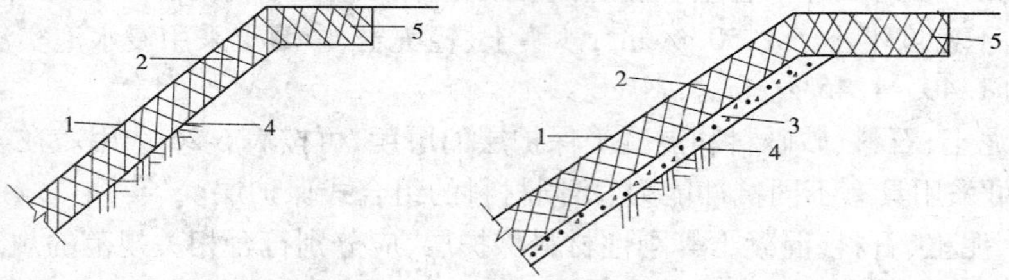

(a)无整平胶结层的防渗结构　　(b)有整平胶结层的防渗结构

1—封闭层;2—防渗层;3—整平胶结层;4—土(石)渠基;5—封顶板

图6-13　沥青混凝土渠道防渗结构形式

(2)封闭层用沥青玛琋脂涂刷，厚度为2～3 mm。沥青玛琋脂配合比满足高温下不流淌、低温下不脆裂的要求。

(3)沥青混凝土防渗层宜为等厚断面，其厚度宜采用5～10 cm。有抗冻要求的地区，渠坡防渗层可采用上薄下厚的断面，坡顶厚度可采用5～6 cm，坡底厚度可采用8～10 cm。

(4)整平胶结层采用等厚断面，其厚度按能填平岩石基面为原则确定。

(5)寒冷地区沥青混凝土防渗层的低温抗裂性能，可按式(6-19)及式(6-20)进行验算

$$F > \sigma_t \tag{6-19}$$

$$\sigma_t = \frac{E_t}{1-\mu}\Delta TR'\alpha_t \tag{6-20}$$

式中　F——沥青混凝土的极限抗拉强度，MPa；

σ_t——温度应力,MPa;

E_t——沥青混凝土平均变形模量,MPa;

μ——轴向拉伸泊松比;

ΔT——沥青混凝土板面任意点的温差,℃;

R'——层间约束系数,宜为0.8;

α_t——温度收缩系数。

(6)当防渗层沥青混凝土不能满足低温抗裂性能的要求时,可掺用高分子聚合物材料进行改性,其掺量经过试验确定。如改性沥青混凝土仍不能满足抗裂要求,可按规定设置伸缩缝。

(7)沥青混凝土预制板的边长宜不大于1 m,厚度宜采用5～8 cm,密度大于2.30 g/cm^3。预制板宜用沥青砂浆或沥青玛琋脂砌筑;在地基有较大变形时,也可采用焦油塑料胶泥填筑。

第七章　果树节水灌溉技术

第一节　果树的需水量及灌水时期

一、水在果树栽培中的重要性

水是果树生命活动的必需物质。水是有机物质合成的原料，水在参与光合作用中，与二氧化碳一样，是一种主要的原料。植物的绿色部分吸收阳光的辐射能量，以此为动力，把根从土壤中吸收的水分和无机元素以及叶从空气中吸收的二氧化碳，在叶绿体中进行水的光能和二氧化碳的还原，产生较高能量的有机物质（如碳水化合物）。这个过程可简化为下式：

$$6CO_2 + 6H_2O \xrightarrow{光} (CH_2O)_6 + 6O_2 \uparrow$$

光合作用的产物又必须通过水将其输送至果树体内的各个部分，供果树生长发育的需要。光合产物即葡萄糖（$C_6H_{12}O_6$，Glucose）是植物进行呼吸和蛋白质合成中必不可少的物质。植物呼吸时放出 CO_2 和 H_2O，并释放出化学能。如

$$C_6H_{12}O_6 + 6O_2 \longrightarrow 6CO_2 + 6H_2O + 化学能$$

水是果树进行蒸腾的必需物质。根系吸收的水分，少量用来建造新的细胞和组织，或形成其他化合物质，而大部分被叶片蒸腾掉。果树在吸收和失水的过程中，维持细胞的膨压，从而促进细胞的分裂和增长，并在蒸腾过程中带走部分热量，以调节枝株体温，使果树枝干或果实免受强烈日照的危害。

水是无机元素在树体内循环的溶媒和载体，它把可溶于水的营养物质输送到果树的各个部分，满足生长发育的需要。

水与果树的生长和结果有着密切的关系。在果树生长期适当灌水，可促进新梢生长。研究表明，在高温干旱季节适量灌水，可抑制果实夜间收缩，促进果实膨大。在果实生长期适量灌水可减少落果，促进果实成熟。灌水对果实品质的影响，一般认为灌水后果实含糖量降低。有试验表明，湿润区果实含糖量最低，极干燥区最高；糖酸比是极干燥区最高，果实口味最好（见表7-1）。

适时适量灌水，可促进果树对水分营养的吸收，延长叶片寿命和光合作用时间。如早春土壤水分适宜，可促进果树萌芽展叶，迅速扩大叶面积，提高光合效能，有利于开花、坐果和果实发育。晚秋土壤水分适宜，可防止叶片早期脱落，延长叶片寿命和光合作用时间。果树在早春萌芽、开花和幼梢早期生长，主要依靠树体的储存养分，而树体储存养分的积累，主要在生长后期进行。所以，干旱年份在果树生长后期适量灌水，有利于树体储存养分的积累。在酷热、干旱的夏季中午，由于 CO_2 和水分亏缺，气温又高，果树常在中

午光合作用滞缓或停止，影响光合作用产物的形成，如果适量灌水则可避免这一现象的发生。因此，在果树发育周期内，根据果树需水及降雨情况，适时、适量灌水对果树生长有着重要意义，而适时、适量灌水的最有效方法就是微灌技术。

表 7-1　土壤水分对苹果品质的影响

土壤水分状况	果品水分含量(%)	全糖含量(%)	糖酸比
湿润区	86.0	10.95	14.9
半湿润区	85.3	11.60	16.1
干燥区	83.8	12.53	16.4
极干燥区	82.1	13.71	17.3

二、果树的需水量

需水量是果树利用水分的一个生理参数，通常用生产 1 g 干物质所需的水量来表示，即蒸腾系数。也就是果树在整个生长期或一定生长期内所吸收水分的总量与这个时期所生产的总干物质的比值。与此相似的术语还有蒸腾效率，它与需水量的概念相反，是在一定用水量下积累的干物质量。

影响果树需水量的因素有以下几方面。

（一）果树种类及品种与需水量

一般木本植物的需水量在 212～1 068 mL 之间。苹果、梨的需水量较大，其次是桃、柑橘、葡萄，油橄榄需水量较少。同为葡萄，品种不同，需水量也不一样。

（二）日照与果树需水量

由于日照既影响蒸腾作用，又影响光合作用。因此，在多数情况下，光照的变化自然要影响果树的需水量。特别是光对光合作用的影响大，光线微弱时，光合产物的形成减小，因此需水量增加。研究表明，遮光可使叶温降低而加剧水分的消耗。因此，在果树栽培上要进行合理密植，在整形修剪上要枝条蔬密适度，才有利于通风透光，减少水分消耗，提高光合产物。这是提高产量和增加品质的有效措施。

（三）气温与果树需水量

气温上升可减少树体内水汽扩散阻力，促进蒸腾作用，需水量会加大。

（四）大气湿度与果树需水量

大气湿度对有机物质的积累能力影响不大，但对蒸腾作用影响很大，大气干燥促进蒸腾作用，加大果树需水量。这与作物在干旱年份由于蒸腾作用强烈，使需水量比湿润年份大是一致的。

（五）土壤水分与果树需水量

土壤水分与果树早果、高产、稳产、优质有密切关系。但土壤水分是比较容易控制的，尤其是采用微灌技术后更容易控制。因此，合理灌水对果树生产具有重大意义。据多数研究者报道，土壤含水量愈少，植物需水量愈大。这是因为土壤含水量减少时，光合作用比蒸腾作用衰退的早。当接近萎蔫点时，需水量就急剧增加。另据试验，土壤含水量大于最适土壤水分时,需水量也增加。这是因为土壤含水量大于最适水分时,由于氧气不足对根系伸长有抑制作用;同时,光合作用显著衰退,耗水量增多。果树最适宜的土壤湿度,因土壤和树种而异,一般对果树生长最适宜土壤湿度大体是田间持水量的60% ~80%。许多实验结果证明,土壤水分适宜,蒸腾和光合作用正常,呼吸作用最低,因此果树生长发育良好。以田间持水量的60% ~80%,适于多种果树的生长发育,在这个范围内,桃的最适宜土壤水分偏于干燥方面,梨、苹果则偏于湿润方面。土壤含水量高,土壤空隙以水饱和或接近饱和状态,由于氧气不足,果树生长发育不良。土壤水分在田间持水量的50%以下时,由于水分不足,生长发育恶化。

(六)施肥条件与果树需水量

许多试验表明,土壤肥沃程度愈高,植物需水量愈低。施肥后由于水分利用率提高,使需水量下降。从土壤肥力的N、P、K三要素与需水量的试验结果来看,不同元素的缺乏对需水量的影响也不一样。如N、P缺乏时,对需水量的影响特别大,即N、P缺乏,需水量增加很多。由此可见,应根据土壤中的矿质元素的种类和数量,确定适宜的灌水量,才能达到经济用水、节约用水的目的。

(七)降雨与果树需水量

果树的需水量与当地降雨量有密切的关系。根据我国雨量分布情况,可把我国果树种植大体分为4个地带:

(1)西北干旱区:年降水量100 ~400 mm,主要是新疆、甘肃、内蒙古、陕西、宁夏和西藏的部分干旱地区。

(2)华北区:年降水量500 ~700 mm,降水量分布不均匀,7 ~8月份占全年的50%,一般冬春干旱少雨,夏季多雨(包括陕西的关中地区)。

(3)华中区:年降水量750 mm以上。春雨连绵,夏季降水量占38%。除华中各省区外,包括甘肃陇南、陕西汉中等地区。

(4)华南区:年降水量1 000 ~2 500 mm。

当制定果树灌溉制度时,必须根据历年降水量及其分布情况,扣除地面径流量和蒸发量,结合果树需水特点适当制定。

三、果树的灌水量

如上所述,果树的需水量受气象条件、土壤水分、施肥种类和肥量等影响很大。因此,不可把在显然不同当地条件下某种果树的需水量,机械地作为另一果园同一树种、品种的需水量来推测田间的耗水量。但是,在试验果园当地条件相似的情况下,可把当地条件相似的果园,对同一树种、品种、树龄等的灌水量试验成果,作为果园灌水量的参考依据。

果园最适灌水量,应在一次灌溉中使根系分布范围内的土壤湿度,达到有利于果树生长发育的程度。只浸润表层或上层根系分布的土壤,不能满足果树的需水要求,也容易引起土壤板结或返碱等不良后果。一般土层深厚的果园,一次灌水浸润土层深度0.8 ~1.0 m。当然,这取决于果树树种的不同和树龄的大小,也取决于水源的多少。

(一)以土壤湿度来确定果园灌水量

果园灌水量取决于果园的土壤类型。不同类型土壤的水分常数是不相同的,主要取决于土壤质地和结构状况。田间持水量是指土壤中毛管悬着水达到最大量时的土壤含水量，它包括全部吸湿水、薄膜水和毛管悬着水。田间持水量是在不受地下水影响的自然条件下所能较稳定保持土壤水分的最大数量指标。当灌水量超过田间持水量时，水量只能向土壤深处移动，加深湿润深度，而不能增加土壤中的含水量百分数。因此，不论哪种灌溉方法，在确定灌水量时田间持水量是对作物有效水的上限，并作为计算灌水定额的依据和标准。即

灌水定额＝田间持水量－灌水前土壤含水量

当土壤水分减少到不能移动时，果树根系吸水就受到限制，此时的土壤含水量为有效水分的下限。如果土壤水分持续减少，会使植物生长困难，甚至停止生长、萎蔫而枯死，此时的土壤含水量称为凋萎系数，或萎蔫系数。萎蔫系数相当于田间持水量的54%左右。大多数果树在生长季节最适土壤水分为田间持水量的60%～80%。

不同的果树对适宜土壤水分的要求也不同，同一果树在不同的生育阶段对适宜土壤水分的要求也不同。例如，苹果树为多年生植物，春天发芽，秋天落叶，其中要经历花芽分化期、开花期、果实膨大期、成熟期4个阶段。在花芽分化期，适宜土壤湿度为田间持水量的71.3%，该期正处于春季，气候干燥，水分供应充足有利于萌发新芽，水分亏缺会影响新梢的生长量和生长速度。花期是果树营养生长期，土壤湿度变化对果实膨胀速度及产量影响很大，适宜土壤湿度为田间持水量的71.7%。成熟期苹果处在着色和糖分转化的过程中，土壤湿度过高会影响苹果的贪青晚熟，影响果品价格，这一时期的土壤湿度宜控制在田间持水量的65.22%左右。

（二）根据果树的需水量和蒸腾量确定果树的灌水量

果树因树种不同需水量也不同。各种果树在一定面积内的灌水量，可根据果树一年内的生长量，计算出干物质量，再计算一定面积上的灌水量。例如，一株果树年生长量的鲜重为35 kg，其中果实21 kg，其余的根、茎、枝、叶14 kg。以果实的含水量为85%，根、茎、枝、叶的含水量50%计算，换算成干物质重量为果实3.15 kg，根、茎、枝、叶7 kg，总干物质生长量10.15 kg。每形成1 g干物质需要300～500 g的水分，则这株果树的年需水量为

$$(300\sim500)\times10.15=3\ 045\sim5\ 075(\text{kg})=3.045\sim5.075\ \text{m}^3$$

这是果树净需水量，但实际上供给果树的水量还包括地面蒸发、深层渗漏、地面流失和没有被果树利用的土壤水分。因此，在上述需水量的基础上，还要除以水分利用系数才是果树的实际灌水量。将以上过程总结为

$$W=\frac{\gamma w_d}{1\ 000\eta\gamma_w} \tag{7-1}$$

式中　W——每株果树的时段或年灌水量，m^3；

γ——形成单位质量的干物质所需要的水量；

w_d——每株果树在计算时段内的干物质生长量，kg；

γ_w——灌溉水的容重，t/m^3；

η——果树对灌溉水的利用系数，它是果树需水量与灌溉系统灌水到田间的水量之比。

田间损失的水量包括地面蒸发、深层渗漏、侧向渗漏、地面流失等。损失水量越少，灌溉水利用系数就越大。显然，微灌条件下，这类损失可减少到最小程度。

计算时段内干物质的生长量为

$$w_d = \sum_{i=1}^{n} w_{1i}(1 - p_{wi}) \tag{7-2}$$

式中　w_{1i}——每株果树在计算时段内第 i 部分的鲜生长量，kg；

p_{wi}——每株果树在计算时段内第 i 部分的含水率；

i——计算果树鲜重时划分的部分，如根、茎、枝、叶、果实等，i 划分的部分越多，计算就越精确。

虽然上述计算有一定的理论依据，但在实际操作中还必须结合树种、树龄、环境条件及农业技术等，灵活应用，才能达到预期的效果。

四、果园灌水时期

果树一般是多年生木本植物。水是果树健壮生长、丰产稳产、优质长寿的主要物质条件。果树根系所吸收的水分95%被蒸腾作用所消耗掉，正是由于蒸腾作用才能促进根系吸收水分和养分，并促进水分在树体内向上运输，从而保证树体内各种生命活动对水分的需要。果园的灌水时期，一般情况要根据果树在一年生长中的需水情况、气候特点及土壤水分变化的规律等确定，大体上可分为以下几个时期灌水。

（一）土壤解冻后至开花前灌水

土壤解冻后，树体开始启动萌发，虽然枝叶量还很少，树体蒸腾耗水量不大，可是这个时期气温开始逐渐升高，相当多的水分是通过土壤表面蒸发掉，在降水量又少的情况下，要及时灌水，以补充土壤水分的不足。所以，这个时期灌水，有利于促进果树的开花、坐果及新梢的生长。同时，此时灌水还可防止春寒晚霜的危害。这次灌水也称为萌芽水或花前灌水。

（二）开花后幼果膨大期灌水

开花后幼果膨大期灌水，也称为花后水。一般情况下，在开花后2～3周，是树体生理机能最旺盛，枝、叶生长迅速，对根系吸收供应的水分、养分最敏感的时期。水分不足，不但枝、叶生长受到抑制（即春梢生长量少），还会造成大量落果，影响果实发育和花芽分化，导致产量降低。所以，这个时期是果树需水的临界期，及时灌水可促进新梢和叶片生长，增加受光面积，增强光合作用，提高坐果率和促进果实膨大，并且对后期的发芽分化有良好的作用。

（三）果实膨大期灌水

果实膨大期需水量较多，如果天气干旱应及时灌水，以促进果实生长，提高产量。在果实成熟前灌水不要太多，否则会降低果实品质。

（四）灌封冻水

在土壤结冻前灌水称灌封冻水。封冻水是果园的一次重要灌水。因为树落叶后至第二年化冻（即解冻）前，此期长达5个多月，但随着气温的降低，地表水分的蒸发量也减少甚至停止，加上树上无叶子，树体的水分蒸腾量也大大减少，树体在土壤结冻期间，靠冻土层以下的根系吸收水分维持地上部分蒸腾水分的需要。所以封冻水,不仅能保证树体冬季对水分的需要,减轻抽条现象,而且还能防止冬季和早春的冻害。

以上所说的灌水时间,并非是固定不变的,应结合品种、树龄、农业技术措施及气候条件,特别是降雨量与土壤湿度等情况灵活掌握。在水资源缺乏地区的果园,可只灌花前水、花后水和封冻水,但至少也要浇灌好开花后水和封冻水,因为春梢旺盛生长期灌水和浇灌封冻水是果树全年最重要的两次灌水。头水可晚点,冬水要足。在没有灌溉条件的苹果园,必须搞好果园的水土保持,加强土壤管理,注意蓄水保墒工作。

第二节　果树的节水灌溉技术

生产上常规的果园灌水方法有树盘灌水、树行灌水、沟灌、环状沟灌等。科学的灌水方法应以节省用水量,提高灌溉水的利用率,并使土壤保持良好的理化性能为目的,即土壤疏松,土壤团粒结构不遭破坏,通气性能好。下面介绍几种果园节水灌溉方法。

一、果树的微灌

(一)果树微灌系统的选择

果树微灌系统的选择主要考虑果树种类、栽植密度和灌溉水源的清洁程度等。

1. 果树的根系分布

果树根系从土壤中吸收水分和养分,因此,果树生长的好坏与土壤性质有密切的关系。土壤是果树生长、结果的基础,是水分和养分供给的源泉,是灌溉系统灌水的目的地,所有灌溉系统都是向土壤灌水,而并没有向果树灌水。如果土壤理化状况良好,土层深厚,土质肥沃,则果树的根系就强大,根系向土层内的分布既广又深,地上部分生长也就健壮。如果土层浅薄,土壤结构坚硬,土质贫瘠,则根系分布浅,根系生长不良,影响地上部分的生长发育。

所以,果树根系的分布主要取决于土壤性质,而灌溉作为调理土壤水分状况、养分状况和通气状况的重要措施,对果树的根系分布又产生重要的影响。例如,在干旱地区,未灌溉的果树根系很深,以便从土壤中吸收更多的水分;实行小灌溉定额的浅灌法,果树根系主要在表层;实行大灌溉定额的深灌法,果树的根系分布广而深。因此,果树根系的发展有很强的趋向性。这是选择果树灌溉系统时必须考虑的问题之一。

当然,果树根系的深度除受土壤水分的影响以外,还有以下因素限制果树根系向深度方向的发展。

(1)基岩。果树种植在土层很薄的土地上,土层下部有未风化的基岩时,就会机械地阻碍根系向土壤深层的生长。

(2)地下水位。根系为了获得生活能力,就必须进行呼吸。如果长期浸于水中而缺乏呼吸作用所必需的氧气,根就会窒息。所以地下水位高,根系就不能深入到深层。

(3)黏土层。果园的地下水位很低,但如果存在坚硬的、不透水的黏土层,则土壤通气不良,土壤中氧气缺乏,根系生长受阻。

(4)砂砾层。当土壤下层有保水能力差的砂砾石层时,由于这一层水分不足,根系也不能伸入下层。

由上述情况看出,果树根系分布深度受地下水位和下层土质的限制,但限制根系生成的根本原因是土壤通气性、土壤湿度和土壤养分,其他如地温、耕作方式等也很重要。根据果树根系的发展方向,可分为水平根和垂直根。

(1)水平根。这类根多数沿土壤表层方向生长,它在土壤中分布的深度和范围依地区、土壤、树种、砧木等不同而变化。其中,桃、樱桃等分布较浅,多在40 cm的土层内,苹果、梨、柿、核桃等分布较深。

(2)垂直根。这类根在土壤深层不受限制时,向土壤深层发展,有的达到1 m,甚至深达10 m以上。

2. 灌溉水源

微灌系统所引用的水源也影响果树微灌溉系统的选型。因为水源中的泥沙、杂质含量是微灌系统选择的主要影响因素,所以微灌系统的水源要经过多级严格的过滤。如果水源比较清洁,就可以选用灌水器孔口比较小的滴灌、地下滴灌;如果水源泥沙含量多,多级过滤成本高,就可以选用灌水器孔口比较大的局部灌溉。

根据微灌水源的清洁程度,可大致分为:

从机井抽水
从山泉引水
从塘、库引水
→最好的微灌水源

从集流场蓄集雨水
从溪流引水
→比较好的微灌水源

从江、河抽水
利用城市污水
→比较差的微灌水源

3. 栽植密度

果树栽植密度也影响果园微灌系统的选型。我国果树种类繁多,各地的栽植密度多种多样,栽植方式和管理方法也不尽相同,表7-2列出了主要果树常用栽植密度。

(二)果园微灌系统的类型

1. 地面滴灌

地面滴灌比较适合于土壤表层根系分布较多的果树。由于滴灌的灌水器孔口尺寸在所有微灌类型中最小,因此果园地面滴灌对水源洁净程度的要求比较高。

地面滴灌分点源式灌水和线源式灌水两类。

(1)点源式灌水就是在毛管上以较大间距安装灌水器的滴灌,它比较适合于果树株、行距比较大的果园灌溉。常见的灌水器布置方式见图7-1。

(2)线源式灌水就是灌水器间距比较密的滴灌带或滴灌毛管,它比较适合于果树株距比较密植的果园。这种灌水方式的布置简单,一行果树一行灌水带或灌水毛管,不另外安装灌水器。

2. 地下滴灌

地下滴灌也就是地下滴渗灌。由于果树为多年生植物,将灌水管道埋入地下更有利于果园的管理和延长微灌系统的使用年限,同时也有利于根系较深的果树生长,可直接把水灌在根系的主要活动区。地下滴灌与地面滴灌相同,也有点源式和线源式灌水方式,但对地下滴灌来说,最重要的是灌水器在土壤中的埋设深度。它一方面取决于果树主要根系的分布深度,另一方面也与土壤的渗透性质有关。一般来说,根系浅的果树,砂性土质,灌水器的埋深就应浅一些;根系深的果树,黏性土质,灌水器应埋深一些,但最深不能超过60 cm。图7-2为地下滴灌的常见布置形式。

表7-2 主要果树山地、丘陵、平地栽植密度参考表

果树种类	株×行距(m)	每亩株数	备注
苹果	4×6~6×8	14~27	乔化砧
苹果	2×3~3×5	44~111	半矮化砧
苹果	1.5×3~4×4	83~150	矮化砧
梨	3×5~6×8	27~44	乔化砧
桃	2×4~4×6	27~83	乔化砧
葡萄	(1.5~2)×(2.5~3.5)	111~296	篱架整形
葡萄	(1.5~2)×(4~6)	83~148	棚架整形
核桃	5×6~6×8	14~19	
板栗	4×6~6×8	14~27	
枣	(2~4)×(6×8)	14~67	
柿	3×5~6×8	14~44	平地、梯田
柑橘	(3.5~4)×(3~5)	33~63	
草莓	(0.15~0.25)×(0.15~0.25)	7 000~15 000	
无花果	(3~6)×(4~6)	18~56	
杏	(4~5)×(5~6)	16~22	

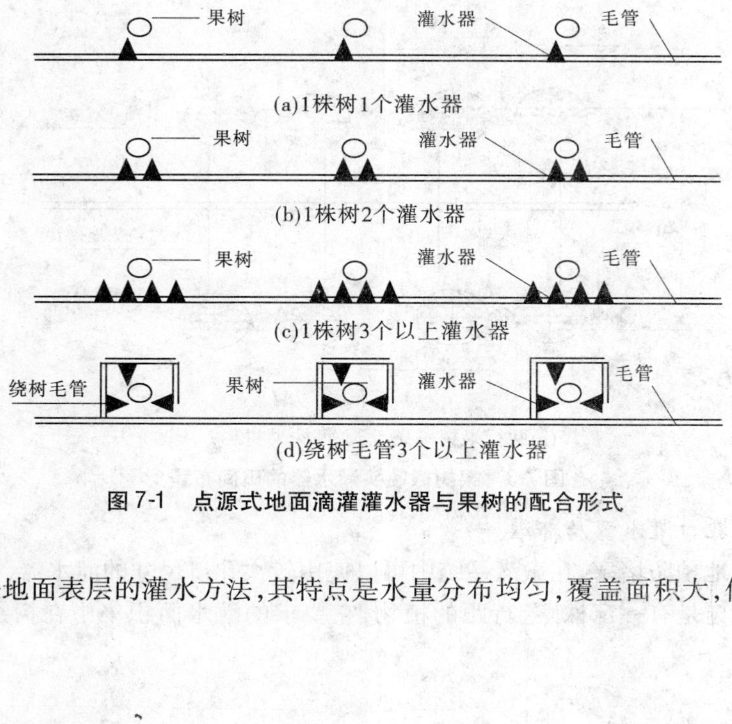

图7-1 点源式地面滴灌灌水器与果树的配合形式

3.微喷灌

微喷灌是地面表层的灌水方法,其特点是水量分布均匀,覆盖面积大,但在干旱气候

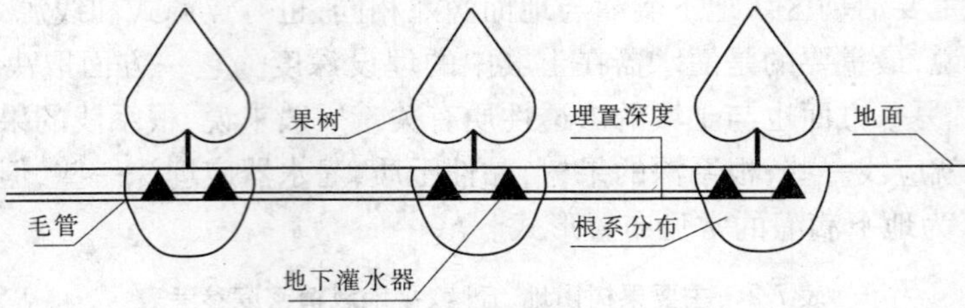

(a)点源式灌水器

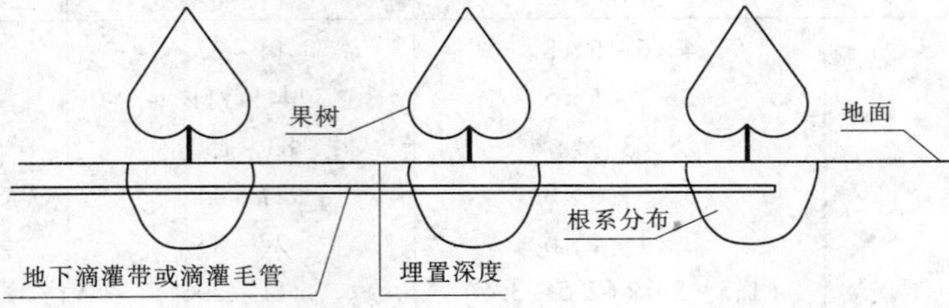

(b)线源式灌水带或毛管

图 7-2　地下水滴灌灌水器布置示意图

条件下喷水的漂移、蒸发损失也大。在果园灌溉中，微喷灌比较适合根系浅的果树灌溉。微喷灌在果树灌水中的布置方式有如图 7-3 所示的两种。

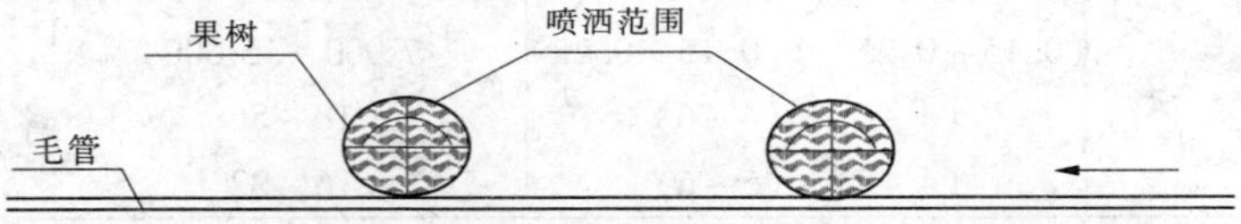

(a)一行果树一条毛管，每株果树1个微喷头

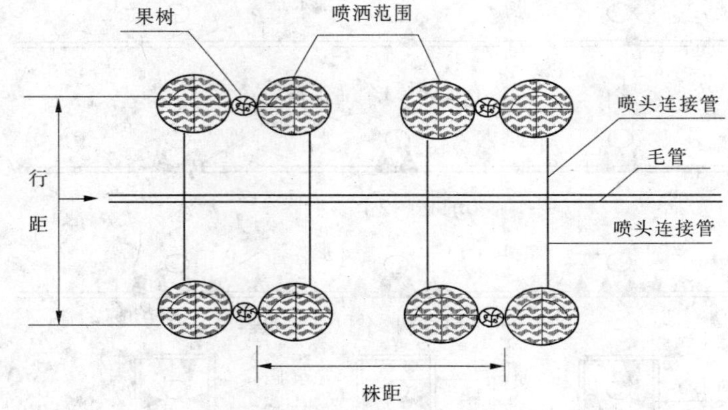

(b)两行果树一条毛管，每株果树1~2个微喷头

图 7-3　果树微喷头灌水器的田间布置

4. 地面大孔口灌水器局部灌

为了有效地预防堵塞，在微灌系统中可以使用较大孔口尺寸的灌水器，尤其在果树灌溉中。因为果树是有一定株距、行距的植物，它要求的灌水面积集中在树冠投影面积之

内，对大面积来说，果树的灌水是各植树点上的集中灌水。因此，选用大孔口灌水器有利于适应当地水质的要求，并可以与传统的果树环沟灌、盘灌、穴灌相结合，发挥各自的优势。

地面大孔口灌水器局部灌就是微灌与沟灌相结合的一种局部灌水方式，其主要特点是：流量大，孔口不易堵塞，布置形式如图 7-4 所示。

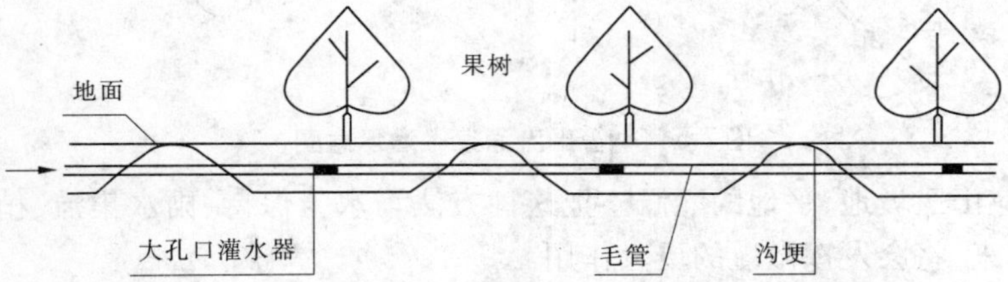

(a)灌水沟与大孔口灌水器毛管配合的纵断面图

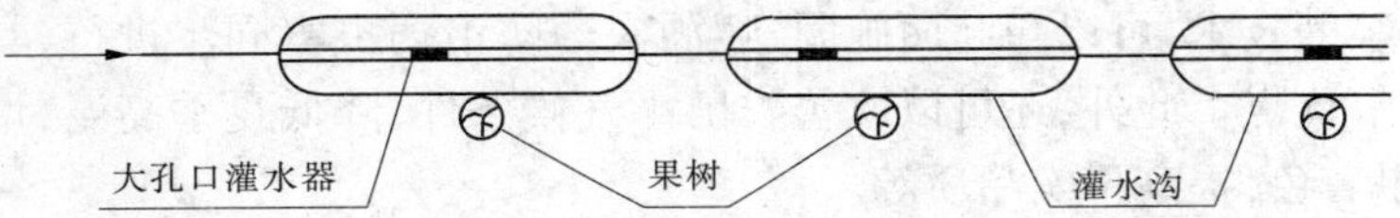

(b)灌水沟与大孔口灌水器毛管配合的平面图

图 7-4　大孔口灌水器局部灌溉示意图

5. 地下水管输水涌泉灌

果园小管出流涌泉灌水技术是中国农业大学郑跃泉（1992）等在总结了我国微灌灌水器堵塞问题的基础上提出的一种微灌技术。这种技术是利用微灌系统的管网把压力水输送到果园田间，然后用直径为 4 mm 的 PE 塑料管在输水的末级管道上接出，使灌溉水流入果园的环形沟里。这也是一种局部灌溉方式，它与滴灌相比有如下特点：

（1）堵塞问题小，水质处理简单。小管出流灌溉系统的灌水器一般用内径为 4 mm 的 PE 塑料小管，出水流量达 100 L/h 以上，这样大的流道和流速，可以让水中细砂等固体污物通过，也不致由于流速过小而发生沉积。因此水质净化处理较为简单，一般只要在首部安装 32 目/cm^2 的筛网过滤器即可，用水质良好的井水灌溉也可以不安过滤器。同时，由于过滤器网眼大，水头损失小，既节省能源消耗，又延长冲洗周期。

（2）施肥方便。果园施用化肥时，可将可溶性化肥液注入管道随灌溉水进入作物根区土壤，也可将肥料均匀地撒入灌水沟内，随水进入土壤。特别是在施有机肥时，可把各种有机肥放入果树环沟内，在适宜的水分条件下熟化，充分发挥肥效。

（3）省水。由于管道输水湿润果园局部土壤，因此水的利用率高。

（4）适应性强。这种灌溉系统能适应各种地形、土壤、果树树种等，并且操作简单，管理方便。小管出流涌泉微灌的基本形式如图 7-5 所示。

上述几种灌溉系统与传统沟灌相结合的微灌系统的最大特点是孔口尺寸比较大，灌水器出流量大，这就大大减轻了孔口堵塞的问题，减少了水质处理的成本，使这种微灌系统对水源的适应面更广。同时，这种局部灌溉的地面灌水沟又能在雨季拦蓄雨水，防止水

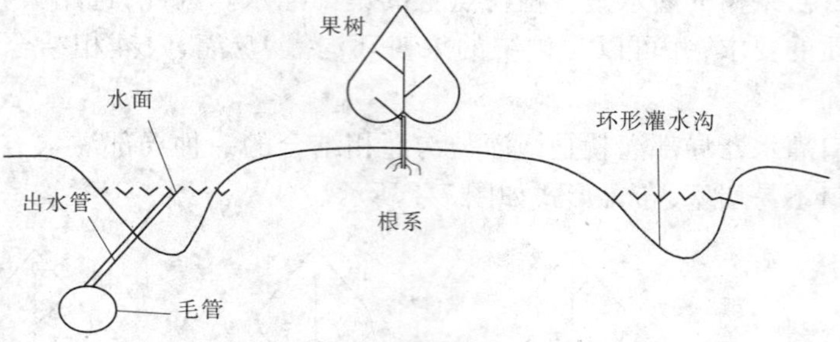

图7-5　小管出流涌泉微灌示意图

土流失，能适应山区坡地、平地的灌溉。把这种方法与水土保持、雨水集流、植树造林、发展经济结合起来，将会发挥微灌的更大作用。

二、果园喷灌技术

果园采用喷灌技术，可以与叶面施肥、喷洒农药防治病虫害同步进行，具有显著的节水、省肥、省工等优点。此外，还可以改善农田小气候条件，降低夏季高温，增加空气相对湿度，促进苹果着色，提高果实品质等。

三、果园穴贮肥水技术

穴贮肥水技术可用于水浇条件不足的果树，是抗旱栽培的一种好措施。这种方法简单易行，可操作性强，取材容易，投资少。据资料介绍，可节水70%～90%，同时可节肥30%以上，并且增产效益显著，应在干旱半干旱及山丘水资源缺乏地区推广应用。

穴贮肥水的具体做法是：在树盘距树根50 cm为半径的树冠边缘，均匀挖4个深为50 cm、直径40 cm的圆坑或方坑。坑内放入用稻草、玉米秆、麦秆、谷草或杂草等，捆绑成长40～50 cm、直径为20～30 cm的草把，埋入后踩实，或每坑施入过磷酸钙50～100 g、氯化钾50～100 g、尿素50 g，或每坑施入果树专用肥0.2～0.25 kg，也可在每个坑中施入50 kg左右优质农家肥，使肥与坑土充分拌匀，踩实后用2桶水（约15 kg）浇入草肥上，将坑填平后，在其上覆盖一层塑料膜，用土将塑料膜四周压好，免得被风吹脱。过一个月后，草基本腐烂变成肥料后，在每个坑覆盖的塑料膜中心处扎一个小洞（称为浇水孔），平时用覆盖物把小洞盖上，以利保墒。灌水施肥均在这个小洞上进行。灌水施肥时，将覆盖物揭开，待水渗入坑内再把覆盖物盖好。雨水可通过覆盖在坑上的塑料膜小洞进入坑内，待2～3年改动坑的位置。

一般在花后、新梢停长及采果后3个时期，每坑各施50～100 g复合肥或尿素。如土壤瘠薄，在雨季还可以增施一次化肥。

覆膜后至新梢旺长后期，一般每隔10～15天浇一次水，每次每坑灌水3～5 kg。如遇下雨可酌情少浇或不浇。

为了防止杂草生长顶破塑料膜，应在覆盖塑料膜前对地面喷一次除草剂。覆膜后，如有杂草生长，可在塑膜上适当压土，以防杂草生长顶破塑料膜。

第八章　节水灌溉综合技术体系

第一节　节水灌溉综合技术体系的内涵

节水灌溉综合技术体系也叫做节水农业技术体系，是指为充分利用降水和可用水资源，采取水利措施、农业措施和管理措施，提高水的利用率和利用效率，达到农作物高产、高效的成套技术体系。这是一项由水源、田间供水、生物和管理等子系统构成的系统工程。

由于我国幅员辽阔，不同地区自然条件、经济条件千差万别，因此，各地的技术体系必须建立在完成了水土资源评价与分析、节水灌溉分区及节水灌溉规划等工作的基础上，建立适合本地区、本县的节水灌溉综合技术体系。农业灌溉研究所等单位在完成总理基金项目"华北地区节水型农业技术体系研究与示范"的过程中，考虑到对华北地区的代表性，选择了海河平原和黄土丘陵两种不同地区类型，又根据不同的水资源条件，将各个环节的节水措施组装配套，付诸实施，形成了3种主要类型的节水灌溉综合技术体系，也即节水型农业技术体系。

第二节　海河平原区引黄补源区节水灌溉综合技术体系及其应用效果

华北引黄灌溉面积3 000万亩，灌溉方式有自流灌、沟引提灌和引黄补源井灌3种形式。在黄河中下游地区的纯井灌区，由于地下水连年超采，致使地下水位大幅度下降，形成了大面积地下水位下降漏斗区。这不仅迫使提水机具更新，增加能耗，机井报废率提高，给农业生产造成严重影响，而且还带来难以解决的生态环境问题。实践证明，大规模可持续发展引黄补源井灌是扭转这一局面的重要途径。同时，又由于引黄补源灌溉的迅速发展，在灌溉季节黄河水资源也日趋紧张，因此在进行引黄补源的同时，必须实行节水灌溉。河南省清丰县在历史上曾旱涝洪碱俱全，自20世纪70年代以来，由于农业的迅速发展，大量开发利用地下水，地下水位大幅度下降，干旱缺水已成为当地工农业发展的主要制约因素，在整个引黄补源地区极具代表性。为此，科研人员在这里建立了面积为9 100亩的示范区，组成了引黄补源区节水灌溉综合技术体系。

一、引黄水和地下水的合理利用

（一）时间上的联合利用

当地引黄水量受季节和年际的影响很大，农作物灌溉高峰期往往与黄河枯水期相遇，而黄河枯水年也可能与当地干旱年相重，造成引黄灌区受旱，向补源区送水更加困难。因此，在年内和年际间实行引黄提灌和井灌相结合，地表水和地下水联合利用、统一调控，可使有限的水资源发挥更大的经济效益和环境效益。

年内联合利用方式是：在4～6月小麦灌溉高峰期，也即无水可引的黄河枯水期适当进行井灌，满足作物的需水要求；在7～9月的汛期，河水含沙量大，应避免引用，如需灌溉就用井灌；10月至翌年3月是引黄补源的黄金季节，应充分利用引黄提灌，在满足灌溉需水的同时，利用沟渠河网和坑塘洼地蓄水，增加地下水的补给量。

年际联合利用方式是：在枯水年主要靠开采地下水灌溉，动用地下水储存量；在丰水年则充分利用引黄提灌，少用地下水，使地下水在枯水年中的亏缺得到恢复和补充。

（二）空间上的联合利用

为了充分利用地下水库的调蓄作用，提高水资源的利用率，可把引黄补源区划分为站井双灌区和纯井灌区，即把沿引黄沟地带作为站井双灌区，将远离引黄沟（两条沟之间）的地带作为纯井灌区，并合理地确定二者的面积比例。就清丰县而言，站井双灌区面积以占总面积的50%～60%为宜。在站井双灌区，地下水保证程度高，具有较大的调蓄能力，应优先利用引黄水，既可入渗补给地下水，还可蓄水以待用于灌溉，缓解引黄水供需矛盾。在纯井灌区，尽管是单纯利用地下水，但其毗邻的站井双灌区地下水位较高，对纯井灌区的侧向补给增加了地下水的补给量。显然，站井双灌区与纯井灌区相间布置具有相辅相成的功能。

（三）咸水与淡水联合利用

示范区内有地下咸水分布，以前很少用于作物灌溉。示范区建成后，在有地下咸水的地方利用矿化度3～5 g/L的咸水与引黄提灌联合运用获得了明显的增产效果。灌一次咸水以拔节期为佳，单产253 kg/亩；其次为灌浆期，单产为221 kg/亩；再次为返青期，单产207 kg/亩。灌两次咸水以拔节期和灌浆期各灌一次为佳，单产262 kg/亩。在灌一次咸水和一次河水的情况下，以返青期灌河水、灌浆期灌咸水为佳，单产375 kg/亩。一般而言，在小麦生长中后期浇咸水比不浇水的增产0.5～1.5倍。

二、建设适合两种水源联合运用的节水工程

节水工程系统由引黄补源子系统和节水灌溉子系统组成。引黄补源系统由干、支两级沟系组成，节水灌溉子系统由水源工程、输水系统和田间输水系统组成。

水源工程包括提灌站和机井。提灌站控制面积为500～2 000亩。通过机井测试改造，单井装置效率由21%提高到36%，单井出水量由25 m^3/h左右提高到35 m^3/h，能耗降低24%，单井控制面积由66亩提高到91.5亩。

输水系统有混凝土U形渠道系统和塑料管道系统两种类型。混凝土U形渠道系统由一级渠道和二级渠道组成。井灌和提灌输水有分设和共用一套系统这两种类型。从水量调度、节省占地和减少工程投资等方面考虑，以两者共用一套输水系统为宜。现以采用塑料管道把机井与较近的提灌U形渠道连接起来的一个共用系统为例进行说明。在进行井灌时，把井水通过地下管道送入二级U形渠道，然后再配水到田间。为此，要考虑提灌二级混凝土U形渠道过水断面与机井出水量相适应，有条件时可修成水平渠道，即比降为零。这样在井灌时有利于上下游水量的相互调节或统一调度。地下管道系统由干管

和支管组成,均采用硬质塑料管。为防止引黄水中所含泥沙在管中淤积,在干管的中部和尾部各安装了一个排淤闸阀,定期开闸冲淤。另外,为防止开机和突然停泵时产生水击造成的管道破坏,在管网首部安装有安全阀、水塔或三通管等安全保护。管道合理长度为:当单井出水量为 30 ~ 40 m^3/h,控制面积一般为 80 ~ 100 亩,管道单向最大一般以 200 ~ 300 m 为宜,其运行电费明显少于盲目埋设的管道,见表 8-1。

表 8-1　管道长度与运行耗电的关系

机井编号	管道距井最长距离(m)	单井出水量(m^2/h)	灌溉面积(亩)	浇地时间(d)	用工(人/d)	总用电(kWh)	用电(kWh/亩)
1	180	30 ~ 40	100	6	2	891	9
2	430	30 ~ 40	85	8	4	1 188	14
3	180	30 ~ 40	85	5	2	765	9
4	297	30 ~ 40	87	6	3	870	10
5	200	30 ~ 40	82	5	2	738	9
6	200	30 ~ 40	93	5	2	837	9
7	261	30 ~ 40	98	6	3	980	10
8	360	30 ~ 40	98	8	4	1 078	11
9	200	30 ~ 40	100	7	2	900	9.1
10	230	30 ~ 40	95	7	2	864	9.2
11	350	30 ~ 40	84	8	3	924	11
12	368	30 ~ 40	100	8	4	1 108	11.2
13	180	30 ~ 40	95	6	2	855	9
14	434	30 ~ 40	96	9	5	1 248	12.8
15	210	30 ~ 40	85	6	2	782	9.1
16	280	30 ~ 40	95	6	3	855	9.1
17	290	30 ~ 40	93	7	3	939	10.1
18	300	30 ~ 40	93	7	3	948	10.2

引水入畦采用虹吸管和插管,取代从垂直于配水渠的临时性毛渠中破堤引水到田间的方式。通过水力学试验,采用内径为 10 cm 的硬塑料管制成的虹吸管,由 D_{40} 型 U 形渠道引水入畦比较合适。

虹吸管的流量计算公式为

$$Q = 0.36 \times 10^{-2} \sqrt{2gh} \tag{8-1}$$

式中　Q——虹吸管流量,m^3/s;

g——重力加速度,取 9.81 m/s^2;

h——水流的有效水头,m。

虹吸管要求有一定的水头,并对渠中的水位变动反应敏感,不便在 D_{25} 型 U 形渠道上应用。为此,试验筛选出一种内径为 10 cm、长为 50 cm、适 D_{25}型 U 形渠道应用的塑料插管,出水口装有蝶阀以控制流量。其流量计算公式为

$$Q = 0.57 \times 10^{-2} \sqrt{2gh} \tag{8-2}$$

式中　Q——虹吸管流量,m^3/s;

g——重力加速度,9.81 m/s^2;

h——水流的有效水头,m。

采用这两种从二级 U 形渠道引水入畦装置,比用临时性毛渠可提高田间水利用率 5% ~10%,减少占地 1%,并可用做量水装置。

三、采用节水、高产、高效模式化栽培技术

节水、高产、高效模式化栽培技术包含的主要内容为:

(1)选用节水高产品种,合理搭配布局,充分利用光、热、水、肥资源的增产潜力。经试验,筛选出适合当地的小麦品种有"豫麦 2 号"、"豫麦 13 号"、"郑州 021 号"和晚茬麦"85 中 33";在中等肥力田玉米以"掖单 12"为主,搭配"新黄"、示范"掖单 51 号"。

(2)适期播种,适当推迟玉米收获期,提高粒重,促进增产。

(3)根据试验得出了冬小麦、夏玉米的肥效应方程,计算出最佳施肥用量与配方,进行配方施肥,增施氮、磷肥,适当配施锌肥。

(4)采用冬灌储水加秸秆覆盖。

(5)建立高效、低耗群体结构,采取化学调控方法来防衰增穗重。

四、应用效果

(一)水资源得到有效补充

实行引黄补源提灌与井灌联合运用,有效地补充了示范区的水资源,使地下水位略有回升,而纯井灌区同期地下水位却下降 0.5 ~1.0 m。

(二)节水效果明显

与示范区建设前相比,节水率达到 30.4%,水分生产率提高到 63.3%,小麦和玉米的水分生产率达 1.96 kg/m^3。

(三)增产幅度大

示范区建成后,改善了灌溉条件,缩短了灌溉周期,并因适地供水和采用高产耕作栽培措施而使农作物增产 39.7%。

(四)经济效益显著

按 1991 年的市场价格计算,包括节水灌溉工程系统中的水源工程系统、输水系统和田间灌溉系统等建设投资,平均效益约 120 元/亩。按中心示范田的增产估算,效益费用比为 35,年净效益为 187.7 元/亩,投资回收年限为 0.64 年。

第三节　黄土丘陵缺水区节水灌溉综合技术体系及其应用效果

在山丘地区,因其地形复杂,地块零碎,土地瘠薄,旱灾频繁,水源缺乏,只有采用农业

灌溉综合措施才能实现节水增产。各种灌水技术均有一定的适用范围和局限性，在丘陵地区单一的灌水方式往往不一定能达到最经济而又合理的效果。总理基金项目“山西省夏县示范区”的面积为2.06万亩。示范区内无地表水资源，地下水资源也比较贫乏，耕地平均占有水资源量不足100 m^3/亩。示范区内地形起伏不平，地面坡度大，耕地呈梯田状分布，输水困难。建示范区前，输水土渠因冲刷、渗漏严重（最大冲刷深度达5 m以上），灌水量达90～130 m^3/（亩·次），灌溉用水浪费严重，农作物产量低而不稳。示范区开展了对水资源的高效利用研究，将多种灌水技术加以组合，因地制宜地进行水资源联合运用，并配合采用各种农业节水措施，形成了黄土丘陵缺水区节水灌溉综合技术体系。

一、水资源的持续高效利用

（1）合理开采地下水资源。黄土丘陵地下水资源较贫乏，根据地下水储量，适量开采，发展井灌，将灌溉面积占耕地的比例从60%提高到80%，同时采取节水灌溉技术措施，减少单位面积的用水量。通过三年节水灌溉技术措施的实施，示范区取得了良好的效果，其灌溉面积由原来的1.19万亩发展到1.69万亩，而年总灌溉用水量却由270万 m^3 减少到253万 m^3，节水17万 m^3。

（2）测试改造机井，提高机井装置效率。对井灌区特别是深井灌区来说，机井装置效率对能源消耗、灌溉用水和农业生产成本有很大影响。为此，对示范区机井普遍进行了测试改造优化配套，提高了井的出水效率，延长了井的使用寿命。为提高农田机井的配套效益，采用机井优化配套与田间工程配套结合，寻求效益最大的方法来确定机井优化配套参数值，见表8-2，将机井装置效率提高了5%～10%，节能、节水效果显著。

表8-2　丘陵深井配套参数

类别	状态	计算值			配套值	实际工作值		装置效率（%）	能耗（kWh/(kt·m)）	备注
		流量（m^3/h）	扬程（m）	泵管径（mm）	流量（m^3/h）	扬程（m）	泵管径（mm）			
变面积	全配套	50	117.13	73.67	50～51.62	120～117.90	75	47.36	5.77	250QJ50-100-S d=100 mm
	泵组已定	50	100	85.64	50～43.92	100～106.56	75	50.09	5.44	
	泵管已定	50	90.93	100	50～55.33	100～94.15	100	60.23	4.52	
定面积	全配套	50.46	85.97	127	50～45.15	80～84.02	125	63.93	4.26	300亩
		33.94	81.03	107.38	32～32.75	80～81.51	100	58.73	4.64	200亩
	泵管已定	49.56	90.68	100	50～55.38	100～94.18	100	60.29	4.52	300亩 d=100 mm
		33.74	82	100	32～31.65	80～80.95	100	58.01	4.69	200亩 d=100 mm
	泵组已定	50	100	85.64	50～43.78	100～106.37	75	49.98	5.45	250QJ-100S

注：全配套是对已成井配套泵机组、管泵及田间工程而言；泵管已定是对配套泵组及田间工程而言；泵组已定是对配套泵管及田间工程而言。

(3)实行机井统一管理,促进井灌工程向良性运行发展。实践证明,这样做可使机井完好率得到较大提高,机泵安全运行时数成倍增加,不仅使浇地不误农时,而且也降低了能耗和机泵的维修费用,提高了井灌效益。

二、多种灌水技术联合运用

多种灌水技术联合运用是根据拟建山丘灌区的地形高程和管网压力水头分布情况进行压力分区,再根据各压力区内工作水头的大小,选用合适的灌水方式。压力分区可按不同灌水方式所需的工作水头范围进行划分。例如,设工作水头为 P,当 $P \geqslant 20$ m 时为喷灌区;当 10 m $\leqslant P \leqslant$ 20 m 时为微喷灌区;当 5 m $\leqslant P \leqslant$ 10 m 时为滴灌区;当 $P \leqslant 5$ m 时为低压管道输水灌溉区。

设计时,首先就拟建的山丘坡耕地进行总体布局,包括水源工程和管网布置,接着根据地形高程分布情况和静水头分布进行大致的压力分区,再根据压力分区选择合适的灌溉方式并进行优化组合。

设喷灌、微灌、低压管道输水灌溉所占灌区总面积的百分比分别为 α、β、γ,灌溉定额分别为 m_1、m_2、m_3,则有

$$\alpha + \beta + \gamma = 1 \tag{8-3}$$

又根据灌溉实践,可令 $m_2 = 0.85m_1$,$m_3 = 1.4m_1$,则采用多种灌水技术联合运用时灌区总用水量 W 为

$$W = \alpha m_1 A + \beta m_2 A + \gamma m_3 A = (\alpha + 0.85\beta + 1.4\gamma) m_1 A \tag{8-4}$$

式中 A——灌区总面积,亩。

如果知道 α、β 和 γ,可由式(8-4)求出 W。

当山丘区提水灌溉时,各种灌水方式所需的净扬程为

$$H_0 = Z + P \tag{8-5}$$

式中 H_0——净扬程,m;

Z——灌区最高灌溉点至水源最低水位的高差,m;

P——相应灌水方式所需的最低工作水头,m。

要实现多种灌水技术联合运用,式(8-5)中的 Z 值需大于喷灌所需要的最小工作水头 P_1。假设各种单一灌溉方式与多种灌水技术联合运用所需要的管道水头损失,包括沿程水头损失和局部水头损失都相等,则单一灌水方式需要的能耗 E 可表示为

$$E_i = N_i t_i = 2.723 \times 10^{-3} \frac{Q_i H_i}{\eta_i} t_i = 2.723 \times 10^{-3} \frac{W_i H_i}{\eta} \tag{8-6}$$

$$H_i = Z_i + P_i + h_i$$

式中 E_i——灌溉方式 i 的能耗,kWh;

W_i——灌溉方式 i 的总用水量,m^3;

Q_i——灌溉方式 i 所需的流量,m^3/h;

t_i——灌溉方式 i 的总灌水时间,h;

H_i——灌溉方式 i 所需要的总扬程,m;

P_i、h_i——灌溉方式 i 的工作水头和总水头损失,m;

N_i——泵站功率,kW;

η——水泵机组效率。

当多种灌水技术联合运用时,由于泵站机泵的扬程都相同,故所需的总能耗 E 为

$$E = \sum N_i t_i = 2.723 \times 10^{-3} \frac{H}{\eta}(W_1 + W_2 + W_3) \tag{8-7}$$

式中　H——泵站总扬程,m;

W_1、W_2、W_3——喷灌、微灌、地面灌各自灌溉面积上所需要的灌溉水量,m^3;

η——泵站机泵效率。

将式(8-7)除以式(8-6)得

$$\frac{E}{E_i} = \frac{H(W_1 + W_2 + W_3)}{H_i W_i} \tag{8-8}$$

当 $E/E_i \leqslant 1$ 时,说明多种灌溉技术联合运用所需的能耗比单一灌溉方式所需的能耗少,是经济的;反之是不经济的。

这一设计理论在示范区运用后,证明是科学可行的。其优点是:①它能发挥各种灌水技术的优点,并避免各自的缺点,如平地量小,所需的压力低等;②能节水5%～10%,节能10%～20%;③工程造价降低6%～15%。当然,在施工、管理方面要比单一灌水方式复杂一些。

丘陵区低压管道灌溉的管道布置方式采用下行布置最为经济合理,即采用混凝土管并将管中流态设计成半管无压流,投资及运行费均最低。为提高丘陵地区管灌的效率,采用了梯田阀、拉板式多孔闸管和各种管道加接保护装置。梯田阀用做出水口,又可用做陡坎处的输水管段。工作时,下游管段随即关闭,因此非工作段不承受内水压,从而避免了过大的静水压力,保证了管道系统的安全。梯田阀由上、下阀体、阀座及阀杆部分组成。当梯田阀用做出水口时,放下阀杆,使阀片处于极点位置,截断下游管段水流,梯田阀即处于出流状态。当用于向下游输水时,提起阀杆,使阀片处于上极点位置,梯田阀关闭出水口,水流输入下游管道。

拉板式多孔闸管的最大优点是关闭拉板时能利用管内水压止水,因此止水可靠,主要由硬PVC管、拉板、拉杆、止水橡皮和导槽等组成。

多孔闸分硬管、软管两种。硬管之间采用快速接头,首端采用一段软管与出水口连接。软管连接主要是通过软管将各个孔口连接起来。

三、节水农业措施

(一)制定主要农作物的节水灌溉制度

经试验研究制定的棉花和小麦的节水灌溉制度见表8-3和表8-4。

(二)采用节水、高产、高效的种植模式

在总结群众经验和田间试验的基础上,提出了棉花—瓜间套、小麦—芝麻轮作、小麦—大葱轮作和小麦—棉花一体化等多种种植结构模式,可充分利用土地、自然降水和光照资源。棉花瓜间套与相同产量水平的棉、瓜单作相比,棉花节水34%,瓜节水20%～30%,棉瓜间套的总产值比单作棉花产值提高90%。小麦—大葱轮作的总产值达1 200

元/亩以上，灌溉水的产值达 4.8 元/m^3 以上。小麦—芝麻轮作和小麦—棉花一体化等也都取得了节水和增产增收的良好收益。

表 8-3 春棉节水灌溉制度

水文年型	灌水次数	灌溉定额（m^3/亩）	产量（kg/亩）	灌溉水增产量（kg/m^2）	灌水时期分配（m^3/亩）			
					苗期	蕾期	花铃期	吐絮期
丰水年	2	80.9	69	0.261		40	40.9	
	1	42	58.9	0.262			42	
	0		47.9					
平水年	3	113	69.2	0.275		40	73	
	2	80	61.9	0.298		40	40	
	1	50	48.5	0.208			50	
	0		38.1					
干旱年	4	148	71.2	0.283	36	38	37	37
	3	110	59.5	0.277		40	70	
	2	80	49.8	0.256		40	40	
	1	54.6	38.2	0.163			54.6	
	0		42.6					

表 8-4 小麦节水灌溉制度

水文年型	灌水次数	灌水时期	总灌水量（m^3/亩）	耗水量（m^3/亩）	产量（kg/亩）	单方耗水产量（kg/m^3）	灌溉水增产量（kg/m^3）
丰水年	3	冬、拔、抽	120	298.6	359	1.20	0.98
	2	冬、孕	80	254.1	328.9	1.29	1.09
	0			169.1	241.4	1.42	
平水年	3	冬、拔、抽	127.7	282.3	355.4	1.26	1.38
	2	冬、孕	78.6	282.3	355.4	1.31	1.71
	1	起身	52	218.1	261.8	1.20	1.59
	0			170.6	179.0	1.05	
干旱年	4	冬、拔、孕、浆	150	256.6	310.9	1.21	1.00
	3	冬、拔、抽	124.4	238.6	297.4	1.25	1.21
	3	冬、拔	81	189.7	243.2	1.27	1.19
	0			123.8	146.5	1.28	

(三)引进和筛选节水高产品种,推广农业综合技术

示范区引进的“鲁麦 14 号”推广面积近 1 万亩,平均单产 350 kg/亩。推广“温 2540”小麦 1 000 亩,平均单产近 500 kg/亩。采用地膜和秸秆覆盖使全生育期间节水约 50 m^3/亩,且增产 10% 以上。配方施肥和病虫害防治等农业技术的应用也都取得了明显的增产效果。

四、应用效果

(一)节水效果明显

示范区一次灌水量由建设前的 82 m^3/亩减少到 45 m^3/亩,节水 45.1%;灌溉定额由 226.4 m^3/亩减少到 149.5 m^3/亩,节水 34%;水分利用效率明显提高,如小麦由 0.9 ~ 1.0 kg/m^3 增加到 1.25 kg/m^3 左右,提高 30% 以上。

(二)扩大灌溉面积

原有灌溉面积实行节水灌溉后,井灌面积由 1.19 万亩增加到 1.69 万亩,扩大灌溉面积5 000亩,而地下水开采量却由 270 万 m^3 减少到 253 万 m^3。

(三)增产幅度大

由于原有灌溉面积供水条件改善,节水后新增水地(由雨养农业变为灌溉农业),加之将土渠改成地埋管道、U 形渠以及采用节水耕作栽培措施等,示范区农作物产量大幅度提高,与建设前 3 年(1988 ~ 1990 年)的平均产量相比,1993 年粮食总产与单产分别增长 72% 和 68.7%;棉花总产与单产分别增长 27.5% 和 13.4%。人均纯收入为 479 元,比 1990 年的 320 元提高 58.6%。

(四)经济效益显著

工程投资 229.06 万元,年总费用 79.58 万元,年总效益 183.54 万元,效益费用比 3.47,内部回收率 45%,还本年限 2.6 年。

第四节　海河平原严重缺水区节水灌溉综合技术体系及其应用效果

海河中东部平原浅层地下咸水分布比较广泛,但除滨海平原一带咸水体之上无浅层淡水分布外,大部分地区咸水体的上、下有淡水分布,呈淡—咸—淡水质结构类型,咸水体之上的淡水多呈条带状沿古河道和现代河道分布。由于浅层咸水的普遍分布,这一地区以开采深层地下水为主,造成过量开采,导致深层地下水位大幅度下降。河北省廊坊市水资源缺乏,几乎没有可利用的地表水资源,浅层(0 ~ 20 m)地下淡水含水层薄,又属粉细砂,地层结构复杂,单井涌水量小(1 ~ 1.5 m^3/(h · m)),开采难度大,难以大面积开采利用。地下埋深在 20 ~ 80 m 为微咸含水层,不宜作灌溉水源。农田灌溉及乡镇工、副业和居民用水主要靠开采深层(160 ~ 300 m)承压淡水(矿化度小于 1.5 g/L),在海河中东部平原具有代表性,为此,总理基金项目在廊坊市安次区建立了平原严重缺水区节水灌溉综合技术体系。

一、分析评价水资源及其承载能力，合理利用深层水和浅层水

根据该地水资源评价，深层水可供水量为60万 m^3，按年用水量200 m^3/亩计，只能满足3 000亩农田灌溉要求，仅占示范区12 000亩耕地的1/4。通过调整种植结构，合理布置深井，建成以深井为单元的节水型农业区4 500亩，深井试验区150亩，其余耕地发展雨养农业。

由于深层承压淡水补给困难，并且深井（井深300～500 m）建设费用及运行费用昂贵，灌水成本高，因此应严格控制深井数量和深层水的开采量；通过对节水高产作物品种的筛选和施肥标准化的制定，确定适合该区且以提高水分生产率为目标的水、肥、种综合节水灌溉模式和栽培技术，同时加强灌溉管理。

该区浅层淡水属入渗—蒸发型含水层，平水年（频率 $P=50\%$，降水量559.6 mm）地下水埋深为26 m。据估算，试区的可采水量达65万 m^3，可满足同期作物灌溉需水量的68%。但试区内浅层水埋藏于薄而细的多层粉砂层中，单井出水量小，开采难度大。经试验研究，推荐的3种适宜井型见表8-5。由于浅层水质好，易补给，出水量小，成本低，开发容易，适宜在农户房前屋后或近村地表打浅井，发展以蔬菜、花卉、果树为主经济价值高的庭院经济。

表8-5　廊坊试区推荐生产井型

井型结构	适用种植条件	配套机具	单井投资(元)
真空式空穴井	不超过2亩的菜园	手压泵 微型自吸泵 微型离心泵	496
小孔无砂混凝土管井	1～3亩菜园 5～8亩其他作物	ϕ90潜水泵 其他种类水泵	990
复合式真空井	1～3亩菜园 5～8亩其他作物	手压泵 微型自吸泵 微型离心泵	990

在雨养农业区，主要采用蓄水保墒、适水种植、增施有机肥、应用保水保肥剂、深沟播种碾压抗旱保苗等措施。

二、建设以机井为单元的低压管道输水灌溉系统

廊坊示范区的深井出水量一般为30～50 m^3/h，每眼井布设独立的管道系统，控制灌溉面积由单井出水量确定，一般为200～350亩，管网形式多采用梳齿形或鱼骨形的树状网，干、支两级管道固定，地面灌水管移动。支管间距80～100 m，双向控制畦长40～50 m，支管上每隔50 m左右设一给水栓，为减少田间灌水、配水损失，研究应用了地面移动的多孔闸门管系统。田间采用小畦灌水，畦长为40～50 m，畦宽1.5～3 m，单宽流量3～

5 L/(s·m),灌水定额控制在40~50 m^3/亩。

三、调整作物种植结构和推行节水综合技术措施

据廊坊市气象站1960~1992年降水资料统计,示范区内的多年平均降水量为555.8 mm,7、8、9三个月的降雨量为404.1 mm,占全年总降水量的72%,10月至翌年5月的降水量占全年的16%,对冬小麦生长极为不利。小麦若要获得较高产量,必须进行灌溉,而发展灌溉又受当地可供地下水量的制约。除逐步改善灌溉条件、扩大灌溉面积外,在作物种植结构比例上要压缩夏季作物的种植面积,并且特别要选择经济价值高的作物。

农业节水综合技术措施主要包括:筛选适合当地种植的节水、高产小麦品种"CA841"、"津麦2号"、"CA8686"和"京冬6号";玉米品种适合春套玉米为"沈单7号"、夏播玉米为"掖单12号"。小麦种植密度,低产田、中产田和高产田分别为28万~32万株/亩、22万~26万株/亩和22万~24万株/亩;玉米平展型品种0.3万~0.35万株/亩,紧凑型品种0.45万~0.5万株/亩。根据土壤严重缺磷、漏水、漏肥且N、P不协调的状况,增加化肥及有机肥投入量,调整化肥的N、P配比,减少氮肥流失。通过试验研究,提出了不同土壤条件下最高产量的施肥量和最经济的施肥量,见表8-6,N与P_2O_5的配合比为1∶0.75。所谓经济施肥量是指农作物投入、产出最佳状态时的施肥量,从培肥地力、提高水分生产率及持续增产的角度考虑,要求施肥量略高于最经济施肥量,低于最高产量施肥量。考虑到水肥的交互作用,提出在最佳施肥时的节水灌溉模式,见表8-7。

表8-6　推荐施肥量

作物	土壤	最高产量施肥量(kg/亩)		最经济施肥量(kg/亩)		作物	土壤	最高产量施肥量(kg/亩)		最经济施肥量(kg/亩)	
		N	P_2O_5	N	P_2O_5			N	P_2O_5	N	P_2O_5
冬小麦	轻壤	15~22	8~9	8~9	5~6	夏玉米	轻壤	10~11	6~10	5~6	6~8
	中壤	20~24	10~11	10~11	7~8		中壤	15~16	7~11	5~6	8~15

表8-7　农作物综合节水灌溉模式

作物	经济施肥量(kg/亩)		经济灌溉定额(m^3/亩)	灌水次数	灌水时间
	尿　素	磷酸铵			
冬小麦	18	11	120~160	3~4	50%水文年:冬灌、拔节、灌浆或抽穗 75%水文年:冬灌、拔节、抽穗、灌浆
夏玉米	13	13	40~80	1~2	50%水文年:乳熟—成熟 75%水文年:抽雄—成熟,乳熟—成熟
棉花			40~80	1~2	50%水文年:吐絮期 75%水文年:现蕾—开花,吐絮—采摘

四、应用效果

几年来,通过实施节水灌溉综合技术体系,灌溉面积由750亩发展到4 500亩,占耕地面积的40%,复种指数由1.24提高到1.34。1993年(降水量小于多年平均值)示范区小麦和玉米平均单产分别为246 kg/亩和278 kg/亩,较示范区建设前三年平均增产68%和143.9%;水分生产率由原来的0.69 kg/m^3提高到1.356 kg/m^3,增加近1倍;灌水量由原来的100 m^3/亩降到40~50 m^3/亩,灌水成本由20元/亩下降到10元/亩左右。比土渠输水扩大灌溉面积1倍,节水50%,节电50%,节地2%。管灌工程的效益费用比为2.54,投资回收年限为2.45年。

采用小管井开发,利用浅层淡水发展庭院经济效益明显,单井日出水量30 m^3,可用于灌溉菜园、果园和大田作物。菜园、果园、大田作物的还本年限分别为0.13年、0.4年和2.22年。小管井特别适合当地农村的体制和生产条件,是一条投资少、见效快、很受当地群众欢迎的致富之路。

第九章　旱区雨水集蓄与雨水高效利用技术

雨水集蓄与雨水高效利用技术是指通过多种方式调控降雨径流在地表的再分配与赋存过程,将雨水资源存储在指定的空间,进而采取一定的方式与方法,提高雨水资源利用率与利用效率的一种综合技术。它包括两个方面的含义,其一是雨水集蓄技术;其二是集蓄雨水的高效利用技术。该项技术是我国广大干旱地区农业生产发展过程中一项重要的节水技术,并得到广泛应用。

雨水集蓄技术的实质是如何实现两个调控:一是如何调控降雨在地表的产流过程,控制地表径流量;二是调控地表径流的汇流过程,控制地表径流的汇流方式与汇流过程,并将地表径流按照指定用途存储在一定的空间。雨水高效利用技术是指将存储在指定空间的雨水进行高效利用的综合配套技术,实际上是一个综合技术体系,包括雨水的净化技术、灌溉技术、作物高效利用技术,以及与之相配套的雨水高效利用的综合农艺技术等。

本章在分析中国雨水资源化分区与利用模式的基础之上,重点论述新型高效雨水集蓄新材料及雨水的农业利用技术,并进一步分析论述上述三个研究方向的研究重点与发展趋势。

第一节　中国雨水资源化利用分区与模式

中国雨水利用历史悠久,早在4 000年前的周朝,农业生产活动中就利用中耕等技术增加降雨入渗,提高作物产量。秦汉时期,在一些地方修建涝池塘坝拦蓄雨水进行灌溉;而修筑梯田利用雨水的方式则可以追溯到东汉。水窖修筑历史也有数百年,在甘肃省会宁县有一清朝末年修筑的水窖,至今仍在使用。

如果从雨水在人类生活方面的利用考证,则可以推算到地球上出现人类的时期。人类的用水方式就是直接接收雨水以维持自己的生存,这可能就是最初的雨水资源化方式。至今干旱地区的农民仍用水桶、瓦盆等收集降雨时屋面滴檐水以供使用。

20 世纪 50 年代,人们利用窖水点浇玉米、蔬菜等,突破了原来只用窖水作为生活饮用水的观念。在 20 世纪 80 年代后期,迫于干旱的压力,雨水利用技术得到迅速发展。干旱地区的农民在生产过程中,将收集到的雨水用于庭院经济作物和大田农作物需水关键期的补充灌溉。1988 年以来,甘肃省在中东部干旱缺水地区开展了雨水利用试验示范研究,并将其成果进行推广;1995 年,在干旱半干旱地区实施了“121 雨水集流工程”;同一时期,宁南山区实施“窑窖农业”,内蒙古自治区在准格尔旗和清水河县进行了“112 集雨节水灌溉工程”试验示范研究,陕西、山西、河南、河北、江苏、浙江、贵州等省亦进行了雨水利用试验研究,水利部 2001 年颁布实施了行业《雨水利用技术规范》(SL 267—2001)。1995 年 6 月,北京举办了第七届国际雨水集流系统大会;1996 年 11 月,在兰州召开了第一届全国雨水利用学术讨论会暨国际学术研讨会;1998 年 9 月和 2000 年 9 月分别在徐州和大连举行第二届和第三届全国雨水利用学术研讨会;2002 年在甘肃成立并召开了中国水利学会雨水资源专业委员会第一次会议。会议的召开,不仅推动了我国雨水集蓄利用技术的研究与发展,而且也将我国雨水利用技术的研究进一步提升到了科学的高度。

一、中国雨水资源化概况

中国是一个水资源贫乏的国家,全国水资源占有量仅为 2.8 万亿 m^3,人均水资源占有量仅为世界平均水平的 1/4,而且水资源时空分布极为不均,占国土面积 65%、人口 40% 和耕地 51% 的北方地区,水资源总量只占全国的 1/5,干旱半干旱地区分布面积占国土面积的 50% 以上,且大部分干旱半干旱地区地下水资源也极为贫乏。如黄土高原地区,面积 64 万 km^2,但由于深厚的黄土覆盖层高达几十米到几百米,丧失了地下水的赋存条件,地下水含量极为贫乏;加之复杂的地形条件,使得仅有的少量地下水也难以开发利用。另据统计,全国多年平均降水资源总量高达 6.19 万亿 m^3,是传统水资源总量的 2.2 倍,因而,如何实现雨水资源化,并提高降水资源的利用率与利用效率,就成为一项重要的水资源开发任务。

(一)中国雨水资源概况

雨水是一个非常广泛的概念,从雨水利用研究的角度考察分析,雨水实际上是指自天空而降,且能够转化为水体的一切物质,类似于我们通常所讲的降水的概念。从资源学的角度考虑,它的资源量也不仅仅限于气象学中的降雨量,而是广义上的降水量,这里我们在考察中国雨水资源概况的分析与讨论,也是建立在上述概念的基础之上。

我国位于北半球欧亚大陆的东南部,濒临西太平洋,南北跨 50 多个纬度,东西共跨 60 多个经度,国土面积 960 万 km^2。境内地势西高东低,山地多,平原少,高差悬殊,地貌类型多样,季风气候显著,这就决定了我国降水资源在地区分布和时程分配上的不均匀性。

受季风影响,我国降雨空间分布存在着东南多、西北少、夏秋多、冬春少,丰枯年悬殊的特点。若以 400 mm 等雨量线为界,以东为东南季风和西南季风控制的湿润部分,是我国的主要农业区;以西为中亚干旱区和高原沙漠区,均比较干旱,主要为牧业与灌溉农业区。

全国年降水量的分布大致如下:东南与华南沿海平原均在1 600 ~ 2 000 mm以上,台湾地区迎风坡更高达3 000 mm以上,而背风坡台湾海峡均在1 000 mm左右;江南地区为1 400 ~ 1 600 mm之间,长江流域为1 000 ~ 1 400 mm,汉水、淮河流域为 800 ~ 1 000 mm,华北平原 500 ~ 700 mm,东北平原 500 ~ 600 mm,小兴安岭以西 300 ~ 500 mm,内蒙古一带不足 250 mm;云贵高原除滇北为 750 ~ 1 000 mm,大部分在1 000 ~ 1 500 mm,四川盆地内部低于1 000 mm,其周围地区则在1 000 ~ 1 200 mm,青藏地区东南部雅鲁藏布江出境处山麓地带高达 4 000 mm 以上,向高原内部迅速减少,至藏北高原东为 400 mm 左右,藏北高原内部则不到 100 mm,至柴达木盆地竟降至 25 mm 左右;新疆大部分地区在 100 ~ 300 mm,南疆则在 100 mm 以下,吐鲁番盆地还不到 50 mm。

由此可以看出,尽管我国降水量在时空上分布极不均匀,但资源总量仍是十分可观的,是一笔较为丰富的自然资源,在水资源日益短缺的今天,开发和利用这部分资源就显得尤为重要。但我国目前对这部分资源的开发和利用并不十分有效,资源的利用率还较低。我国依靠降水满足作物生长的旱作耕地约有12亿亩,70%分布在年降水250~600 mm的北方地区,由于粗放经营,农业生产利用的降水只有总量的56%,而这其中还有26%的水分消耗于田间的无效蒸发,作物真正利用的降水只有总量的30%。

而在水多地少的南方地区,降水的有效利用率更低。如果我们采取有效的措施,通过集雨、覆盖、建设土壤水库等措施,减少休闲期和生育期蒸发失水10%,按平均400 mm降水计算,我国北方地区5.1亿亩耕地可多利用降水40 mm,折水量136亿m^3。按全国降水和耕地面积计算,降水利用率提高10%,则1.85亿亩耕地可多利用降水800亿m^3,完全可以满足2030年粮食生产对水资源的需求,这是一个巨大的潜力。

(二)雨水资源化的基本概念

雨水是一种资源,资源只有在它的价值被实现之后,才可称之为资源化。同理,雨水资源化是指雨水资源价值的实现和雨水资源价值的体现。所谓雨水资源化是指广义上的雨水资源被开发、利用,并产生其价值的一个过程,我们把雨水资源价值的实现过程称为雨水资源化,它包括资源开发、利用,并产生效益等三个主要环节。按照这个定义去理解,雨水资源化实际上包括以下几个方面的含义:其一,雨水资源化是一个过程,是雨水资源开发利用,并产生效益的一个全过程;其二,雨水资源化是一个具有动态特征的广义概念,雨水资源化过程中的每一个环节都可归属于雨水资源化概念之中,资源化是一个动态的变化过程,同时雨水资源化又是一个广义的概念,它包括雨水资源化过程中的各个环节;其三,雨水资源化又是一个系统的概念,资源化过程中的每一个环节都能可视为该系统中的一个子系统,每一个子系统的实现才是真正意义上的雨水资源化。按照上述分析,我们在研究雨水资源化时应着重强调过程、动态与广义,以及系统三个主要特征,这也是研究雨水资源化的主要方法与思路。

从对雨水资源化的概念分析与理解,雨水资源化的研究与应用还应建立以下若干概念。关于雨水资源化的理论问题,首先是实现雨水资源化的支撑理论,用什么样的科学理论去支撑雨水资源化目标的实现;其次是雨水资源的开发技术问题,采用什么样的技术去开发雨水资源;第三是雨水资源的利用技术问题,采用什么样的技术去实现雨水资源的价值;第四是雨水资源化的效益问题,采用什么样的技术模式与技术方法,才可以实现有限雨水资源的最大价值;第五是雨水资源化的环境效应问题,实现雨水资源化后会对生态环境带来什么样的影响,合理的雨水资源化的潜能到底是多大。

雨水资源化的理论问题正是雨水资源化研究中需要进一步研究和解决的重要问题,也是雨水资源化领域研究的主要内容和重要方面。为方便讨论,我们在这里定义几个重要概念:

(1)地表径流调控,是指通过某种手段改变雨水在地表再分配的一种技术,包括雨水资源的汇集与存储技术。

(2)雨水资源开发,是指通过某种手段将雨水资源转化为可供生产直接利用的水资源的过程,实现这一过程的技术统称为雨水资源开发技术,包括地表径流调控技术和雨水资源净化技术。

(3)雨水资源利用技术,也称雨水利用技术,是指将已开发的雨水资源用于某一项生产活动过程中的技术。根据雨水资源的不同用途,其技术的构成是有一定的差别的,包括雨水利用的农田灌溉技术,以及与雨水农田灌溉相配套的农业综合技术;雨水利用的生活用水技术,雨水利用的生态用水技术,以及与其相配套的综合技术等。

(4)雨水资源化模式,也称之为雨水利用模式,是指雨水利用技术在生产中应用的方式,以及技术应用的标准化、规范化、操作规程与样板。

(三)我国雨水利用发展简况

根据雨水利用对象特点和目标,我国雨水利用发展可以概括为三个层次:利用雨水解决生活用水为主阶段、利用雨水解决生产用水阶段和利用雨水解决生态用水阶段。1980以前,收集利用雨水主要是解决缺水地区人畜生活用水问题。从1980开始一直到1997年,由于干旱缺水日益严重及人口增加对农业粮食生产的压力越来越大,常规的旱作农业技术已无法满足粮食增产的需求,旱农技术急需突破。在这种背景条件下,由于试验研究的广泛开展,雨水集蓄利用技术逐步成熟,以收集雨水补灌和农业微灌水为主,提高雨水资源利用率和利用效率的雨水利用技术对发展农业生产起到显著作用,成为这一阶段农业生产的突破性技术。1997年,生态环境保护和建设成为国家实施可持续发展战略和西部大开发战略的重点任务,由于干旱缺水是限制西部生态环境重建的主要原因。

二、雨水叠加利用模式

坡面上的水土保持工程措施,可从径流的产生和消除角度划分为两种类型:消除径流型和利用径流型。前者如坡改梯,修筑水平梯田,变坡地为平地,使降水就地入渗拦蓄,地面不发生径流;后者则是创造一种平坡相间的微地形,坡段有利于产生径流,平段则加以拦蓄利用,使雨水在微地域内富集叠加,一块地对两块或三块地,以弥补降水的不足,这类水土保持措施有隔坡梯田、隔坡竹节形水平沟造林种草、鱼鳞坑等。上述两种类型水土保持措施对降水的拦蓄利用模型是不同的。

(1)消除径流型土壤在雨季中得到的水量 W_S 计算式为

$$W_S = P + P_C \tag{9-1}$$

式中 P——强度弱至中等、在坡地上不会产生再分配的降水;

P_C——强度大、在岗峦起伏的地方能形成径流的降水。

(2)利用径流型。在坡段投影面积与平段相等的条件下,水平田面部分土壤从雨季降水中所获得水量计算式为

$$W_I = P + P_C + P_C\alpha_0\cos\alpha\sin\beta \tag{9-2}$$

式中 α——径流发生地段地面坡度,(°);

β——雨点着地倾角,(°);

α_0——径流系数。

从式(9-1)与式(9-2)可以看出,与水平梯田相比,隔坡梯田的水平田面部分在整个雨季之中要多收入 $P_C\alpha_0\cos\alpha\sin\beta$ 数量的水量,可见隔坡梯田(水平段)内的土壤水分要优于水平梯田,应大力提倡。

由表9-1、表9-2可看出:①水平梯田小区由于降雨就地入渗,没有形成径流,因而无

论哪个坡段的田块,亦不论是雨季或旱季,3 m 土层内的土壤储水量变化比较均匀;②隔坡梯田小区的水平田块3 m 土层内的土壤储水量,一般优于相同部位的水平梯田储水量,土体内水分沿坡再分配规律也不甚明晰;③对照小区的绝对休闲地,土壤耗水少,3 m 土层内的水分储量在旱季或雨季与各坡段的水平梯田小区相差不大。

表 9-1　隔坡梯田和水平梯田试验小区 3 m 土层内土壤储水量比较　(单位:mm)

观测日期(年-月-日)	雨季降水量(mm)	坡位	隔坡梯田		水平梯田(内侧)	休闲坡耕地(对照)
			坡段(沙打旺)	水平田面(内侧)		
旱季末(1993-06-01)		坡顶	371.0	390.6	374.1	392.6
		坡中	432.1	470.1	392.6	375.4
		坡脚	414.8	428.4	393.5	403.8
雨季末(1993-10-26)	183.6	坡顶	453.8	485.4	450.8	457.1
		坡中	467.9	580.4	497.2	460.3
		坡脚	450.7	524.3	500.3	468.8
旱季(1994-04-06)		坡顶	347.3	414.6	382.0	
		坡中	344.2	464.2	419.1	
		坡脚	369.4	468.7	391.9	
雨季末(1994-10-22)	341.4	坡顶	197.6	485.6	450.1	
		坡中				
		坡脚		458.1	428.2	

表 9-2　隔坡梯田水平田面与水平梯田各部分 3 m 土层内土壤储水量比较

观测日期(年-月-日)	坡位	隔坡梯田储水(mm)			水平梯田储水(mm)		
		内侧	中心	外侧	内侧	中心	外侧
雨季末(1993-10-26)	坡顶	485.4	433.7	429.2	450.8		424.0
	坡中	580.4	540.7	482.2	497.2		382.8
	坡脚	524.3	480.7	366.3	500.3		357.7
旱季末(1994-04-06)	坡顶	414.6	399.6	344.7	382.0	340.1	334.1
	坡中	464.2	401.2	392.9	419.1	408.8	356.4
	坡脚	468.7	377.5	376.9	391.9	332.8	345.8

隔坡梯的利用方式是坡段种牧草(苜蓿),平段栽种苹果(见图 9-1)。牧草饲养牛、羊,牛、羊粪便供果树施肥,形成一种良性生态循环。该地隔坡梯田苹果的平坡比(隔坡

梯田水平田面宽度与隔坡长度之比)，大体为1∶1。根据坡度的不同，水平田面的宽度大体为2～3 m，栽种1行果树。根据观测，由于坡段的径流汇入，隔坡梯田果园内的水分也要多于水平梯田的果园和坡地水分(见表9-3)。

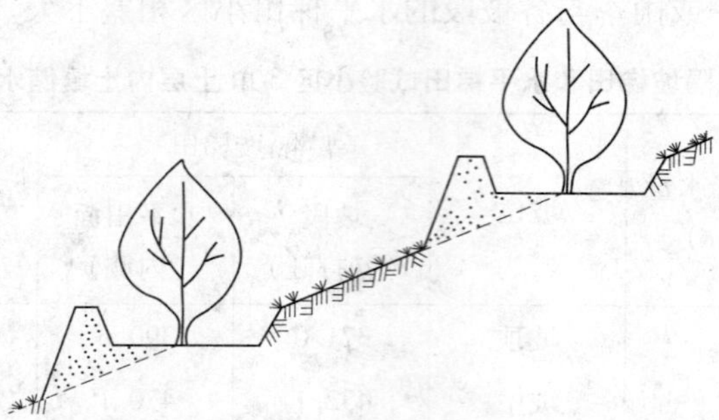

图9-1　隔坡梯田果园示意图

表9-3　隔坡梯田果园与水平梯田果园土壤水分状况之比较

观测日期(年-月-日)	果园梯田类型		不同深度土壤水分储量(mm)			
			0～50	0～100	0～150	0～200
1999-10-18	水平梯田		72.3	145.2	220.4	286.5
	隔坡梯田	坡段	64.1	131.9	192.7	248.1
		平段	77.2	150.1	228.4	292.2

结合目前退耕还林(草)，应大力倡导修筑隔坡梯田，平段种粮，坡段种草种灌木，平坡比可采用1∶(1～2)。

三、雨水径流异地利用模式

雨水径流异地利用是指将屋面、场院、道路、荒坡上产生径流，经净化处理而导入水窖中蓄存，以供人畜饮用和浇灌作物的一种利用雨水的方法。

雨水异地利用模式一般由三部分组成，即雨水径流汇集工程、雨水径流净化设施与存储设施工程和雨水径流利用工程。这三部分工程组成雨水利用模式的三大工程主体，对应这三大工程主体形成了该模式实施的三大技术，即雨水汇集技术、雨水净化与存储技术、汇集雨水高效利用技术。目前，在生产中常常应用的屋面、道路、荒坡径流的工程设施大多属于此类模式，南方的水柜工程、蓄水池塘等大多也属该种模式。这是雨水利用实践中采用较多，且与节水农业发展密切相关的一种主要模式。

四、沟道截潜流工程利用模式

如何利用沟道中的有限水资源呢？首先要修建蓄水工程将有限的水资源汇集起来，那么应该选择什么形式的蓄水工程，就是我们要考虑的问题。针对沟道中的径流特征以及当地的投资额度，在沟道中修建较大的蓄水工程也不符合实际，而修建小型地下蓄水设施比较符合实际。这种建筑物山洪来时，洪水从建筑物顶部流走，地下建筑物无冲毁和淤塞之虞；冬春枯水季节，沟道水少或断流，地下蓄水建筑物可拦蓄沙卵石层的潜流。

截潜流工程一般由截水墙、集水洞、集水井等几部分组成。

(1)截水墙：多用黏土夯实而成，用来抬高上游潜水水位，使截水墙上下游产生水头差，使集水量有所保证。截水墙应在基岩或不透水层上，施工时应保证工程质量，截水墙的厚度由水头大小及施工技术经济条件而定。有时在不需很大引水量条件下，为了节省材料和资金，也可不设截水墙。

(2)集水洞：集水洞是用来汇集潜流并传输到集水井中，也可集存一定水量。一般要开挖到基岩石上，多用块石砌成圆拱直墙式或马蹄形。在上游侧及顶部位填充砂砾石滤水层，一般上游侧采用干砌，下游侧采用浆砌。集水洞可长可短，应视引水量大小及材料而定。

(3)集水井：用来集蓄自集水洞输来的水，一般比集水洞深，并安装提水设备，扬水灌溉，其大小视集水量大小而定。

五、坝地建设与水资源保护利用模式

打坝淤地是指在沟壑中筑坝拦泥淤地，巩固并抬高侵蚀基准面，充分利用水沙资源的一项水土保持治沟工程措施。

打坝淤地应注意两个问题：第一是加快坝地形成速度，早拦泥，早成地，早受益；第二是合理保护和开发利用山坡径流泥沙资源和沟道泉水、潜水资源，防止坝基渗水坍塌和坝地农田土壤次生盐渍化，变旱坝地为水坝地。

坝地池—廊道蓄水排水系统由蓄水池和坝地地下排水廊道组成，蓄水池一方面集蓄地面径流，一方面集存地下排水廊道流来的沟道常流水，因此自流或扬水浇灌坝地。

六、窖水的高效利用技术

水窖储存的雨水极为有限，因此必须采用微灌（如滴灌、渗灌、微喷灌、穴灌、水肥穴灌等）技术，在作物需水关键期（如果树的开花坐果期、果实膨大期，小麦的拔节期、抽穗期等）实行低定额灌补水，以使作物获得好的产量。

(1)自压微灌。自压微灌是利用地形落差压力，通过管道将窖水输送至田间进行灌溉。由于自压微灌水的输送靠地形落差压力，不需外施动力，灌水不受动力干扰，管理运行方便。

由于自压微灌是地形落差获得的势能推动水在管道中的传输和维持各类灌水器在设计水头下正常工作，因此在选择水窖窖址时，其放水口应高于被灌田块适当位置，这一高差的大小随灌水器的种类不同而异。表9-4列举国内几种常用的微灌灌水器的最低工作水头与技术参数，以供设计水窖时参考。

(2)加压微灌。当水窖最低蓄水位低于或平行于被灌田块的地面时，必须通过机械设备将窖水抽出加压，而后输送至各灌水器以维持其在设计工作压力下正常出流。

(3)坑灌。先在果树周围修圆形土堰，然后从水窖输水干管（自压或机压输水）上接上活动支管，灌水者手持支管逐坑浇灌果树。这种灌水方式可省去田间管网，降低系统造价。在无自压或机压取水的情况下,也可人工取水,用架子车拉或人担到田间进行坑灌。

表 9-4 几种常用的微灌灌水器技术参数

灌水器名称	内镶式滴灌带	WP2 微喷头(双向喷水)	Rain Tape TPC 滴灌带(美国)	Rain Bug Em - M10 滴头(美国)	重力式滴水器 IN - TAL(以色列)	多孔管软管微灌带(日本)	渗灌带(ϕ20)
最低工作水头(m)	5	5	2	5	0.2	5	2
出水量(L/h)	2.3	31.0	0.70	3.04	0.12	14.7	4.88

(4)水肥穴灌。水肥穴灌是一种简便易行的节水灌溉技术,是根据果树的年龄,在树冠周围,呈圆圈状挖 1 ~3 个坑,坑内施肥,填塞杂草绿肥,将水倒入坑中,坑上覆盖塑料薄膜以防止水分和养分蒸发,果树在生长发育过程中,根系从坑内和坑周边土壤中吸取养分和水分,达到增产的目的。

水肥穴灌坑的直径在 25 cm 左右,坑的深度 50 ~60 cm,坑的数量随果树的长势而异,一般来说,幼龄果树挖 1 个坑即可,处于盛果期的果树,每棵 2 ~3 个坑。坑的位置每年异地重挖 1 次,轮流调换。灌水时,水源可自水窖输入干管上接出进行穴灌,或者用架子车将水拉进果园,逐穴灌溉。

第二节　新型高效雨水资源集蓄利用形式与新材料

利用现有的道路、屋顶、场院等硬地面或人工修建集流场,促使更多的降雨转化为径流,然后将径流收集储存于一定容器中,供人畜饮水、农田抗旱补灌、发展庭院经济,实现这一过程的所有措施统称集雨工程。集雨工程措施将天然降雨转化为径流储存,相当于在地面建立了无数分散的“微型水库群”,这些水库群储存的水量可根据用水对象的要求在一定时空范围内调控利用,同时还可以使用一些先进技术和设备,方便、高效地实现雨水资源化利用,显示出集雨工程利用方式的主动性和高效性,如果将集雨工程与传统旱作农业和水土保持的做法在空间和时间上进行有机结合,必将产生新的雨水集蓄方式和相应的技术,进而对雨水资源的高效利用发挥出更大的作用。

一、新型高效雨水集蓄形式

强化入渗和强化产流是两种截然不同的雨水利用方法,但其共同点则是必须对地形、土壤、植被等下垫面条件进行改变,以达到增加降雨入渗或产流的目的。不同方法对应的技术措施也是不尽相同的。增加降雨入渗主要通过坡改梯、土壤结构改良剂、增加地表植被覆盖度等措施来实现;增加降雨产流主要通过硬化地面、覆盖地膜类不透水材料或施加高分子化合物改变土壤入渗性能等措施来实现。

当地块内保存的雨水资源不能满足作物需水时，一方面应当通过地块内强化降雨入渗增加土壤含水量，另一方面通过增加相邻地块降雨产流向地块供水，这种形式称为雨水叠加集蓄利用形式。这种利用方式，对于降水量较小的地区，尤其是地块本身降水不能满足其用水需求时，效果十分显著。

"叠加"是这种利用形式的主要特点，也是其关键和核心。叠加可以是块之间进行，也可以在地块内不同部位进行，地块间的叠加比较常见的有隔坡梯田，见图9-2。地块内的叠加方式比较常见的是目前在山西、陕北、甘肃等干旱半干旱地区推广应用的垄沟膜技术（见图9-3），将塑料薄膜覆盖在垄上，两垄所夹之间地段种植玉米等农作物，再加上农业耕作技术，这样农作物不仅可以利用沟内的天然降水，而两垄之上所降之水也可以汇集在沟内供农作物利用，从而达到雨水资源叠加利用的目的。

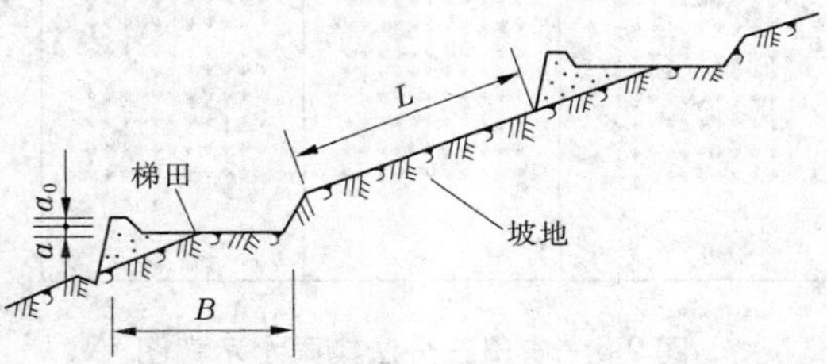

图9-2　隔破梯田雨水叠加利用方式

另外还有"集流场＋存储设施＋用水地块"所组合而成的集流补灌系统，见图9-3。

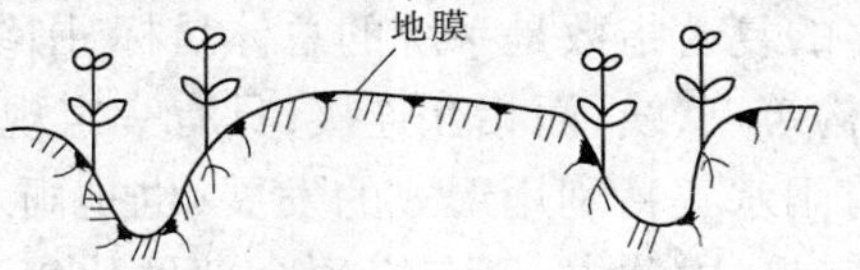

图9-3　垄沟覆膜雨水叠加利用方式

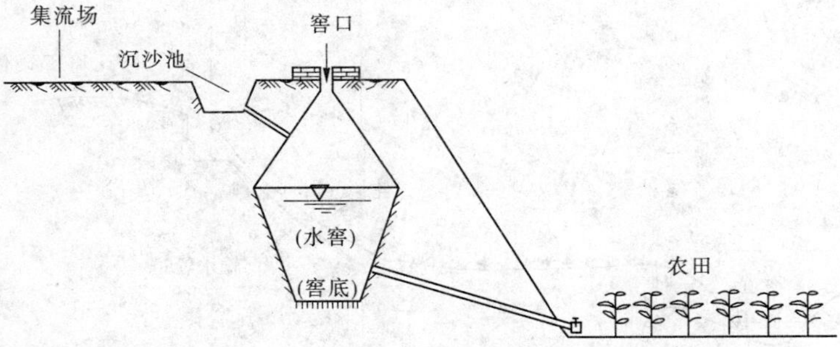

图9-4　"集流场＋存储设施＋用水地块"雨水利用方式

在一些干旱半干旱地区（如甘肃），由于缺乏有利于集雨工程的地形和条件，人为将农田划分为三等份，其中一份农田覆盖塑料薄膜，同时在地旁边修建水窖，专门用于收集储存降雨径流，在干旱缺水时向其余部分地块作物供水，见图9-5。还可采用"退半保四"集流法，即每户退半亩农田为集流场，建两眼窖，灌溉四亩基本农田。这种局部叠加利用方式尽管在一定程度上减少了作物种植面积，但由于可对作物进行补充灌溉，单位面积的作物产量并没有减少，尤其在干旱年份，效果十分显著。

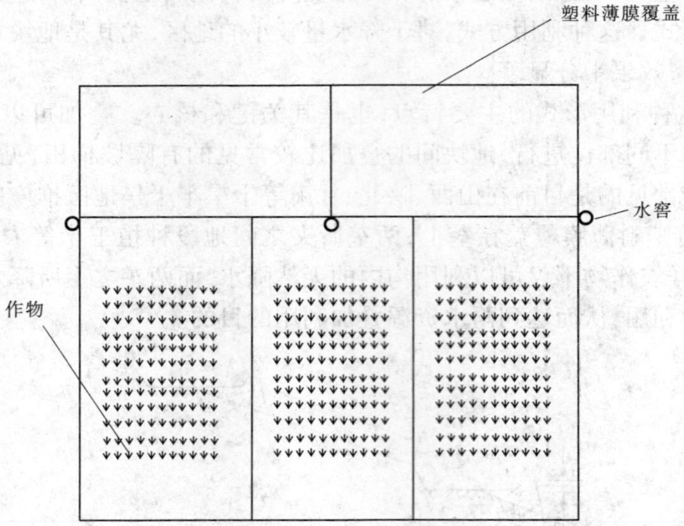

图 9-5 农田三分法集雨水示意图

雨水在地块间的异地叠加和地块内的就地叠加相互之间不但没有矛盾，而且还可以同时采用，互相补充，组成高效的雨水集蓄利用系统工程。在这个系统工程中，水窖是核心。尽最大可能提高水窖的复蓄指数是系统的总体目标，围绕这一目标，将农田、道路、场院、荒坡、沟道统一规划，构筑点、线、面相互连接，具有一定规模的网络化雨水集蓄利用系统，见图 9-6。这是对现有雨水集蓄利用形式的发展，也是雨水集蓄利用工程不断发展的必然要求。目前在甘肃、宁夏、内蒙古，已有峁顶全部硬化集流，道路水窖串联，沟道或河道提水补窖的做法均属此种形式范畴，这些做法为整体、高效集蓄和利用雨水提供了新的思路和启示。

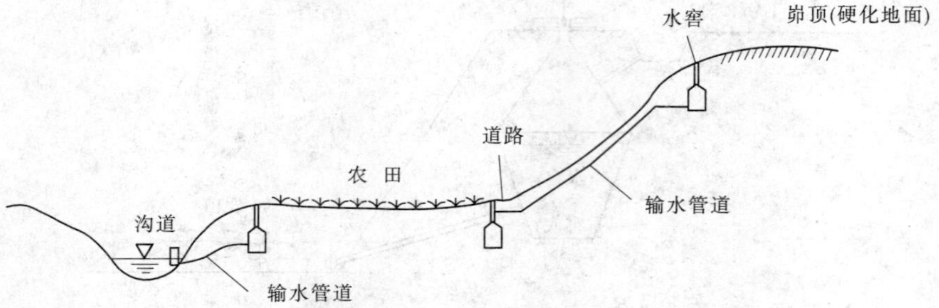

图 9-6 峁顶、道路、沟道雨水联合利用示意图

二、雨水集蓄新材料

对降雨入渗产流的调控需要通过改变降雨下垫面条件来实现，采用雨水集蓄新材料改变下垫面条件进而对降雨的再分配过程进行调控是一项简单、高效的措施。按照强化

入渗和强化产流两种雨水集蓄利用方式的划分，雨水集蓄材料也可划分为强化入渗和强化产流两种类型。

（一）强化入渗型雨水集蓄新材料

在诸多的新材料中，高分子聚合物以其独特的结构和多样化的功能以及低廉的价格成为人们关注的重点。使用高分子材料来改良土壤结构，调节降雨径流，已是我国农业及水土保持研究的热点问题。高分子聚合物具改善土壤结构、增加降雨入渗、调控坡面径流的作用，是适合于黄土区应用的高效低廉降雨径流调控新材料。根据对聚丙烯酸、聚乙醇、脲醛树脂3种高分子聚合物试验研究，将上述3种高分子化合物浓度施入土壤，对土壤物理性质产生显著影响：

（1）聚合物对土壤水稳性团粒结构的影响。经高分子聚合物对土壤表面处理后，土壤水稳性团粒含量都有明显增加，土壤结构得到了改善，使土壤具有良好的孔隙度、持水性和透水性等。

（2）高分子聚合物改善了土壤渗透性能。高分子聚合物之所以能改善土壤渗透性能是因为喷施聚合物后土壤呈现蜂窝状结构，土壤变得疏松多孔，透水性、通气性明显得到改善。

（3）施加高分子聚合物后土壤容重有明显下降。也就是说，施加了聚合物后，土壤变得疏松，土壤的孔隙增多。疏松的土壤不但有利于接纳更多的降雨，同时也有利于土壤中的水、气、热等的交换及微生物的活动。

（4）高分子聚合物使土壤持水能力的增加，减少了土壤蒸发。

（二）强化产流型雨水集蓄材料

20世纪90年代初期，我国的甘肃、宁夏、内蒙古等地在利用雨水解决人畜饮水和庭院经济发展等研究时，相继开展了不同人工集雨材料的集流效率试验研究。根据野外及室内试验，除混凝土、水泥瓦、沥青路面集流效率较高外（大于60%），其他材料的集流效率通常较低。混凝土是一种最常用集流材料，但在黄土高原的大部分地区，沙石料缺乏，致使修建混凝土集流场各地造价相差很大（7～25元/m^2），沙石料缺乏地区修建混凝土集流场的成本较高。水泥瓦的集流效率虽较高，但多适用于庭院屋顶集流；沥青路面集流的集流效率也较为理想，但限制性较大。因此，寻找新的高效低成本集流材料一直是雨水集蓄利用技术研究的重点。下面主要介绍几种新型集流材料的研究进展。

（1）HEC固化土集流材料。HEC（High Strength and Water Stability Earth Consolida－tor）是一种提高土壤强度和抗渗能力的固化剂。它是以工业废渣为主要原料，与核心原料和其他组分复合磨细混匀而成的无熟料胶结材料。HEC作为土壤固化剂，加入土中后经自身水化会复合产生超叠加效应，而使土颗粒表面紧密接触，又能激发土粒中硅铝酸盐矿物的潜在活性，使土颗粒表面形成牢固的多晶黏粒聚集体，从而提高了土体的强度。由于它有较强烈的固化作用，致使固化后的土体抗渗强度相应得到提高。

（2）AAM水泥土集流材料。水泥土集流材料（Active Aluminates Mixture）具有便于就地取材、施工方便、工程造价低等优点，但水泥土作为集流材料在生产实践中存在的最大问题就是易裂缝，造成裂缝的原因除了基础土体由于干湿冷热收缩膨胀所致，主要原因是由于水泥土本身抗裂、抗拉能力较差造成的。AAM是由活性铝酸和其他化学辅助原料组成的高性能水泥添加剂,AAM 可与玻璃丝纤维、水泥、土、水混合组成性能优良的集流材料,因此在冻融和干湿交替情况下玻璃丝纤维水泥土均表现出较好的性能。AAM 对抵抗水泥土开裂有明显效果,提高了水泥土的韧性。

(3)有机硅高分子集流材料。有机硅是一种无毒、无味、不污染、不燃烧的碱性液体,具有与塑料薄膜相近的防渗效果,它是一类新型土壤集流面疏水改性剂,形成一层无色透明的固体涂膜均匀地分布在微孔四周孔壁上而不是分布在表面层,因而不封闭微孔通道。处理后的土壤剖面具有高疏水性、无毒、化学与热性稳定、耐风化、耐腐蚀、耐气候变化等一系列优点。

(4)生物集流材料。在一些风沙区和石质山区地表面,天然存在一些地衣类低等植物,这些低等植物能忍受恶劣的气候和极度的贫瘠,在任何土壤、地形、降雨和气候条件下均易生存。只要条件适合,可快速生长,并在地表形成薄层致密覆盖物。

地衣是一类独特的低等植物。它是由无色的菌丝组织(真菌)和绿色或蓝色藻细胞(藻类)共同组成的复合体,当地表面长满地衣后,地面则形成一层厚度为 1.5 ~ 2.0 mm 的灰色地衣硬壳,它可有效地减少土面的蒸发。

三、几种典型的蓄水工程设计

(一)水泥砂浆薄壁窖

水泥砂浆薄壁窖如图 9-7 所示。水泥砂浆薄壁窖窖型是由传统的人饮窖经多次改进、筛选成型,适宜土质比较密实的红、黄土地区,对于土质松疏的沙壤土地区和土壤含水量过大地区不宜采用。窖体结构包括水窖、旱窖、窖口和窖盖 3 部分。水窖位于窖体下部,是主体部位,也是蓄水的位置所在,形似水缸;旱窖位于水窖上部,由窖口经窖脖子(窖筒)向下逐渐呈圆弧形扩展,至中部直径(缸口)后与水窖部分吻接,这种倒坡结构,受土壤力学结构的制约,其设计结构尺寸是否合理直接关系到水窖的稳定与安全;窖口和窖盖起稳定上部结构的作用,防止来水冲刷,并连接提水灌溉设施。

该种窖型窖底结构以反坡形式受力最好,即窖底呈圆弧形,中间低 0.2 ~ 0.3 m,边角亦加固成圆弧形。在处理窖底时,首先要对窖底原状土轻轻夯实,增强土壤的密实程度,防止底部发生不均匀沉陷。窖底防渗可根据当地材料情况因地制宜选用,一般可分为以下两种:

(1)胶泥防渗,可就地取材,是传统土窖的防渗形式。首先要将红胶泥打碎过筛、浸泡拌捣成面团状,然后分 2 层夯实,厚度 30 ~ 40 cm,最后用水泥砂浆墁一层,做加固处理。

(2)混凝土防渗。在处理好的窖底土体上浇筑 C20 混凝土,厚度 10 ~ 15 cm。窖壁防渗为了使防渗层与窖体土层紧密结合并防止防渗砂浆整体脱落,沿中径以下的水窖部分每隔 1.0 m,在窖壁上沿等高线挖一条宽 5 cm、深 8 cm 的圈带,在两圈带中间每隔 30 cm 打混凝土柱(码眼),“品”字形布设,以增加防渗砂浆与窖壁的连续性和整体性。

该种窖型窖深一般 7 ~ 7.8 m,其中水窖深 4.5 ~ 4.8 m,底径 3 ~ 3.4 m,中径 3.8 ~ 4.2 m,旱窖深(含窖脖子)2.5 ~ 3.0 m,窖口径 0.8 ~ 1.1 m。窖体由窖口以下 50 ~ 80 cm 处圆弧形向下扩展至水窖中径部位,窖台高 30 cm,蓄水量 40 ~ 50 m^3。

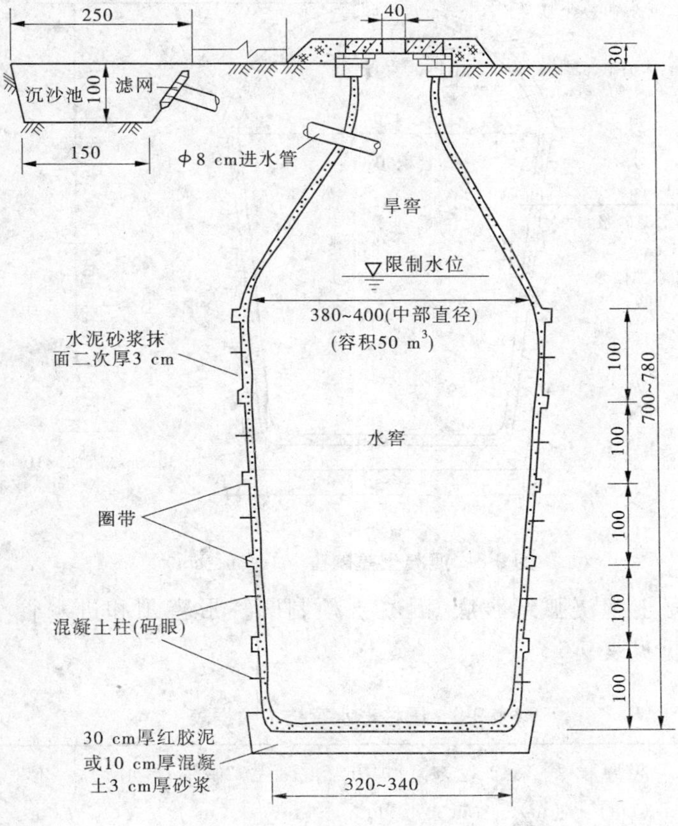

图9-7　水泥砂浆薄壁窖　（单位:cm）

(二)混凝土盖碗窖

混凝土盖碗窖如图9-8所示,形状类似盖碗茶具,故取名盖碗窖。此窖型避免了因传统窖型窖脖子过深,带来打窖取土、提水灌溉及清淤等困难。窖体由水窖、窖盖与窖台等几部分组成。其中水窖部分结构与水泥砂浆薄壁窖基本相同,只是增大了中径尺寸和水窖深度,增加了蓄水量;混凝土帽盖为薄壳型钢筋混凝土拱盖,在修整好的土模上现浇成型,施工简便。帽盖上布设圈梁、进水管、窖口和窖台。混凝土帽盖布设少量钢筋铅丝,形同蜘蛛网状,见图9-8,铅丝网起连接加固作用,质量可靠。圈梁与帽盖为一整体,紧扣在窖壁四周土体上,稳定性好。此窖型适宜于土质比较松软的黄土和砂石壤土地区,打窖取土、提水灌溉和清淤等都比较方便,质量可靠,使用寿命长,但投资较高。

根据较为成熟的经验,帽盖矢高1.4~1.5 m,球台直径为4.5 m,矢高与球台直径的比值(即矢跨比)为0.31~0.33,壁厚6 cm,窖深6.5m(不含窖底防渗部分厚度),其中蓄水窖深5~5.5 m,底径3.2~3.4 m,中径4.2 m,窖口径1.0 m,蓄水量60 m^3。

(三)混凝土拱底顶盖圆柱形水窖

混凝土拱底顶盖圆柱形水窖主要由混凝土现浇弧形顶盖、水泥砂浆抹面窖壁、3∶7灰

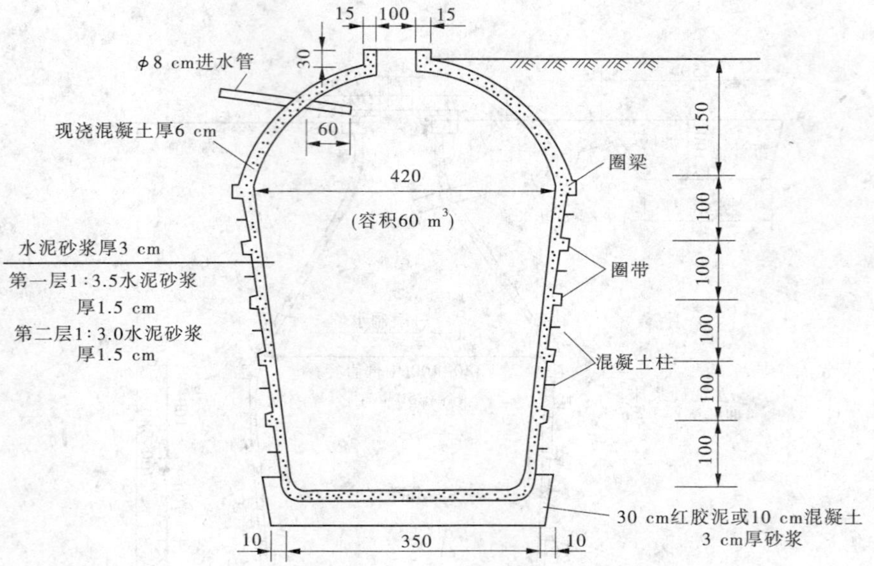

图 9-8　混凝土盖碗窖　（单位:cm）

土翻夯窖基、混凝土现浇弧形窖底、混凝土预制圆柱形窖颈和进水管等部分组成，见图9-9，其技术数据见表9-5。

表 9-5　圆柱形水窖技术数据表

容积 (m^3)	直径 (m)	壁厚 (cm)	窖深 (m)	挖方 (m^3)	填方 (m^3)	混凝土 (m^3)	砂浆 (m^3)	水泥 (t)	砂 (m^3)	石子 (m^3)	水 (m^3)
15	2.2	3.0	3.90	20.5	3.60	1.12	0.82	0.63	1.60	0.78	0.9
20	2.4	3.0	4.40	26.8	4.60	1.29	1.01	0.75	1.89	0.90	0.9
25	2.6	3.0	4.70	32.9	5.27	1.47	1.16	0.85	2.16	1.03	1.1
30	3.0	3.0	4.20	37.9	5.20	1.70	1.22	0.93	2.27	1.19	1.4

(四)窑窖

窑窖按其所在的地形和位置可分为平窑窖和崖窑窖两类。平窑窖一般在地势较高的平台上修建，其结构型式与封闭式蓄水池相同(参阅封闭式蓄水池标准图集)。将坡面、路、壕雨水引入窑窖内，再抽水(或自流)浇灌台下农田。崖窑窖是利用土质条件好的自然崖面或可作人工剖理的崖面，先挖窑，然后在窑内建窖，俗称窑窖，见图9-10。窑窖包括土窑、窖池两大主体。附属部分有窑口封闭墙、进出水管(或取水管)、溢流管等。

(1)土窑。根据土质情况、来水量多少和蓄水灌溉要求确定尺寸大小，窑宽控制在4～4.5 m，窑深6～10 m，窑窖拱顶矢跨比不超过1∶3，由窑口向里面开挖施工。整修窑顶后用草泥或水泥砂浆进行处理。当拱顶土质较差时，要设置一定数量的拱肋，C20混凝土

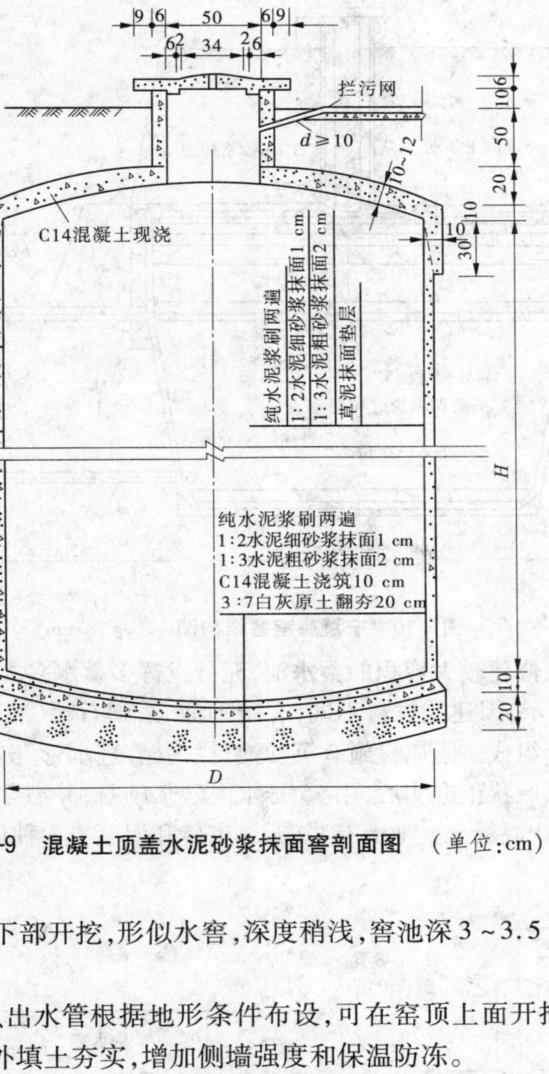

图9-9　混凝土顶盖水泥砂浆抹面窖剖面图　（单位:cm）

浇筑,以提高土拱强度。

(2)窖池。在土窑下部开挖,形似水窖,深度稍浅,窖池深3~3.5 m,池体挖成后再进行防渗处理。

(3)附属部分。进、出水管根据地形条件布设,可在窑顶上面开挖布置,也可在侧墙脚埋设安装,最后在墙外填土夯实,增加侧墙强度和保温防冻。

该窑型充分利用自然崖面土体结构,力学性质稳定可靠;施工条件好,工作面大,可采用小型车辆运输,施工进度快;蓄水量大,也可根据需要修建较大容量的窑窖。但受地形条件限制,只能因地制宜推广。主要技术指标:为了保持窑窖的稳定与安全,窑上崖面土体厚度应大于3 m,窑深6~10 m,矢高1.4 m,跨度4.2 m,池底3~3.2 m,容积分别为60 m^3、80 m^3、100 m^3。

图9-11为甘肃省水泥砂浆抹面窑窖示意图,它是由工作窑(取土、进水、取水用)和蓄水窑洞两部分组成。工作窑宽度及高度宜为1.5 m,蓄水窑宽度和高度宜取3 m。工作窑及盛水窑为抛物线状,其轮廓尺寸按表9-6确定,蓄水深2m为宜,单位长度窑深蓄水量约4.7 m^3,根据蓄水总量推求窑窖深度 L。

(五)开敞式圆形蓄水池

圆池结构受力条件好,在相同蓄水量条件下建筑材料最省,投资最少。开敞式圆形蓄

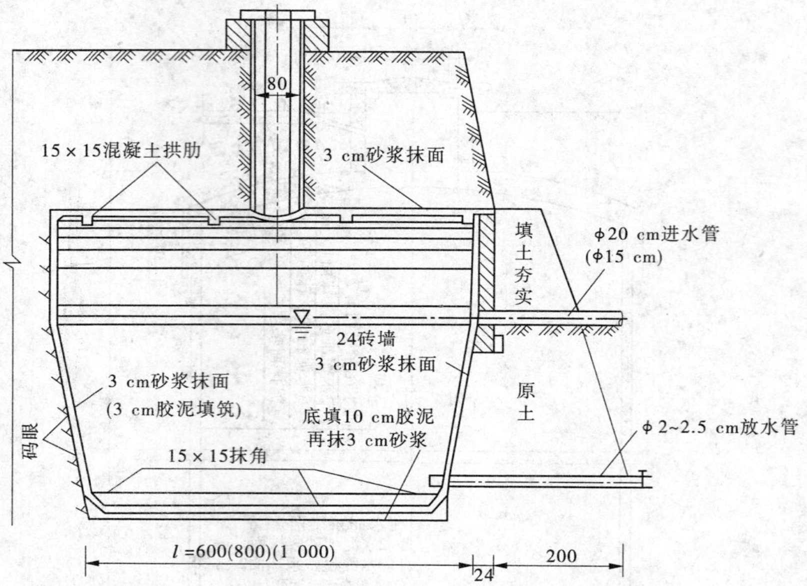

图9-10　宁夏崖窑窖结构图　(单位:cm)

水池因不设顶盖,可修建较大容积的蓄水池,充分发挥多蓄水多灌地的作用。开敞式圆形蓄水池如图9-12所示,因建筑材料不同,有砖砌池、浆砌石池、混凝土池等。圆形蓄水池由池底、池墙两部分组成。附属设施有沉沙池、拦污栅、进水管、出水管等。池底用浆砌石和混凝土浇筑,底部原状土夯实后,用75号水泥砂浆砌石,并灌浆处理,厚40 cm,再在其上浇筑10 cm厚C20混凝土。池墙有浆砌石、砌砖和混凝土3种形式,可根据当地建筑材料选用。

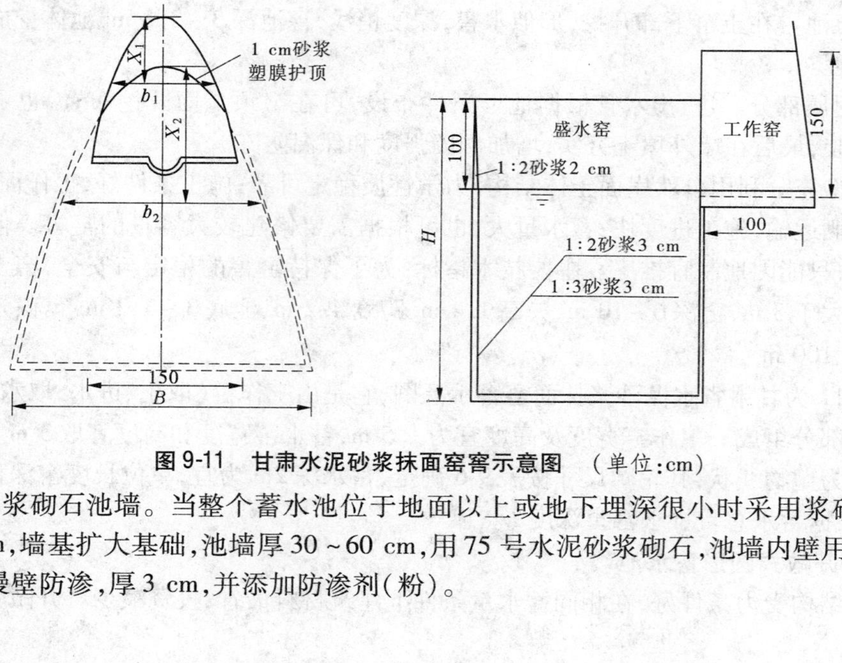

图9-11　甘肃水泥砂浆抹面窑窖示意图　(单位:cm)

(1)浆砌石池墙。当整个蓄水池位于地面以上或地下埋深很小时采用浆砌石墙,池墙高4 m,墙基扩大基础,池墙厚30~60 cm,用75号水泥砂浆砌石,池墙内壁用100号水泥砂浆墁壁防渗,厚3 cm,并添加防渗剂(粉)。

表 9-6　甘肃窑窖轮廓尺寸表　（单位：m）

工作窑	开挖高 X_1	0.5	0.75	1.0	1.2	1.4	1.5	.				
	宽度 b_1	0.87	1.06	1.22	1.34	1.45	1.5					
蓄水窑	开挖高 X_2	0.5	0.75	1.0	1.2	1.4	1.5	1.7	2.0	2.5	2.7	3.0
	宽度 b_2	1.22	1.5	1.73	1.9	2.05	2.12	2.26	2.45	2.74	2.85	3.0

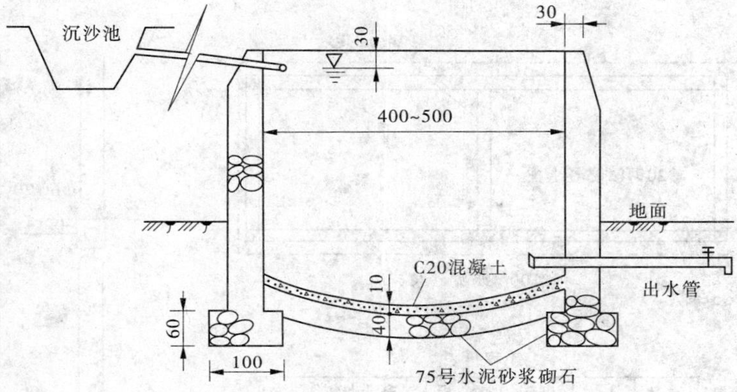

图 9-12　开敞式圆形蓄水池立面图　（单位：cm）

(2)砖砌池墙。当蓄水池位于地面以下或大部分池体位于地面以下时采用砖砌池墙，用“24”砖砌墙，墙内壁同样用 100 号水泥砂浆墁壁防渗。技术措施同浆砌石墙。

(3)混凝土池墙。和砖砌池墙地形条件相同，混凝土墙厚度 10 ~ 15 cm，池塘内墙用稀释水泥砂浆作防渗处理。

(六)开敞式矩形蓄水池

矩形蓄水池的池体组成、附属设施、墙体结构与圆形蓄水池基本相同，见图 9-13。开敞式矩形蓄水池当蓄水量在 60 m^3 以内时，其形状近似正方形布设，当蓄水量再增大时，因受山区地形条件的限制，蓄水池长宽比逐渐增大(平原地区除外)。矩形蓄水池结构不如圆形池受力条件好，拐角处是薄弱处，需采取防范加固措施。蓄水池长宽比超过 3 时，在中间需布设隔墙，以防压力过大边墙失去稳定。

(七)封闭式圆形蓄水池

封闭式圆形蓄水池增设了顶盖结构部分，增加了防冻保温功效，但工程结构较复杂，投资加大，所以蓄水容积受到限制，一般蓄水量为 25 ~45 m^3。池顶多采用薄壳型混凝土拱板，以减轻荷重和节省投资。池体大部分结构布设在地面以下，可减少工程量，因此要合理选定地势较高的有利地形。

(八)封闭式矩形蓄水池

封闭式矩形蓄水池适应性强，可根据地形、蓄水量要求采用不同的规格尺寸和结构型式，蓄水量变化幅度大；可就地取材，选用当地最经济的墙体结构材料，并以此确定墙体类型(砖、浆砌石、混凝土等)。池体顶盖多采用混凝土空心板或肋拱板。池宽以 3 m 左右为宜，可降低工程费用。池体大部分构体要布设在地面以下，可减少工程量。保温防冻层

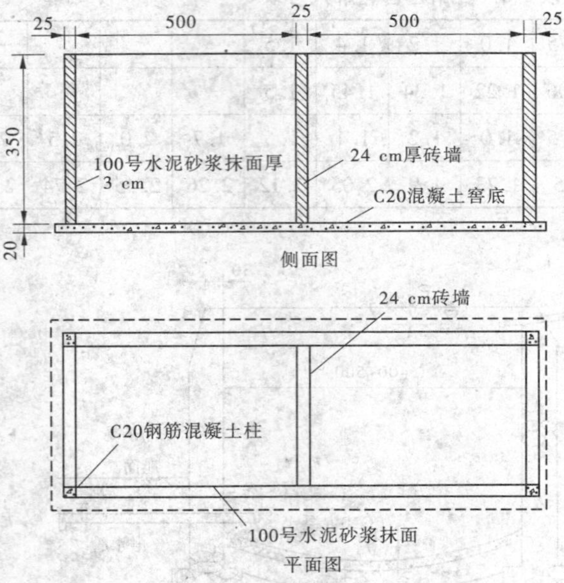

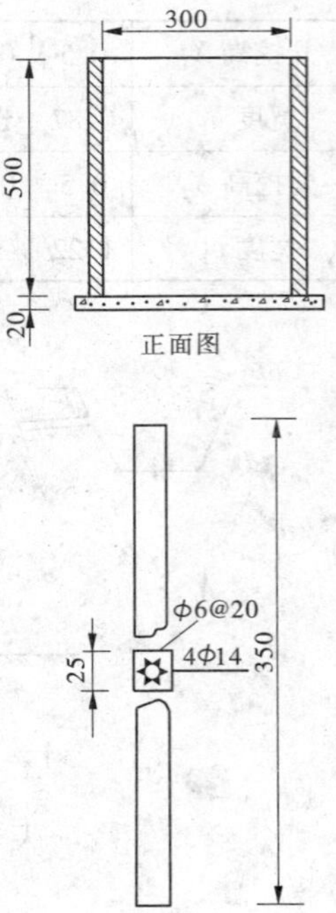

工程量表

名称	土方 (m^3)	砌砖 (千块)	空心板 (块)	混凝土 (m^3)	砂浆抹面 (m^2)
数量	150	13.6	1	12.6	98

立柱钢筋布置图

图 9-13 开敞式矩形蓄水池结构图 （单位：cm）

厚度设计要根据当地气候情况和最大冻土层深度确定，保证池水不发生结冰和冻胀破坏。蓄水池长宽比超过 3 时，要在中间布设隔墙，以防侧墙压力过大边墙失去稳定性，这样将一池分二，在隔墙上部留水口，可有效地沉淀泥沙。

第三节 旱作农业集雨补灌技术

一、发展旱作集雨补灌农业的意义

旱作农业（Dryland Farming）泛指无灌溉条件的雨养农业（Rained Agriculture），一般指半干旱和半湿润地区主要依赖降水的农业生产活动。英国、美国的大百科全书中定义："旱农是在有限降水，典型的是在少于 500 mm 的年降水量的地区，不采用灌溉而种植作物的农业。"从我国实际分析，旱作农业建设是解决我国粮食生产问题的重要组成部分，是农业可持续发展战略的重要方面。

（一）旱地资源是中华民族赖以生存发展的重要战略资源

由于降雨分布差别，旱作农业主要分布在我国北方 15 个省（自治区），面积 542 万 km^2，总人口 4.3 亿人，耕地约 7.6 亿亩，占全国总耕地的 51%。其中，无灌溉条件的旱耕地 5.7 亿亩，占全国旱耕地总面积的 75%，如果加上南方山地丘陵区的雨养农区，旱耕地面积更大。据统计，1997 年我国耕地 14.32 亿亩（实际 19.5 亿亩），其中水田和有效灌溉农田约7.7亿亩，占总耕地面积的53.4%。因此，完全依赖降雨为农业水资源的旱地面积为6.6亿多亩（实际11.7亿亩），占耕地的46.6%（实际61%）。

一方面，旱作农业地区是我国粮棉油豆的重要产区，不仅产量增长速度快，而且是我国林业和畜牧业名优特产的主要生产基地。根据1996年《中国农业年鉴》资料，1995年与1985年相比较，整个北方农区15省（自治区）的粮食作物总产量增长率比全国平均水平高15.74%。我国45.9%的粮食总产量、61%的棉花、46.7%的油料和72.5%的大豆来自于北方农区。其中，华北地区小麦、玉米是全国重要的生产基地；冀、鲁、豫3省是我国主产棉区，新疆为优质棉生产基地，以上4省（自治区）棉花生产在全国具有举足轻重的地位；东北三省、冀、鲁、豫分别是我国大豆和夏大豆主产区。

另一方面，我国五大牧区集中在北方旱区，可利用草地占全国可利用草地面积的75%，具有发展草食畜牧业的基础。据1996年《中国农业年鉴》资料记载，北方15省（自治区）畜牧业总产值1995年增长了4.62倍，其畜牧业总产值占全国畜牧业总产值45.81%的羊毛、羊绒产量出自于北方旱区。表9-7为北方旱区的主要农产品生产状况。

表9-7　北方旱区的主要农产品生产状况（1995年）

项目	粮食产量	小麦	玉米	棉花	油料	大豆	肉类	大牲畜头数（万头）
全国（万t）	46 662	10 222	11 199	477	2 203	1 350	5 260	15 861
北方旱区（万t）	21 453	7 115	9 043	2 901	1 029	980	900	4 346
占全国（%）	45.9	69.6	80.7	61.0	46.7	72.5	17.1	27.4

此外，北方旱区特殊的气候条件和复杂多样的地形等自然优势，生物资源十分丰富，农林果牧的名特优品种多样。如兰州白兰瓜、苹果梨、百合，河南的孟津梨和贵妃杏等瓜果，乃为稀世珍品；宁夏的滩羊裘皮、枸杞、干草颇具特色；青海、内蒙古等省（自治区）的山羊绒的产量、品质居世界之首；青海的冬虫夏草；宁夏和内蒙古草原的发菜；东北三省的人参、鹿茸、貂皮"三宝"等，品种数以千计。据资料分析，北方旱区产品年创汇46.3亿多美元，占全国的35.52%。

（二）发展旱作农业是我国面向未来的长期选择

我国是世界上13个贫水国之一，人均水量仅2 200 m^3，居世界109位。西北半干旱地区地表水和地下水资源短缺，其中黄土高原地区多年平均径流量人均541 m^3，每亩耕地水量175 m^3，分别为全国均量的22%和10%，80%以上农田为旱耕地，农业生产主要依赖天然降水。即使南水北调工程建成后，也无法彻底解决华北地区旱地的水利化。因而发展节水灌溉的同时，重视旱作农业建设，走水旱并重的路子，将成为华北农业持续发展的必由之路。

（三）旱作农业与灌溉农业的发展关系

灌溉农业首先应当充分利用降水，发展节水灌溉，扩大灌溉面积，这是我国农业发展的重要方面。但是，我国2/3的土地属于山地丘陵，复杂的农业地形和气候条件，使得黄土高原和许多山地丘陵地区兴修水利难以进行。此外，我国生活和工业用水比例的扩大，水质污染加重(全国20%的河水水质低于农业灌溉要求),使农业用水比例在减小;加之一些灌区缺水或水利设施多年失修破坏,水浇地变旱地,旱作生产的面积还有扩大的趋势。所以,我国农业发展必须走旱作农业与灌溉农业并重的道路。在一定程度上,旱作农业的发展对保障我国人口食物供给和社会经济持续发展,意义重大。

(四)我国旱作区农业结构调整和农民增收迫切需要发展旱作农业集雨补灌技术

我国旱作农业区土地广阔、光热资源丰富,生产潜力巨大,水资源短缺是制约该区经济社会和农业发展的主要障碍性因子,雨水集蓄利用技术的应用在很大程度上可改变降水资源时空分布不均以及雨水供给与作物需水错位的不足,使雨水资源变成随时随地调控利用的"新型"水源,进而使农业生产条件得到极大的改善,也为农业结构和种植业结构的调整提供了必要的条件和有力的技术保障,能够逐步使西部干旱缺水地区的农业产业结构从单一的种植业向农、林、牧、副、渔等各业全面发展。在雨水集蓄技术及相应配套技术的支撑下,高效庭院经济、设施农业、高附加值林果蔬菜等有利于发挥旱作区资源优势的产业,将会使该区农业生产附加值和效益实现成倍增加,确保农民的可持续增产与增收。

二、旱作农业集雨补灌技术与设备

旱作农业集雨补灌技术与设备主要包括雨水汇集、适宜的灌溉技术与相应的设备。

(一)旱作农业集雨补灌特点与灌溉技术分析

1. 集雨工程特点

一是蓄水设施较为分散,雨水汇集的蓄水设施分布主要取决于集流场的位置。黄土高原地区集流场多为硬化地面或防渗处理的场地,包括农家屋顶、庭院、晒场、公路、街道、部分山坡(经过夯实或加膜防渗处理)等。因蓄水设施多以农户为单元所建,尽管公路两边布设密度较大,有些地方还采取多个并联和串联,但水源相对有限,因此就蓄水设施整体分布而言,较为分散。

二是储水量有限,雨水汇集产流量主要取决于降雨量和降雨强度。在黄土高原地区年降水量250~550 mm半干旱地区,丰水年产流15次左右,平水年产流10次左右,枯水年不足5次。为了提高蓄水保证率和设施的利用率,蓄水设施的容积不可能太大,就目前农户所建的蓄水窑窖而言,其容积多在25~60 m^3之间,每窖每次可利用最大的水量为20~40 m^3。

三是自然和社会经济条件较差。黄土高原地区集雨蓄水工程大都远离水源丰富的河谷,而分布在干旱少雨、水资源缺少的塬区和缓坡丘陵地带,且道路两边和山坡地带集雨工程大都缺乏动力设施配套,因此这对汇集雨水的利用带来诸多不便。

2. 集雨补灌技术

由于集雨工程集蓄的水量有限,因此只能采用节水灌溉的方法,适宜于人工汇集雨水利用的节水灌溉技术主要有以下几种:

(1)较为先进的节水灌溉技术,包括喷灌、微喷灌和滴灌等。

(2)节水型地面灌水技术,包括波涌灌、膜上灌及小畦灌等。

(3)抗旱补充灌水技术,包括抗旱浇、坐水种、注射灌和地膜穴灌等。

(二)旱作农业集雨补灌取水设备

旱作农业集雨补灌按动力类型可分为两类:动力取水补灌和无动力取水补灌。动力取水补灌包括电动、油动和人力手动3种。电动取水补灌设备有潜水泵、离心泵和自吸泵;油动取水补灌设备有柴油机水泵和汽油机水泵;人力手动取水设备有手动泵及其他人力提水设备。无动力取水方式指不需要其他任何附加外力,利用高位水池直接从蓄水窑(窖)中引水,也称为自压取水。

(三)旱作农业集雨补充灌溉系统

根据国内外小型机具的生产状况,结合旱区农业和社会经济条件,经过试验比较,目前在生产中应用较多的有以下4种小型提水补灌系统。

(1)潜水泵加滴灌系统,适宜有电力供应的大田作物区,推广较快。

(2)手压泵配软管灌系统,适宜庭院经济和近村农田。

(3)汽油泵配置微灌系统,适宜无电力供应的田间作物区。

(4)自压灌溉系统,适宜丘陵山区高位水源下部的农田灌溉。

三、旱作集雨补充灌溉模式

干旱和半干旱地区平均降水量小,降水变率大,作物生产水分短缺现象严重,因而补充灌溉的要求十分强烈。由于积存雨水的水窖容量一般较小,所以单位土地面积可以调用的总水量十分有限。从实际情况看,集雨灌溉通常灌的是保命水或救命水,灌水定额一般很小,灌溉次数也很少,因此集雨灌溉模式的重点应当放在确定最适补灌时间和单次补灌定额上,以达到最大限度地发挥有限水源增产作用的目标。

(一)春小麦集雨灌溉模式

春小麦是干旱和半干旱集雨灌溉区的主要作物之一,在陕西北部、甘肃西部及宁夏、青海、新疆和内蒙古等省(自治区)都有较大面积的种植。

春小麦整个生育期的降水量都小于需水量,其中水分亏缺最严重的时期是拔节—抽穗期,由于这一时期正是春小麦营养生长旺盛及穗分化发育的关键期,所以应成为补充灌溉的重点考虑时期。春小麦抽穗—成熟期的水分亏缺量也比较大,仅次于拔节—抽穗期。由于这一时期是籽粒形成与充实期,与产量高低关系密切,所以在补充灌溉时也需要很好考虑。春小麦补充灌溉的主要作用应是缓解干旱状况,避免严重水分胁迫的形成,而不是完全满足作物生长发育的需求。补充灌水时灌水定额一般以20 mm左右为宜。

(二)其他作物的集雨灌溉模式

1.谷子集雨补灌模式

谷子出苗至拔节阶段,植株需水强度很低,土壤水分下限可以适当低些,有利于蹲苗,促进根系下扎,提高后期的抗旱性。进入拔节阶段后,植株的营养生长和生殖生长都加速进行,需水强度提高,干旱造成的损失加大,故而土壤水分控制下限值应适当提高。抽穗—灌浆期是谷子籽实形成的关键时期,也是谷子主要的需水临界期,干旱会造成植株无法抽穗,或严重影响穗部生长,进而造成严重的减产。因此,这一阶段应保持较高的土壤水分,供水有限时也应尽可能地将水分用于这一阶段的补充灌溉。进入灌浆—收获期后,作物对水分的敏感性相对降低,故而适宜的土壤含水量下限值也有所下降。

2. 春玉米集雨补灌模式

春玉米各生育阶段依照敏感指数从大到小的排序，实施补充灌溉的优先考虑次序为：抽雄—灌浆，拔节—抽雄，灌浆—成熟，播种—拔节。这一次序中没有包括播前灌溉，但在实际生产中，播前灌溉是经常需要考虑的。播种时良好的土壤水分状况才能保证全苗、壮苗，也是后期作物良好生长的先决条件，因此播前灌溉应予以特别重视。春玉米的生长后期已进入当地的雨季，从降雨的绝对量上看，缺口不大，存在的主要问题是由于降水在年际间变率很大，经常会发生较为严重的短期干旱，需要补充灌溉。补充灌溉时更为重要的是及时供水，而供水量并不一定要求很大。在有效缓解干旱的条件下，剩余的水量应尽可能地用于扩大补灌受益最大的目标。

（三）冬小麦的集雨灌溉模式

1. 冬小麦各生育阶段需水量与缺水量

冬小麦是跨年度生长的作物，生长过程有两个峰期。与此相应，需水过程也呈双峰型。出苗后，随着群体不断加大，需水强度也明显增加，达到冬前峰期。之后，随着气温不断下降，需水强度也相应降低，并在整个越冬期间维持在较低的水平。来年春天返青后，随着植株逐渐加大，需水强度很快升高，至抽穗后达到最大。从阶段需水总量上看，抽穗—成熟期最多，拔节—抽穗期次之，而越冬—返青期最少。

2. 冬小麦各生育阶段的土壤水分状况分析

（1）播种前：在西北冬麦区，冬小麦播种正处于雨季结束后不久，此时土壤剖面中储存的总水量并不少，经常出现的问题是播种前一段时间没有降雨，表层土壤由于水分不断蒸发而变得较干燥，无法保证正常出苗。这时经常采用的方法是等雨播种，但在一些特殊情况下，比如玉米与小麦一年两作季节太紧张时，以及久旱不雨时则需要补充灌溉，以保证小麦的适时播种。这种情况下的灌水定额一般要求不大，15～20 mm 即可。

（2）播种—越冬期：播种时水分适宜，形成良好的苗情后，正常年份下大部分冬小麦田保存在土壤中的水分都可以满足幼苗生长的需要，一般情况下不需要补充灌溉。

（3）越冬—返青期：由于气温低，冬小麦这一时期的生长十分缓慢，许多地区地上部分基本枯黄，因此这一时期的平均日耗水量也很低。但是，保持较高土壤水分对于获得高产仍是非常重要的。研究显示，为保证冬小麦免受冻害，以及保证越冬期间地下部分的正常生长，越冬期的土壤水分应保持在田间持水量的70%以上。实际生产中，如果播种后降雨较少，而播种前储存的水量又不够充足时，土壤水分经过苗期的消耗后可能低于土壤最大持水量的70%，这时就要考虑在越冬期开始之前进行补充灌溉。

（4）返青—拔节期：返青后作物生长开始加快，耗水强度也增加。但土壤水分亏缺状况通常并不太重，特别是西北地区，冻土层消融后常出现返浆现象，表层土壤的含水量相对较高，灌溉的要求不是十分强烈，最重要的是做好保墒工作。

（5）拔节—抽穗期：拔节后植株由营养生长为主转向营养生长与生殖生长并进阶段，生长速度明显加快，耗水量迅速增加。这一阶段是穗分化与形成的关键阶段，缺水会严重影响产量。研究资料表明，这一时期的土壤含水量低于土壤最大持水量的70%，即会对作物生长产生明显的影响。此外，西北地区这一时期降雨少，又经常出现持续大风天气，并且经过返青后一段时期的利用，土壤储水消耗程度也较重，所以冬小麦田的土壤含水量常常会接近允许的低限值。这一阶段要随时监测土壤含水量，出现严重干旱时应及时进行补充灌溉。

(6)抽穗—成熟期：这一生育阶段是小麦整个生育期中至关重要时期，籽粒形成及干物质积累都发生在其中，因而这一阶段也是决定产量高低的重要时期。生产中应当尽可能地使这一阶段土壤水分状况保持在较高的水平。尤其是这一阶段的前期，是冬小麦的需水临界期（水分敏感系数最大的时期），土壤含水量应当不低于田间最大持水量的70%。这一阶段的后期对水分的要求有所降低，但由于降雨的年际间变异很大，所以经常会发生严重的干旱，应当增加监测，视土壤水分状况变化，及时进行补充灌溉。

（四）果树蔬菜集雨灌溉

果树和蔬菜的经济价值高，利用蓄积的雨水对果树和蔬菜进行补充灌溉有明显的经济效益。几种主要果树各生育阶段的适宜土壤水分状况如下。

苹果的生育期可分为花芽期、花期、果实膨大期、成熟期4个生育阶段。试验资料显示，苹果花芽期的适宜土壤湿度是田间最大持水量的71.3%，花期为70%左右。果实膨大期是需水高峰期，也是需水临界期，水分状况与果实大小和产量关系密切，适宜土壤含水量为田间最大持水量的72%～75%。成熟期土壤湿度不宜太高，控制在田间最大持水量的65%左右最好。在干旱区生长的苹果，根系分布深度为100～150 cm，所以灌水计划层为80～100 cm较适宜。

梨树的生育期可分为花前期、花期、果实膨大期及成熟期。阶段需水量以果实膨大期最大，此期间根、叶和果实均处于旺盛生长状态，缺水对产量的影响最大，是需水临界期。梨树是耗水较多的果树，因此各时期要求的水分状况较高。据辽宁的试验，梨树各生育阶段的适宜土壤含水量（占田间最大持水量的百分比）为花前期71.2%，花期74.3%，果实膨大期75.3%，成熟期56.3%。灌水计划湿润层深度一般定为80～100 cm。

葡萄生育期可分为发芽期、抽穗展叶期、花期、果实膨大期和成熟期。葡萄发芽期需要有较好的水分状况才能保证花穗的良好分化和形成，对供水状况也最为敏感，是需水临界期，土壤含水量一般要保持在田间最大持水量的70%～80%。其他时期适宜的土壤含水量占田间最大持水量的百分比分别为：抽穗展叶期65%～75%，花期65%～80%，果实膨大期75%～85%，成熟期65%～70%。灌水计划层以80～100 cm为宜。

（五）小结

由于集雨灌溉区域分布广泛，各地在种植的作物种类、采用的耕作栽培方式、生育期的气候状况及可用于补充灌溉的水量等方面都会有相当大的差异，因此所采用的集雨补灌模式也应当有所不同。

四、旱作农业的发展方向

世界各国均十分重视旱作农业发展与开发，其中对于旱作农业的研究与应用中，农牧结合、寻求改装生态环境和提高土地生产力的“结合点”，是国内外半干旱地区发展的成功经验。“结合点”是原则，其内涵是水资源的有效保护和高效、持续利用结合，具体应以关键技术为体现。在美国中西部，这种关键技术归结为以“少耕覆盖”为主的保护性耕作，耕作次数由过去每年7～10次减少到1次，休闲地蓄水量由102 mm增加为183 mm；

在澳大利亚南部则可归结为“粮草轮作”，也叫小麦/养羊旱地农作制，实施豆科牧草与作物轮作来避免土壤有机质下降。在这种轮作制下，南部苜蓿每年可为土壤补充氮素2.71～6 kg/亩，北部的柱花属植物则可提供4.7～8.7 kg/亩；印度虽是一个多雨国家，但旱季时间长，旱地占耕地总面积的73%，他们采取蓄水池集水和田间集水，实行“集水种植技术”，形成具有特色的旱作技术；位于地中海西岸、人多地少、水资源奇缺的以色列，水价昂贵到平均每立方米水0.35美元，通过实施管道化输水与“设施农业”、“节水灌溉”结合，使每立方米水生产粮食达到2.32 kg，创汇0.4美元，创造了举世闻名的沙漠农业奇迹。

国际上的成功经验和发展趋势对我们有许多启示，但我国旱作农业地区的情况与国外有很大不同，美国、澳大利亚等国的半干旱地区地广人稀，他们采取的是低投入、高效率，单位面积产量较低，而总体生产水平高、收益大的技术路线，其发展目标是建成稳定的商品粮畜基地。我国旱作农业大部分地区人多地少，旱坡地多，农业产量低而不稳，目前的发展重点是调整农业生产结构和农田用地结构，提高单位面积产量和效益。同时，加强西部半干旱地区为主的农业基础建设，包括生态环境建设，提高现代旱作农业生产水平和抗御复杂生态灾害的能力。

国家在“七五”到“九五”期间组织了“黄土高原综合治理”、“北方旱农增产技术”，以及“人工汇集雨水利用技术研究”等科技攻关，取得了显著成效，并以黄土高原地区为重点，在诸多单项技术研究与示范面取得一定进展，如冬麦改制和抗旱丰产品种选育技术，培肥地力和合理施肥技术，地膜为主“覆盖”技术，微集水耕作技术，“集雨补灌”技术等，取得了较大的社会和经济效益。但与区域农业开发和适宜不同地区农业新的发展需求相比较，还存在产业化发展缓慢、农业生产潜力开发不足、农业高效发展的关键技术缺乏、高效农业综合示范与区域规模效益较差等问题。

我国旱作农业的建设总体上应以降水的高效利用为中心，具体可反映在三个指标方面：一是提高降水利用率，即一定区域和时期内的农田作物所消耗的水量占降水总量的百分比。我国旱农区的降水利用率目前为30%～40%，从生产典型和潜力计算可提高到60%。二是提高降水利用潜力开发程度，即提高现实生产力与降水生产潜力比。目前，我国北方旱作农业大部分地区，降水生产潜力开发程度为40%～50%，可提高到60%～70%。如果按半干旱地区平均年降水量400 mm，把降水利用率从35%提高到60%，则全国旱农面积(1997)6.6亿多亩农田可节水442亿m^3，相当于2010年全国农业灌溉缺水529.9亿m^3(来源于“农业需水分析”部分)的80%。三是提高水分利用效率，即单位水量所产生的干物质量或产量，目前北方旱作农业区多为0.3 kg/(mm·亩)左右，可提高到0.5～0.7 kg/(mm·亩)。

围绕降水利用率和水分利用效率，因地制宜建立旱作农业生产的技术体系。就黄土高原半干旱地区来说，所采用的技术途径应最大限度的提高下述比率：土壤储水量/降水量，耗水量(ET)/土壤储水量，蒸腾量(T)/ET，生物量/T，经济产量/生物量。

我国现有的旱作农田，在未来的30年内其生产潜力开发程度需由目前的45%左右提高到60%～70%，才能满足这些地区食物安全和经济发展的需要。为实现上述目标，就必须采用以提高旱区降水高效利用为核心的集雨蓄水补充灌溉技术，大面积推广应用包括地面覆盖、作物蒸腾抑制剂、土壤结构改良剂和土壤保水剂等一系列的农业节水技术措施，通过大力研制开发现代农业节水技术和新产品来提高对灌溉水或雨水的利用率，增加单位灌水量或降水量的作物产出效益。为此，在"十五"期间国家实施了与农业节水技术相关的重大研究专项。该项目实施，对于解决 2015 年和 2030 年我国水资源短缺的矛盾和粮食生产目标的实现，确保粮食安全、水安全和生态安全目的，将起到非常重要的科技生产力推动作用与高新技术储备作用，具有极其重大的战略意义。

第十章 劣质水资源化高效利用技术

劣质水泛指水质标准不能满足生产直接应用要求的所有水资源。之所以也称其为水资源,就在于它仍具有应用和开发的价值,特别是在水资源日益紧缺、人类环境保护意识日益增强的今天,开发和利用劣质水资源就显得更加重要。劣质水也是一个广泛的概念,由于其用途不同,劣质水的标准和划分的种类也不尽相同,资源量也不尽一样。某一水质对于人类生活用水来讲可能不符合标准,是一种生活用水的劣质水资源,但它很可能满足其他生产用水的水质标准,如用于农田灌溉等,相对于农田灌溉则不是劣质水。因此,劣质水也是一个相对的概念,其资源总量也是一个动态变化的数值。将劣质水资源化后用于农(林)业灌溉,已成为减轻环境污染、开源开流、缓解水资源供需矛盾的一种有效方法。

从农业用水角度来考虑,目前在生产中已经开始应用,并具有较大潜力的劣质水的种类主要有生活污水、咸水与多泥沙水流。为便于研究与讨论,本章将主要介绍生活污水、咸水与多泥沙水流的资源化与农田灌溉技术,并着重介绍其研究进展、主要应用技术,以及未来尚需进一步研究的若干问题。

第一节 污水处理与污水灌溉技术

一、污水处理与污水灌溉技术发展概况

利用生活污水,甚至工业污水经过处理后进行农田灌溉,在世界各地已有近百年的历史,美国、澳大利亚、日本和以色列等国家污水灌溉技术比较成熟。尤其是以色列,由于水资源的严重不足,该国91%的工业和生活污水由下水道收集,57%的污水经过净化处理后,用于农业灌溉和园林草地灌溉。目前,以色列每年大约有3亿 m^3 处理过的净化水用于农业灌溉,计划2010年全国1/3的农业灌溉将使用处理过的污水。为了改进农村生活环境和水源水质,日本从1997年开始实行农村污水处理计划,到目前为止,已建成约2 000个污水处理厂,而且多数采用日本农村污水处理协会研制的JARUS小型污水处理系统,处理过的污水各项指标都达到污水处理水质标准。处理后的污水水质稳定,多数是引入农田灌溉水稻或果园。捷克共和国小城镇中的居民区比较多,从这些地区排出来的污水经过物理净化或生化处理后即用于农田灌溉。西班牙榕纳达省的沿海地区广泛种植热带果树,并采用滴灌方式对果树进行污水灌溉,总面积为12万亩。

杨继富等将我国污水灌溉的发展大体上划分为三个阶段:①1957年以前为自发灌溉时期。自古以来,我国就有利用污水灌溉的习惯,自20世纪40年代初,在北京附近开始利用工业与生活污水进行农田灌溉;②1957~1972年为初步发展时期。1957年原建工部联合农业部、卫生部把污水灌溉列入国家科研计划,从此开始兴建污水灌溉工程,污水灌

溉得到了初步发展;③1972 年至今为迅速发展时期。尽管 1972 年在石家庄召开了全国污水灌溉会议,制定了"积极慎重"的发展方针,并制定了污水灌溉暂行水质标准,但由于自 20 世纪 80 年代中后期,随着我国北方地区水资源短缺的加剧和我国南方地区乡镇企业的迅猛发展,使得我国污水灌溉面积迅速扩大。据统计,我国 1999 年污水排放量达 401 亿 m^3,污水灌溉面积从 1963 年的 61.5 万亩发展到 1998 年的 5 427 万亩,占全国灌溉总面积的 7.3%,特别是 20 世纪 70 年代末至 90 年代中期,污水灌溉面积由 500 万亩猛增到 5 000 万亩,见图 10-1。从地域分布上,我国污水灌溉的农田主要集中在北方水资源严重短缺的海、辽、黄、淮四大流域,约占全国污水灌溉面积的 85%。大型污水灌溉主要分布在我国北方大中城市的近郊区,如北京污水灌溉区、天津武宝宁污水灌溉区、辽宁沈抚污水灌溉区、山西整明污水灌溉区和新疆石河子污水灌溉区。从污水灌溉利用特点来看,这些地区属于水肥并重的污水灌溉区。此外,秦岭、淮河以南和青藏高原以东为我国污水灌溉中的重污水灌溉区。

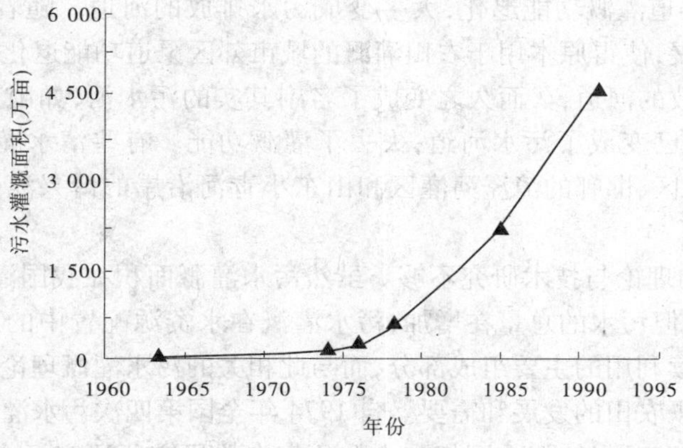

图 10-1　全国污水灌溉面积的发展过程

北京市自 20 世纪 50 年代初期就开始利用污水灌溉农田,到目前为止,北京市的污水灌溉面积约为 120 万亩,年污水灌溉量约 2.2 亿 m^3,占全市污水排放量的 27%。北京市的污水灌溉农田主要分布于通州区、大兴区和朝阳区,约占污水灌溉总面积的 87%。

污水用于农田灌溉,一方面可以缓解当地的农业水资源紧缺的矛盾;另一方面,由于污水中含有丰富的氮、磷、钾等营养元素,为作物生长所必需。但是,由于用于灌溉的污水大多数未经任何处理,污水中含有的有毒害物质已经造成污水灌溉地区土壤、地下水和作物的严重污染。目前,我国污水灌溉发展过程中主要存在以下突出问题:

(1)污水处理技术水平较低,污水灌溉水质严重超标,农田污染严重。目前,我国污水灌溉中存在的首要问题是灌溉水质严重超标。我国城市及工业污水总体处理率较低。据统计,1998 年全国污水处理率不足 30%。北京市是我国污水处理率较高的大中城市之一,至 2000 年,全市城市日排污水总量约 240 万 m^3,其中生活污水约占 51%,工业污水约占 49%,全市现有二级污水处理厂 5 座,其中处理能力在 10 万 m^3/d 以上的 2 座(高碑店和酒仙桥),日处理能力约 100 万 m^3,污水处理率仅为 41%。不仅如此,我国南方发达地区,随着乡镇企业的空前发展,所带来的水环境问题亦日趋严重,乡镇企业污水大多数都未经过处理而直接排放，适逢灌溉时期，当地农户即直接引用污水进行农田灌溉。随着城市化进程的加快，现有的污水处理设施的处理效率低下，许多污水处理厂刚刚建成运行，又面临着技术改造的迫切需要，否则不能满负荷地运行，处理费用昂贵。因此，大量未经处理的污水直接用于农田灌溉，致使许多农田遭受不同程度的重金属和有机物污染。1997年8月，辽宁省昌图县4万亩水稻全部受到水污染而死亡，涉及1.7万人的生活。

(2)污水灌溉面积盲目发展，相关监控、管理体系严重滞后。污水灌溉大部分都是农民自发进行的，农民在得不到清水的条件下，自发引用城市生活和工业污水作为灌溉水源，这在我国北方大中城市的近郊区最为普遍。虽然国家有关部门早在1985年就颁布了《农田灌溉水质标准》(GB 5084—92)，但由于污水灌溉水质无人监督，且大多为粮食作物，个别地区有蔬菜和果树，有毒、有害物质在污水灌溉作物体内的残留也没有检查制度。污水灌溉涉及农业、水利、环保等各部门，但对这些部门来说，污水灌溉仅仅属于边缘问题或次要问题，可管可不管。

(3)城市郊区渠道灌溉功能退化，大多变成污水排放的河道。随着城市化进程的加快和工业的迅速发展，使得原本用于农田灌溉的城市郊区渠道功能退化，大多变成了城市生活和工业污水排放的河道，久而久之变成了名副其实的污水河，如山东的小青河、河北漳河的邯郸段，目前已变成了污水河道，失去了灌溉功能。有些清水灌区变成了污水灌区，如西安的沣惠灌区、邯郸的漳滏河灌区和山东小青河沿岸的博兴灌区，污水未经处理直接灌溉农田。

(4)污水灌溉的理论与技术研究不够。虽然污水灌溉面积在我国灌溉农田中目前所占的相对比例不大，但污水的总量在增加，污水灌溉在水资源配置中的地位愈显重要，已经成为水资源可持续利用的主要组成部分，而与此相关的污水灌溉理论和技术十分薄弱，严重滞后于污水灌溉农田的发展和需要。自1974年全国第四次污水灌溉会议以来，污水灌溉农田的面积大幅度增长，但全国仅有少数几家农业研究所研究污水灌溉的理论与技术，包括不同作物、不同土壤、不同污水水质的灌溉制度；对土壤、地下水及作物本身可能产生的长期和短期的危害与污染；与污水灌溉相适应的污水处理技术等，都缺乏行之有效的理论支持和技术手段。

二、生活污水处理技术

(一)生活污水的水质特点与灌溉水质要求

(1)生活污水的水质特点。生活污水中的杂质按存在形态的不同，可分为悬浮物、胶体和溶解物；按性质的不同，可分为有机物、无机物和生物体。单纯的生活污水，由于没有工业污水的混入，一般不含汞、镉等重金属有毒物质，而含碳、氮、磷等有机物污染作为作物生长所需营养物质，可减少因施肥而造成的污染，满足人们对绿色食品的要求。

生活污水中主要污染物含量见表10-1。

(2)灌溉水质要求。根据《中华人民共和国环境保护法》，为了防止土壤、地下水和农产品污染，保障人体健康，维护生态平衡，喷、微灌等用水必须满足一定的水质要求，农田灌溉水质标准见表10-2。

表 10-1　生活污水水质分析

指标	浓度	指标	浓度
pH	6~9	阴离子表面活性剂(LAS)(mg/L)	10
五日生化需氧量(BOD_5)(mg/L)	100~400	氨氮(mg/L)	20~48
化学需氧量(COD_{Cr})(mg/L)	200~550	总磷(以P计)(mg/L)	11~39
悬浮物(mg/L)	100~350	钾(mg/L)	5~30

表 10-2　农田灌溉水质标准

项目	作物			项目	作物		
	水作	旱作	蔬菜		水作	旱作	蔬菜
pH	5.5~8.5			凯氏氮(mg/L)	12	30	30
五日生化需氧量(BOD_5)(mg/L)	80	150	80	总磷(以P计)(mg/L)	5	10	10
化学需氧量(COD_{Cr})(mg/L)	200	300	150	粪大肠菌群(个/L)	10 000		
悬浮物(mg/L)	150	200	100	蛔虫卵(个/L)	2		
阴离子表面活性剂(mg/L)	5	8	5				

此外,节水灌溉用水的水质除需要满足国家颁布的《农田灌溉水质标准》(GB 5084—92)外,还对悬浮固体浓度及悬浮物颗粒粒径等方面有特殊要求,对于滴灌溉系统具体见表 10-3。

表 10-3　滴灌溉系统水质标准

项目	范围	处理方法	项目	范围	处理方法
悬浮物浓度(mg/L)	>100	深淀+筛网或砂过滤器	悬浮物颗粒粒径(μm)	>550	沉淀+筛网或片砂过滤器
	10~100	离心式分离器+砂过滤器		74~550	砂过滤器
	<10	任意一种过滤器		<74	任意过滤器

注:其中所需处理方法为节水灌溉首部泵所需设备。

由生活污水的水质特征和节水灌溉对水质的要求对比可知,没有经过处理的生活污水,BOD、COD、悬浮物、粪大肠菌群数及蛔虫卵等均不满足农田灌溉要求。因此,要使用生活污水灌溉农田,必须对其加以处理,以满足灌溉水质标准。由表 10-3 知,如果生活污水经过处理后,悬浮固体浓度能小于 100 mg/L 且悬浮物粒径能小于 550 μm,则可用于节水灌溉。

(二)生活污水处理方案与污水灌溉可行性分析

(1)生活污水处理方案确定。现代污水处理技术,按处理程度划分,可分为一级处理、二级处理和三级处理。一级处理主要去除污水中呈悬浮态的固体物质,悬浮物去除率在 50% 左右;二级处理主要去除污水中呈胶体和溶解状态的有机污染物质,BOD、COD 去除率可达 90%；三级处理是在一级、二级处理后，进一步处理难降解的有机物、磷和氮等可导致水体营养化的可溶性无机物等。

根据节水灌溉对水质的要求，生活污水以采用强化一级处理加过滤、消毒工艺为宜，其处理工艺流程见图 10-2。

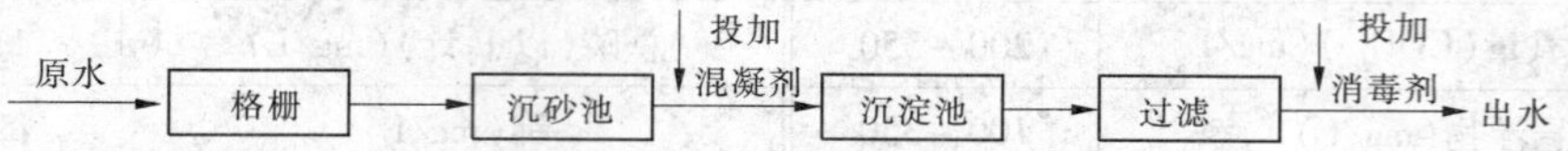

图 10-2　生活污水处理工艺流程

在上述处理工艺中，格栅的作用主要是拦截粗大的悬浮物或漂浮物质；沉砂池的作用主要是分离密度较大的无机悬浮物；沉淀池的作用主要是分离有机悬浮物，投加混凝剂的目的主要是强化沉淀效果；过滤的目的主要是满足节水灌溉对悬浮物颗粒粒径的要求；投加消毒剂则主要是满足灌溉水质对生物学指标的要求。

薛英文等采用上述工艺进行生活污水处理试验。试验原水为 800 人的住宅区所排出的生活污水，处理过程采用在沉淀池进口处利用水射器加入高分子混凝剂，使混凝剂与污水迅速混合，并利用水力旋流进行混凝反应，形成絮凝体，以促进污水中污染物的混凝沉淀；在滤池出水中，加入消毒剂，以杀死污水中的病原菌等有害微生物。

试验中混凝剂采用聚合硫酸铁，投加量为 20 ~ 50 mg/L；消毒剂采用液氯，投加量为 5 ~ 10 mg/L，总处理时间为 2.2 h，其中主要混凝沉淀 90 min，过滤 40 min，试验结果见表 10-4。

表 10-4　生活污水处理试验结果

项目	原水	沉淀池		滤池		总去除率（%）
		出水	出水率（%）	出水	去除率（%）	
pH	7.5			6.7		
五日生化需氧量（BOD_5）（mg/L）	180.1	52.6	70.8	39.9	24.1	77.8
化学需氧量（COD_{Cr}）（mg/L）	342.0	154.9	54.7	132.0	14.8	61.4
悬浮物（mg/L）	123.0	32.6	73.5	15.0	54.0	87.8
阴离子表面活性剂（LAS）（mg/L）	0.23			0.1	56.5	56.5
总氮（mg/L）	47.5			23.9	49.7	49.7
总磷（以 P 计）（mg/L）	4.6			0.98	78.7	78.7
粪大肠菌群（个/L）	不计其数			<3		

由表 10-4 可知，生活污水经处理后，其各项指标均已达到农田灌溉水质要求，过滤后水中悬浮物浓度为 15.0 mg/L，悬浮颗粒粒径 <80 μm，满足微灌及滴灌所需水质要求，故可用于农田节水灌溉。

（2）污水灌溉可行性分析。污水的回用不仅具有成熟的处理技术，而且能保证安全性和水质稳定性。生活污水经强化一级处理并过滤、消毒后，去除了污水的有害污染物质，并且降低了污水中有机污染物的含量。应用于灌溉后，其剩余的有机物、氮、磷等，可以作为作物生长所需的营养元素。处理后的污水不含危害植物的虫、卵、病虫原和草籽，作物生虫、得病、长草的几率都大大降低，从而减少了农药和除草剂的用量。由于使用节水灌溉设备进行灌溉，灌溉水大部分都可以被作物吸收利用，不会因渗漏而造成地下水的污染。过滤后出水中，由于加入了消毒剂，有利于出水的储存和运输，而不会使其中的病原微生物再次繁殖，造成处理水的二次污染。水管一般不发生显著的腐蚀、结垢、堵塞等不良情况。因此，生活污水处理后应用于农田节水灌溉，从技术角度分析是安全、稳定、合理的。

经济上，由于各地水资源费、排污标准及费用不统一，还不易从经济上对污水回收利用进行评价，但由于大中型城市用水集中，某些城市不得不采用远距离引水以供城市使用。据了解，青岛引黄工程、天津引滦工程等引水工程均耗资数亿元，引水成本 0.4 ~ 1.0 元/m^3，加之清洁水在工业生产中可创造产值 40 ~ 50 元/m^3，说明污水回用可节省清洁地下水、地表水；同时，污水回用在保护水资源、减轻环境污染及城市给排水设施建设压力等方面产生的直接和间接的综合经济效益也是不可低估的，因此采用污水灌溉是确实可行的。

（三）污水处理方法

目前，生活污水处理主要有以下方法：

（1）物理法。通过物理作用分离和去除污水中不溶解的悬浮物的方法为物理法。该方法设备简单、操作方便、使用广泛，可作为污水一级处理的主要方法。

按物理作用的不同，物理处理又可分为筛滤截留法、重力分离法和其他方法。

筛滤截留法：它是指污水通过有孔眼的装置或滤层，使悬浮物被截留的净化方法，如格栅、筛网、砂滤等。

重力分离法：它是指污水中悬浮物在本身的重力作用下与水分离的方法。

离心分离法：装有污水的容器高速旋转或污水在固定的容器内高速旋转产生离心力，污水中由于含固体颗粒的质量不同，质量较大的被甩到外侧，质量较小的则留在内侧，各自通过不同的出口排出容器外。

（2）化学法。通过化学反应去除污水中溶解或胶体状态的污染物，将其转化为无害物质的方法为化学法。化学法可作为二级处理的主要手段之一，也可在生物处理后作为三级处理的措施，如用臭氧、过氧化氢、高锰酸钾氧化法去除难以降解的有机物。与生物处理法相比，化学处理法能够迅速有效地去除污染物，并能回收一些物质。化学法的单元过程有混凝、中和、氧化、还原、电解等。

（3）物理化学法。通过物理与化学的综合作用分离或转化污水中的污染物，或回收其中有用物质并净化污水的方法为物理化学法。

物理化学法的处理方法有吸附、萃取、冷脱、离子交换、反渗透、超过滤、电渗析等。物理化学法与生物处理法相比，优点是：占地面积可节省 1/4 ~ 1/2；可去除重金属离子，处理质量高、稳定；对污水水温、浓度的变化适应性强，不受污水中有害物质的影响；根据不同要求可选择不同的处理方法，灵活采用与不同要求相适应的处理组合；操作系统易于实现自动控制和自动检测。缺点是：消耗较多的能源和物料，日常运行费用高，设备费用较大。因此，选择处理方法需要进行技术比较。

(4)生物处理法。通过微生物的代谢作用，使污水中溶解的有机物或胶体有机物氧化降解，转化为简单的物质，将有毒的有机物转化为无害物质的方法为生物处理法。

根据参与反应的微生物不同，生物处理法又分为好氧生物处理法和厌氧生物处理法两大类。好氧生物处理法是在有氧的条件下，用好氧菌的代谢作用处理污水污染物的方法。厌氧生物处理法是在无氧条件下，由厌氧菌分解处理污水污染物的方法，此种方法一般用于高浓度有机污水和污泥固体废弃物处理，使用的主要设备是消化池。

生物处理法的优点是对污水溶解的有机物和胶体有机物去除率高，比化学法处理成本低，污泥沉降性能好，有利于进一步脱水；缺点是运转较复杂，有时会产生污泥膨胀和上浮，影响处理效果。微生物繁殖需要一定的温度，故在寒冷地区需保温。工业污水性质复杂，往往含有不利于微生物生长的重金属酸碱物质等，需进行预处理。目前，大中城市的污水处理大多采用二级处理工艺，其中以活性污泥法为主导。

(5)氧化塘法。氧化塘分为厌氧塘、兼性塘、好氧塘、水生植物塘等。在实际应用中可将这些塘进行组合，与污水预处理连成一个系统，统称为氧化塘系统。这是一个简便的污水处理方法，适用于广大中、小城市的污水处理，其净化污水的原理是利用种类繁多的菌、藻、原生动物、后生动物以及水生植物对污水中的有机物进行分解、吸收。这种处理方法大多与农田灌溉相结合，缺点是占地面积大，优点是可利用当地的坑、塘、洼、淀改造为氧化塘，可节省资金，耗能低，管理方便。

(6)污水土地处理系统。土地处理是将污水有效地投配到土地表层，通过土壤—植物系统自然地完成一系列的物理、化学和生物过程，达到预先设计的处理程度的一种污水处理方法。根据处理地区土壤渗透速度的大小，可分为以下四种类型：污水快速渗滤系统、污水慢速渗滤系统、污水地表漫流系统、人工湿地系统。各种污水土地处理工艺见表10-5，仅供参考。

表10-5　各种污水土地处理工艺特性

性 能	慢速渗滤	快速渗滤	地表漫流
投配方法	人工降雨或地面投配	地面投配	人工降雨或地面投配
年负荷率(m)	0.5～6	6～125	3～20
所需土地面积(亩)	345～4 200	45～345	98～660
典型的周负荷率(cm)	1.3～10	10～240	6～40
最低限度的预处理	初次沉淀	初次沉淀	除砂
投配污水的去向	土壤水分的蒸发和渗透需要	主要是渗透	地面径流、土壤水分的蒸发和少量渗透
是否需要种植植物	需要	需要	需要

三、灌溉技术

我国污水灌溉开始于1957年。目前，我国经济处于快速增长时期，在城市生活用水和工业用水不断增加的同时，污水排放量也将不断增长。根据国家经济实力，在近期内要大幅度提高污水处理仍十分困难。可以预测，在全国水资源日益短缺的情况下，污水灌溉将有增无减，污灌水质超标问题在近期内很难得到有效解决。一方面要利用生活污水保证和发展农业灌溉，增加粮食产量，另一方面又要保证污灌区饮水和食物安全，关键是如何兴利除弊，科学适度地开展污水灌溉。

(一)农作物适宜的土壤酸碱度

农作物生长需要适宜的pH（见表10-6）。酸性污水污染了土壤后，土壤常常呈红褐色。水稻受酸性污水危害后，叶片上出现褐色斑点，并自叶尖开始卷缩，根也会变成深褐色。受碱性污水危害后，会抑制水稻地上植株的生长，稻叶常呈浓绿色，有时因碱而引起缺锌也可使农作物生长停滞，叶片上出现红枯状斑点。

表10-6　农作物生长适宜的土壤酸碱度

农作物	最适 pH	农作物	最适 pH	农作物	最适 pH	农作物	最适 pH
水稻	5.0~6.5	芝麻	5.0~7.0	黄瓜	5.5~7.0	番茄	6.0~7.0
玉米	5.5~7.5	花生	5.3~6.6	大头菜	6.5~7.5	豌豆	6.0~7.5
高粱	6.5~7.5	棉花	5.0~6.0	芹菜	6.5~7.5	西瓜	5.0~6.0
谷子	6.0~7.0	大麻	6.0~7.0	芥菜	5.0~7.5	苹果	5.0~6.5
小麦	6.2~7.5	烟草	5.0~6.0	洋葱	6.0~7.0	梨	6.0~7.5
大麦	6.5~7.8	甜菜	6.5~7.0	菠菜	6.0~7.0	桃	6.0~7.5
大豆	6.5~7.5	马铃薯	4.8~6.2	胡萝卜	5.5~7.0	李	6.0~8.0
燕麦	6.5~7.5	甘薯	5.2~6.0	萝卜	6.0~7.0	葡萄	5.5~7.0
荞麦	6.5~7.0	茄子	5.2~6.0	向日葵	6.0~7.0	草莓	5.0~6.5

大量酸性污水进入农田后，还能使土壤中的铁、铝盐溶解，由于水稻的大量吸收而造成铁过剩症。另外，在偏酸性的条件下，土壤的重金属有毒物呈可溶态，易被农作物吸收、致害。碱性污水进入土壤可使铁、锰、锌、铜等微量元素变为氢氧化物沉淀，影响农作物对这些元素的吸收，产生缺锌症，明显影响农作物生长。

当水的pH大于3.5时水稻生长基本正常，当水的pH小于2.5时可使水稻的分蘖数减少，在幼苗期危害更为明显，能使产量降低27%~50%。长期灌溉pH小于5.5的水，土壤中硝化细菌的活动受到抑制，硝化作用减弱。另外，氮肥得不到充分释放，磷酸盐的肥效降低，钙、镁等盐类易淋失。长期灌溉pH大于8的水，土壤中的钠离子开始活跃，对农作物根系的生长有抑制作用。

(二)污水灌溉技术

以下简要介绍几种国内外已采用的污水灌溉技术。

1. 采用污水灌溉水稻田

日本很少直接利用处理过的污水作为灌溉水源，而是将其排入河流或灌排系统中，进行淡化后再用于水稻灌溉。利用污水灌溉，对其水质要求甚为严格，必须不伤害作物和土壤。日本在乡镇建有许多小型污水处理厂,利用处理过的生活污水进行灌溉,经济且实用。

为了改进农村生活环境和水源水质,日本从1977年开始实行农村污水处理计划,并把污水灌溉作为一件重要的大事。

日本采用的小型污水处理系统多为日本农村污水处理系统,它可以分成两种类型。

(1)生物膜处理。在自然界中存在着大量依赖有机物生活的微生物,它们具有氧化分解有机物并将其转化为无机物的功能。生物膜处理就是利用微生物的这一功能,采取人工措施来创造更有利于微生物生长和繁殖的环境,使其大量繁殖,从而提高对污水中有机物氧化降解效率,达到净化污水的作用。

(2)生物处理。通过漂浮在污水中的微生物氧化作用,净化污水。

日本从1977年实行农村污水处理计划以来,已建成约2 000个污水处理厂。通过JARUS模式装置处理的污水,各项指标都达到污水处理水质标准。

日本农村污水处理协会设计、推广的污水处理装置体积小,成本低,操作运行简单,十分适用于农村。一般每1 000农村人口建立1个污水处理厂,最大的厂可处理1万人口左右的污水。处理后的污水水质稳定,多是引入农田灌溉水稻或果园,也可以将处理后的污水排入灌溉渠道,稀释后再灌溉农作物。从污水中分离出来的污泥经脱水、浓缩和改良后,运至农田以作肥料。

2. 利用城市污水灌溉农作物技术

捷克共和国城镇中的居民区比较多,从这些地区排出的生活污水稍做处理后即可用于灌溉。城镇污水通常包括大量对植物有用的营养物质和有机质。利用土壤剖面来净化污水,其效果比其他处理方法好。当然,这种效果决定于土壤的性质,以及发生在土壤中的各种物理化学和生物过程的程度。污水处理技术有两大类。

(1)物理净化方法。处理后的污水可直接用于灌溉。处理过程包括16个部分,污水通过处理后,储存于蓄水池中以供灌溉应用。正常情况下,作物可长期采用污水进行灌溉。如果要把灌溉作为污水生化处理的一个组成部分,则应进行全年灌溉。经物理净化方法处理后的污水,如果不用灌溉,则必须将其引入渗漏田、生化池或类似的设施中进行生化处理。

(2)生化方法。用生化方法不断地处理污水,然后用于灌溉或排泄至河流中。

2000年,小城镇的居民成功地采用机械处理和生化曝气池相结合的方法处理污水,然后再用于灌溉。但这种技术只适用于气候温暖的地区。对于总人口0.5万~2.0万人以上的城镇,则必须配置机械和生化处理设施,因为机械处理的污水只能用于灌溉。

利用污水灌溉也可能导致空气、地表水、土壤、蔬菜的污染,要注意选择适宜的灌溉方法并保护环境。

3. 利用污水灌溉芒果技术

西班牙格拉纳达省的沿海地区广泛种植亚热带果树,并用污水进行灌溉,总面积约12万亩。

过去,利用污水灌溉曾引起许多问题,如有些果树品种对溶解盐(主要是氯)很过敏,不宜用污水灌溉。现在农民选种的芒果,其耐盐能力较高,利用污水灌溉芒果效果较好。

西班牙全国的芒果种植面积为1.2万亩,产量在600~800 kg/亩之间。为了推广用污水灌溉芒果,西班牙有关部门于1995~1998年连续3年在格拉纳达省进行了污水灌溉芒果的试验。污水的水质指标为:pH 7.74,电导率1.02 dS/m,碳酸氢盐254.3 mg/L,氧化物104.03 mg/L,硝酸盐3.13 mg/L,钠27.13 mg/L,钾4.703 mg/L,钙92.03 mg/L,镁59.03 mg/L,SAR 0.64,可溶性盐0.903 mg/L,硬度28.0。

用滴灌方法灌溉芒果树,有幼树、三龄树及成年树等。对不同性质的污水(电导率、氯、钠等含量不同)设置了4种处理方法进行试验。结果表明,芒果产量不受污水水质的影响,但芒果的大小受污水水质的影响。

4. 与作物灌溉相结合的高效、持续性污水处理与再利用新技术

为了寻求经济而又具有可持续性的污水灌溉和污水处理技术,程先军等提出了土壤改良、污水再利用的过滤和作物灌溉技术(Filtration and Irrigated cropping for Land Treatment and Effluent Reuse,简称FILTER)。该技术的主要目的是利用污水进行灌溉,一方面满足作物对水分的需求,并满足或补充作物对养分的需求;另一方面降低污水中的氮磷含量,使之达到环保部门要求的排放标准。该技术使用高污染物含量的生活污水进行作物灌溉,通过土壤过滤汇集到密集的地下排水系统,然后排放到地面沟渠或其他地表水体,或者二次利用。由于系统中安装了密集的地下排水系统,所以即使在作物耗水强度较低的季节,该系统也具有较高的污水处理能力。为了通过土壤物理和生化过程以及作物吸收过程取得良好的污水处理效果,系统运行过程中,污水的施加、施加的污水在排出前于系统内保持的时间、排水管以上地下水位的深度以及滤出水的排出过程都是可以控制的。系统结构如图10-3所示。

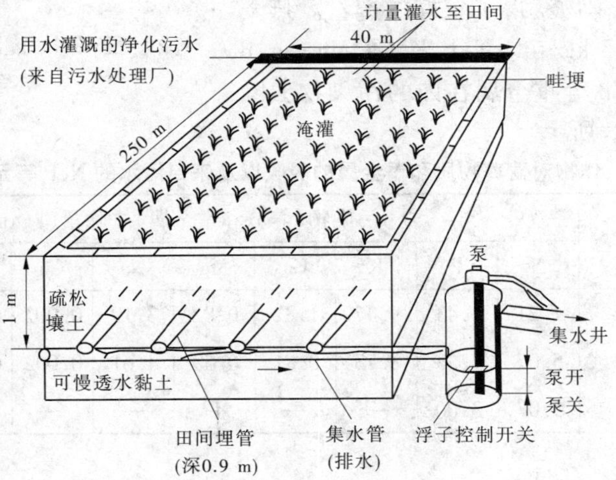

图10-3　FILTER系统结构图

试验过程中灌溉用污水中总磷平均浓度为6.1 mg/L,而排出水中总磷浓度为0.39 mg/L。该值远远低于环保部门的排放标准的要求(1 mg/L)。排水中其他污染物的浓度也都符合环保部门的排放要求。表10-7所示为灌溉用污水和相应的排出水中各种污染物的浓度和总量以及污染物去除率。

表 10-7　污水和排出水中污染物浓度和含量对比(1998 年冬季)

项目	污染物浓度(mg/L)		污染物总量(kg/亩)		去除率(%)	项目	污染物浓度(mg/L)		污染物总量(kg/亩)		去除率(%)
	污水	排出水	污水	排出水			污水	排出水	污水	排出水	
总磷	6.10	0.39	3.11	0.11	96	硝态氮	0.4	13.3	0.11	3.28	增长
总氮	19.0	15.0	8.76	3.73	57	BOD_5	10.3	0.6	5.34	0.26	95
有机氮	65.3	1.5	3.09	0.40	87	油脂	1.8	0	1.06	0	100
铵态氮	12.5	0.2	1.28	0.41	99						

另外,排出水中盐分的浓度和含量比灌溉污水高,并且试验开始阶段排出水中盐分含量要比后续阶段高,如图 10-4 所示。这主要是因为在整个过程中,灌溉水因蒸发蒸腾过程而被浓缩,造成了排出水中盐分的含量升高。而在开始阶段,土壤中原来积累的盐分被灌溉水淋洗过,排水管以上土层中盐分的含量明显降低。这说明和其他土地污水处理系统相比,FILTER 系统不仅能避免系统中盐分的积累而造成土壤退化,而且还能够对原本盐碱化的土壤有所改良。

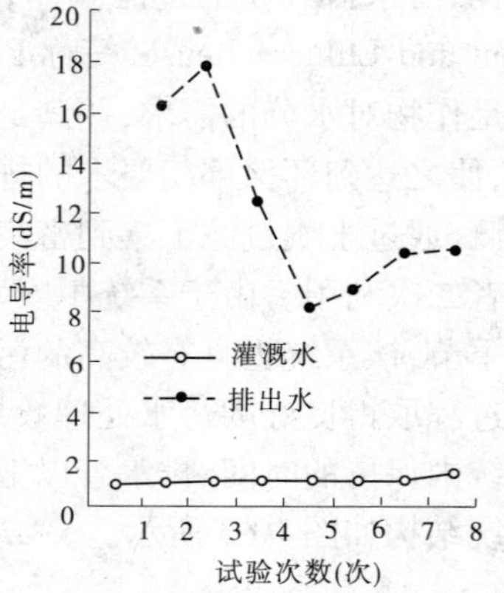

图 10-4　灌溉水与排出水中电导率对比

系统内种植的作物获得了较好的产量。燕麦干物质产量为 593.3 kg/亩。N、P、K、Ca、Mg、Na、B 以及包括 Cu、Mn、Zn 等重金属在内的污染物去除效果良好,如表 10-8 所示。

表 10-8　作物对营养物质和重金属的吸收以及来自污水的 N、P 等元素含量

作 物	干物质产量(kg/亩)	污染物(养分和重金属)去除量(kg/亩)									
		N	P	K	Ca	Mg	Na	Cu	Mn	Zn	B
牧草	953.3	1.21	1.43	9.47	1.32	0.82	3.19	0.002	0.037	0.014	0.005
燕麦	593.3	5.07	1.33	8.73	0.81	0.59	4.61	0.002	0.042	0.023	0.005
来自污水的量	—	5.07	3.00	—	—	—	—	—	—	—	—

表 10-8 中数据表明,系统内种植的作物可以充分吸收污水的养分,并且可以获得较好的作物产量。通过合理的设计系统,以及对系统内种植的作物进行有效的管理,可以避免养分、盐分和重金属在试验地块内的积累。

管理良好的 FILTER 系统,可以保持足够的排水率以保证系统的处理能力,经过系统的处理,排出水中污染物的含量可以降低到符合环保部门的要求。FILTER 系统中种植的作物可以获得较好的产量。通过合理化设计 FILTER 系统并有效地管理灌溉、排水和农作过程,

可以形成一个可持续的过程，能避免养分、重金属以及多余的盐分在系统内的积累。

四、研究发展方向与重点

城市生活污水，作为城市郊区农田灌溉的补充水源，有时甚至是农田灌溉的惟一水源，在缓解当地的农业水资源严重不足的矛盾、促进当地农业生产可持续发展等方面发挥了重要作用。

对于灌溉而言，污水既可以是作为一种补充水源，又可以是污水资源化的一条重要途径，同时，污水中氮、磷、钾等营养元素又是作物必不可少的养分；对于环保而言，污水灌溉不当必将给当地的土壤和地下水造成严重的重金属和有机物污染，使得人类的生存环境受到严峻的挑战；对于农业生产本身而言，适当的污水灌溉可使得作物产量有一定的增高，但不当的污水灌溉亦可造成作物体内重金属等有害元素的过量残存而造成粮食污染。因此，如何科学地进行污水灌溉，充分发挥其优势，避免其危害，是摆在科技工作者面前一项既复杂又严峻的课题。

近期，应系统研究不同污水类型的典型成分分析及其污水灌溉水质标准、污水中的有毒、有害元素成分在土壤—水—植物系统的运移、转化与积累规律，不同污水类型灌溉对作物生长、土壤理化性和微生物活动的影响，污水灌溉农田水土环境评价指标体系及其监测技术手段。

第二节　咸水开发及农田灌溉利用技术

一、咸水灌溉的发展概况

为了缓解水资源短缺与农业发展间的矛盾，世界各国在积极开展节水农业的同时，努力探求新的可利用水源，开展了咸水灌溉方面的研究，并在生产中推广应用，取得了许多宝贵经验和可喜成果。

咸水灌溉包括地下微咸水、咸水和灌区排水进行的农田灌溉。世界上有咸水灌溉的国家很多；突尼斯、阿尔及利亚、伊拉克、科威特、前苏联、西班牙、荷兰、意大利、以色列及中国等国家和地区都不同程度地采用了咸水灌溉，在农业发展中起到了积极作用。美国科学家对世界范围内咸水利用的现状进行调查后发现，矿化度低于 6 g/L 的咸水都可成功地应用于灌溉。早在 20 世纪 50 年代；美国盐碱土实验室就提出了矿化度 >2 g/L 为不宜灌溉水质的定量概念。迄今，不仅 2 ~ 5 g/L 微咸水灌溉在各国取得了很大成功，7 ~ 8 g/L 咸水利用由于灌水技术的应用，也获得了可喜的进展，并以 10 ~ 30 g/L 咸水灌溉大麦取得收成。

中国北方咸水资源较丰富，应用咸水灌溉的地方也极为广泛。这些地区有东北、华北、西北等。在河南省东部平原、河北省东南部及山东等地区黄河河道两侧的咸水资源丰富。甘肃省河西走廊浅埋带水体矿化度平均在 2 g/L 左右。海河咸水资源比较丰富，浅层地下水面积达 25 443 km^2，占该地面积的 37%。滨海平原海拔高度在 5 ~ 30 m 深度至少有 1 层多至 6 层含水层，其深层自流水局部为 1 ~ 3 g/L 的咸水。西北大小湖泊数以千计，面积大于1 km^2 的有400多个，面积达到1.7万 km^2，总储水量达300亿 m^3，有80%的湖泊为半咸水、咸水和盐湖。新疆的盆地由于含盐层的存在和地表水与地下水的频繁转换，造成地表以下一定深度形成了高矿化度水。

中国北方旱作地区，应用咸水灌溉技术也很广泛。河北沧州地区自1976年开始利用矿化度低于5 g/L的咸水灌溉小麦100万 km^2 以上，咸水灌溉的小麦均有不同程度的增产。陕西渭南地区，用矿化度1.9～5.2 g/L的咸水灌溉棉花，结果明显好于未灌溉的农田。宁夏同心、海原等县用矿化度3～6 g/L的咸水灌溉枸杞，效果很好，用矿化度3～7 g/L的咸水灌溉韭菜、芹菜和甘蓝等蔬菜，用矿化度3～7 g/L的咸水大面积灌溉农田，灌溉后单产较不灌溉显著提高。

"七五"期间，针对河南豫东古黄河洼地的微咸水长期不敢利用，农业生产由于无灌溉条件一直处于低而不稳的现状，水利部农田灌溉研究所进行了调查和试验研究。调查结果表明，古黄河堤下的兰考、民权、宁陵、商丘和虞城5县共有981.20 km^2 的咸水分布面积，绝大部分的矿化度均小于5 g/L，其中2～3.5 g/L的水质占5县咸水分布面积依次为83%、73%、82%、70%、92%。水质分析资料表明，其盐分组成具有一定的季节性变化特点。

依据其变化规律，通过3年的试验研究，取得的经验为：①矿化度大于5 g/L咸水不灌（当地排水条件差）；②土地平整、打畦作埂，使之每亩灌水60 m^3 不外溢，畦内水层深度一致；③实现管道或硬渠输水，防止灌水沿途渗水；④每亩施优质农家肥0.3万～0.4万kg，过磷酸钙40～50 kg；⑤加大灌水定额，减少灌水次数，每亩灌水定额50～60 m^3，周年灌水2～3次，于3～5月进行；⑥留埂种秋，蓄淡淋盐；⑦控制地下水的水位在2.5 m以下。

总之，咸水灌溉成为旱地农业区水源不足情况下的一种重要补偿办法，只要应用合理，是能够有效促进农业发展的。

各国经验表明，利用咸水灌溉的首要问题是防止土壤盐化，为此需要根据耐盐性选择适宜的农作物和耕作系统，并采用先进的灌溉技术，同时加强管理措施，防止盐分在土壤中积累。近年来，各国的科学家们也主要围绕上述问题展开了大量的研究和实践。

二、咸水的水质指标及对作物生长发育的影响

（一）咸水水质与作物耐盐能力

咸水包括地下微咸水、咸水、盐水，咸水的水质我国常用矿化度来表示。矿化度是指水中含无机矿化物成分的总量，是水化学成分测定的重要指标，用来评价水中总含盐量。

矿化度的测定方法依据目的不同大致有重量法、电导法、阴阳离子加和法、离子交换法等。我国常用重量法，该法含义明确、直观。国外常用电导法，电导法是用水的电导率表示水中离子成分的总浓度的方法。当水中含有无机酸、碱、盐时，水的电导率增加，一般常用单位是西门子/米（S/m）和微西门子/米（μS/m）。有研究表明，灌溉水在土壤中的浸润速度随水中含盐量的变化而变化，浓度高，则浸润速度加大，浓度低，则浸润速度减慢。因此，有人提出了用浸润速度判断水质的新标准。

咸水中含有对农作物危害程度不同的多种盐类。越是易溶于水的盐，其离子穿透细胞壁的能力越强，危害越大。在低含盐量的灌溉水中，往往因有碱性盐的存在引起碱度指标的变化而危害农作物，恶化土壤物理化学性状。通常所见盐类对农作物的危害顺序为：

$Na_2CO_3 > MgCl_2 > NaHCO_3 > NaCl > CaCl_2 > MgSO_4 > Na_2SO_4$

大量分析资料表明，咸水中盐类一般不超过5种。当矿化度小于2 g/L时，以重碳酸盐为主；当矿化度大于3.5 g/L时，以硫酸盐和氯化物为主；在2~3.5 g/L时为盐类组成变动的过渡带，有规律地呈以重碳酸盐为主向以硫酸盐和氯化物为主的转化。

灌溉水的质量取决于三个主要因素：钠的浓度、钠与钙和镁含量的比值、硼的浓度及其他微量营养元素（这些元素对植物生长是必需的，但在灌溉水中，若超过一定界限，就会变成对农作物有害的物质），其中，总含盐浓度是最重要的指标。随着含盐浓度的增加，损害农作物生长的主要因素是可溶盐的总浓度，而非个别离子的影响。

微咸水在灌溉方面的适用性需从水质和所灌作物的耐盐能力这两个方面判定。对水质的判别，除依据关于灌溉水质的国家标准外，有关单位还按照水中含盐量的多少、盐分的种类和组成等情况，提出多种评价标准，主要的有灌溉系数、钠吸附比、盐度、碱度与矿化度、综合危害系数等指标，水中所含盐类对大多数作物危害程度，可按递减次序排列如下：

$MgCl_2 > Na_2O_2 > NaHCO_3 > NaCl > CaCl_2 > MgSO_4 > Na_2SO_4$

钠盐对大多数作物相对危害性如下：

$Na_2CO_3 : NaHCO_3 : NaCl : Na_2SO_4 = 10 : 3 : 3 : 1$

石膏（$CaSO_4$）含量的多少，是地下水形成过程中水质“自我改善”的重要指标，其对土壤碱化、改善土壤物理化学性状以及供应作物营养等方面都有重要的作用。

利用微咸水灌溉，不仅要注意水质，而且要严格掌握作物各生育阶段的耐盐力，这是咸水灌溉成败的关键。衡量作物耐盐力，通常采用土壤含盐量、含氯量和土壤溶液浓度三项指标，见表10-9。

表10-9　小表、棉花、玉米各生育期耐盐极限指标

作物	生育期	土层深度（cm）	生长正常			生长受抑制			死苗		
			含氯量（%）	含盐量（%）	土壤溶液浓度（g/L）	含氯量（%）	含盐量（%）	土壤溶液浓度（g/L）	含氯量（%）	含盐量（%）	土壤溶液浓度（g/L）
小麦	冬前	2~5	<0.04	<0.04	<20	0.04~0.14	0.4~0.6	20~40	>0.14	>0.6	>40
	返青	5~10	<0.04	<0.25	<10	0.04~0.12	0.25~0.5	10~25	>0.12	>0.5	>25
	拔节	5~20	<0.05	<0.04	<20	0.05~0.12	0.4~0.6	20~40	>0.12	>0.6	>40
棉花	出苗	2~5	<0.07	<0.40	<20	0.07~0.17	0.4~0.7	20~50	>0.17	>0.7	>50
	苗期	5~10	<0.07	<0.40	<20	0.07~0.17	0.25~0.7	20~50	>0.14	>0.7	>50
	“小雨死苗”	5~10	<0.15	<0.80	<40	0.15~0.30	0.8~1.0	40~60	>0.30	>1.0	>60
玉米	4~8片叶龄苗期	0~20	<0.05	<0.05		0.05~0.1	0.3~0.45			>0.1	>0.45

表10-9表明，小麦在返青期耐盐极低，因此小麦受盐害大量死苗多是在返青期。小麦返青期不能使用含盐高的微咸水进行灌溉，这一点要特别引起注意。

(二)盐分对农作物生长发育和作物产量的影响

咸水灌溉特别是矿化度高的盐水灌溉会对农作物生长发育产生抑制作用,主要表现在以下方面:

(1)盐分对农作物水分生理的影响。土壤盐分的存在降低了土壤溶液的渗透势,使土壤水势下降,影响细胞的分裂,特别是细胞的伸长,同时引起气孔关闭,气体交换受阻,光合、蒸腾作用下降,最终影响农作物的生长发育,严重时可造成“生理干旱”而死亡。

(2)盐分对农作物营养生理的影响。这种影响是由于某种离子过量而引起农作物营养不平衡。如棉花苗期大量 Na^+ 的存在,影响了对 Ca^{2+} 和 Hg^{2+} 的吸收,番茄幼苗中 Cl^- 的存在,影响了 NO_3^- 的代谢,从而使农作物体内营养失调,代谢紊乱。随着某些离子在组织中的进一步积累,则造成叶片“焦枯”而死。

(3)盐分对能量的消耗。农作物对盐分的适应将消耗生长所需的能量。能量的消耗主要是光合产物由生长发育转入农作物渗透调节和离子运输。

例如,Cl^- 对植物危害的表现为:土壤渗透压增高,阻碍植物对水分、养分的吸收,破坏其生长。一般情况下,土壤中 Cl^- 含量达 0.05% ~0.10% 时植物生长处于明显抑制状态;当达到 0.40% ~0.80% 时,植物死亡。氯化物受病害的初期表现是缺绿症,叶尖干枯变褐,沿叶脉延伸,整个叶片干枯坏死,甚至枝尖枯萎死亡,叶绿素减少,碳水化合物降低,淀粉与糖的比例大大失调。

不同农作物及不同农作物品种的耐盐性差异较大,而且同一农作物品种在不同生育时期的耐盐性也不同。河北省黑龙港地区咸水灌溉南皮试验区(1980 ~ 1991)的研究结果表明,不同农作物的耐盐度不同,基本可表示为:棉花 > 大麦 > 春玉米 > 夏玉米 > 冬小麦 > 大豆。以色列学者 Pastermak 等经过耐盐试验比较,总结了几种农作物在不同咸水灌溉下的产量和含盐量的关系,其结果见表 10-10。大多数农作物都可以用电导率 5.0 mS/cm的咸水(相当于 3.2 g/L)灌溉,进行大规模生产。如果管理措施得当,农作物产量不会有显著下降。

表 10-10　不同盐水灌溉的农作物经济产量　(单位:kg/亩)

农作物	灌溉方式	灌水电导率				说明
		1.2 μS/cm	4.5 ~ 5.5 μS/cm	6 ~ 8 μS/cm	8 ~ 10 μS/cm	
棉花	喷灌	28.3	36.0	—	—	两年平均皮棉产量
小麦	喷灌	451	445	—	—	两年平均小麦产量
高粱	喷灌	667	560	—	—	两年平均高粱产量
玉米	滴灌	473	304	205	87	全期盐水灌溉
	滴灌	459	449	465	345	苗后 21 d 盐水灌溉
番茄	滴灌	9 067	8 200	3 667	—	全期盐水灌溉
	滴灌	9 067	8 200	8 467	—	四叶后盐水灌溉
花生	滴灌	601	322	115	45	四叶后盐水灌溉

利用耐盐农作物是咸水灌溉应用于农业的有效途径,耐盐农作物的选育是推广干旱区咸水灌溉的基本任务。耐盐农作物的选育主要包括以下内容:筛选耐盐农作物的品种;选用生长旺盛的品种或杂交优势品种;诱导植物多倍体;耐盐品种与推广品种杂(回)交;选用相对晚熟的品种;利用基因工程等高科技设计培育具有多重耐盐特性的物种。

利用微咸水灌溉,增加土壤湿度,降低土壤溶液的渗透压,有利于作物吸收水分,同时也增加从灌溉水带进土壤中的盐分。土壤盐分增加的多少,取决于灌溉水的矿化度、灌水次数和灌水量。如果没有淡水灌溉条件,主要靠降雨淋洗,不同水文年、一次降雨量的大小和雨型对土壤脱盐影响很大。用微咸水灌溉后,在随后的蒸发过程中,于0~20 cm土层,特别是在0~5 cm表层明显积盐。但经雨季集中降雨淋洗,土壤有所脱盐。在排水条件下,当雨淋洗盐量与所灌溉咸水积累的盐量相当时,可以达到周年不积盐,在丰水年或雨季(次)降雨量大时还能脱盐。如1974~1977年雨量较少,年降水量仅380 mm,采用微咸水灌溉后,表层土壤有所积盐,10~20 cm土层含盐量可达0.4%~0.7%。在土壤发生积盐以后,可采取用微咸水灌溉。四年内试验田局部土壤已脱盐,1984年改种棉花只灌播前水1次,这年降水量538 mm,量大一次降水85 mm,土壤普遍显著脱盐。

在干旱条件下,用微咸水灌溉比不灌溉的作物显著增产,如河南省虞城县试验证明,用3.1~3.5 g/L的微咸水灌溉粮食作物可增产24.7%。河北省黑龙港地区利用2~5 g/L微咸水抗旱浇小麦,一般都增产20%~30%,利用微咸水抗旱夏播和灌溉棉花也都获得一定成效。

(三)咸水灌溉对土壤和地下水的影响

(1)适宜咸水灌溉的土壤质地。土壤质地不同,保水性能不同,导致咸水灌溉的适应性也不同。砂质土壤(黏粒含量在12.5%以下)和黏质土壤(黏粒含量在50%以下)相比,砂质土壤更适于咸水灌溉。对此,日本的研究学者认为,砂质土壤用咸水灌溉以后,白天由于高温在砂砾空隙间产生水蒸气,随着夜晚到早晨温度不断降低,水蒸气冷凝成水滴,这些冷凝水可以直接被植物根系吸收利用,而残留下来的盐分则被灌溉水冲走。黏质土壤则因透水、通气性能差而不具备条件。

(2)咸水灌溉与土壤含盐量。土壤中的盐分主要来自地下水。地下水沿土壤毛细管上升到地表,水分蒸发后盐分累积在土壤中,经过降水或灌水的淋洗,盐分又溶解下移,这样年复一年地上下移动,形成一种动态平衡。通过采样化验发现,地下水矿化度与土壤含盐量呈显著的直线正相关,可用如下公式表示:

$$y = 0.569\,2 + 13.418x \tag{10-1}$$

式中　x——地下水矿化度;

　　　y——土壤含盐量。

通过这种相关关系,就可用土壤含盐量预测地下水的矿化度,或根据地下水的矿化度粗略预测土壤含盐量。土壤中的含盐量的不同,对浇咸水的反应差异很大。土壤含盐量低,对咸水抗御能力就强;相反,土壤含盐量较高,对咸水的抗御能力就差。这主要看浇咸水以后土壤水溶液的浓度是否达到农作物盐分的适应程度。

三、咸水开发与利用技术

(一)直接利用微咸水灌溉

利用微咸水直接灌溉的地方比较普遍,但要注意以下几点:

(1)严格掌握水质标准。一般 pH 为 7.0~8.0 的中性或弱碱性,阳离子中钠不超过 60%,以硫酸盐或氯化盐为主,矿化度小于 5 g/L 咸水可以用于抗旱灌溉。

(2)灌水时间应晚,灌水次数宜少,灌水量要因地制宜。在非盐碱和轻盐碱地上,可在作物需水关键时期灌水 1~2 次,至多不超过 3 次,灌水定额 400~600 m^3/亩。中度盐碱地,可加大灌水定额进行压盐灌溉。

(3)要有排水条件。在一年周期内,使土壤不积盐或呈脱盐状态。

(4)要与农业措施密切结合。一要平地;二要施肥,增施有机肥和磷肥,有显著的增产及抑制返盐作用;三要灌后及时锄地,以减少水分蒸发,防止土壤强烈返盐。

(5)选种耐盐作物。

(6)要测土壤水分,必要时采取人工冲洗措施。

(二)微咸水与淡水混合灌溉

咸、淡水混合灌溉可以扩大微咸水使用范围。咸、淡水混合,既可以淡化微咸水,又可以改善水中溶解物的化学性质。如河北平原东部,深层地下水都是碱性淡水,水中 CO_3^{2-} 与咸水中的 Ca^{2+} 和 Mg^{2+} 结合后,产生碳酸盐和重碳酸盐类沉淀,从而能克服碱性危害。

咸、淡水混合后水的矿化度的计算可采用下式:

$$c = (c_1V_1 + c_2V_2)/(V_1 + V_2) \tag{10-2}$$

式中 c——混合后水的矿化度,g/L;

c_1、c_2——混合前咸、淡水的矿化度,g/L;

V_1、V_2——咸、淡水的体积,m^3。

为了使咸水资源得到充分利用,必须首先搞清混合前后咸、淡水的矿化度及水化学类型,以便采取更好的混合比例。

利用微咸水与淡水进行轮灌,效果比较好。有河水的地方,汛后用河水进行秋季洗盐或采用大定额灌溉压盐,都有利于防止土壤积盐。如用微咸水灌溉后土壤有积盐趋势时,进行淡水压盐与洗盐更有必要。

(1)不同灌溉水对甜菜产量和含糖率的影响。采用咸、淡水轮灌对产量的影响小,而含糖率(总糖量)有所下降。可采用咸、淡轮灌以确保产量的稳定。不同处理的灌溉水对甜菜产量和含糖率的影响见表 10-11。

表 10-11 不同处理的灌溉水对甜菜产量和含糖量的影响

试验处理	降水量(mm)	生育期灌水量(mm)	灌水次数	含糖量(%)	产量(kg/亩)
淡水灌溉	61.9	570	7	15.9	3 625
咸、淡水轮灌	61.9	577	7	14.4	3 451
咸水灌溉	61.9	575	7	16.2	3 102

(2)不同灌溉水对土壤含盐率的影响。从播种前储水灌溉到甜菜收获后由于淡水的淋洗,土壤含盐率总体有所降低。在甜菜生长中期,块根在深 10～20 cm 土层中生长,生长后期块根膨大伸长至 40 cm 土层,所以该土层土壤含盐率对甜菜后期生长及糖分的积累有较大的影响,咸水灌溉含盐率增加了 19.7%,咸水磁化增加了 0.09%,咸、淡水轮灌减少了 60.64%。由此看出,采用咸、淡水轮灌可降低土壤含盐率。不同处理的土壤含盐率变化如表 10-12 所示。

表 10-12　不同处理的土壤含盐率变化

深度(cm)	淡水灌溉		咸、淡水轮灌		咸水灌溉	
	播种前	收获后	播种前	收获后	播种前	收获后
0～10	0.194 7	0.172 2	0.192 1	0.153 7	0.190 0	0.197 1
10～20	0.152 2	0.147 5	0.225 9	0.200 1	0.196 7	0.373 5
20～40	0.443 6	0.412 2	0.666 2	0.414 7	0.253 4	0.753 1
40～60	0.484 1	0.437 6	0.495 9	0.529 5	0.550 8	0.592 7

(3)不同灌溉水与甜菜叶片脯氨酸含率的关系。在应用不同盐度的灌溉水时,甜菜叶片的脯氨酸含率也不同,淡水灌溉脯氨酸含率低,咸、淡水轮灌次之,咸水灌溉最高,甜菜叶片脯氨酸含率随着灌溉含盐率的增加而增加。许多研究表明,在干旱胁迫条件下,作物脯氨酸含率常可增加 10～100 倍。随着灌溉水含盐率的增加土壤水势逐渐下降,作物受到的水分胁迫也增加,释放的水分胁迫也增加,造成甜菜叶片脯氨酸含率的增加,说明细胞内可溶性蛋白降解,释放出脯氨酸或者盐分,干旱合成受激,刺激了谷氨酸向脯氨酸的转变,表现出脯氨酸含率增加。细胞内这种渗透调节,提供了甜菜的耐旱性和耐盐性。显然,脯氨酸的积累对甜菜适应干旱高盐环境有一定的好处。

(4)不同灌溉水与甜菜还原糖含率的关系。咸淡水轮灌及咸水灌溉的还原糖含率比淡水灌溉高出 4.5～6 倍,这是由于在盐分胁迫条件下,蔗糖酶活性高而引起蔗糖的分解,促使叶片中的还原糖含率上升,以增加保水能力而提高耐盐性。若块根中蔗糖含率不降低,叶片中还原糖含率高无关紧要。

综上所述,咸、淡水轮灌对甜菜产量、总糖分、土壤含盐率及甜菜生理生化指标影响不大。

(5)咸水灌溉的农艺措施。一般认为滴灌是最适合应用的咸水灌溉方法。在滴灌的情况下,土壤含水量与田间持水量相当,所以从水分应力上说,其基质张力很低,为 $5.0\times10^4\sim5.3\times10^5$ Pa。由于滴灌形成的土壤基质张力小,所以允许较高的含盐度或者说较大的渗透张力。滴灌时,盐分会在湿土体的周围及土壤的表面积聚。在降水较多的地区,可利用雨水对土壤进行冲洗;在降水少的地区,可利用河水进行冲洗淋盐。

中国农业科学院农田灌溉所在商丘、民权两县进行咸水灌溉的大田试验中,强调工程措施与农业措施相结合,采取措施有效地控制了土壤盐碱化现象的发生。他们采取的主要措施有:高标准平整土地,打畦做埂,做到灌水 60 m^3/亩以上水仍不外溢,畦内水层均匀;严防渠系渗漏,利用管道把水直接送至畦田;每亩施用优质农家肥不少于 3 000 kg,过磷酸钙 40 ~ 50 kg;改小水勤灌为大定额、少灌次,秋季农作物尽量不灌(雨季);留埂种秋,蓄雨淋盐,充分利用降水把咸水灌溉带入农田的盐分淋至下层;要有排水条件,控制地下水在 3 m 以下。

(三)排咸换淡改造微咸水

运用浅井深沟体系,把地下微咸水抽出排走一部分,同时引来淡水,加上降水入渗补给地下水,使之淡化,达到改造微咸水、扩大水资源的目的。

通过抽排降低地下水位,腾出地下库容,有利于防涝,防止土壤返盐,并可用抽出的微咸水抗旱。在河北省曲周试验区通常在以下两季进行抽咸水,效果比较明显。

(1)早春抽咸。早春为重要的排咸期。因在秋冬大水压盐,上部潜水矿化度高,早春抽水降低水位,其抑制土壤返盐的效果最好。

(2)雨季抽咸。雨季抽咸是在雨季之前还是在雨季进行的抽咸,视地下水位埋深情况而定。河北省周张庄在 6 000 亩耕地上打井 57 眼,组成浅机井群,在 1974 ~1976 年期间,抽水 205 天,抽出咸水 235 万 m^3,引入淡水 180 万 m^3,加上降水入渗,使 60% 浅井中水质由 7 g/L 淡化为 5 g/L 以下,20% 淡化为 5 ~6 g/L,使原来不能用于灌溉的地下水,达到了可以利用的程度。

(四)太阳能淡化苦咸水技术

西北农林科技大学农业水土工程研究所和甘肃省武威地区水利科学研究所联合,在甘肃民勤开展了太阳能淡化苦咸水的研究。首先在地面修建一个长方形的深 20 cm 的蓄水池,池底覆盖黑色塑料膜以充分吸收太阳能,在水池的上方做一框架,框架外覆透明材料(白色塑料薄膜或玻璃),这样就形成了蒸凝棚。在蒸凝棚的内下部制作一个有坡度的集水槽,使凝结水通过集水槽流入蒸凝棚侧边的淡水收集器内。其构造见图 10-5。

蒸凝棚凝结水量的多少与太阳辐射的利用有很大关系。从充分利用太阳能的角度出发,蒸凝棚应坐北朝南,东西延长建造。这样可以最大限度地利用光照时间。

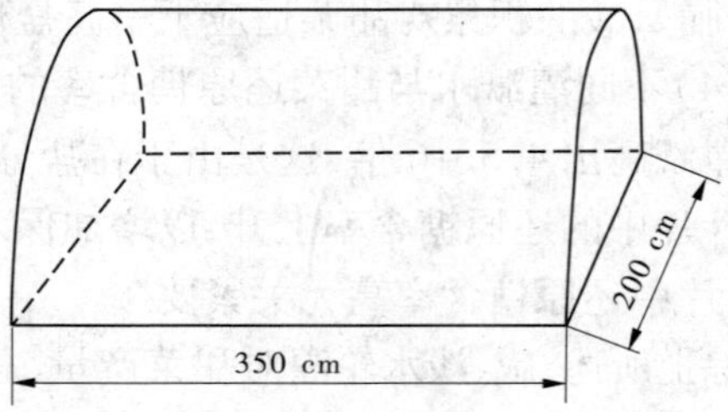

图 10-5　弧形塑料蒸凝棚构造图

照射到蒸凝棚面上的阳光,一部分被反射,一部分被吸收,余下的光线透射到棚内用于加热水面和提高棚内的温度。不同种类的棚面材料对光线的吸收率是一定的,也就是说材料的透光率取决于反射率的大小,反射率又与光线的入射角大小有直接关系。入射角与入射角的增大表现为略有下降、明显下降和急剧下降。

在蒸凝棚的设计中,为使棚内尽可能多地吸收太阳能,蒸凝棚棚面的倾斜度(棚面角)应同太阳光线的入射角配合得适当才能达到目的,由图 10-6 可以看出,以入射角 0°(或投射角为 90°)最为理想。图 10-7 为光线入射角、太阳高度角、棚面角的关系示意图。

由图 10-7 知道,当棚面角与太阳高度角之和为 90°时最为理想。因此,在 5 月至 10 月份,棚面的倾斜度应在 15° ~14°之间。太阳光线的入射角只要不超过 40°,光的透光率下降就不超过4%。因此,蒸凝棚面的倾斜角可以40°~50°作为设计参数,以达到良好的透光和较合理的断面尺寸。

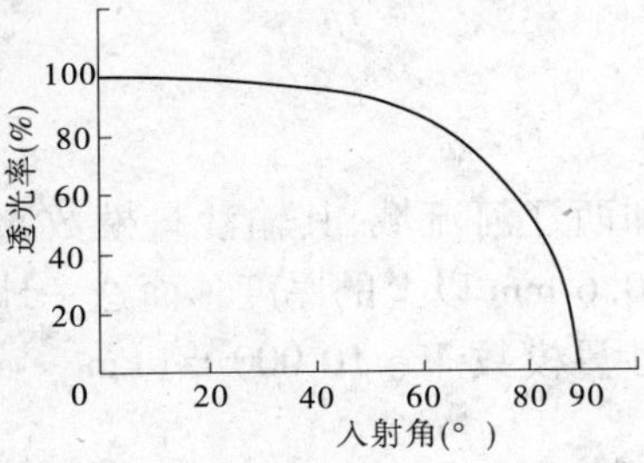

图10-6　太阳入射角与透光率的关系

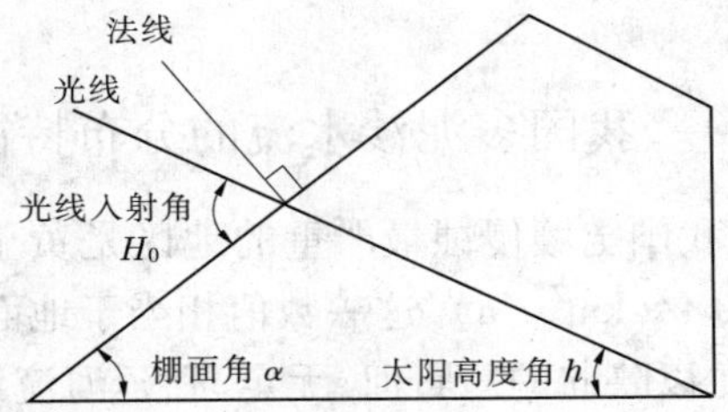

图10-7　入射角与棚面角度的关系示意图

提高蒸凝水量和水质的措施:晴天在14:00~15:00时之间蒸凝棚内的温度可达到45℃以上,棚内相对湿度达到100%,并可一直维持到17:00时左右,但是这段时间内蒸凝棚内流出的水量却很小,这主要是因为棚内外的温差小,棚内水汽在棚面的凝结速度慢。

在14:00~17:00时这段时间内温度高,太阳辐射强度大,如能提高这段时间水的凝结速度,则会使日蒸凝水量很大提高。要提高凝结水量就要增大棚内和棚外的温度差。在棚的上部做一喷(冷)水装置,使水均匀地喷洒在蒸凝棚的外表面,使蒸凝棚面降温,从而使棚内外形成一个较大的温差。结果表明,这种措施可使蒸凝水量有很大提高,比没有冷却措施的提高30%~40%。

蒸凝棚在运用过程中,过一段时间在池内的水面会形成一层青苔,这会影响水的凝结量。因此,在运用过程中,要定期更换水池中的水。一段时间后,在棚的外表面会附着一层灰尘,从而影响光线的穿过,要经常清洗棚的外表面,以提高蒸凝水量。蒸凝棚内水池的水层不要太厚,以利于水池中水温的快速提高,增大水的蒸发量。蒸凝棚的棚面为玻璃或塑料面,容易破,在运行过程中,要注意保护棚面不被破坏。

四、研究发展方向与重点

咸水灌溉虽然在世界上各国各地都有成功的运用,但也存在一些问题。主要问题是因不合理地进行咸水灌溉引起的土壤盐碱化,有的地方甚至积盐过度而废耕,给农业生产造成了巨大损失。

为了克服咸水灌溉存在的问题,应做到科学灌水,运用综合农业措施来避免或防止因咸水灌溉引起的新问题。目前应用的主要措施有:监测水质,科学灌溉;灌排结合,以排洗盐;平整土地,增施有机肥,改善土壤物理化学性质;选育耐盐的作物品种,抗盐避盐。

今后研究和发展的重点应主要集中在低成本、节能型的微咸水开发利用技术体系的研究和建立方面,开发微咸水利用的技术设备,微咸水灌溉指标体系和灌溉制度以及相关配套技术的研究,建立适合我国污水水质特点和作物模式的微咸水安全利用与农田灌溉技术体系。

第三节　多泥沙水的输送与高效利用技术

一、我国多泥沙水流的分布特征

我国土壤侵蚀最严重的地区是黄土高原、永定河和西辽河流域，其输沙量模数 $M>$ 1 000 t/(km^2·a)，这一数值相当于地面每年普遍冲掉 0.6 mm 以上的厚度。而这一地区中，尤以陕北的窟野河、无定河、延河流域为最大，其输沙量模数 $M\approx$10 000 t/(km^2·a)，相当于地面每年普遍冲掉 6 mm 的厚度。

泥沙随水流失汇集到河流之中，使得河水中含有一定沙量。含沙量很高的河流，正是黄河中游的一些干支流，年平均含沙量有些高达 300 kg/m^3 以上；而在南部一些省份，年平均含沙量不足 1 kg/m^3。这样的分布状况，是与各地区的水土流失程度紧密相关的。表 10-13 是我国一些主要河流的年平均流量、年平均含沙量、年输沙总量和输沙量模数的统计资料。

表 10-13　全国主要河流多年平均水沙特征值统计

河流	测站	水量		沙量		
		流量 (m^3/s)	径流量 (亿 m^3)	含沙量 (kg/m^3)	输沙量 (万 t)	输沙量模数 (t/(km^2·a))
松花江	哈尔滨	2 110	381.8	0.156	751	19.2
辽河	铁岭	165	52.0	6.83	4 070	336
永定河	官厅	43.1	13.6	60.8	8 070	1 900
黄河	陕县	1350	425.9	36.9	157 000	2 290
	花园口	1 530	482.7	27.1	131 000	1 790
	利津	1 480	466.7	24.7	115 000	1 530
无定河	川口	47	17.8	139.0	21 000	7 020
渭河	华县	287	90.5	47.0	42 500	3 990
淮河	蚌埠	855	269.6	0.456	1 410	116
长江	宜昌	14 300	4 512	1.180	52 100	518
	汉口	23 500	7 414	0.616	43 400	292
	大通	29 200	9 211	0.541	47 800	280
金沙江	屏山	4 640	1 464	1.660	24 300	502
岷江	高场	2 870	905.2	0.612	5 440	409
嘉陵江	北碚	2 130	672.4	2.490	17 000	1 070
湘江	湘潭	2 010	633.7	0.173	1 070	133

续表 10-13

河流	测站	水量		沙量		
		流量 (m^3/s)	径流量 (亿 m^3)	含沙量 (kg/m^3)	输沙量 (万 t)	输沙量模数 ($t/(km^2 \cdot a)$)
赣江	外洲	2 030	640.3	0.180	1 110	137
闽江	竹岐	1 740	547.1	0.135	751	138
西江	梧州	6 970	2 199.0	0.345	6 920	210
北江	石角	1 280	403.0	0.133	515	134
东江	博罗	710	224.0	0.152	341	135
红水河	迁江	2 130	672.4	0.628	4 250	332
澜沧江	允景洪	1 840	580.1	1.300	7 730	561
雅鲁藏布江	奴下	2 010	634.6	0.318	1 820	108
伊犁河	雅马流	393	113.7	0.539	672	134
叶尔羌河	卡群	203	64.0	4.560	2 910	604

注：本表资料引自原水利电力部水利司 1975 年 5 月刊布的《全国主要河流水文特征统计》。

河流泥沙的矿物成分，依流域地质条件而定，主要是氧化硅（SiO_2），含量约占 50%；其次为氧化铝（Al_2O_3）及氧化铁（Fe_2O_3），含量约占 30%；其他如氧化钙（CaO）、氧化镁（MgO）、氧化磷（P_2O_3）等，均含量甚微。

挟带泥沙的河水，还有一定肥效，用以灌田，能增长肥力。例如黄河中游的黄土，每吨含氮肥 0.8～1.5 kg、磷肥 1.5 kg、钾肥 20 kg，共计约 23 kg，约为总土重的 2%。这些肥料随土壤一道被水流冲蚀挟带下来，只要采用有效措施，就能加以利用。

二、明渠高含沙浑水的长距离输送

以往多沙河流地区渠道设计多建立在平衡输沙理论的基础上，但由于河道高含沙洪水的水沙条件，特别是含沙量随时间和流程变化急剧；河道与渠道之间的水力条件有较大差异，如果考虑冲淤的影响，则挟沙力自河道开始至各级渠道，在时间和流程上均不断发生变化，使渠道高含沙水流的挟沙力和含沙量，在时间和流程上经常处于不平衡状态。因而，使渠道频繁地发生冲淤变化，很难在较长时间和距离内保持稳定平衡的挟沙状态。

实践证明，高含沙引水渠道很难做到不淤不冲。因此，必须用不平衡输沙理论去指导渠道的规划、设计和运用管理工作，在“有淤有冲、冲淤平衡”原则指导下，保证正常引水灌溉。

高建恩针对水利部节水改造项目——山东滨州韩墩灌区引黄浑水长距离输送进行研究，建立了如下一维恒定非均匀流非饱和节水输沙灌溉数学调度模型。

（一）灌溉渠道节水输沙调度模型的基本方程

渠道中水流泥沙运动规律，与一般的明渠水流泥沙运动规律是一致的。由于灌溉渠道断面一般比较规律，属棱柱体明渠，故可用一维数学模型来描述它。

泥沙数学模型的水力学和泥沙变形计算是基于下面几个基本微分方程的，即

水流连续方程

$$\frac{\partial(Bhu)}{\partial x} + B\frac{\partial y}{\partial t} = q_1 \tag{10-3}$$

水流运动方程

$$\frac{\partial u}{\partial t} + u\frac{\partial u}{\partial x} + g\frac{\partial y}{\partial x} + g\frac{u^2}{C^2 R} = 0 \tag{10-4}$$

河床变形方程

$$\frac{\partial G}{\partial x} + B\frac{\partial(hS)}{\partial t} + \rho' B\frac{\partial y_0}{\partial t} = 0 \tag{10-5}$$

水流挟沙力公式

$$S_* = S_*(u,h,\omega,\cdots) \tag{10-6}$$

泥沙连续方程

$$\frac{\partial(BhuS)}{\partial x} + B\frac{\partial(hS)}{\partial t} = -aB\omega(S - S_*) - S_{1ql} \tag{10-7}$$

式中　B——河宽；

h、u——断面平均水深及流速；

y——水位；

y_0——断面平均河床高程；

q_1——单位长度上侧向汇入流量；

S、S_*——断面平均实际含沙量和水流挟沙力；

G——断面总输沙率，$G = BhuS + Bg_b$，由于引黄渠道推移质与悬移质相比较，输移量较少，可以忽略不计，因此 $G = BhuS$；

g_b——断面单宽推移质输沙率；

ω——悬移质断面平均沉速；

d——推移质平均粒径；

ρ'——泥沙干容重；

S_1——渠道的侧向汇流含沙量；

g——重力加速度；

C——谢才系数；

R——水力半径；

a——系数；

x、t——距离及时间。

渠道一维数学模型的进口边界条件通常为，对上游进口断面给定流量及含沙量过程。出口边界条件为，对下游出口断面给定水位变化过程或给定水位流量关系曲线。如果有侧向入流还应给定侧向水、沙变化过程。

渠道一维模型的初始条件为：给定初始时刻计算渠段的地形及床沙级配、水力及泥沙要素等条件。

（二）非耦合解渠道恒定非饱和输沙模型

根据灌溉渠道自身的运行及组成特点，根据非耦合解恒定非饱和输沙模型的定义，再补充一些假定条件,通过化简式(10-3)~式(10-7)来得到其基本方程。

1. 基本方程

这种模型的主要假定条件是:

(1)将非恒定流作为恒定流处理。即取$\frac{\partial h}{\partial t}=0,\frac{\partial u}{\partial t}=0$,由于渠道进口多由闸门控制,短时段内渠道水流多为恒定流,这种做法是允许的。在灌溉渠系中,时间恒定概化多以天为单位划分时间段。

(2)假定渠床发生冲淤过程中,在每一个短时期内河床变形对水流条件影响不大,这样就可采用非耦合解法进行计算。对于这一点,在具体计算中将设法尽可能近似地做到,即只要限制每个计算时段内冲淤量不太大即可。

(3)不考虑水体中含沙量因时变化,由于含沙量、水深因时变化引起的水体中的沙量变化不大,一般取$\frac{\partial(hS)}{\partial t}=0$不会引入较大的误差。

按照上述条件化简式(10-3)~式(10-7)得

$$\frac{\partial Q}{\partial x}=-q_l \tag{10-8}$$

$$\frac{\partial y}{\partial x}+\frac{1}{2g}\frac{\partial}{\partial x}\left(\frac{Q^2}{A^2}\right)+\frac{n^2Q^2}{B^2h^{10/3}}=0 \tag{10-9}$$

$$\frac{\partial G}{\partial x}+\rho' B\frac{\partial y_0}{\partial t}=0 \tag{10-10}$$

$$S_*=S^*(u,h,\omega,\cdots) \tag{10-11}$$

$$\frac{\partial(QS)}{\partial x}=-aB\omega(S-S_*) \tag{10-12}$$

式中　Q——渠道流量;

A——过水面积;

n——曼宁系数;

C——谢才系数,$C=\frac{1}{n}R^{1/6}$;

R——水力半径。

2. 水流运动方程及河床变形方程的求解

对方程式(10-8)~式(10-12)用有限差分法,写出差分形式

$$Q_j=Q_{j+1}+q_l\Delta x \tag{10-13}$$

$$y_j=y_{j+1}+\frac{n^2\Delta x}{2}\left(\frac{Q_{j+1}^2}{Q_{j+1}^2h_{j+1}^{10/3}}+\frac{Q_j^2}{B_j^2h_j^{10/3}}\right)+\frac{1}{2g}\left(\frac{Q_{j+1}^2}{A_{j+1}^2}-\frac{Q_j^2}{A_j^2}\right) \tag{10-14}$$

及

$$(G_j-Q_{j+1})\Delta t=\rho'\Delta x\cdot B\cdot\Delta y_0 \tag{10-15a}$$

或

$$(G_j-G_{j+1})\Delta t=\rho'\Delta x\cdot\Delta A \tag{10-15b}$$

式中　Δx——计算渠段长度;

q_l——单位长度分流量,流出为正,流入为负;

Δt——计算时间步长;

Δy_0——计算河段平均河床淤积或冲刷的厚度，正值为淤，负值为冲；

ΔA——计算河段平均河床淤积或冲刷的断面面积；

G_j、G_{j+1}——进、出口断面输沙率，用于计算悬移质冲淤时，应为 $G=QS$；

j——断面编号；

y_j、y_{j+1}、B_j、h_j、h_{j+1}——进、出口断面的水位、河宽及平均水深。

3. 不平衡输沙计算

灌溉渠道的泥沙运动经常处于不平衡（非饱和）状态，即断面的含沙量不一定等于其挟沙力，如沉沙条渠的淤积问题及有时在衬砌干渠出现冲刷的情况等，都可采用非饱和输沙模型来解决。由于非饱和输沙模型考虑了含沙量和挟沙力的差异，因此比饱和输沙模型更具有一般性。由泥沙连续方程式（10-8）简化后得

$$\frac{\partial(QS)}{\partial x} = -aB\omega(S - S_*) \tag{10-16}$$

由于这种模型是将非恒定概化成恒定流来求解的，流量 Q 在某一短时段的计算中不变，在没有侧向入流的条件下，沿程也不发生变化，故式（10-16）也可写成

$$\frac{\partial S}{\partial x} = -\frac{a\omega}{q}(S - S_*) \tag{10-17}$$

参照文件方法可解式（10-17）得到一维恒定非均匀平均含沙量沿程变化的计算公式为

$$S = S_* + (S_O - S_{O*})\mathrm{e}^{-\frac{aL}{l}} + (S_{O*} - S_*)\frac{l}{aL}(1 - \mathrm{e}^{-\frac{aL}{l}}) \tag{10-18}$$

式中：$q/\omega = l$ 表示泥沙由水面落到河底的特征距离。

这个公式是在 S_* 沿程直线变化的条件下获得的。从式中可以看出，出口断面的含沙量 S 决定于进口断面的含沙量 S_0、水流挟沙力 S_{0*}、出口断面的水流挟力 S_* 及河段的相对长度 L/l 和恢复饱和系数 a。公式的结构还表明，出口断面的含沙量由三部分组成：本断面的水流挟沙力 S_*，进口断面剩余含沙量（$S_O - S_{O*}$）经过距离 L/l 衰减后剩下来的部分 $(S_O - S_{O*})\mathrm{e}^{-\frac{aL}{l}}$，以及由于水力因素的变化所引起该河段挟沙力变化的修正值。这三项中，一般情况下以第一项占主要分量；第二项所占分量的大小决定于剩余含沙量（$S_O - S_{O*}$）的多少，若进口断面实际来沙量较大，而该断面的挟沙力较小，则该项所占的分量将较大；第三项取决于非均匀沙，这是因为该式在积分的过程中，ω 是作为常数处理的缘故，将之推广应用于非均匀沙时，则应求分组含沙量的沿程变化，即

$$S_i = S_{*j} + (S_{0i} - S_{O*i})\mathrm{e}_j^{\frac{aL}{l}} + (S_{O*j} - S_{0j})\frac{l_i}{aL}(1 - \mathrm{e}^{-\frac{aL}{l_j}}) \qquad (j = 1, 2, \cdots, n) \tag{10-19}$$

其总含沙量是各级粒径组含沙量之和，$S = \sum_{j=1}^{n} S_i$。

至此，非耦合解恒定非饱和输沙模型的求解问题已解决。

（三）渠道冲淤数学模型的验证

山东省韩墩灌区位于黄河下游河口三角洲北侧，于 1958 年兴建。设计流量 60 m^3/s，灌溉面积 225 万亩。由于该灌区地处黄河最下游，灌溉期水源无保证，引水十分困难；又

因灌区工程配套差，输水损失高达 25%。为保证有限的水资源得到充分利用，1988 年水利部确定韩墩引黄灌区为节水技术改造试点灌区，其中总干渠防渗衬砌 22 km 于 1991 年完成。韩墩灌区分布如图 10-8 所示，表 10-14 为韩墩总干渠改建前后断面要素。

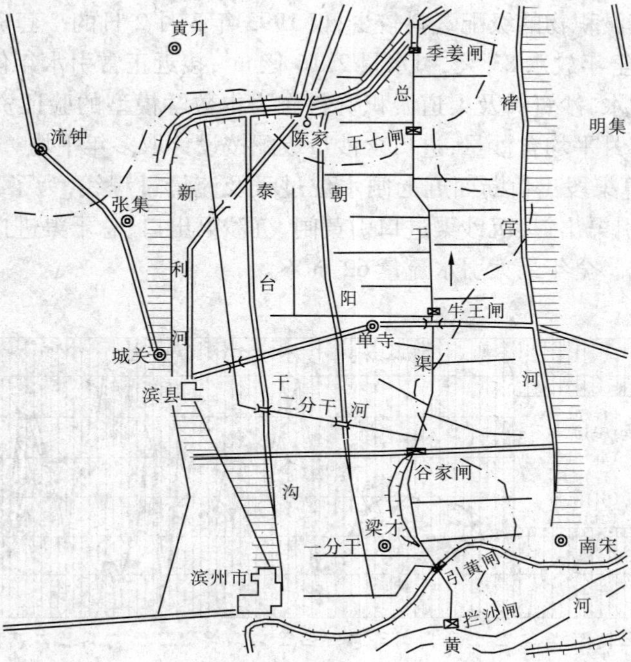

图 10-8　韩墩灌区分布图

表 10-14　韩墩总干渠改建前后断面要素

位置名称	桩号	长度(m)	边坡		糙率		比降		底高程(m)	
			内	外	改建前	改建后	改建前	改建后	改建前	改建后
引河	拦沙闸	1 780	1:2.5	1:2.5	0.018	0.02	1/6 500	1/6 500	9.75	9.75
输沙闸	引黄闸 0+000								9.48	9.48
	引黄闸 0+000	6 400	1:2.0	1:2.0	0.02	0.02	1/6 500	1/10 000	9.18	9.18
总干渠	谷家闸 6+400								8.25	8.55
	谷家闸 0+000								8.25	8.55
	牛王闸 7+100	7 100	1:1.5	1:2.0	0.02	0.02	1/9 500	1/7 500	7.48	7.48
	牛王闸 7+100								7.31	7.31
	五七闸 16+710	8 610	1:1.5	1:2.0	0.02	0.02	1/9 500	1/7 500	6.41	6.17

韩墩灌区为了统计引水量，在放水期分别在拦沙闸后约 330 m 处的王后桥、谷家闸、五七闸等处每天 8:00 时及 16:00 时测流 2 次，在谷家闸、五七闸建有水尺并同期进行水

位测量,总干渠沿途各闸门放水流量变化也都及时测报。渠首无含沙量资料。

总干渠 1991 年改建完成后,渠道淤积量减少,原来每年清淤 1 次变成现在 2 年清淤 1 次或每年部分渠段清淤。1993 年年底对拦沙闸到季姜闸整个干渠进行了清淤;1994 年年底又对整个总干渠进行了淤积测量,资料也较完整。

总干渠的渠底淤积物的级配资料较少,仅 1993 年 3 月 2 日的一套资料较完整。

此外,1994 年全年放水 83 天,引水量 2.16 亿 m^3,接近正常引水年份。基于以上基本情况,取 1994 年的水、沙资料及渠道淤积资料作为本数学模型的验证资料。渠首进口含沙量取利津站多年月平均含沙量,进口含沙量级配按设计取多年平均。

图 10-9 是计算渠段出口断面五七闸水位过程及流量过程线,为了比较,图中同时给出了渠首拦沙闸、引渠出口、沉沙渠进口引黄闸、沉沙渠出口、总干渠进口谷家闸及沿程牛王闸的流量过程线。全年最大引水流量 62 m^3/s。

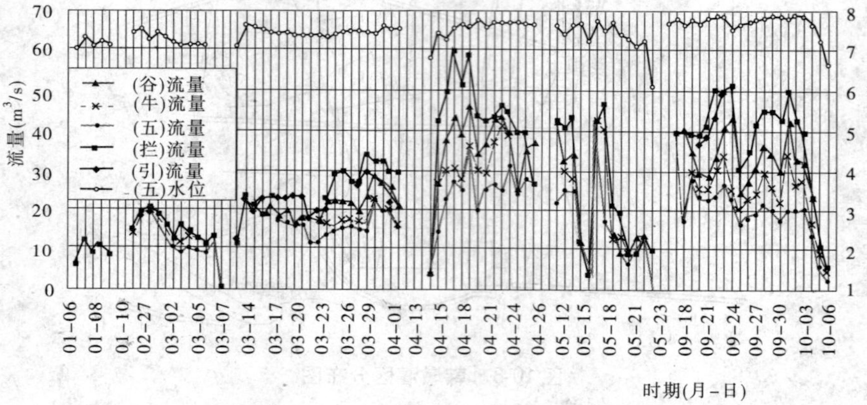

图 10-9　韩墩干渠 1994 年水位流量过程

(1)水位验证。韩墩灌区总干渠除在进口拦沙闸和出口五七闸观测水位测量外,在谷家闸和牛王闸也有水位观测资料,图 10-10 及图 10-11 分别是 1994 年谷家闸和牛王闸水位计算值与实测值的比较。显然数学模型的水位计算值与这两个站的水位实测值符合较好,表明在数学模型中采用的糙率值是适宜的。

(2)渠道泥沙冲淤量的验证。以距渠首 8 200 m 的谷家闸为界,谷家闸上游沿程累积淤积量计算值较实测值略大,到达谷家闸前达到最大,计算值较实测值大 15%;谷家闸后,计算累积值沿程逐渐靠近实测累积值,在牛王闸附近,两值达到相等。牛王闸后两值略有偏离,计算值偏离实测值最小(不到 3%)。当到达五七闸时,沿程累积计算量与实测值基本相同。这说明模型基本反映了韩墩总干渠的冲淤规律。

(3)床沙级配的验证。1994 年,韩墩灌溉管理局、中国水利水电科学研究院及清华大学三单位先后 7 次对渠道沿程水沙进行了测验。由于渠道行水时,渠底淤积物不易获取,故未取床沙级配资料。为了对比起见,仍选这些测次的计算床沙级配与实测级配来比较。比较的级配资料选用 1993 年 2 月 3 日的实测床沙级配资料。对比的结果如图 10-12 所示。

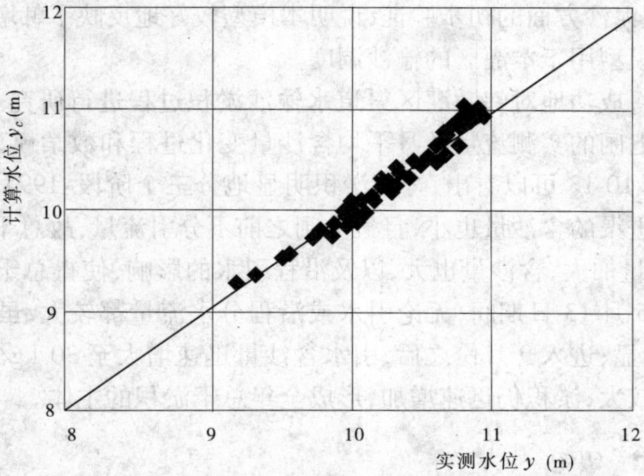

图 10-10　1994 年谷家闸水位计算值与实测值比较

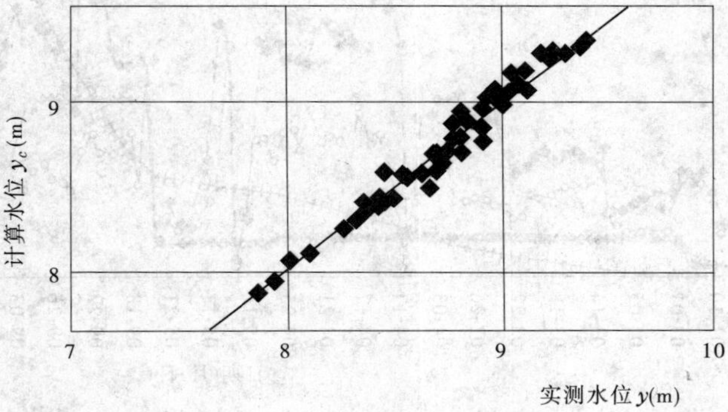

图 10-11　1994 年牛王闸水位计算值与实测值的比较

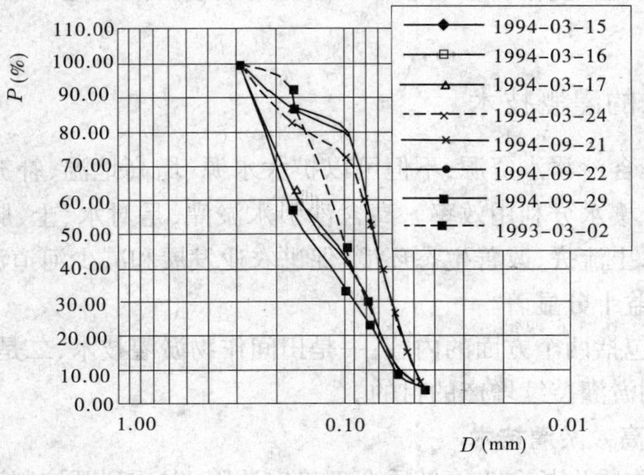

图 10-12　韩墩拦沙闸后(引渠)床沙级配计算值与实测值的对比结果

由图 10-12 可以看出，引渠段在放水初期，来沙粗渠道淤积的沙子也较粗，随着淤积的发展及来沙变细，淤积的泥沙也变细。

通过上述水流泥沙方面的初步验证，说明本模型较好地反映了韩墩总干渠的输水、输沙特点，可以将本模型用于本灌区的输沙调度。

该模型建立后，成功地对韩墩灌区渠道水输沙淤积过程进行研究。图 10-13 是 1994 年全年拦沙闸、五七闸的实测流量及月平均含沙量变化过程和数学模型计算的总淤积量的变化过程。由图 10-13 可以看出，全年淤积明显地分三个阶段：1994 年 1、2 月份，虽然引水流量小，但因进渠的含沙量也小，且五七闸之前不分引流量，故总干能基本保证不淤；3 月到 5 月引水流量加大，含沙量也大，以及沿程引水的影响，使得总干淤积量缓慢增加，其中 4 月 13 日到 5 月 13 日期间，无论引水或沿程分水流量都较大，虽含沙量变化不大，但淤积增加趋势明显；进入 9 月份之后，引水含沙量迅速增大至 30 kg/m^3，分水流量也较大，即使引水流量较大，淤积仍迅速增加，形成全年总干淤积的主体。

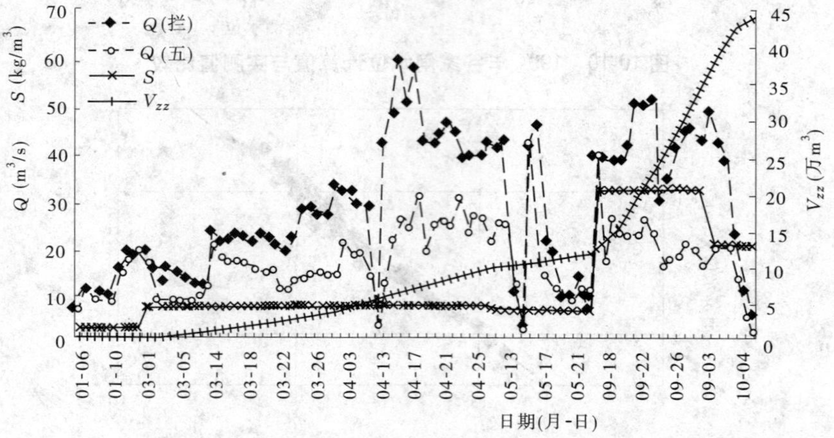

图 10-13　1994 年韩墩灌区流量、含沙量、总淤积量随时间变化关系

从以上分析可以明显地看出，影响总干渠淤积的最主要因素是来水的含沙量及沿程分流比。

三、高含沙浑水的灌溉技术

根据研究，利用高含沙浑水资源，不但可以扩大水源、增高地温、补充地下水，而且能增加土壤养分，提高土壤水分利用效率。高含沙引水淤灌，是对水、土、肥综合利用，达到扩大灌溉水源、控制水土流失、改善生态环境、促进农业发展和减少河道泥沙等多种目的，其经济效益和社会效益十分显著。

浑水的淤灌技术包括两个方面的内容：一是田间作物淤灌技术，二是田间淤灌改土技术，两者相辅相成达到淤灌持续增产的目的。

（一）田间作物的高效淤灌技术

田间淤灌要根据作物生长和土壤性质合理确定沙限，以达到既控制淤积厚度，又满足作物需水量和田间改土的要求。为了保证淤灌质量，通常采用沟灌或畦灌的方式。

（1）不同作物适宜的淤灌含沙量。引洪淤灌的含沙量不宜过高，否则浑水在毛渠和田间流动阻力大,极易淤积或停滞,甚至因含沙量过高而不能流入田间。另外,淤层厚度也随含沙量的增高而更加不均匀,厚者可能淹没作物生长点,薄者又达不到淤灌的要求,因而造成作物减产。

陕西宝鸡峡灌溉试验站连续3年对玉米进行不同含沙量淤灌的对比试验结果如表10-15所示。结果表明,淤灌比清水灌增产3.7%～11.2%,其中以含沙量 $S_m=35\%$ 的增产幅度最高,达到亩产43.94 kg。在陕西省泾惠渠、洛惠灌区的试验获得的规律基本一致。

表10-15　宝鸡峡灌区不同含沙量淤灌玉米效果表

含沙量 S_m（%）	穗长（cm）	单株穗数（个）	单株穗粒重（g）	粒重（g）	产量	
					kg/亩	占清水比例（%）
清水	18.4	1.08	151	338.1	395	100
24.9	19.9	1.05	163	316.9	415.8	105.3
30.0	19.0	1.07	163	317.7	425.5	107.7
35.0	19.9	1.05	175	351.1	439.4	111.2
38.9	19.1	1.03	165	331.3	418.1	105.8
44.3	18.6	1.04	158	325.7	408.5	103.7
50.0	20.0	1.06	158	327.1	410.8	104.0

棉田淤灌方面,宝鸡峡灌区的试验结果,在 $S_m \leqslant 25\%$ 时,较清水灌增产。洛惠灌区的试验,当 $S_m=54\%$ 时,皮棉较清水灌增产6.9 kg/亩,增产幅度为13.5%。

陕北特别是榆林市对谷子和水稻进行大面积淤灌试验,含沙量以 $S_m=25\%$ 为宜,增产明显。榆林市水稻淤灌增产的主要经验是:①含沙量 $S_m \leqslant 25\%$ 为宜,含沙量较低的洪水,其泥沙粒径较细,有利于改土;②淤灌次数一般为1～2次,严重干旱可适当增加灌次,为了使淤层均匀,每次淤灌应变换田间引水口的位置;③掌握适宜的淤灌时间,插秧前,可以淤灌泡田,拔节前苗弱小,不宜淤灌;④灌水量每亩为150～180 m^3,控制每次灌水深小于0.2 m,超过时应及时排出。

花生等低矮作物一般不宜用高含沙水淤灌,但甘泉区却对西瓜进行淤灌,取得增产效果。

综上所述,适宜的淤灌量与作物种类、生长发育期、干旱缺水程度以及土质等因素有关。淤灌时应因地制宜地综合考虑上述因素,合理确定引水含沙量。总的来说,玉米、棉花淤灌含沙量可控制在 $S_m \leqslant 35\%$,其他高秆作物也可按此选用。当作物特别干旱缺水、需灌救命水时,含沙量 S_m 也可提高到50%。

(2)控制落淤厚度。落淤厚度亦和作物种类、生长期以及土壤和缺水程度有关。在相同的淤灌条件下,淤灌厚度愈大,水的渗吸速度愈小,据宝鸡峡灌区测定,当 $S_m=10\%\sim50\%$、灌水定额为62.5 m^3/亩时,平均渗透系数为

$$K = 0.27 - 0.003\,34S_m \tag{10-20}$$

式中　K——平均渗透系数,m/d。

淤泥层过厚,造成田间渗吸速度小、积水时间长、土壤不透气,特别在气温高时,易闷死作物;另外,淤泥过厚还会板结夹苗不利于作物生长。相反,对高秆或耐淹作物,土壤透水性较好时,淤层可适当增厚一些。

洛惠灌区试验表明,棉花淤厚以3~6 cm增产效果较好,具体情况见表10-16。

表10-16　洛惠渠不同落淤厚度对棉花生长和产量影响情况

淤层厚度(cm)	清水	3.0	6.0	10.0	13.0	16.0
灌水定额(m^3/亩)	400	30.7	61.1	101.8	132.4	163.0
淤灌前铃数(8月1日)(个/株)	58.5	52.1	65.0	27.3	25.0	43.2
淤灌后铃数(8月19日)(个/株)	38.0	27.2	25.3	26.0	23.2	28.6
落铃数(个/株)	20.5	24.9	39.7	1.3	1.8	14.6
皮棉产量(kg/亩)	51.2	58.1	53.2	51.7	46.4	33.6

根据泾、洛、宝三灌区的经验,玉米、高粱落淤厚度以5~7 cm为宜,不应超过10 cm;棉花一般不超过6 cm;水稻在拔节后淤厚以8~12 cm为宜,一季总淤厚不应超过25 cm。应特别指出,苗期作物的淤厚,以不淹埋生长点为准,以免造成幼苗死亡。另外,播种前淤灌,一般应提前3~5天进行,淤厚应薄,以免延误播种期。

(3)考虑作物生长发育期。应据田间作物布局、种类、生长发育情况及需水程度等来确定适宜的淤灌时间。幼苗应在不淹苗的条件下进行淤灌,当苗高0.3~1.0 m时,可大量淤灌。糜谷在成熟时、马铃薯在开花后期都不宜淤灌,否则易造成糜谷返青减产和马铃薯腐烂。

洛惠渠杨家庄玉米不同生长期对淤灌效果的影响:在淤灌水深为21.5 cm条件下,8个叶片生长期的玉米长势旺盛,而6个叶片生长期则出现枯萎现象。据分析,6个叶片的玉米株高仅42 cm左右,灌水厚度在30 cm左右时,生长点被淹没,易将作物闷死,如能及时排除田间积水,淤泥干后会出现裂隙增加透气性,则能保证正常生长。8个叶片以上的玉米,株高已达62.5 cm,虽淤灌水深相同,但生长点未被淹没。对10个叶片以上的玉米,淤厚26 cm,气根埋入淤泥以下18 cm,仍然生长良好。洛惠渠试验农场对不同播种期小麦淤灌效果进行了试验,结果是:早播(9月27日)比晚播(10月10日及10月20日)生长健壮旺盛,产量也高。

(4)推行小畦沟灌。淤灌宜采用沟灌或小畦灌,避免大水淹灌,这有利于输沙、落淤均匀(厚度和粒径组成)和节约用水等。沟灌的通气性较畦灌为好,有利于作物生长发育。

和清水灌溉要求一样,长度一般小于100 m,含沙量高时,以30~50 m为宜。畦宽2~3 m、深0.2~0.3 m为宜;沟宽一般0.30~0.35 m。

(5)确定灌水定额。淤层厚度T确定之后,即可按下式求出浑水淤灌定额V_m:

$$V_m = \frac{2\rho'_s T}{3S} \tag{10-21}$$

式中　V_m——淤灌定额，m^3/亩；

T——落淤厚度，m；

ρ'_s——淤层干容重，t/m^3，其值可近似取 1.25 t/m^3；

S——浑水含沙量，kg/m^3。

浑水定额一般不宜超过 60 m^3/亩。

(6)加大单宽流量。据洛惠渠试验站资料，落淤不均匀度的表达式为

$$\eta = \frac{d_{50max} - d_{50min}}{d_{50ave}} \tag{10-22}$$

式中　d_{50max}、d_{50min}——落淤层最大、最小中值粒径，mm；

d_{50ave}——落淤层平均中值粒径，mm。

图 10-14 为落淤不均匀度 η 与单宽流量 q_m 的试验规律。单宽流量指每米畦宽的淤灌流量。单宽流量大时，浑水在畦内流速加大，输沙能力强，送得远，落淤均匀；相反，浑水流得慢，极易落淤，上游淤层厚、沙粗，下游淤层薄、沙细，落淤不均匀度大，畦块形成上沙下黏的局面。

在畦长 300 m、畦宽 2～3 m 的条件下，当田面比降大于 0.1% 时，可取单宽流量 q_m = 5～7 L/(s·m)；当田面比降小于 0.1% 时，可取 q_m = 7～9 L/(s·m)。

(7)排除积水。淤灌后发现田间较长时间积明水时，应及时排除，以免影响作物根系呼吸。烈日下，明水大量蒸发也对作物枝叶有害。

淤层干后，应及时中耕破土，否则较厚的淤泥夹紧作物不利于生长。破土后有利于土壤透气和减少蒸发。

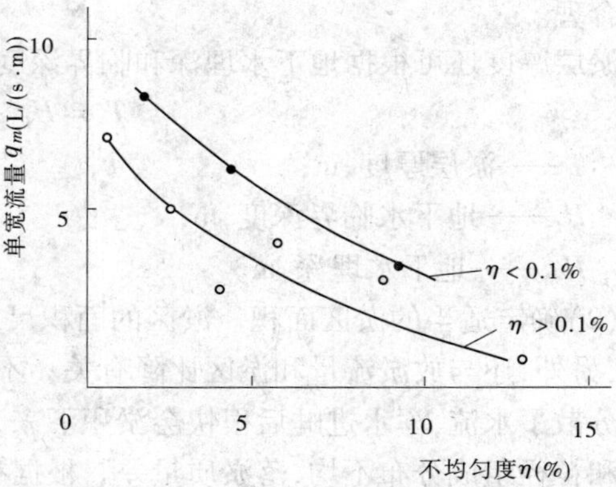

图 10-14　落淤不均匀度 η 与单宽流量 q_m 的关系

(二)淤灌改土技术

淤灌改土一般是指引洪放淤改良盐碱土。引洪放淤是指洪水含沙量很高，不宜进行淤灌，只能放淤改土或淤地造田和治沟治坡。放淤改土，事先应做好规划，根据放淤区的地形、土质、作物生长和布局等情况，规划出渠道、道路、田间工程、放淤定额和放淤流量等。

盐碱地初期改良，一般用含沙量较高的洪水进行放淤压碱和改土。

(1)确定合理的淤层厚度。淤层厚度影响放淤工程的经济效益，应进行技术经济比较。淤层厚度大时，每亩用洪用沙量大，一次放淤改土的面积会相应减少，而且要求田间工程标准高，工程量也相应增大。淤层厚度过大，不利于发挥原耕作层的肥力，浪费了水沙资源，影响放淤改土的进度。而淤层厚度过小时，一次放淤往往达不到改土的要求，需要较长时间多次放淤才行，这同样会影响改土的经济效益。

放淤厚度应根据土壤盐碱化程度、地下水埋深以及排水条件等因素来确定。一般应

以淤后耕作层盐碱含量不影响作物生长为准。洛惠灌区对此进行了试验研究,得出了如图 10-15、图 10-16 的规律。

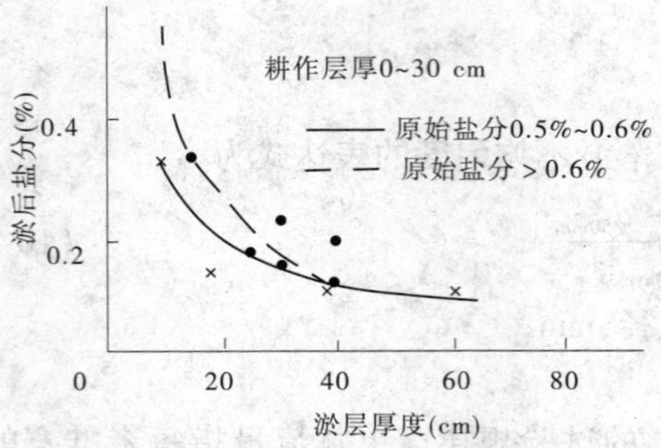

图 10-15　淤层厚度与淤后盐分关系

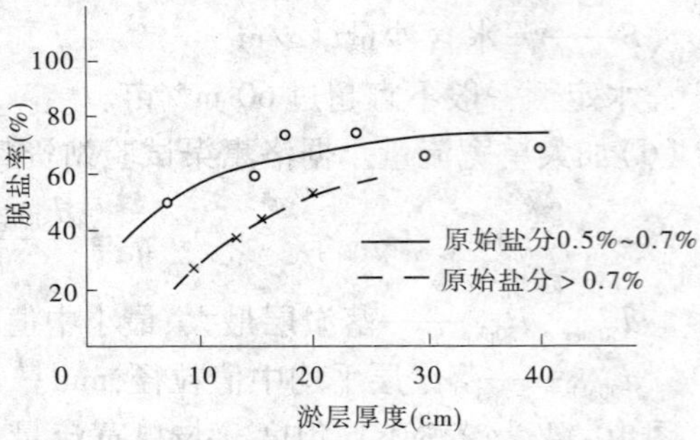

图 10-16　淤层厚度与脱盐率关系

在排水条件良好的情况下,中轻度盐碱化地区(耕作层含盐量 0.5% ~0.6%),淤层以 0.2 ~0.3 m 为宜;重度盐荒地区(耕作层含盐量大于 0.6%),淤层以 0.3 ~0.4 m 较为经济合理。

淤层厚度还可根据地下水埋深和临界深度来确定:

$$T = H_k - H_{水} \tag{10-23}$$

式中　T——淤层厚度,m;

H_k——地下水临界深度,m;

$H_{水}$——地下水埋深,m。

(2)确定适当的淤区面积。淤区的面积尺寸(主要是畦宽),对放淤或落淤质量影响较大,另外,还与放淤流量和淤区比降有关。不均匀度随畦宽增加而增大,这是由于畦宽增大分散了水流,浑水进畦后很快会淤积下来,使后续水流不能顺利前进,因而造成畦内淤厚和粒径组成分布不均,落淤质量差。根据初步畦宽的对比试验,认为畦宽以 80 m 左右为宜。畦宽还可根据渠道输浑能力来确定,即

$$B = \frac{Q}{q_m} \tag{10-24}$$

式中　B——畦宽,m;

Q——渠道放淤流量,L/s;

q_m——畦内单宽流量,一般可取 7 ~8 L/(s · m)。

(3)修好田间工程。放淤时,一般灌水定额较大,这使入口处流速大,往往发生冲刷。另外,由于畦内水深度较大,如果田埂质量差,往往引起渗水、滑坡或决口,以致造成排水渠道的淤塞。因此,为了放淤安全,必须保证田间工程的质量,围埂需留一定的超高,超高一般不小于 0.5 m。表 10-17 给出洛惠灌区放淤田间工程围埂规格尺寸,供参考。

淤区控水建筑物多属临时性的,在落差较小时,可用草袋、梢捆等材料修筑进、退水口;落差较大时,应用砖石修筑,同时在退口处加底坎,以减少其上游附近水面的跌落程度。这样做,既可减轻退水口上游附近的冲刷,又可使畦内泥沙落淤均匀。总之,应尽量使畦块淤得均匀平整。

表 10-17 淤区田间围埂规格 （单位：m）

计划淤厚	埂高	底宽	顶宽
0.1	0.4	1.0	0.2
0.2	0.7	1.9	0.5
0.3	1.0	2.7	0.7
0.5	1.5	4.0	1.0

(4)要有排水系统。淤区周围修建完整的排水系统。在修筑排水沟时，一般可采用在围埂外侧取土，使筑堤与挖排水沟相结合的施工方法。排水系统应根据地形、土壤和地下水位等因素进行规划设计。淤区排水沟间距和深度可参考表 10-18。

表 10-18 淤区排水沟间距和深度

土质	排水沟间距(m)	排水沟深度(m)
轻黏土	250	2.0
	300	2.4
中、重壤土	360	2.3
	400	2.5
轻壤土	350	1.8
	400	2.1

淤区排水条件的好坏直接影响到盐碱地改良效果的巩固程度。在不良的排水条件下，淤区的地下水位不能在短时间内降至临界深度以下，大量可溶性盐类不能及时排走，可能造成土壤重新返盐，达不到放淤改土的目的。据洛惠灌区观测，排水条件好的盐改地，其耕层盐分多年来处于稳定状态，盐分含量一直保持在 0.2% 以下。对于无排水条件的淤区，淤后耕层盐分多年来呈累积上升趋势，通常淤后种植 1 ~2 次即严重返盐。

(5)做好淤地的改良与利用。盐碱地淤改后还应重视耕作管理、加强农业措施以巩固提高改良效果。这方面的措施主要是种植绿肥和施加有机肥，以此来增加土壤团粒结构和提高肥力。洛惠渠下吕村在健全排水系统的同时，注意淤后种植绿肥、增施有机肥，0 ~30 cm 耕作层内有机质含量为 1.15%，含氮 0.08%，含盐稳定在 0.15% 以下，起到巩固和进一步改良盐碱地的作用。

淤后的田块，应及时开发利用，往往由于淤层厚、水分大，当年不宜翻耕播种，但可直接撒播小麦或用“泥耧”播种。又因淤后田块温度较低，宜提早 5 天左右播种。

(三)引洪淤滩压沙改土

在裁弯取直的沿河工程中，可利用高含沙洪水进行淤堤和压沙造田，使大量沙石滩地变为良田。

(1)做好治河造田规划。沿河造田要统一规划，全面安排，兼顾两岸和上下游的利益。根据河道现状，因势利导，分段分期完成。注意做到引洪与防洪、漫滩与护滩、灌溉与排水,以及工程措施与生物措施相结合的原则。

(2)修好河滩造田工程。堤坝工程要严格按照河流防洪导线进行设计,在治导线以外的河滩地方可引洪淤灌造田。不得在河道排洪断面以内设置障碍,缩小泄洪断面。堤坝要坚固,最好与防洪工程结合,而且还要达到防洪标准。

渠系布设。小面积的淤地造田,可在河岸开口,直接引洪淤灌造田。大面积造田则要布设灌排系统,引水口及渠道布设可参考相关书籍。

田间工程。在渠系布置好以后,要根据河滩面积大小、地形、水沙条件,以及淤灌方法等划方筑堤。一般每方面积可取 200 m^2 左右。如果水沙资源丰富,为了节约劳力,可采取大水漫灌,这时每方面积则视流量大小而定,畦宽以 60 m 左右、长以 400 m 左右为宜。

如果采取种植水稻逐年淤高田面时,则每方面积可为 1 500 ~2 500 m^2,方内按河滩比降,每隔 10 ~20 m 修一畦埂,埂高 0.4 ~0.5 m,每畦都应设置进、退水口,退水口低于畦埂 0.1 ~0.2 m。

(3)压沙造田的淤灌方法。大水漫灌常见的方法有两种:一是在治河修围堤时,选择适当的位置先不封口,让洪水倒灌河滩地(或原河床),当淤厚达到一定数值时,即将河堤封堵。二是采用与淤改盐碱地相同的方法,即用大水漫淤,含沙量一般不加限制,淤层厚度以 0.3 ~1.0 m 为宜,并应满足防洪和治盐碱的要求。

种植水稻或抗涝抗倒伏的高秆作物(高粱、玉米等),当沙滩有淤泥 2 ~3 cm 厚时,可通过对作物的淤灌,逐步抬高田面,通常一季可淤高 0.2 ~0.3 m。当淤层厚达 1.0 m 以上时,可改种其他作物,变每年一熟为两熟。

在陕西关中渭河沿岸常用畦畦清、一串串和野马分鬃的淤灌方法,具体情况可参考有关文献。

(4)河滩造田的改造和利用。引洪压沙造田,当田块达到淤改标准后,原有引洪造田的渠道,一部分被废弃,大部分经过改造变成引洪或清水灌溉渠道。在田块内还应规划道路和植树造林,尽快实现川地田园化。

对于沙荒地的淤改,因淤灌方法与河滩地相类似,故不赘述。

四、高含沙水流的输送与高效利用研究发展方向

高含沙水流在农业方面的高效利用,是对水、土、肥综合利用,既扩大了灌溉水源、节约了水资源,又控制了水土流失、改善生态环境、促进农业发展和控制河道泥沙等多种目的,其经济效益和社会效益都十分显著。

目前对多泥沙浑水在农业上的应用,其经验性成果较多。今后应加强高浓度浑水输移机理、环境泥沙生态、非均质土壤水分运移、不同作物的高浓度浑水灌溉方式等方面的研究。

“九五”期间,科研人员开发了引黄高含沙水滴灌大田作物成套技术。该项目根据黄河水泥沙含量及粒径分布特点,水处理的指导思想是分级处理拦粗输细,粗粒在进入管网前去除,细粒通过滴灌管网进入田间。采用工程过滤与机械过滤相结合的四级过滤模式解决引黄高含沙水处理问题,有两种处理模式:

(1)采用无纺布净化初级过滤,再用沉沙池沉淀处理,最后采用砂过滤器、筛网过滤

器或组合过滤器过滤处理，三级处理可将汛期泥沙含量达 4 ~ 6.5 kg/m^3 以下。

(2)采用平流沉淀—斜板沉淀—过滤器—抗堵塞滴头过滤模式，在灌溉期过滤效率可保持在 90% ~ 95%，在汛期为 85%。

采用上述过滤模式任一种，同时配合定时排放毛管尾部泥沙及清水冲洗管网等防堵运行管理措施，即可保证滴灌系统的正常运行，配合相应的农业技术措施，取得节水增产的良好效益。该项技术在宁夏南部山区、内蒙古阿左旗荒漠地区建成示范区 2 250 亩，与常规灌水方式比较，节水 51% ~ 61%，节能 38% ~ 61%，增产极为显著。上述成果为高含沙水流高效利用展示了美好的前景。

第十一章 地面灌溉节水技术

第一节 地面灌溉节水技术的分类及特点

一、地面灌水方法的类型及特点

地面灌水方法是使灌溉水通过田间渠沟或管道输入至田间,水流在田面上呈连续薄水层或细小水流沿田面流动,主要借重力作用兼有毛细管作用下渗湿润土壤的灌水方法。传统上,根据灌溉水向田间输送的形式和湿润土壤的方式不同,地面灌水方法可分为畦灌、沟灌和淹灌3类,各自具有不同的特点。

(一)畦灌

畦灌是一种既古老又常见的作物灌水方式。它是将灌溉土地用低矮土埂分割成许多矩形条状田块,即灌水畦,又称畦田,灌水时,灌溉水从输水垄沟或直接从田间毛渠引入畦田后,在畦田田面上形成很薄的水层,沿畦长坡度方向均匀流动,在流动的过程中主要借助重力作用垂直下渗、逐渐湿润土壤的灌水方法。

畦灌方法主要适用于灌溉窄行距密植作物或撒播作物,如小麦、谷子等粮食作物,花生、芝麻等油料作物,以及牧草和菠菜、芫荽等速生性密植蔬菜等。此外,各种作物的播前储水灌溉也常采用畦灌方法,可加大灌溉水向土壤中下渗的水量,使土壤中储存更多的水分供作物发芽出土,有利于培育壮苗。畦灌方法还可用于冲洗盐碱地,以降低土壤中的盐碱含量。

1.畦灌的分类

根据畦田方向与地形等高线的关系,畦灌可以分为顺坡畦灌和横坡畦灌两种。地面坡度较小(小于0.01)时,畦田长边方向沿最陡地面坡度方向,即垂直于等高线布置,称为顺坡畦灌。地面坡度较大(大于0.01)时,为了避免田面水流过快,畦田长边方向常与等高线斜交或平行布置,称为横坡畦灌。

根据畦田长度划分,畦灌又有长畦灌和短畦灌两种。通常,畦长大于100 m的称为长畦灌;畦长小于100 m的称为短畦灌或小畦灌。

2.畦田布置

畦田布置应主要依据地形条件,并结合考虑耕作方向,但应保证畦田沿长边方向有一定的坡度,实际生产中通常沿地面最大坡度方向布置。一般适宜的畦田田面坡度为0.001~0.003,最大可达0.02。坡度太小,水层流动困难,灌水时间长,土壤湿润不均匀;坡度太大,水流速度快,表土易受冲刷而引起水土流失。

(1)畦长。畦长应根据畦田纵坡、土壤质地及土壤透水性、土地平整情况和农业技术措施等确定。畦长过大,畦首受水时间过长,从而使畦首灌水量过多,畦首、畦尾的土壤湿润不均匀，且浪费水量；畦长过小，修畦和浇地用工多，畦埂占地多且不利于田间栽培管理。通常，畦田纵坡大的畦长宜短，纵坡小的畦长可稍长；砂质土壤，土壤透水性强，畦长宜短，黏质土壤，土壤透水性弱，畦长可以适当加长；土地平整度差，会延长水流由畦首推进到畦尾的时间，增加畦田的供水时间，加大深层渗漏，因此畦长宜短，而土地平整度高的畦田畦长可稍长。目前我国自流灌区，一般传统畦灌法的畦长以 50 ~ 75 m 为宜；在提水灌区和井灌区，畦长应短一些，一般为 30 ~ 50 m。

(2)畦宽。畦宽主要取决于畦田的土壤平整度和入畦流量的大小，以及农业技术要求和农业机具的宽度。畦田过宽，会造成入畦单宽流量过小，水流推进速度缓慢，水流推进锋面不均匀，导致畦灌系统性能降低。在入畦流量较大，且田面平整度较高时，可适当加大畦宽。为适应机耕和机播作业，畦宽多按当地农业机具宽度整数倍确定，一般为 2 ~ 4 m。在水源流量小时或井灌区，为了迅速在整个畦田田面上形成流动的薄水层，一般畦田的宽度较小，多为 0.8 ~ 1.2 m。为了灌水均匀，一般要求畦田田面无横向坡度，以免水流集中而冲刷土壤。

(3)畦埂。畦埂是临时性的，应与整地、播种相结合，最好采用筑埂器修筑。畦埂断面一般为三角形，高 0.2 ~ 0.25 m，底宽 0.3 ~ 0.4 m，引洪水灌溉的地区应适当加大些。为防止畦埂跑水，在畦田地边和路边最好修筑固定的地边畦埂和路边畦埂，其埂高不应小于 0.3 m，底宽 0.5 ~ 0.6 m，顶宽 0.2 ~ 0.3 m。

(二)沟灌

沟灌是我国在地面灌溉中普遍应用于宽行作物的一种较好的灌水方法。沟灌是在作物种植行间开挖灌水沟，灌溉水由输水沟或毛渠进入灌水沟后，在流动的过程中主要借土壤毛细管作用与重力作用从沟底和沟壁向周围渗透而湿润土壤的灌水方法。

和畦灌相比，沟灌灌水后不会破坏作物根际疏松的土壤结构，不会形成严重的田面土壤板结，土壤通气良好；多雨季节，可利用灌水沟汇集地面径流，并用做排水沟及时进行排水；沟中水流仅覆盖了 1/5 的地表面，可减少作物植株间的土壤蒸发损失，有利于土壤保墒；开挖灌水沟时可对作物兼起培土作用，对防止作物倒伏有显著效果。但是，沟灌需要开挖灌水沟，劳动强度较大，若采用开沟机械，则可使开沟速度加快、开沟质量提高、劳动强度减小。

沟灌适用于灌溉宽行距的中耕作物，如棉花、玉米和薯类等作物；某些宽行距的蔬菜也采用沟灌，如番茄、茄子、黄瓜、南瓜等。

1. 沟灌的分类

(1)依据地形坡度，沟灌可分为顺坡沟灌和横坡沟灌两种方法。在大多数情况下，灌水沟都沿地面坡度方向，即基本上垂直于地面等高线，故称为顺坡沟。但是，若地面坡度较大，也可使灌水沟与地面坡度方向成锐角，使灌水沟能获得适宜的比降，以有利于在田间自流灌水，故称为横坡沟，又称为等高线沟。

(2)依据灌水垄沟断面尺寸及沟深大小，沟灌又可分为深沟灌和浅沟灌两种方法。深沟灌常用于灌溉多年生深根行播作物；浅沟灌一般适用于土壤渗水较缓慢的土质及窄行作物。一般来说，灌水沟深度大于 0.25 m、底宽大于 0.3 m 的灌水沟，称为深灌水沟；深度小于 0.25 m、底宽小于 0.3 m 的灌水沟，称为浅灌水沟。

(3)依据灌水沟沟尾是否封闭,沟灌又可分为封闭沟灌和流通沟灌两种方法。灌水沟沟尾用土埂封堵死的,称为封闭沟。当灌溉水流入封闭灌水沟后,其在流动的过程中一部分水量下渗入土壤内;而在放水停止后,沟中仍将存蓄一部分水量,再经过一段时间,才逐渐完全渗入土壤内。所以,封闭沟适用的地面坡度应较小,一般以小于1/200的地区为宜。灌水沟的尾部不封闭的,称为流通沟。当灌溉水流入流通沟后,在流动的过程中全部渗入土壤内,灌水停止后,沟中不会存蓄部分水量。因此,流通沟适用于地面坡度较大或地面坡度虽小但土壤透水性亦小的地区。我国沟灌主要采用封闭沟灌方法。流通沟灌在国外自动化沟灌系统中常用,但需要尾水回收再利用系统,以及相应的回收再利用装置。

2. 灌水沟布置

适宜于沟灌的地面坡度一般在0.005~0.02之间。地面坡度过小,水流流动慢,土壤入渗时间长,容易造成深层渗漏而浪费水量。地面坡度也不宜过大,否则水流流动快,容易使土壤湿润不均匀,达不到预定的灌水定额。

灌水沟的布置是否合理,对沟灌灌水质量、灌水效率、土地平整工作量以及田间灌水沟的布置等影响很大,应依据沟灌田间试验资料和群众沟灌灌水实践经验认真分析研究,合理确定。

(1)灌水沟的间距。也就是沟距,应和沟灌的湿润范围相适应,并应满足农业耕作和栽培上的要求。

沟灌灌水时,灌溉水沿灌水沟向土壤入渗,同时受到重力和毛细管力两种力的作用。其中,重力作用主要是使沿灌水沟流动的灌溉水垂直下渗,而毛细管力的作用除使灌溉水向下浸润外,亦向四周扩散,甚至向上浸润。因此,沿灌水沟断面不仅有纵向下渗湿润土壤,同时也有横向入渗浸润。灌水沟中纵、横两个方向的浸润范围主要取决于土壤质地及其透水性能,以及灌水沟中的水深或在灌水沟中水流的时间长短。

在砂质土壤上,灌水沟中的水流受重力作用,其垂直下渗速度较快,而向四周沟壁的侧渗速度相对较慢,所以其土壤湿润范围呈长椭圆形。在黏质土壤上,毛细管力的作用较强烈,灌水沟中水流通过沟底的垂直下渗与通过沟壁的侧渗接近平衡,故其土壤湿润范围呈扁椭圆形,如图11-1所示。

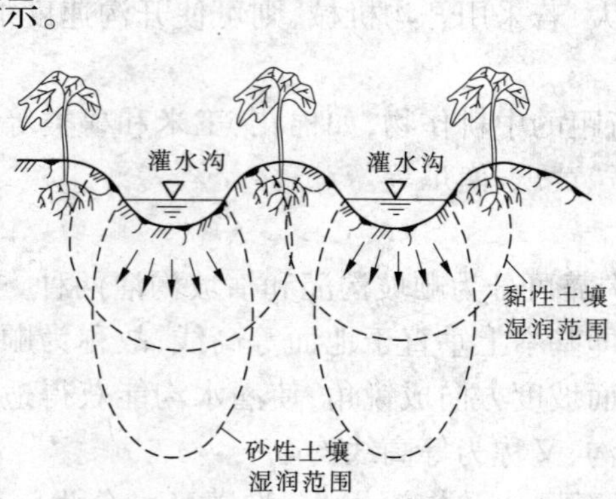

图11-1　灌水沟土壤湿润示意图

为了使土壤湿润均匀,灌水沟的间距应使土壤的浸润范围相互连接。因此,在透水性强的砂质土壤上,灌水沟间距应较窄,多为50~60 cm;而在透水性弱的黏质土壤上,灌水沟间距应较宽,多为 75 ~ 80 cm;中质土壤透水性居于二者之间,灌水沟间距也多为65 ~ 75 cm。

实际生产中为了方便操作,一般情况下,灌水沟间距应尽可能地与作物的行距相一致。作物的种类和品种不同,其所要求的种植行距也不相同。因此,若根据土壤质地确定的灌水沟间距与作物的行距不相适应,应结合当地具体情况,考虑作物行距要求,适当调整灌水沟的间距。

(2)灌水沟的长度。由于沟灌主要是借毛细管力湿润土壤,土壤入渗时间较长,灌水沟的长度与土壤的透水性和地面坡度有直接关系。地面坡度较大或透水性较弱时,为了增加土壤入渗时间,灌水沟长度可以适当长一些;而在地面坡度较小或土壤透水性较强时,要适当缩短灌水沟沟长。根据灌溉试验结果和生产实践经验,一般砂质土壤上的灌水沟长度 30 ~ 50 m,黏质土壤上的沟长在 50 ~ 100 m。

(3)灌水沟的断面结构。灌水沟的断面形状一般为梯形和三角形。其深度与宽度应依据土壤类型、地面坡度,以及作物的种类等确定。

为防止实施沟灌时出现“沟漫灌”浪费灌溉水量的现象,通常对于棉花等行距较窄(平均行距一般 0. 55 m 左右)的作物,要求小水浅灌,多采用三角形断面,见图 11-2(a)。对于玉米等行距较宽(一般行距 0. 7 ~ 0. 8 m)的作物,灌水量较大,多采用梯形断面,见图 11-2(b)。梯形断面的灌水沟,上口宽为 0. 6 ~ 0. 7 m,沟深 0. 2 ~ 0. 25 m,底宽 0. 2 ~ 0. 3 m;三角形断面的灌水沟,上口宽为 0. 4 ~ 0. 5 m,沟深 0. 16 ~ 0. 2 m。灌水沟中水深一般为沟深的1/3 ~ 2/3。梯形断面灌水沟实施灌水后,往往会改变成为近似抛物线形断面,见图 2-2(c)。

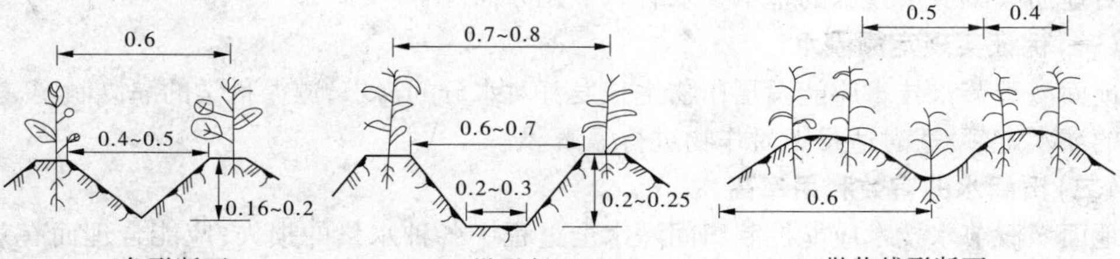

图 11-2　灌水沟断面图　(单位:m)

(三)淹灌

淹灌,又称格田灌,是用较高的田埂将灌溉土地划分成许多格田,灌水时先使灌溉水饱和土壤,然后在土壤表面建立并维持一定深度的水层,主要借重力作用湿润土壤的地面灌水方法。淹灌主要适用于水稻、水生蔬菜及盐碱地的冲洗改良。

淹灌要求格田有比较均匀的水层,为此要求格田田面平整,地面坡度应小于 0. 001,一般以 0. 000 5 为最好。另外,还应有独立的进水口和排水口,避免串灌、串排,以提高灌水质量。

格田的形状一般为长方形或方形。格田面积依地形和土壤质地而异,在平原地区,格田一般宽 25 ~ 40 m,长约 100 m;丘陵地区,格田一般宽 20 ~ 30 m,长 60 ~ 80 m,或者更小;田埂的高度一般为20~40 cm,顶宽30~40 cm,边坡约为1:1。冲洗和改良盐碱地用的格田,多采用宽10~20 m,长50~100 m;其田埂高度,黏质土壤应大于30 cm,砂质土壤应大于40 cm。

(四)地面灌溉的优缺点

传统的地面灌溉具有许多优点,主要是:能充分满足作物的需水要求;对灌水技术要求不高,很容易被人们掌握运用;不需要特殊的专门设备,投资少;由于水流是借重力和毛细管作用下渗,故可以节省能源,运行费用低。

但是,地面灌溉也存在许多缺点,主要是:田间灌水有效利用率比较低,只适用于较密实的土壤质地,而在砂性土壤上会产生大量深层渗漏损失,易造成土壤养分、肥料及农药的淋洗流失,对地下水产生污染;很容易发生超量灌溉,导致地下水位抬升,引起或加重土壤的渍涝,破坏农田生态环境;容易沿田面发生跑水泄流,浪费现象严重;对土地平整要求较高,地形复杂的地区平整土地的投资大;容易破坏土壤团粒结构,表土容易板结。因此,必须注意改进和提高地面灌溉技术,以最大限度地克服传统地面灌水方法的缺点,提高灌溉水的有效利用率和灌水均匀度。

二、地面灌溉节水技术的特点

地面灌溉节水技术是对传统的畦灌、沟灌的畦沟规格和技术要素等进行改进后形成的新的灌溉技术,它能有效提高灌溉水的利用率和灌水均匀度,达到节水、节能、省工、低成本、高产、稳产、环保等目的。地面灌溉节水技术包括节水型畦灌、节水型沟灌、膜上灌和波涌灌等类型。

对地面灌溉节水技术的基本要求有以下几方面。

(一)保证实现定额灌水

地面灌溉节水技术应能满足作物生长发育对水分的需求,遵循科学的灌溉制度,按照计划的灌水定额,适时适量地对作物进行灌溉。

(二)田间水的有效利用率高

地面灌溉节水技术应能控制田间灌水全过程中各种水量的损失;应能合理而有效地利用灌溉水,节约用水。避免产生深层渗漏,尽量减少灌水后表层土壤强烈蒸发。

(三)田间灌水均匀度高,灌水质量高

灌水均匀度、灌水质量是评价各种地面灌水方法优劣的一项重要指标。地面灌溉节水技术应使田面受水均匀,渗入田间各点的灌溉水量均匀或基本相等,计划湿润层内的深度大致相同;避免土壤计划湿润层内水分过多或者不足;维持适宜的土壤溶液浓度,避免土壤养分流失,从而促进土壤肥力的提高;尽量不冲刷田面表层土壤,不破坏或者少破坏土壤结构,保持土壤疏松而不会使表层土壤板结。

(四)高效低耗,灌水成本低

地面灌溉节水技术应能为以后的农业耕作管理创造便利条件,为田间灌水工作逐步实施机械化与自动化奠定基础,以使人工灌水、配水的劳动强度减小至最低限度;促使田间灌溉效率提高,田间灌水劳动生产率提高,灌水用工少,田间灌水用材料、燃料等消耗降低;占地少,灌水成本低。

(五)方便与农业技术措施密切配合

地面灌溉节水技术必须方便与其他农业技术措施,如中耕、密植、间作套种、立体栽培种植、施肥、喷药等密切配合,充分发挥这些农业技术措施的作用,为共同促进作物优质、稳产、高产创造有利的条件。

(六)简单经济,便于推广

地面灌溉节水技术应简单、容易操作、便于推广。

第二节　节水型畦灌技术

近年来,我国广大灌区为节约灌溉水、提高灌水质量、降低灌水成本,推广应用了许多项先进的节水型畦灌技术,取得了明显的节水和增产效果。这些先进的节水型畦灌技术主要包括小畦灌、长畦分段灌、宽浅式畦沟结合灌、水平畦灌等技术。

一、小畦灌灌水技术

小畦灌是我国北方麦区一项行之有效的田间节水灌溉技术,在河北、山东、河南、陕西等省均有相当规模的推广和应用。小畦灌灌水技术主要是指畦田“三改”灌水技术,也就是“长畦改短畦,宽畦改窄畦,大畦改小畦”的畦灌灌水技术。

(一)小畦灌灌水技术的主要技术要素

小畦灌的技术要素包括畦长、畦宽、入畦流量等,应根据不同的土壤质地、田面坡度和地下水埋深,通过对比试验选择灌水均匀度、田间水利用率及灌溉水储存率较高的灌水技术要素组合作为灌水的依据。河南省人民胜利渠引黄灌区在试验研究基础上,得出了不同土质条件下适宜的小畦灌灌水技术要素组合,见表11-1。

表11-1　不同土质条件下适宜的小畦灌灌水技术要素组合

土壤类型	田面坡度<0.002			田面坡度0.002~0.01			田面坡度0.01~0.025		
	畦长(m)	畦宽(m)	单宽流量(L/(s·m))	畦长(m)	畦宽(m)	单宽流量(L/(s·m))	畦长(m)	畦宽(m)	单宽流量(L/(s·m))
强透水性轻质土壤	30~50	3.0	5~6	50~70	3.0	5~6	70~80	3.0	4~5
中透水性土壤	50~70	3.0	5~6	70~80	3.0	4~5	80~100	3.0	3~4
弱透水性重质土壤	70~80	3.0	4~5	80~100	3.0	3~4	100~130	3.0	2~3

通常,小畦灌“三改”灌水技术适宜的技术要素为:畦田地面坡度1/400~1/1 000,单宽流量2.0~4.5 L/(s·m),灌水定额20~45 m^3/亩。畦田长度,自流灌区以30~50 m为宜,最长不超过70 m;机井和高扬程提水灌区以30 m左右为宜。畦田宽度,自流灌区以2~3 m为宜;机井提水灌区以1~2 m为宜。畦埂高度一般为0.2~0.3 m,底宽0.4 m左右,地头埂和路边埂可适当加宽培厚。

(二)小畦灌灌水技术的优点

1.节约水量,易于实现小定额灌水

大量试验资料表明,入畦单宽流量一定时,灌水定额随畦长的增加而增大,也就是说,畦长越长，畦田水流的入渗时间越长，因而灌水量也就越大。小畦灌通过缩短畦长，减小灌水定额，一般不超过 45 m^3/亩，可节约水量 20% ~30%。

2. 灌水均匀，灌水质量高

小畦灌畦块面积小，水流流程短且比较集中，水量易于控制，入渗比较均匀，可以克服“高处浇不上，低处水汪汪”等不良现象。据测试，不同畦长的灌水均匀度为：当畦长 30 ~ 50 m 时，灌水均匀度都在 80% 以上，符合科学用水的要求；而当畦长大于 100 m 时，灌水均匀度则达不到 80%。

3. 防止深层渗漏，提高田间水的有效利用率

由于小畦灌深层渗漏很小，从而可防止灌区地下水位上升，预防土壤沼泽化和土壤盐碱化发生。灌水前后对 200 cm 土层深度的土壤含水量测定资料：当畦长 30 ~50 m 时，未发现深层渗漏（即入渗未超过 1.0 m 土层深度）；畦长 100 m，深层渗漏量较小；畦长 200 ~ 300 m，深层渗漏水量平均要占灌水量的 30% 左右，几乎相当于小畦灌法灌水定额的 50%。

4. 减轻土壤冲刷，减少土壤养分淋失，减轻土壤板结

传统畦灌的畦块大、畦块长、灌水量大，容易严重冲刷土壤，易使土壤养分随深层渗漏而损失；而小畦灌灌水量小，有利于保持土壤结构，保持和提高土壤肥力，促进作物生长。测试表明，小畦灌可增加产量 10% ~15%。

5. 土地平整费用低

由于畦块面积小，对整个田块平整度要求不高，只要保证小畦块内平整就行了，这样既减少了大面积平地的土方工程量，又节约了平地用工量。

二、长畦分段灌灌水技术

长畦分段灌又称长畦短灌，是我国北方一些渠、井灌区在长期的灌水实践中摸索出的一种节水灌溉技术。灌水时，将一条长畦分为若干个横向畦埂的短畦，采用低压塑料薄壁软管或地面纵向输水沟，将灌溉水输送入畦田，然后自下而上或自上而下依次逐段向短畦内灌水，直至全部短畦灌完为止。长畦分段灌布置示意如图 11-3 所示。

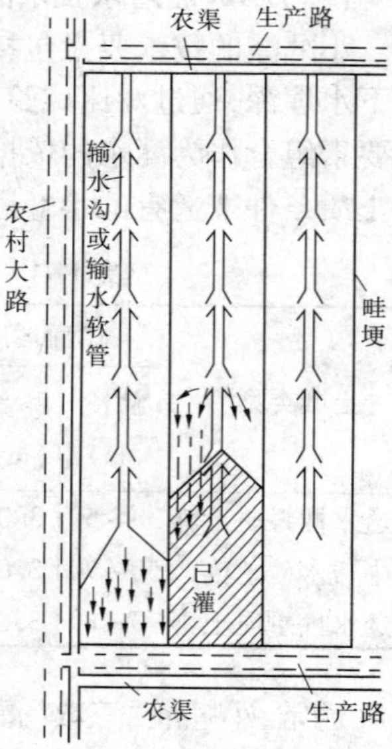

图 11-3 长畦分段灌布置示意图

长畦分段灌若用输水沟输水和灌水，同一条输水沟第一次灌水时，应由长畦尾端的短畦开始自下而上分段向各个短畦内灌水；第二次灌水时，应由长畦首端开始自上而下向各分段短畦内灌水，输水沟内一般仍可种植作物。长畦分段灌若用低压塑料软管输水、灌水，每次灌水时均可将软管直接铺设在长畦田面上，软管尾端出口放置在长畦的最末一个短畦的上端放水口处开始灌水，该短畦灌水结束后可采用软管“脱袖法”脱掉一节软管，自下而上逐个分段向短畦内灌水，直至全部短畦灌水结束为止。

这种方法在陕西关中西部、新疆、山东、河北和辽宁等地得到普遍推广应用，仅山东平

度县就已推广 79.95 万亩以上，约占全县井灌面积的 60%。

(一)长畦分段灌的技术要素

长畦分段灌的畦宽可以宽至 5～10 m，畦长可达 200 m 以上，一般在 100～400 m，但其单宽流量并不增大。

这种灌水技术的要求是正确确定入畦灌水流量、分段进水口的间距(即短畦长度与间距)和分段改水时间或改水成数。

1. 单宽流量

依据畦灌灌水技术要素之间的关系可知，进入畦田的总灌水量应与计划灌水量相等，即

$$3\,600qt = mL \tag{11-1}$$

式中　q——入畦单宽流量，L/(s·m)；

t——畦首处畦口的供水时间，h；

m——灌水定额，mm；

L——畦长，m。

由式(11-1)即可计算已知畦田长度情况下的入畦单宽流量。

由式(11-1)可知，在相同的土质、地面坡度和畦长情况下，入畦单宽流量的大小主要与灌水定额有关。因此，可在不同条件下引用不同的入畦单宽流量，以控制达到计划的灌水定额。地面坡度大的畦田，入畦单宽流量应选小些；地面坡度小的畦田，入畦单宽流量则可选大些。如在相同地面坡度条件下，畦田长，入畦单宽流量可大些；畦田短，入畦单宽流量可小些。砂质土地畦田渗水快，入畦单宽流量应大些；黏重土地或壤土地畦田渗水慢，入畦单宽流量宜小些。地面平整差的畦田，入畦单宽流量可大些；地面平整好的畦田，入畦单宽流量可小些。

2. 改水成数

实施畦灌时，为保证灌水均匀，通常采用改水成数法，即以畦田薄水层水流长度与畦长的比值作为畦首供水时间的依据，也就是说，当薄层水流到达畦长的一定距离时就封堵该畦田入水口，并改水灌溉另一块畦田。例如，薄层水流流至畦长的 80% 时，封口改水，即为八成改水。封口后的畦田，畦口虽已停止供水，但畦田田面上剩余薄层水流仍将继续向畦尾流动，流至畦尾后再经过一定时间，畦尾存水刚好全部渗入土壤，以使整个畦田湿润土壤达到既定的灌水定额。这样可使畦田上的薄层水流在畦田各点处的滞留时间大致相等，从而使畦田各点处的土壤入渗时间和渗入土壤中的水量大致相等。

改水成数应根据灌水定额、土壤性质、地面坡度、畦长和单宽流量等条件确定，一般可采用七成、八成、九成或满流封口(即十成)改水措施。当土壤透水性较小、畦田田面坡度较大、灌水定额不大时，可采用七成或八成改水措施；当土壤透水性强、畦田田面坡度小、灌水定额又较大时，应采用九成改水措施。封口过早，会使畦田灌水不足，甚至无水；封口过晚，畦尾又会产生跑水、积水现象，浪费灌溉水量。总之，正确控制封口改水，可以防止畦尾漏灌或发生跑水流失。据各地灌水经验，在一般土壤条件下，畦长 50 m 时宜采用八成改水，畦长 30～40 m 时宜采用九成改水，畦长小于 30 m 应采用十成改水。

3.分段进水口的间距

根据水量平衡原理及畦灌水流运动基本规律，在满足计划灌水定额和十成改水的条件下，计算分段进水口的间距的基本公式如下：

对于有坡畦灌

$$L_0 = \frac{40q}{1+\beta_0}\left(\frac{1.5m}{K_0}\right)^{\frac{1}{1-\alpha}} \tag{11-2}$$

对于水平畦灌

$$L_0 = \frac{40q}{m}\left(\frac{1.5m}{K_0}\right)^{\frac{1}{1-\alpha}} \tag{11-3}$$

式中 L_0——分段进水口间距，m；

q——入畦单宽流量，L/(s·m)；

m——灌水定额，m^3/亩；

K_0——第一个单位时间内的土壤平均入渗速度，mm/min；

α——入渗递减系数；

β_0——地面水流消退历时与水流推进历时的比值，一般 $\beta_0 = 0.8 \sim 1.2$。

长畦分段灌灌水技术要素还可以参照表11-2。

表11-2 长畦分段灌灌水技术要素参考表

序号	输水沟或灌水软管流量（L/s）	灌水定额（m^3/亩）	畦长（m）	畦宽（m）	单宽流量（L/(s·m)）	单畦灌水时间（min）	长畦面积（亩）	分段长度×段数（m×段）
1	15	40	200	3	5.00	40.0	0.9	50×4
				4	3.76	53.3	1.2	40×5
				5	3.00	66.7	1.5	35×6
2	17	40	200	3	5.67	35.0	0.9	65×3
				4	4.25	47.0	1.2	50×4
				5	3.40	58.8	1.5	40×5
3	20	40	200	3	5.00	30.0	0.9	65×3
				4	4.00	40.0	1.2	50×4
				5	3.67	50.0	1.5	40×5
4	23	40	200	3	7.67	26.1	0.9	70×3
				4	5.76	34.8	1.2	65×3
				5	4.60	43.5	1.5	50×4

(二)长畦分段灌灌水技术的优点

正确应用长畦分段灌，能达到省水、省地、灌水均匀度高、灌溉水有效利用率高的目的。实践证明，长畦分段灌是一种良好的节水型灌水方法，它具有以下优点。

1. 节水

长畦分段灌灌水技术可以实现灌水定额 30 m^3/亩左右的低定额灌水，灌水均匀度、田间灌水储存率和田间灌水有效利用率均大于 80%，且随畦田长度增加而增大。与畦田长度相同的传统畦灌方法相比较，可节水 40% ~60%，田间灌水有效利用率可提高 1 倍左右或更多。

2. 省地

长畦分段灌灌溉设施占地少，可以省去 1 ~2 级田间输水渠沟，且畦埂数量少，可以减少田间做埂的用工量，同时节约耕地。

3. 适应性强

与传统的畦灌方法相比，长畦分段灌可以灵活适应地面坡度、糙率和种植作物的变化，可以采用较小的单宽流量，减少土壤冲刷。

4. 易于推广

该技术投资少，节约能源，管理费用低，技术操作简单，因而经济实用，易于推广应用。

5. 便于田间耕作

田间无横向畦埂或渠沟，方便机耕和采用其他先进的耕作方法，有利于作物增产。

三、宽浅式畦沟结合灌水技术

宽浅式畦沟结合灌水技术，是一种适应间作套种或立体栽培作物“二密一稀”种植的灌水畦与灌水沟相结合的灌水技术。这是一种节水、高产、低成本的优良灌水技术，近年来在河南、陕西等省得到了推广应用。

（一）宽浅式畦沟结合灌水技术的应用

这种灌水技术主要是把畦田田面和灌水沟相间交替更换使用，分别用于间作套种的不同作物的种植和灌溉。下面以常见的小麦和夏播玉米为例说明。

1. 做畦

畦田田面宽为 40 cm，可以种植两行小麦（就是“二密”），行距 10 ~20 cm。

2. 小麦的播种与灌溉

小麦播种于畦田后，可以采用常规畦灌或长畦分段灌水技术灌溉，见图 11-4（a）。

3. 套种玉米

小麦乳熟期，在每隔两行小麦之间开挖浅沟，套种一行玉米（就是“一稀”），套种的玉米行距为 90 cm。在此期间，如遇干旱、土壤水分不足，或遇有干热风时，可利用浅沟灌水，灌水后借浅沟湿润土壤，为

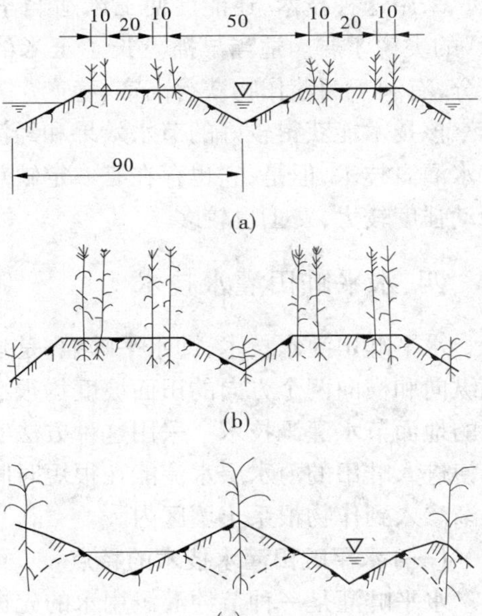

图 11-4　宽浅式畦沟结合灌水示意图　（单位：cm）

玉米播种和发芽出苗提供良好的土壤水分条件,见图 11-4(b)。

4. 畦田田面更换为灌水沟

小麦收获后,玉米已近拔节期。可在小麦收割后的空白畦田田面处开挖灌水沟,并结合玉米中耕培土,把从畦田田面上挖出的土壤附在玉米根部,就形成了垄梁及灌水沟沟埂,而原来的畦田田面则成为灌水沟沟底。这样,灌水沟的间距正好是玉米的行距,灌水沟的上口宽则为50 cm,见图11-4(c)。

这种做法既可使玉米根部牢固、防止倒伏,又能多蓄水分、增强耐旱能力。

(二)宽浅式畦沟结合灌水技术的优点

宽浅式畦沟结合灌水技术最主要的优点如下。

1. 节水,灌水均匀度高

该技术灌水均匀度高,灌水量小,一般灌水定额 35 m^3/亩左右即可,而且玉米全生育期灌水次数比一般玉米地还可以减少 1 ~ 2 次,耐旱时间较长。

2. 土壤结构破坏小

灌溉水流入浅沟以后,就由浅沟沟壁向畦田土壤侧渗湿润土壤,对畦田田面的土壤结构破坏少,能保持土壤疏松透气,有利于作物根系的生长。

3. 蓄水保墒效果好

在把畦田田面更换为灌水沟的同时,对玉米进行了中耕培土,有利于玉米根部土壤水分的保持,保墒效果好,同时提高了玉米抗倒伏能力。

4. 提高作物产量和经济效益

"二密一稀"的种植方式,使得田间作物的通风透光条件得到改善,有利于作物的生长。采用这种技术,还能促使玉米适当早播,解决了小麦、玉米两茬作物"争水、争时、争劳"的尖锐矛盾。适当早播延长了玉米的生长期,且在实际生产中,施肥集中,养分利用充分,有利于两茬作物获得高产、稳产。

该技术能获得较好的节水效果和经济效益,是我国北方广大旱作物灌区值得推广的节水灌溉技术,但是,它也存在有一定缺点,主要是田间沟、畦多,沟和畦要轮番交替更换,劳动强度较大,费工也较多。

四、水平畦田灌水技术

水平畦田灌水技术,即水平畦灌,是建立在激光控制土地平整技术应用基础上的,田块纵向和横向两个方向的田面坡度均很小或为零时,短时间内供水给大面积田块的一种新的地面节水灌溉技术。采用这种方法实施灌水时,通常要求引入畦田的单宽流量很大,以使进入畦田的薄水层水流能在很短时间内迅速覆盖整个畦田田面,并主要以重力作用逐渐渗入到作物根系土壤区内。

(一)水平畦田灌水技术的特点

水平畦灌是一种节约灌溉用水的先进灌水技术,其主要特点如下。

1. 水平田面

畦田田面各方向的坡度都很小(≤1/3 000)或为零,整个畦田田面可看做是水平田面。所以,水平畦田上的薄层水流在田面上的推进过程,将不受畦田田面坡度的影响,而只借助于薄层水流沿畦田流程上水深变化所产生的水流压力向前推进。

2. 入畦流量大

进入水平畦田的总流量很大,以便入畦的薄层水流能在短时间内迅速布满整个畦田地块。

3. 静态入渗

进入水平畦田的薄层水流主要以重力作用、静态方式逐渐渗入到作物根系土壤区内,而与一般畦灌主要靠动态方式下渗不同,故它的水流消退曲线为一条水平直线。

4. 节水,灌水均匀度高

由于水平畦田首末两端地面高差很小或为零,所以对水平畦田田面的平整度要求很高,因而一般情况下,水平畦田不会产生田面泄水流失或出现畦田首端入渗水量不足及畦田末端发生深层渗漏现象,灌水均匀度高。在土壤入渗速度较低的条件下,灌溉田间水利用率可达98%以上,一般可节水20%以上。

水平畦灌适用于所有种类作物和各种土壤条件的灌溉。水平畦灌尤其适用于土壤入渗速度比较低的黏性土壤,同时也是适用于砂性土壤的一种良好的节水灌溉方法。

水平畦灌目前主要在美国等一些发达国家推广应用,由于我国一直采用常规机械平地设备进行土地粗平,田面平整精度难以满足大面积田块进行水平畦灌的要求,因此水平畦灌在我国还没有得到广泛应用。应结合我国国情,在对现有田间灌溉工程进行必要改进与配套的基础上,采用激光控制平地技术完成对现有畦块的田面平整工作,以使水平畦灌这一先进的节水灌溉技术得到广泛应用。

(二)激光控制平地技术

激光控制平地技术是目前世界上最先进的土地平整技术。它利用激光辐射在田面上方形成的平面作为操平的控制标准,使用液压控制系统自动地、敏捷地控制平地铲的升降,实施土地的精平作业。该法具有自动化操作、平地精度高、作业效率高等突出的优点。激光控制平地作业适宜在采用常规机械平地设备完成粗平的基础上开展田面的精平,可显著改善地面的微地形条件,实现高精度的土地平整。

1. 激光控制平地设备构成

激光控制平地设备一般由4个基本的部分构成:激光发射器、激光接收器、控制器、平地铲运设备和牵引设备(见图11-5)。

(1)激光发射器。它是一个由电池驱动的激光发生器,被水平地安装在矗立于田间的三角支架上。该发射器高速旋转时,可在田面上方产生激光平面,作为平整土地作业的参照面,替代常规土地平整作业中利用地面高程测量得到的、由不连续网格点构成的平整作业基准面。这个参照面是由激光束构成的光学平面,不受田间平整作业活动的影响和干扰。

(2)激光接收器。它是垂直安装在平地铲运设备桅杆上的、接受来自激光发射器信号的接收器,由具有中心控制点的一系列微感应检测器构成。在平地作业过程中,来自激光发射器的光束首先被激光接收器检测,确定此时激光参照面与接收器中心控制点间的相对距离,随后向控制器发出调整信号,由控制器指挥平地铲运刀口的升降,始终保持激光接收器的中心控制点与激光参照面在同一平面内。

图 11-5 激光控制平地系统构成示意图

(3)控制器。安装在拖拉机内,其功能是根据激光接收器传递的位置调整信息,控制液压系统不断地上下调节行进中平地铲刀口的位置,完成对田面挖方和填方的操作。

(4)平地铲运设备和牵引设备。平地铲运设备由铲运机具和液压升降控制系统构成,牵引设备为各种类型的拖拉机。

2. 激光控制平地作业原理

激光控制平地技术是利用激光作为非视觉控制手段代替常规机械平地设备中操作人员的目测判断能力,控制液压平地铲运机具的升降高度,达到精准平地的效果。

激光控制平地作业时,一旦铲运机具刀口的初始位置根据平地设计高程确定后,无论田面的地形现状如何起伏,受激光发射与接收系统的影响,控制器始终令液压升降系统将铲运刀口与平地控制参照面间的距离保持在某一恒定值 b。平地过程中,当铲运刀口位置处的地面高程高于设计高程时,接收器感应到此时的刀口与控制参照面的距离小于 b 值,则控制器通过液压系统迫使铲运刀口下降直到激光平面与刀口间的距离恢复到 b 值,铲运刀口下降后挖掘的土方,将被铲运机具装载供填方之需;反之,刀口会抬升,卸载装运的土方,填埋田间洼地。这样在田块内按一定行进规律做往复运动,逐步完成对整个地块的自动平整作业。

3. 激光控制平地作业效率和平整精度

激光控制平地机械的作业效率和平整精度都相当高,例如美国的 CAM3C0 激光平地机,功率为 132.3 kW(180 马力),每台班 8 h 可以精平 75 ~225 亩的土地,能完成 2 500 ~ 5 000 m^3 的平地土方量,其平整精度可达到最大误差在 ±3 cm 以内。但从充分发挥作业效率的特点出发,激光控制平地技术较为适宜在地面平整状况绝对改善度(田面平整后和平整前的地面高程标准偏差值的差值)不太大(<5 cm)的条件下应用,因此主要用于

改善田面的微地形条件。

对于水平畦田的土地平整程度，美国土地保持局要求的标准是，80%的水平畦田地块田面平均高差应在 ±1.5 cm 以内。实际上，利用激光控制的平地铲运机平整土地，其平整后的地面高差平均误差均在 ±1.5 cm 以内。

（三）水平畦灌的灌水技术要素

水平畦灌的灌水技术要素包括平整精度、畦长、畦宽、入畦单宽流量和灌水时间等。

1. 畦田平整精度

较差的田面平整精度意味着较为起伏的畦田微地形条件。其中沿纵坡方向的田面不平整，会阻碍水流的顺畅推进，形成局部积水；沿畦长的畦块横断面方向上，地面的凸凹不平会引起水分入渗深度的非均匀性，从而会影响灌溉质量。田面平整精度小于 2cm 时，可获得很高的灌溉质量。

2. 畦长、畦宽

畦块过长，田间微地形条件会对灌溉质量产生不利影响；畦块过短，占用耕地较多且不利于田间栽培管理。选择适宜的畦宽主要取决于田面平整的精度和入畦流量的大小。在入畦流量保持在 3 ~5 L/(s · m)的范围内，当地面平整状况较差时（平整精度大于 10 cm），畦长宜为 30 ~50 m，畦宽为 1 ~2 m；当地面平整精度在 5 cm 左右时，畦长可为 50 ~70 m，畦宽为 2 ~3 m；当地面平整状况较好时（平整精度小于 2 cm），畦长可增大到 100 m，畦宽可扩大到 10 m 左右。

3. 入畦单宽流量

较大的入畦单宽流量能加快水流在畦田内的推进速度，缩短推进历时，使水分沿畦长的入渗分布更为均匀，有利于提高灌溉效率和灌水均匀度；但单宽流量过大容易对畦面土壤产生冲刷。应根据田间土壤质地，并结合畦块宽度选择，一般以 3 ~5 L/(s · m)为宜，最大值不超过 5 L/(s · m)。

4. 灌水时间

灌水时间过长易造成灌水过量，且会使畦田水分入渗分布不均匀，灌溉效率和灌水均匀度下降。应依据设计条件确定合理的灌水时间，并加强田间灌溉管理。

第三节　节水型沟灌技术

目前，节水的沟灌灌水技术主要有以下几种。

一、细流沟灌技术

细流沟灌是用短管（或虹吸管）或从输水沟上开一小口引水，流量较小，单沟流量为 0.1 ~0.3 L/s。灌水沟内水深一般不超过沟深的 1/2，一般为 1/5 ~2/5 沟深。因此，细流沟灌在灌水过程中，水流在灌水沟内边流动边下渗，直到全部灌溉水量均渗入土壤计划湿润层内为止，一般放水停止后在沟内不会形成积水，属于在灌水沟内不存蓄水的封闭沟类型。

(一)细流沟灌的形式

细流沟灌的形式一般有如下 3 种。

1. 垄植沟灌

如图 11-6 (a)所示,在田间顺地面最大坡度方向做垄,作物播种或栽植在垄背上。第一次灌水前在行间开沟,用于作物灌溉。这种形式适合于雨量大而集中的地区,所开的沟可作为排水沟使用,能有效防止作物遭受涝害和渍害,大部分果实类蔬菜作物,如番茄、茄子、黄瓜等多采用这种形式。

2. 沟植沟灌

如图 11-6 (b)所示,灌水前先开沟,并在沟底播种或栽植作物(中耕作物一行,或密植作物三行),其沟底宽度应根据作物要求的行距和行数而定。沟植沟灌中所开的沟可起到一定的防风作用,最适应于风大而又有冻害的地区。

3. 混植沟灌

如图 11-6 (c)所示,在垄背及灌水沟内都种植作物。这种形式不仅适用于中耕作物,也适用于密植作物。

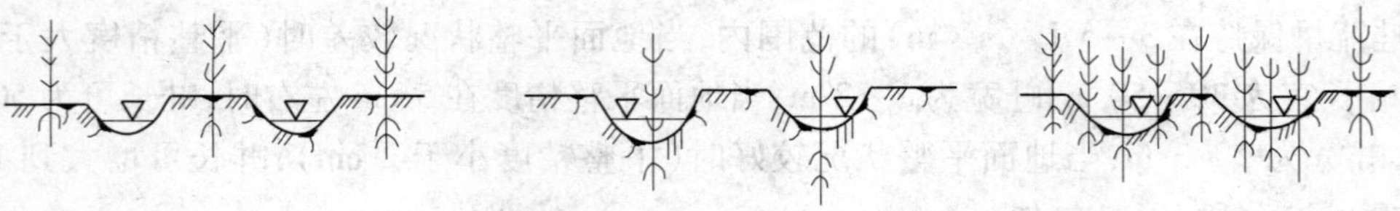

(a)垄植沟灌　　(b)沟植沟灌　　(c)混植沟灌

图 11-6　细流沟灌形式

(二)细流沟灌技术要素

细流沟灌的技术要素主要包括入沟流量、沟的规格、放水时间等。

1. 入沟流量

入沟流量控制在 0.2 ~ 0.4 L/s 最为适宜;大于 0.5 L/s 时沟内将产生严重冲刷,湿润均匀度差。

2. 沟的规格

沟的规格包括沟长、沟宽、沟深和间距。

(1)沟长 。壤土、沙壤土,地面坡度在 0.01 ~ 0.02 时,沟长一般控制在 60 ~ 120 m。

(2)沟宽、沟深和间距。灌水沟应在灌水前开挖,以免损伤作物秧苗,沟断面宜小,一般沟底宽 12 ~ 13 cm,上口宽 25 ~ 30 cm,深度为 8 ~ 10 cm,间距 60 cm。

3. 放水时间

细流沟灌主要借毛细管力下渗,对于壤土和沙壤土,一般采用十成改水;土壤透水性差的黏性土壤,可以允许在沟尾稍有余水。

(三)细流沟灌的优点

(1)土壤结构破坏小。由于沟内水浅,流动缓慢,主要借毛细管作用浸润土壤,水流受重力作用湿润土壤的范围小,所以对保持土壤结构有利。

(2)地面蒸发量减少 。与存蓄水的封闭沟灌相比,蒸发损失量可减少 2/3 ~ 3/4。

(3)表层土温提高。与存蓄水的封闭沟灌相比,可使土壤表层温度提高 2 ℃左右。

(4)保墒效果好。湿润土层均匀,而且深度大,保墒时间长。

二、沟垄灌灌水技术

沟垄灌灌水技术,是在作物播种前,根据其行距要求,先在田块上每隔两行作物做成一个沟垄,在垄上种植两行作物,则垄间就形成灌水沟,留作灌水使用,如图 11-7 所示。灌水时,主要靠灌水沟内的旁侧土壤毛细管作用渗透湿润作物根区的土壤。

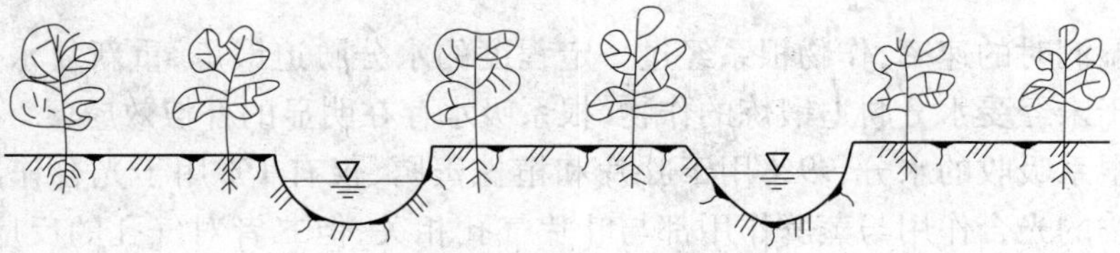

图 11-7　沟垄灌示意图

沟垄灌灌水技术,多适用于棉花、马铃薯等薯类作物或宽窄行相间种植的作物,既可以抗旱,又能防渍涝。

沟垄灌灌水技术的主要优点在于:

(1)种植作物的垄部土壤疏松,通气状况好,土壤保持水分的时间持久,有利于抗御干旱。

(2)作物根系区的土壤温度较高。

(3)雨季垄部土壤水分过多时,可以通过沟侧土壤向外排水,土壤和作物不容易发生渍涝危害。

但该技术也存在缺点,主要是修筑沟垄比较费工,沟垄部位蒸发面大,容易跑墒。

三、沟畦灌灌水技术

沟畦灌类似于宽浅式畦沟结合灌灌水方法。这种沟畦灌是以三行作物为一个单元,把每三行作物中的中行作物行间部位处的土壤,向两侧的两行作物根部培土,形成土垄,而中行作物只对单株作物根部周围培土,这样,行间就形成浅沟,留作灌水时使用,如图 11-8所示。

沟畦灌灌水技术大多用于玉米作物的灌溉。它的主要优点是,培土行间以旁侧入渗方式湿润作物根系区土壤,湿润土壤均匀;可使作物根部土壤保持疏松,通气性好,利于根系下扎生长;结合培土,还可以进行根部施肥操作,同时提高作物抗倒伏能力。

四、隔沟灌灌水技术

隔沟灌是建立在控制性分根交替灌溉理论基础之上的一种灌水新方法,是通过改变灌水方式与作物根区土壤的湿润方式,利用作物根系生长的向水性,控制性地隔沟灌溉作物的节水灌溉技术。

(一)隔沟灌灌水技术原理

研究证明,作物根系能选择性地从局部的水分有效区域吸水,而且其吸水的速率大大

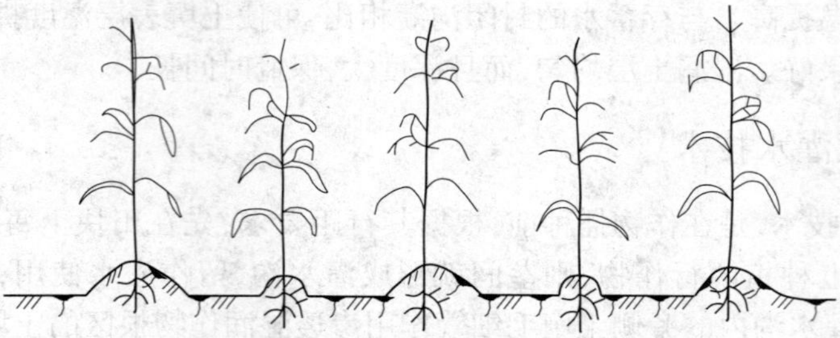

图 11-8 沟畦灌示意图

超过根区湿润时的速率;作物根系经过一定程度的水分胁迫锻炼,重新复水后,其水分传导还会高于未经受水分胁迫锻炼的作物,根系吸水存在明显的补偿效应。

作物根系吸收的水分,99%用于叶片和植株蒸腾,仅有1%用于光合作用,形成光合产物。作物的光合作用与蒸腾作用都与叶片气孔相关,但二者对气孔的反应不同。光合速率在一定范围内随气孔开度增大而增加,但当气孔开度达到某一值时光合速率不再明显增加,即达到饱和状态,二者的关系曲线为抛物线;而蒸腾耗水则随气孔开度增大而线性增加,二者的关系曲线为直线。因此,作物根区得到均匀和充分湿润时,其叶片的气孔开度较大,蒸腾耗水量最大,但单位水分消耗所产生的二氧化碳同化物却保持在饱和水平,光合效率相对较低,即水分利用效率较低。反之,由充分供水到一定程度地限制根区供水,即使作物叶片气孔开度出现一定程度的变小,其光合速率也不会下降或下降幅度较小,而蒸腾耗水则会大量减少。所以,适当地减少对作物根区的供水,不会对其光合速率产生显著的负面影响,却能节约灌水量、提高水分利用效率。

作物根区土壤干燥,即作物受到水分胁迫时,根系中就产生一种水分胁迫信号物质ABA(脱落酸),其浓度(或强度)随干旱程度的加剧而增加,叶片感应到这种干旱信号后,会及时调节其气孔保持最适开度,以减少水分的奢侈消耗,最大限度地获得作物光合产物的积累,提高作物水分利用效率。

隔沟灌灌水技术就是通过对灌水沟实施间隔放水,改变根区土壤湿润方式,刺激作物根系吸收补偿功能及作物部分根系处于水分胁迫时ABA浓度的变化,以调节气孔开度,达到减少蒸腾耗水而节水的目的。

(二)隔沟灌灌水技术的应用

隔沟灌灌水技术主要适用于作物需水少的生长阶段,或地下水位较高的地区,以及宽窄行种植作物。

采用这种技术灌水时,不是向所有的灌水沟都放水,而是对灌水沟实施间隔放水。一般是间隔一条灌水沟灌一条灌水沟,或者宽行间的灌水沟实施灌水,而窄行间的沟则不进行灌水;而在下一次灌水时,放水的沟位置交换,即只对其相邻的灌水沟灌水。

五、果园节水沟灌技术

水对不同果树的健壮生长、丰产稳产都起着重要作用。主要体现在:果树树根、枝及叶中水的含量为50%左右;果树生长所需要的各种矿物质营养化合物都必须溶解在水中,呈离子状态,通过根系的吸收作用,才能进入树体内;不仅在果树的整个营养生长期需要有足够的水分供应，就是在休眠时期，也需要有一定的水分供应；供水不仅影响果树当年的生长结果状态，而且也会影响来年的果树生长和结果，甚至还会影响果树的寿命。因此，无论对何种类型和特点的果园，都必须合理地进行及时而适量的灌溉，这是果园管理中极为重要的一项措施。

（一）果树的灌水时期

果树的灌水时期一般要根据果树在生长期内各个物候期的需水要求及土壤水分变化的规律等确定。每次灌水应在果树未受到缺水影响以前进行，若果树已从形态上显露出缺水时再灌溉，会对果树的生长和结果造成不可弥补的损失。果树的适宜灌水时期大体上可分为以下四个。

1. 花前水

花前水又称催芽水。在果树发芽前后到开花前期，若土壤中有充足的水分，将会加强新梢的生长，加大叶片面积，增强光合作用，并使开花和坐果正常，为当年丰产打下基础。因此，春旱地区，花前灌水是促进果树萌芽、开花、新梢叶片生长，以及提高果树坐果率的有效措施。一般可在果树萌芽前后进行灌水，但以提前尽早灌水效果更好。

2. 花后水

花后水又称催梢水。果树新梢生长和幼果膨大期是果树的需水临界期，此时期果树的生理机能最旺盛。若土壤水分不足，果树叶片因强烈蒸腾而吸收幼果水分，致使幼果的膨大受到影响，出现皱缩和脱落；根系的吸收作用也会受到影响，果树生长减弱，产量显著下降。因此，这一时期若遇干旱，应及时进行灌溉，花后水对加强新梢迅速生长，提高坐果率，并促使幼果膨大有显著作用，是保证果树高产稳产的关键水，一般可在落花后 15 天至生理落果前进行灌水。在南方多雨地区，此时期正值梅雨季节，应特别注意果园的排水工作。

3. 花芽分化水

花芽分化水又称成花保果水。对多数落叶果树而言，此时正值果实迅速膨大期及花芽大量分化期，应及时灌水。这样既可以满足果实膨大对水分的要求，保证提高当年产量，又能促进花芽健壮分化，形成大量有效花芽，为来年丰产创造条件。

4. 休眠期灌水

休眠期灌水又称冬灌。一般在冬季土壤封冻前灌水，可起到防旱御寒作用，保证果树安全越冬，也有利于花芽发育，并在土壤中储足水分，促使肥料分解，有利于果树次年春天生长。我国北方地区，冬春比较干旱，更有必要进行冬灌。

通常，果树在一般年份的上述各个灌水时期需各灌水一次，即可满足果树该时期的需水要求。一般认为，在果树生长期的前半期，应充足供水，以利于果树生长发育和结果；在果树生长期的后半期，要适当控制水分，以使果树逐渐停止生长，适时进入休眠期，做好越冬准备。若果园内土壤含水量降低到田间持水量的 50% 时，则必须及时进行灌水。

（二）果园节水沟灌技术要点

沟灌是果园地面灌溉中较为合理的一种灌水方法，它是在整个果园的果树行间开灌水沟，由输水沟或输水管道供水灌溉，如图 11-9 所示。

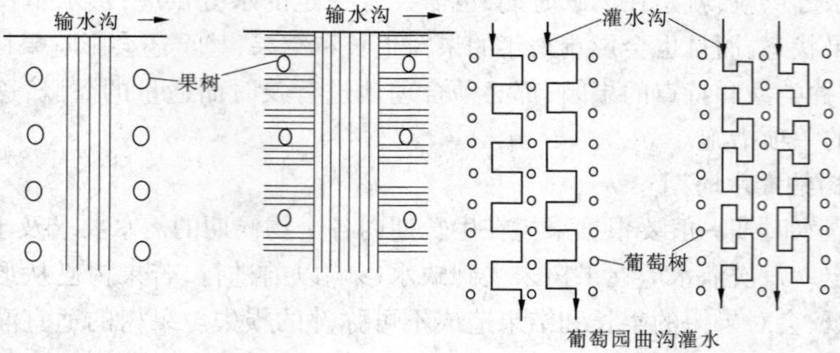

图 11-9　果树节水沟灌示意图

1. 果园节水沟灌技术要素

果园节水沟灌技术要素包括灌水沟的布置、规格、单沟流量等。

1) 灌水沟的布置

灌水沟的比降以不使灌水沟遭受冲刷为宜。在坡度较陡的地区，灌水沟可接近平行于等高线布置。

灌水沟至果树树干最近的距离，在幼龄果园内为 50 ~ 80 cm；结果果园的距离为 100 ~ 150 cm。

一般密植果园，在每一果树行间开一条灌水沟即可。稀植果园，若为黏重土壤，可在每行果树间每隔 100 ~ 150 cm 开一条灌水沟；若为轻质土壤则每隔 75 ~ 100 cm 开一条灌水沟。灌溉结束，可以将灌水沟填平。

灌水沟除在果树行间开挖封闭式纵向深沟外，也可由总沟分出许多封闭式的横向短沟，以布满树根所分布的面积上。灌水沟还可以采用弯曲形沟布置形式。

2) 灌水沟的规格

(1) 灌水沟的间距。应视土壤类型及其透水性而定。一般易透水的轻质土壤，沟距为 60 ~ 70 cm；有结构的中壤土和轻壤土，沟距为 80 ~ 90 cm；黏重土壤上的沟距为 100 ~ 120 cm。

(2) 灌水沟的长度。在土层厚、土质均匀的果园，可达 130 ~ 150 m；若土层浅、土质不均匀，沟长不宜大于 90 m。

(3) 灌水沟的深度。依据灌水沟距果树树干的远近而定，距离树干远的灌水沟应深些，距离树干近的灌水沟应浅些。一般灌水沟深 20 ~ 25 cm，近树干的灌水沟沟深 12 ~ 15 cm。

(4) 横向短沟规格。横向短沟长度，3 ~ 5 年的果树为 3 ~ 4 m；5 ~ 6 年的果树为 4 ~ 6 m。短沟沟距一般为 1.0 m，沟深 15 ~ 20 cm，距树干最近的沟应离树干 50 cm 以上。

3) 灌水沟的单沟流量

灌水沟的单沟流量通常为 0.5 ~ 1.0 L/s。

2. 果园节水沟灌技术的优点

果园节水沟灌技术的主要优点是：湿润土壤均匀，灌溉水量损失小，可以减少土壤板结和对土壤结构的破坏，土壤通气良好，并方便机械化耕作。另外，我国南方雨水较多，一般平地果园均需开挖排水沟，以利果园排水；干旱时也可利用此类排水沟，进行蓄水浸灌，而无需再另开挖灌水沟。这样，开挖“一沟”可供灌排两用，既节水又少占地，增产效果很显著。沟灌确实是果园较为合理而又节水的一种地面灌水方法。

第四节　膜上灌灌水技术

膜上灌是在地膜覆盖栽培的基础上，把膜侧灌水改为膜上灌水，使水流在膜上推进过程中，通过放苗孔（有时再增打专门渗水孔）或膜侧缝入渗给作物供水的一种局部灌水技术。它是畦灌、沟灌和局部灌水方法的综合。

一、膜上灌灌水技术的特点

膜上灌是通过放苗孔或膜侧缝入渗来给作物供水的，实际上是把传统的浇灌作物种植区域的田地，变成直接浇灌作物。这种供水方式改善了作物的生长发育环境，同时提高了灌溉水的有效利用率，节水增产效果显著。该技术的特点主要体现在以下几个方面。

（一）节水效果明显

许多研究结果表明，膜上灌较传统的地面灌溉可节水 30% ~50%，最高可达 70%。节水原因主要是：

（1）膜上灌是可控的局部灌溉，平均施水面积（放苗孔和渗水带）仅为传统沟（畦）灌灌水面积的 2% ~3%，其余 97% ~98% 的面积均依靠灌水孔的旁渗浸润来进行灌溉，所以克服了灌水过程中的深层渗漏。

（2）灌水时水流由膜上或膜侧推进，降低了沟（畦）田面上的糙率，促使水流推进速度加快，推进距离与时间呈幂函数规律，减少了深层渗漏。

（3）相对于常规地面灌溉来说，膜上灌是利用地膜上的放苗孔和附加孔灌水，入膜流量和灌水定额都比较小。例如试验表明，当机井出水量为 50 m^3/h 时，可同时开 5 ~10 个畦灌水，灌水定额为 30 ~40 m^3/亩。

（4）由于覆膜作用，既可以防止膜间露地的过量灌溉，又可以大大减少棵间无效蒸发，增强了土壤的保墒作用。

（5）膜下土壤水在高温下汽化—凝聚—再回归土壤转变为土壤水，如此反复循环，提高了水资源利用率，延长了灌水周期，减少了灌水次数。

（二）灌水质量高

膜上灌灌水质量明显高于传统的沟（畦）灌，主要表现在以下两个方面。

1. 灌水均匀度提高

膜上灌的地膜作为畦块的防渗护面材料，糙率较小，膜上水流速度较大，畦块首尾部进水时差短，所以沟畦首、中、尾的横断面、纵断面的入渗量差异小，提高了沟畦中作物均匀受水的程度。另外，膜上灌可以通过增开或封堵灌水孔的方法来消除沟（畦）首尾或其他部位处进水量的大小，以调整和控制灌水孔数目对灌水均匀度的影响。因此，膜上灌不仅可以提高地膜覆盖沿沟（畦）长度方向的灌水均匀度和湿润土壤的均匀度，同时也可以提高地膜沟（畦）横断面方向上的灌水均匀度和湿润土壤的均匀度。

2. 保持土壤结构

由于膜上灌水流是在地膜上流动或存蓄，因此不会冲刷膜下土壤表面，也不会破坏土壤结构；而通过放苗孔和灌水孔向土壤内渗水，又可以保持土壤疏松，不使土壤产生板结。

（三）作物生长发育环境得到改善

地膜覆盖栽培技术与膜上灌灌水技术相结合，改变了传统的农业栽培技术和耕作方式，也改善了田间土壤水、肥、气、热等土壤肥力状况的作物生长发育环境。

（1）水。膜上灌因为田面覆盖地膜，可显著减少棵间蒸发，膜下水分则主要被作物根系吸收，相对供水量充足，能充分满足作物生长发育的需求；同时，土壤水分集中于作物主根四周，根系向四周发育庞大而均匀，有利于水分和养分的吸收。

（2）肥。膜上灌不会冲刷表土，又减少了深层渗漏，从而可以大大减少土壤肥料的流失；覆盖地膜后，膜下土温提高，有利于土壤中微生物的活动，也活化了土壤中的钙离子，降低了土壤容重，促进了有机质的分解和矿化，减少了氮的挥发和流失，前期增加了土壤中氧的解吸，后期则提高了土壤对氮的固结能力，土壤肥力提高。

（3）气。膜上灌可以保持土壤结构疏松，从而保持良好的土壤通气性。

（4）热。由于作物生育期内田面均被地膜覆盖，膜下土壤白天积蓄热量，晚上则散热较少，而膜下的土壤水分又增大了土壤的热容量，导致地温提高而且还相当稳定。据观测，采用膜上灌可以使作物苗期地温平均提高 1～1.5 ℃，作物全生育期的土壤积温也有增加，从而促进了作物根系对养分的吸收和作物的生长发育，并使作物提早成熟。一般粮棉等大田作物可提前 7～15 天成熟，辣椒、西瓜等作物可提前 20 天左右上市。

（四）增产效益显著

膜上灌改善了作物的生长发育环境，使作物出苗率高，根系发育健壮，生长发育良好，从而促使作物提早成熟、增产增效。据观测，采用膜上灌灌水技术，玉米可增产 17%～51.8%，棉花增产 5.12%～22.83%，洋葱增产约 20%，且采收期提前 20 天以上，提早上市，经济效益显著提高。

总之，膜上灌具有节水多、灌水质量高、投资少、产量高、易推广和见效快的特点，尤其在干旱条件下更显示了巨大的节水潜力，节水效益在 50%～60% 之间，是一项值得大力推广、广泛应用的灌溉技术。

二、膜上灌灌水技术的类型

依据所配套的灌水技术不同，膜上灌分为膜畦膜上灌、膜沟膜上灌、格田膜上灌等；依据湿润土壤的方式不同，膜上灌则可分为膜孔灌、膜缝灌、膜缝膜孔灌等类型。

（一）膜孔灌溉

膜孔灌溉是指灌溉水流在膜上流动，通过膜孔（作物放苗孔或专用灌水孔）渗入到作物根部土壤中的灌水方法。该法依靠膜孔灌水，无膜缝和膜侧旁渗，灌水均匀度高。专用灌水孔可根据土质不同打单排孔或双排孔，如在轻质土壤上打双排孔，重质土壤上打单排孔。孔径和孔距根据作物灌水定额等确定，一般轻壤土、壤土孔径以 0.005 m、孔距 0.2 m 的单排孔为宜。

膜孔灌溉分为膜孔畦灌和膜孔沟灌两种。

1. 膜孔畦灌

膜孔畦灌首先由专门的铺膜机完成铺膜，地膜两侧必须翘起 5 cm 高，并嵌入土埂中，如图 11-10 所示。膜畦宽度根据地膜和种植作物的要求确定，双行种植一般采用宽70～90 cm 的地膜；三行或四行种植一般采用 180 cm 宽的地膜。作物需水完全依靠放苗孔和增加的灌水孔供给，入膜流量为 1～3 L/s。

该灌水方法提高了灌水均匀度，节水效果好，适合于棉花、玉米和高粱等条播作物。

2. 膜孔沟灌

膜孔沟灌是将地膜铺在沟底，作物种植在垄上，水流通过沟中地膜上的专门灌水孔渗入土壤，再通过毛细管作用浸润作物根系附近的土壤，如图 11-11 所示。

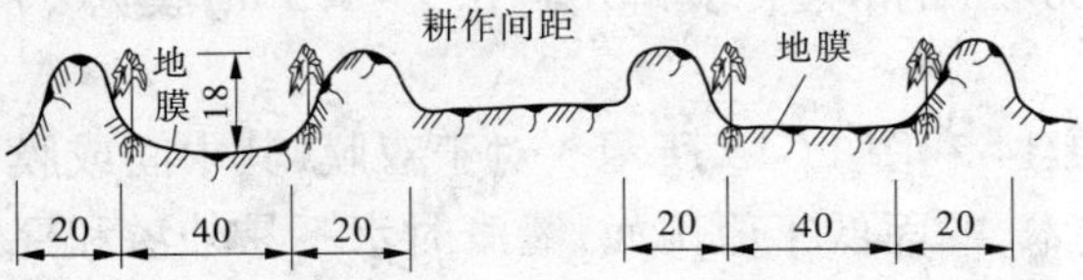

图 11-10　膜孔畦灌　（单位:cm）

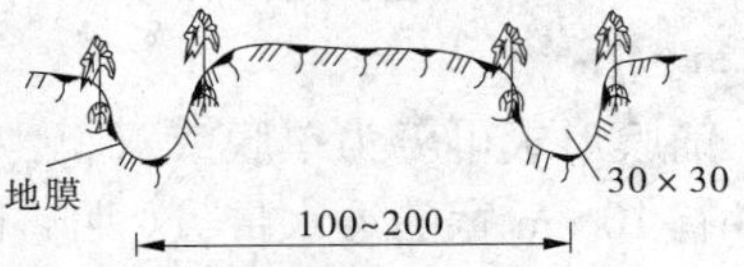

图 11-11　膜孔沟灌　（单位:cm）

这种技术对随水传播的病害有一定的防治作用，特别适用于甜瓜、西瓜、辣椒等易受由灌水传播的病害威胁的作物。灌水沟规格依作物不同而异，蔬菜一般沟深 30～40 cm，沟距 80～120 cm；西瓜和甜瓜的沟深 40～50 cm，上口宽 80～100 cm，沟距 350～400 cm。对蔬菜作物，入沟流量以 1～1.5 L/s 为宜。

（二）膜缝灌溉

膜缝灌溉有膜缝畦灌、膜缝沟灌、细流膜缝灌等几种形式。

1. 膜缝畦灌

膜缝畦灌是在畦田田面上铺两幅地膜，畦田宽度为稍大于 2 倍的地膜宽度，两幅地膜间留有 2～4 cm 的窄缝，如图 11-12 所示。水流在膜上流动，通过膜缝和放苗孔向作物供水。

入膜流量为 3～5 L/s，畦长以 30～50 m 为宜，要求土地平整。

2. 膜缝沟灌

膜缝沟灌是对膜侧沟灌进行改进，将地膜铺在沟坡上，沟底两膜相会处留有 2～4 cm 的窄缝，通过放苗孔和膜缝向作物供水，如图 11-13 所示。膜缝沟灌的沟长为 50 m 左右。

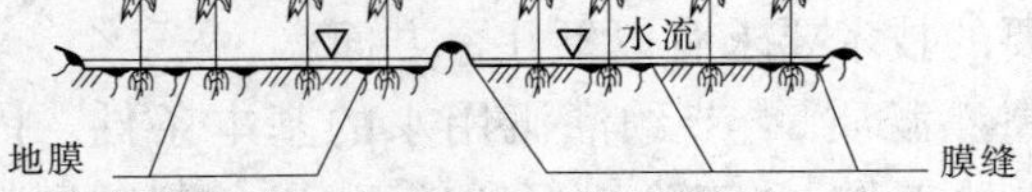

图 11-12　膜缝畦灌

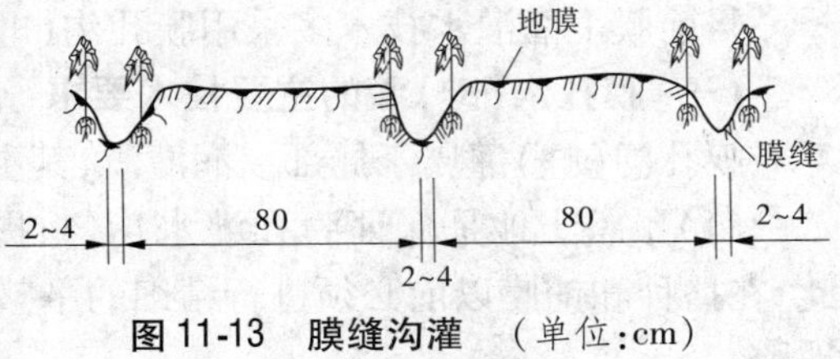

图 11-13　膜缝沟灌　（单位:cm）

这种方法减少了垄背杂草和土壤水分的蒸发，多用于蔬菜，其节水增产效果很好。

3. 细流膜缝灌

细流膜缝灌是在普通地膜种植下，利用第一次灌水前追肥的机会，用机械将作物行间地膜轻轻划破,形成一条膜缝,并通过机械再将膜缝压成一条 U 字形小沟。灌水时将水放入 U 形小沟内,水在沟中流动,类似于膜缝沟灌,但入沟流量很小,一般流量控制在 0.5 L/s 为宜,所以它又类似细流沟灌。

这种方法适宜于地面坡降为 1% 左右的大坡度地区。

(三)膜缝膜孔灌

膜缝膜孔灌是指水流在膜上流动,既利用膜缝,又利用专用灌水孔和放苗孔进行渗入到作物根部土壤中的灌水方法,主要包括打埂膜上灌技术。该技术目前应用较多,主要用于棉花和小麦田上。

打埂膜上灌技术是将原来使用的铺膜机前的平土板,改装成打埂器,刮出地表 5 ~ 8 cm 厚的土层,在畦田侧向构筑成高 20 ~ 30 cm 的畦埂。其畦田宽 0.9 ~ 3.5 m,膜宽0.7 ~ 1.8 m。

铺膜形式可分为单膜或双膜,如图 11-14 和图 11-15 所示。对于双膜,其中间或膜两边各有 10 cm 宽的渗水带,这种膜上灌技术,畦面低于原田面,灌溉时水不易外溢和穿透畦埂,故入膜流量可加大到 5 L/s 以上。双膜或宽膜的膜畦灌溉,要求田面平整程度较高,以增加横向和纵向的灌水均匀度。

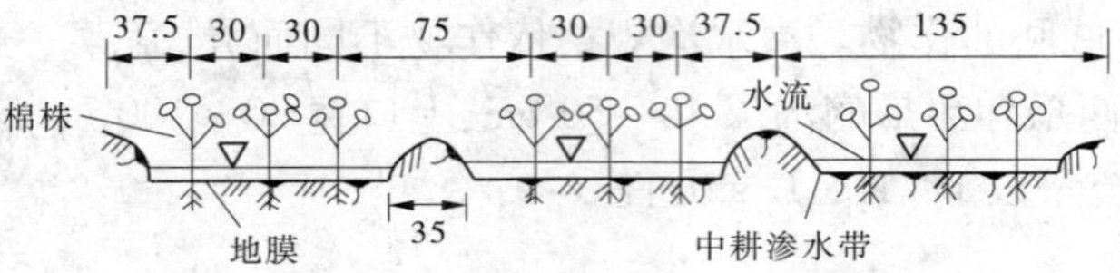

图 11-14　打埂膜上灌(单膜)　(单位:cm)

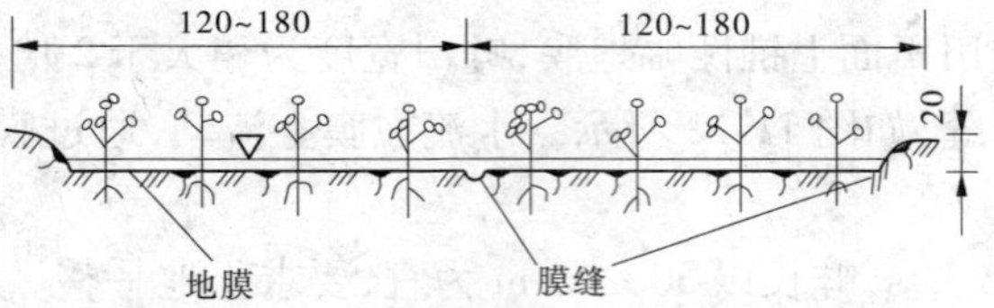

图 11-15　打埂膜上灌(双膜)　(单位:cm)

三、膜上灌灌水技术的应用

目前膜上灌灌水技术多采用膜孔沟(畦)灌的形式。

(一)膜孔沟(畦)灌的主要技术要求

膜孔沟(畦)灌属于局部浸润灌溉,其主要的技术要求有以下几个方面:

(1)平整土地是保证膜孔灌水均匀、提高灌溉质量、节约灌溉用水的基本条件。因此,在播种和铺膜以前必须进行精细的平整土地工作,并清除树根和碎石,以免刺破塑料地膜。

(2)播前喷洒除草剂,防止生长杂草。

(3)膜孔灌溉需要铺膜、筑埂,在有条件的地区可采用膜上灌播种铺膜机,一次完成开畦、铺膜和播种;在北方井灌地区多用人工铺膜、筑埂。

(4)在灌溉时,还要加强管理,注意沟畦首尾灌水是否均匀、有无深层渗漏和尾部废泄水现象;控制好进入沟畦的流量,防止串灌和漫灌。

(5)膜孔沟畦一般要求地面有一定坡度,水流在坡度均匀的膜上流动,边流动边从放苗孔和增加的灌水孔渗入水量。沿程的入渗水量和灌水均匀程度与放苗孔和灌水孔的数目、孔口面积、土壤性质等有很大关系。因此,要根据具体情况在塑料地膜上适时适量地增加一些渗水孔,以保证首尾灌水均匀。

(二)膜孔沟(畦)灌技术要素的确定

为保证作物根系区土层中具有足够的渗水量,以满足作物生长对水分的需要,就必须根据不同的地形坡度、各种土质的膜孔渗吸速度和田间持水量等因素来确定膜孔沟(畦)灌溉的技术要素。其技术要素主要包括入膜流量、改水成数、开孔率、膜孔布置形式和灌水历时等。

1. 膜孔沟(畦)灌的入膜流量

入膜流量是指单位时间内进入膜沟或膜畦首端的水量,常以 L/s 为单位。

入膜流量的大小主要根据沟(畦)宽度、土壤质地、地面坡度和单位长度膜孔入渗强度等确定。一般应根据田间不同入膜流量的水流行进过程实测资料,建立行进过程图解方程,并评价其灌水均匀度和田间水有效利用率等,来确定最佳入沟(畦)流量。无实测资料时,也可采用下式计算:

$$q = 0.01Knv\omega \tag{11-4}$$

式中　q——入膜流量,又称灌水强度,即单位时间单位膜宽上的灌水量,L/(h·m);

K——旁侧入渗影响系数,它与膜上水深成正比,与膜畦长度成反比,对无旁渗的打埂膜上灌,一般取值为 1.46~3.86,平均为 2.66;

n——每米膜长上的灌水孔数,包括放苗孔和增设的专用灌水孔的孔数;

v——土壤的入渗速度,随灌水次数的增加而减少,依田间实测确定,cm/h;

ω——放苗孔和专用灌水孔的平均面积,cm^2,$\omega = \frac{\pi}{4}d^2 SLN$;

d——放苗孔或灌水孔孔径(直径);

S——孔距;

L——膜沟(畦)长度;

N——孔口排数,单排孔 $N=1$,双排孔 $N=2$。

2. 改水成数

一般对于坡度较平坦的膜孔沟(畦)灌改水成数为 1,对坡度较大的膜孔沟(畦)灌要考虑取改水成数为 0.8~0.95。若有些膜孔沟(畦)灌溉达不到灌水定额时,则要考虑允许尾部泄水以延长灌水历时。

3. 开孔率

开孔率的多少直接影响灌水定额的大小,随着开孔率的增加,灌水定额也在增加,但当开孔率增加到一定程度时,灌水定额增加缓慢,逐渐接近于同等条件下的露地灌水定额。

4. 膜沟(畦)规格

膜沟(畦)宽度主要根据栽培作物的行距和薄膜宽度、耕作机具等要求确定。目前棉花和小麦的膜孔沟(畦)灌分单膜和双膜,地膜宽度一般为 120 ~ 180 cm。

当地面坡度在 0.001 时,对于黏土和壤土,膜沟(畦)长度一般为 20 ~ 25 m;膜沟(畦)宽为 1 m 时,入膜流量宜为 1.5 L/(s·m),改水成数为 1;膜沟(畦)宽为 2 m 时,入膜流量为 2 ~ 3 L/(s·m)。当地面坡度在 0.003 ~ 0.004 时,对草甸土,膜沟(畦)长度一般以 50 m 较为适宜,入膜流量为 2 L/(s·m)。

(三)膜孔沟(畦)灌技术应注意的问题

(1)膜孔沟(畦)灌是低灌水定额的局部灌溉,由于入渗强度的降低,灌溉时要特别注意满足灌水定额的要求。

(2)覆盖地膜改变了地面原始状态,因此要对作物灌溉制度和施肥等进行适当调整,以解决作物的需水需肥问题。

(3)膜孔宽畦灌时,必须做到田间横向要平整,纵向比降要均匀,这样才能提高膜孔灌溉质量。

(4)实行膜上灌以后揭膜回收只能在收获以后进行,由于浇水以后膜面上有淤泥覆盖,部分膜被埋入,造成地膜回收困难,少部分地膜残留在土壤中,对土壤造成污染。因此,应尽量采用可自行降解的地膜。另外,作物收割后,应及时回收残膜。

第五节　波涌灌溉技术

波涌灌溉是对地面沟、畦灌溉的重大发展,又称涌流灌溉或间歇灌溉。波涌灌溉是把灌溉水断续地按一定周期向灌水沟(畦)供水,逐段湿润土壤,直到水流推进到灌水沟(畦)末端为止的一种节水型地面灌溉新技术。也就是说,波涌灌溉向灌水沟(畦)供水是不连续的,其灌溉水流也不是一次灌水就推进到灌水沟(畦)末端;而是灌溉水在第一次供水输入灌水沟(畦)达一定距离后,暂停供水,然后过一定时间后,再继续供水,如此分几次间歇反复地向灌水沟(畦)供水。

一、波涌灌溉的特点

与传统的地面沟(畦)灌相比,波涌灌溉具有以下特点。

(一)节水效果显著

波涌灌溉采用供水与停水交替发生的间歇灌水方式,其最显著的特点是节水。畦长在 100 ~ 300 m 时,间歇灌溉与连续灌溉相比节水 10% ~ 30%,畦长越长,节水率越大。

研究结果表明,间歇灌和连续灌相比,相同的单宽流量,间歇畦灌输水速度是连续畦灌的 1.2 ~ 1.6 倍,因此,畦面的受水时间比连续畦灌大大减少,入渗量也相应减少。减少的原因在于:每一次间歇水流产生一个湿润和落干的周期,水浸润土块;在水流前进时,土壤颗粒有分选沉淀的过程,偏砂的土粒下沉,黏土粒上浮且土粒膨胀,孔隙变小,水土结合形成一个光滑、密实和封闭的过水表面,这样不仅降低了土壤的吸水率,土壤入渗减慢,而且田面糙率变小,下次供水时的水流推进速度相应变快,深层渗漏明显减少。因为抽取的水量减少,节约水的同时相应地节约了能量。

（二）灌水质量提高

波涌灌溉水流推进速度快，灌水效率高，平均灌水效率可提高20%左右；减少了畦（沟）首的入渗量而畦（沟）尾入渗量增加，避免了大量的深层渗漏，灌水均匀度提高10%～20%；能防止肥料随水流失，保持肥效；且省工省时，可缩短轮灌周期，进一步扩大灌溉面积。

（三）可实现小定额灌溉和自动控制

波涌灌溉能以较高的效率进行小定额的灌水，可以留下土壤储水空间和减少灌溉需水量，为能更有效地利用降雨创造条件。

由于地面输水灌溉较易推广，只要在田间管理系统上增加一个间歇阀和自动控制器，就可以成为一个自动化的间歇灌溉装置，实现灌溉的自动控制。

波涌灌溉特别适合在我国旱作物灌区农田地面灌溉推广应用。

二、波涌灌溉的方式

目前，波涌灌溉的田间灌水方式主要有以下三种。

（一）定时段－变流程方式（也称时间灌水方式）

这种方式是在灌水的全过程中，每个灌水周期（一个供水时间和一个停水时间构成一个灌水周期）的放水流量和放水时间一定，而每个灌水周期的水流推进长度则不相同。这种方式对灌水沟（畦）长度小于400 m的情况很有效，需要的自动控制装置比较简单、操作方便，而且在灌水过程中也很容易控制。因此，目前在实际灌溉中，涌流灌溉多采用此种方式。

（二）定流程－变时段方式（也称距离灌水方式）

这种方式是每个灌水周期的水流新推进的长度和放水流量相同，而每个灌水周期的放水时间不相等。一般，这种灌水方式比定时段－变流程方式的灌水效果要好，尤其是对灌水沟（畦）长度大于400 m的情况，灌水效果更佳。但是，这种灌水方式不容易控制，劳动强度大，灌水设备也相对比较复杂。

（三）定流程－变流量方式（也称增量灌水方式）

这种方式是以调整控制灌水流量来达到较高灌水质量的一种灌水方式。它是在第一个灌水周期内增大流量，使水流快速推进到灌水沟（畦）总长的3/4的位置处停止供水；然后在随后的几个灌水周期中，再按定时段－变流程方式或定流程－变时段方式，以较小的流量来满足计划灌水定额的要求。该方式主要适用于透水性能较强的土壤条件。

三、波涌灌溉系统的组成及类型

（一）波涌灌溉系统的组成

波涌灌溉系统一般由水源、波涌阀、自控器和田间输配水管道等组成，其中波涌阀和自控器是整个系统的核心，称为波涌灌溉设备。

1. 水源

能按时按量供给作物需水需要且符合水质要求的河流、塘库、井泉等均可作为波涌灌溉的水源。在井灌区可来自低压输水管道给水栓（出水口），在渠灌区则取自农渠分水闸口。

2. 波涌阀

目前应用的有两种可转变水流方式的阀门类型,即用水或空气驱动的囊状阀和用水或电力驱动的机械阀。

3. 自控器

大部分为电子控制器,可根据程序控制供水时间,并控制波涌阀开关的转向,一旦确定了总放水时间,它能自动定出周期放水时间和周期数,并自动完成切换,实现灌溉自动化。

4. 田间输配水管道

一般采用PE软管或PVC硬管,将低压输水管道出水口或农渠分水口与波涌阀进水口相连,在波涌阀出水口处装有软管(或硬管)伸向两侧,起到传统的控制闸孔完成出流灌溉。

(二)波涌灌溉系统的类型

根据管道布置方式的不同,将波涌灌溉系统分为"双管"系统和"单管"系统两类。

1."双管"系统

"双管"波涌灌田间灌水系统如图11-16所示。一般通过埋在地下的暗管把水输送到田间,再通过阀门和竖管与地面上带有阀门的管道相连。这种阀门可以自动地在两组管道间开关水流,故称"双管"。通过控制两组间的水流可以实现间歇供水。当这两组灌水沟结束灌水后,灌水工作人员可将全部水流引到另一放水竖管处,进行下一组波涌灌水沟的灌水。对已具备低压输水管网的地方,采用这种方式较为理想。

2."单管"系统

"单管"波涌灌田间灌水系统通常是由一条单独带阀门的管道与供水处相连接(故称"单管"),管道上的各出水口则通过低水压、低气压或电子阀控制,而这些阀门均以一字形排列,并由一个控制器控制这个系统,如图11-17所示。

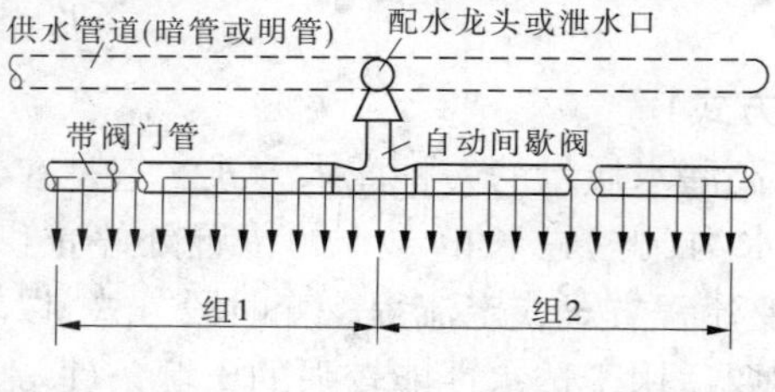

图11-16 "双管"波涌灌田间灌水系统示意图

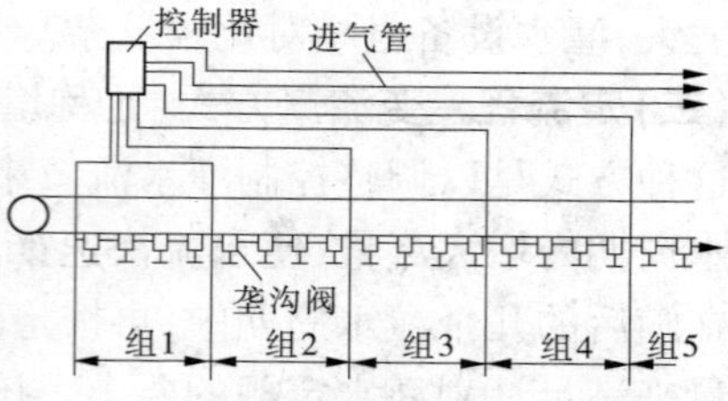

图11-17 "单管"波涌灌田间灌水系统示意图

四、波涌灌溉设备

波涌灌溉设备主要是指波涌灌溉系统中的波涌阀和自控器。目前在国外已有波涌灌控制阀投放市场,近年来我国已从国外引进数套波涌灌溉设备,但价格昂贵、数量有限。

(一)国外波涌灌溉设备

1. 波涌阀

国外开发的波涌灌溉系列设备中,波涌阀的结构主要有两种类型:一类是气囊阀,以水力或气体驱动为动力；另一类是机械阀，以水力或电力驱动为动力。

水动式气囊阀（见图11-18）靠供水管道中的水压运行，控制器改变阀门内每只气囊的水压。当一只气囊受到水的压力时，便充气膨胀，关闭其所在一侧的水流，而对面的另一只气囊打开并连通大气，排气变小而使水流通过其所在一侧流出。

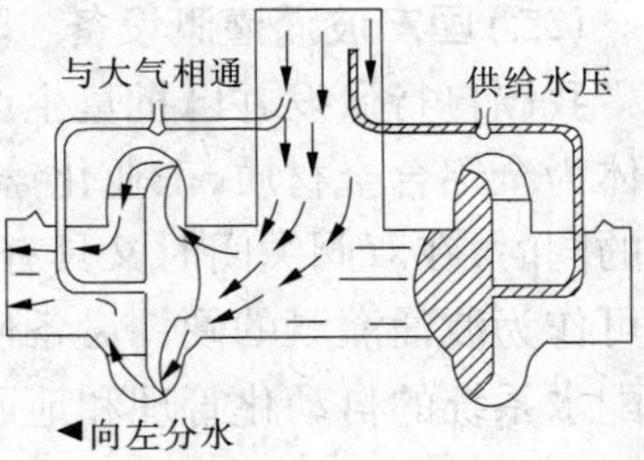

图11-18　水动式气囊阀

蝶形机械阀（见图11-19）的构造各式各样，有向右或向左转动分水的单叶阀，也有交替开关向右或向左转动分水的双叶阀，这些阀门是以蓄电池、空气泵或内带可充电电池的太阳能作为动力。

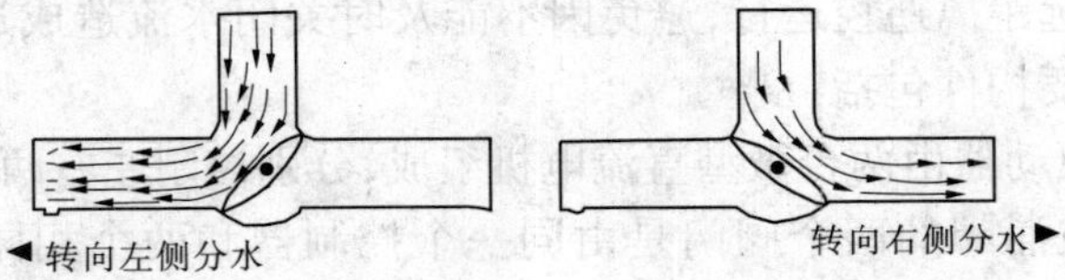

(a)单叶阀

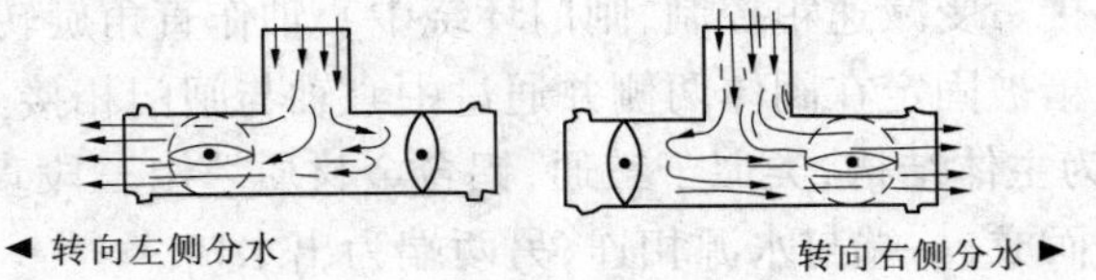

(b)双叶阀

图11-19　蝶形机械阀

水动式气囊阀和蝶形机械阀目前在美国市场上都可看到，但后者的商品化程度较高、使用的数量也较多，尤以单阀叶的机械阀为主。整个阀体呈三通结构的T字形，采用铝合金材料铸造。水流从进水口引入后，由位于中间位置的阀门向左、右交替分水，阀门由控制器中的电动马达驱动。

欧洲一些国家，如葡萄牙生产的波涌阀为双阀叶系统，不同于美国的波涌灌水系列产品。它主要采用一台控制器和减速箱，通过联动机构同时控制波涌阀的左右阀门运行，其工况只有两种状态，即左开右关或右开左关，而且开关状态同时完成。

2. 自控器

自控器由微处理器、电动机、可充电电池及太阳能板组成，采用铝合金外罩保护。自控器用来实现波涌阀开关的转向，定时控制双向供水时间并自动完成切换，实现波涌灌水的自动化。自控器多采用程序控制的方式，其中的计算程序可自动设置蝶形阀的开关时间间隔，自控器可由太阳能板自行充电维持运行。

目前美国市场上的自控器产品主要有两种类型：STAR控制器和PRO JR II控制器。这两种自控器的构造及功能基本上一致，不同之处在于PRO JR II控制器的参数输入是旋钮式的，而STAR控制器则是触键式的，具有数字输入及显示功能。两类控制器均能与任意尺寸的波涌阀相连接。

(二)国产波涌灌溉设备

我国自行研发并已批量生产的波涌灌溉设备也由波涌阀和自控器组成。波涌阀整个阀体为全铝合金材质,工业化铸模制造。采用双阀结构型式使波涌阀在具备水流换向功能的同时,在双阀关闭时又具有切断水流运动的控制功能。采用双阀结构型式不仅使设备可作为波涌灌溉的硬件设备使用,还可结合自控器的“时间耦合”方式,实现灌区田间输配水系统的自动化管理和地面灌溉过程的自动化。

1. 波涌阀

波涌阀采用双阀叶结构型式。双阀叶可根据自控器的指令,左右交替地切换水流,实现水流的定向输水过程。灌水结束后可自动同时关闭左右两个阀门,并切断水流。因此,可实现无人值守和远距离遥控运行,避免因不能及时关闭水流造成过量灌溉引起的水量浪费。波涌阀的主要构件包括:

(1)驱动器。驱动器由两台微型直流电机组成,分别控制左右两个阀门的启闭状态。

(2)减速器。波涌阀的两个阀门是由同一个控制器和两个相同的变速箱进行控制的,减速箱采用三级变速。

(3)阀门。阀门为带有周边止水垫圈的圆形闸门,其中中轴上下两端经止水轴承分别与阀体和减速箱连接。受减速箱控制,闸门环绕中心轴作直角旋转,实现水流开启和关闭状态。密闭的减速箱被固定在阀体两侧并通过中心轴与闸门相接。

(4)阀体。阀体为主体结构,类似于三通,铝合金材质。由三段直径为 200 mm(8 in)的铝合金管组合连接而成,一端与水源相连,另两端为出水口。

(5)其他。止水垫圈、止水橡胶等。

2. 自控器

自控器是波涌灌溉系统的控制中心,它接受外界参数,通过运算,对波涌阀发出操作指令,实现闸门的交替启闭。其中,控制电路板及软件是控制器的核心部分。自控器主要由电源、微控制器、电机控制等部分组成。

五、波涌灌溉灌水技术要求

波涌灌溉可以分为波涌沟灌和波涌畦灌两类。它们与传统的连续沟、畦灌的最主要区别就在于完成一次灌水需要几个放水和停水周期才能湿润灌水畦(沟)的全部长度。图 11-20 是由 3 个周期完成灌水的波涌灌过程图。

(一)波涌灌溉控制参数

波涌灌溉控制参数包括波涌间歇供水的周期时间、供水周期数以及循环率等。

(1)供水的周期时间,是指一次间歇灌水运行与停止所需的全部时间。

(2)供水周期数,是指完成整个灌水过程所需的供水周期数量。一般田块长度在 200 m 以上时,以 3 ~4 个供水周期为宜;200 m 以下的田块,则以 2 ~3 个周期为宜。每个供水周期内的灌水时间可在 30 ~60 min 范围内选择。

(3)放水时间和停水时间。放水时间包括周期放水时间和总放水时间。周期放水时间是指一个周期向灌水沟畦供水的时间;总放水时间是指完成灌水组灌水的实际时间,为

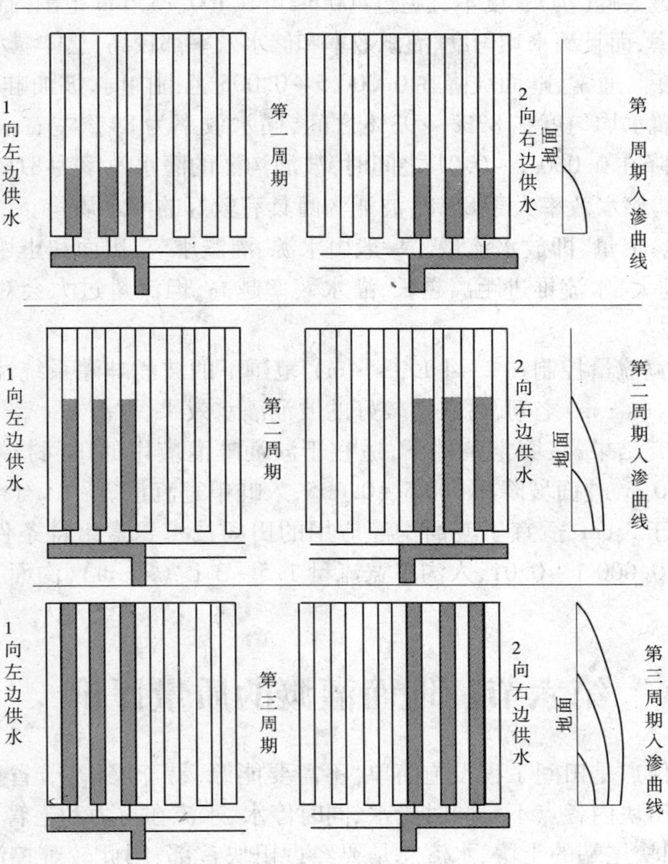

图 11-20　由 3 个周期完成灌水的波涌灌过程图

各周期放水时间之和，其值根据灌水经验估算，一般采用连续灌水时间的 65% ~90%。畦田较长、入畦流量较大时取大值。

停水时间是两次放水之间的间歇时间，一般等于放水时间，也可大于放水时间。

(4)循环率，是指一次供水周期内的灌水时间与周期时间的比值。循环率应以在停水期间田面水流消退完毕并形成致密层，以降低土壤入渗能力和便于灌水管理为原则进行确定。循环率过小，间歇时间过长，田面可能发生龟裂而使入渗率增大；循环率过大，间歇时间过短，田面不能形成减渗层，波涌灌溉的优点难以发挥。为便于波涌灌溉设备的工作运行和田间实施操作，取循环率为 1/2，即一次供水周期内的灌水时间与停水时间相等。

(二)波涌灌溉技术要素

波涌灌溉技术要素是指在特定的灌水控制参数下影响田间灌水效果的技术参数，如田块规格、田面坡度、入沟(畦)流量等。波涌灌溉技术要素直接影响灌水质量，应根据地形、土壤情况合理选定。

(1)田块规格。它对波涌灌水质量的影响主要反映在畦(沟)长度的差异上。波涌畦灌条件下的节水率随畦块长度的增加而增大，但畦田长度超过 350 m 后，节水率开始出现下降的趋势，因此，其最大畦（沟）长度不宜超过400 m，可在100～350 m 范围内选择。此时，不仅具有较高的节水率，而且灌水均匀度、灌溉效率和储水效率都较高，总体灌水质量高。

（2）田面坡度。通常，畦面坡降在0.000 5～0.005 范围内时，波涌畦灌的灌水效率大致在85%左右，灌水均匀度在83%～93%之间，储水效率为84%左右，具有良好的灌溉性能。当沟底坡降在0.000 1～0.01 之间时，波涌沟灌的灌水效率为81%～87%，灌水均匀度在85%左右，储水效率大于85%，波涌沟灌具有较好的灌水质量。

（3）入沟（畦）流量，即放水流量。一般由水源、灌溉季节、田面和土壤状况确定，流量越大，田面流速越大，水流推进距离越长，灌水效率越高，但流量过大会对土壤产生冲刷，因此应综合考虑。

一般入畦单宽流量控制在2～4 L/(s·m) 范围下的波涌畦灌系统性能良好，而入沟流量在1.5～3 L/(s·m)之间，可获得较好的波涌灌水效果。

根据试验研究结果，在壤土条件下，适宜于波涌畦灌应用的田间技术要素组合条件是：畦长100～350 m，畦面坡降0.000 5～0.005，入畦单宽流量2～4 L/(s·m)，畦块田面平整精度指标小于3 cm；适宜于波涌沟灌应用的田间技术要素组合条件是：沟长100～350 m，沟底坡降0.000 1～0.01，入沟单宽流量1.5～3 L/(s·m)，沟面平整精度指标小于4 cm。

第六节　地面灌溉的质量评价

地面灌溉的优点是田间工程设施简单，不需要能源，易于操作，节省投资。但由于在地面灌溉过程中田块内各点不是同时受水、同时停水，水流在重力和毛管力的作用下渗入土壤；为了湿润田块尾端的土壤，水流总是要经过田块首部，因此较难控制整个田块灌水均匀，容易产生深层渗漏。

一、影响地面灌水质量的主要因素

影响地面灌溉灌水质量的因素很多，主要影响因素大致可归纳为两类：第一类自然性能因素，是不容易人为控制的；第二类灌水技术因素，是可以人为改变的。

（一）自然性能因素

自然性能因素包括土壤质地、入渗性能、田面糙率、作物种类和种植方式等。

1. 土壤质地与入渗性能

土壤质地是土壤固相物质各粒级土粒的配合比例，它通过对土粒的表面能、土壤孔隙尺度和分布的影响，对土壤水分运动的驱动力和水力传导度产生影响，进而影响到土壤水分入渗能力。土壤质地越重，颗粒越细微，固体相比表面积越大，表面能高、吸附能力越强，粒间孔隙越小，水力传导度越小，吸水、保水性能越强。

一般地讲，无论哪种耕作条件，土壤质地由轻变重时，土壤入渗速度减小，入渗能力降低；土壤质地越轻，土壤入渗速度越大。

2. 田面糙率

田面糙率是综合反映田面粗糙情况对水流影响的一个系数。田面糙率大，水流推进速度减慢，容易形成局部积水，增加入渗量，灌水均匀度降低。若采用波涌灌溉方法，随着波涌间歇供水次数的增加，各周期内的田面糙率逐渐减小，因此水流推进速度也逐渐增加。

3. 作物种类和种植方式

作物种类不同，适宜的种植方式也不同，采用不同的灌水方法对其灌水质量的影响不同。一般窄行距密植作物多进行撒播或机播，常采用畦灌灌水技术；宽行距作物多要进行中耕培土等田间操作，常采用沟灌灌水技术。

（二）灌水技术因素

灌水技术因素包括畦（沟）长度、宽度、入畦（沟）流量、改水成数、灌前土壤含水量、田面坡降及平整程度等。

1. 畦（沟）规格

畦（沟）规格主要是指畦（沟）长度、宽度。畦（沟）长度过大，首部受水时间过长，从而使畦（沟）首灌水量过多，畦（沟）首尾的土壤湿润不均匀，且浪费水量；畦（沟）长度过小，修畦（沟）和浇地用工多，占地多且不利于田间栽培管理。宽度过大，水流推进速度过慢，入渗量增加，且容易造成旁侧渗漏，灌水效率降低。

2. 入畦（沟）流量

入畦（沟）流量过大，容易冲刷田面；流量过小，水流推进速度过慢，完成灌水的时间长，如果土壤入渗能力强，还易形成深层渗漏。

3. 改水成数

改水成数不合理会影响灌水质量。改水成数偏小，即封口过早，会使畦田灌水不足，畦尾甚至无水，畦田灌水均匀度受到严重影响；改水成数偏大，即封口过晚，畦尾又会产生跑水、积水现象，浪费灌溉水量。

4. 田面坡降及平整程度

较大的田面纵坡有助于缩短入畦水流的推进时间，但过陡的田面纵坡会导致地表土壤受到冲蚀，计划灌水深度难以达到要求。田面平整精度差异对入畦水流的推进与消退过程和入渗水深沿畦长分布的均匀性具有显著影响，较好的田面平整状态可获得较高的灌溉效果。

在以上因素的综合影响下，地面灌溉条件下入渗水的分布一般有3种状况，如图11-21所示。

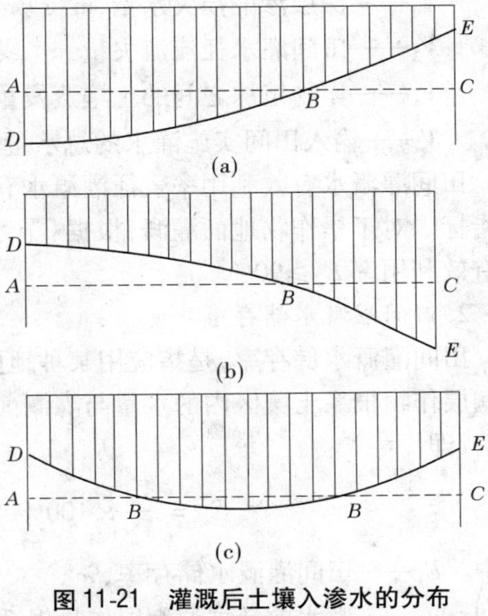

图11-21　灌溉后土壤入渗水的分布

AC 线表示灌溉后水流入渗理想深度线，*A*、*C* 点分别表示灌溉后畦首、畦尾水流入渗理想深度；*DE* 线表示灌溉后水流入渗实际深度线；*D*、*E* 点分别表示灌溉后畦首、畦尾水流入渗实际深度；*B* 点表示 *AC* 线（水平线）和 *DE* 线（曲线）的交点

第一种状况如图11-21（a）所示，畦田上游部分入渗水量过多而下游灌水不足。这种入渗水量分布发生在土壤入渗性能较强、畦首入流量过小或畦田过长的情况下。

第二种状况如图 11-21(b)所示,上游灌水量不能满足作物需要的灌溉定额而下游却产生了深层渗漏。这种入渗水量分布发生在土壤入渗性能较差、地面纵坡较陡或入流量较大的情况下。

第三种状况如图 11-21(c)所示,畦田中间入渗水量多而两端少,这种入渗水量分布常发生在畦尾有反坡的情况下。

理想的入渗水分布应是各点入渗水量基本相同,并等于作物需要的净灌溉定额。

二、评价地面灌溉质量的指标

(一)评价地面灌溉灌水方法的质量指标

为了正确设计和实施地面灌溉灌水技术,必须制定一套完整的质量指标体系,分析评价地面灌水质量的指标有很多,其中目前最常用的有以下 3 个。

1. 田间灌溉水有效利用率

田间灌溉水有效利用率,是指应用某种地面灌水方法或某项灌水技术灌溉后,储存于计划湿润层内作物根系土壤区内的水量与实际灌入田间的总水量的比值,即

$$E_a = \frac{V_s}{V} \times 100\% = \frac{V_1 + V_4}{V} \times 100\% = \frac{V_1 + V_4}{V_1 + V_2 + V_3 + V_4} \times 100\% \tag{11-5}$$

式中　E_a——田间灌溉水有效利用率,%;

V_s——灌水后储存于计划湿润层中作物根系土壤区的水量,m^3 或 mm;

V_1——作物有效利用的水量,即作物蒸腾量,m^3 或 mm;

V_2——深层渗漏损失水量,m^3 或 mm;

V_3——田间灌水径流流失量,m^3 或 mm;

V_4——作物植株之间的土壤蒸发量,m^3 或 mm;

V——输入田间实施灌水的总水量,m^3 或 mm。

田间灌溉水有效利用率表征灌溉水有效利用的程度,是评价灌水质量优劣的一个重要指标。对于旱作物地面灌溉,根据《节水灌溉技术规范》(SL 207—98)要求,田间灌溉水有效利用率 $E_a \geqslant 90\%$。

2. 田间灌溉水储存率

田间灌溉水储存率,是指应用某种地面灌水方法或某项灌水技术灌溉后,储存于计划湿润层作物根系土壤区内的水量与灌溉前计划湿润层作物根系土壤区所需要的总水量的比值,即

$$E_s = \frac{V_s}{V_n} \times 100\% = \frac{V_1 + V_4}{V_1 + V_4 + V_0} \times 100\% \tag{11-6}$$

式中　E_s——田间灌溉水储存率,%;

V_n——灌水前计划湿润层作物根系土壤区所需要的总水量,m^3 或 mm;

V_0——计划湿润层灌水不足的水量,m^3 或 mm;

其余符号意义同前。

田间灌溉水储存率表征采用某种地面灌水方法、某项灌水技术实施灌水后,能满足计划湿润层作物根系土壤区所需水量的程度。

3. 田间灌水均匀度

田间灌水均匀度，是指应用某种地面灌水方法或某项灌水技术灌溉后，田间灌溉水湿润作物根系土壤区的均匀程度，或者田间灌溉水下渗湿润作物计划湿润土层深度的均匀程度，或者表征为田间灌溉水在田面上各点分布的均匀程度，通常用下式表示：

$$E_d = \left(1 - \frac{\Delta Z}{Z_d}\right) \times 100\% \tag{11-7}$$

或

$$V_d = \left[1 - \left(\sum_{i=1}^{N} |X_i - M|\right) \Big/ (NM)\right] \times 100\% \tag{11-8}$$

式中　E_d、V_d——田间灌水均匀度，%；

ΔZ——灌水后测点的实际入渗水量与平均入渗水量离差绝对值的平均值，m^3 或 mm；

Z_d——灌水后土壤内的平均入渗水量，m^3 或 mm；

X_i——灌水后等面积测点的入渗水量，m^3 或 mm；

M——灌水后 N 个测点的平均入渗水量，m^3 或 mm；

N——测点数目。

一般对地面灌水方法，《节水灌溉技术规范》(SL 207—98) 要求灌水均匀度 $E_d \geq 85\%$。

上述 3 项评价灌水质量的指标，共同反映了作物产量和水资源利用程度的影响，因此它们必须同时使用才能较全面地分析和评价某种灌水技术的灌水效果。目前，农田灌水技术都选用田间灌溉水有效利用率 E_a 和田间灌水均匀度 E_d 两个指标作为设计标准，而实施田间灌水则必须采用 E_a、E_s 和 E_d 3 个指标共同评价其灌水质量的好坏，单独使用其中的任一项都不能较全面和正确地判断田间灌水质量的优劣。

(二) 评价地面灌溉节水技术的主要经济指标

1. 节水增产率

节水增产率，是指在同样气候等自然条件和农业技术条件下，旱作物采用地面灌水方法某种节水灌水技术与传统地面灌水方法灌水技术比较，其平均单位面积产量所增加的产量百分数，即

$$F_y = \frac{Y_1 - Y_2}{Y_1} \times 100\% \tag{11-9}$$

式中　F_y——节水增产率，%；

Y_1、Y_2——两种灌水方法或两项灌水技术的平均单位面积产量，kg/亩。

节水增产率是评价地面灌水方法或灌水技术的一项综合性经济指标，它标志着某种地面灌水方法或某项灌水技术的增产效果及其产量水平。

2. 田间灌溉效率

田间灌溉效率，是指某次由最末一级固定渠道或管道(一般指毛渠、毛管)引入田间灌水，平均一个流量(即 1.0 m^3/s)一昼夜(自流灌区为 24 h，提水灌区一般以 22 h 计)实际灌溉的面积，即

$$F_f = 86\,400 \frac{A}{W} \tag{11-10}$$

式中　F_f——田间灌溉效率，亩/($m^3 \cdot s^{-1} \cdot d$)；

A——昼夜实灌面积，亩/d；

W——最末一级固定渠道或管道实际引入田间的流量，m^3/s。

田间灌溉效率综合反映田间灌水管理工作的质量，是田间灌水管理的一项重要指标。

3. 灌水劳动生产率

田间灌水劳动生产率，是指实施地面灌溉每个灌水员 1 班(通常 1 班为 8 h 或 12 h)可能灌溉的面积，或者每个灌水员灌溉 1 亩农田所需要的工日数，即

$$F_w = \frac{A}{nN} \tag{11-11}$$

或

$$D_w = \frac{nN}{A} \tag{11-12}$$

式中　F_w、D_w——灌水劳动生产率，亩/(人·班)，工日/亩；

A——一昼夜实际灌溉的面积，亩；

n——灌水员每班人数，人；

N——一昼夜的灌水分班数，班。

田间灌水劳动生产率的高低与田间工程的合理布局和完善程度、灌水劳动组织、灌水工具及设备、田面平整状况及灌水员的技术熟练程度等有密切关系。

4. 田间灌水成本

田间灌水成本，是指旱作物采用地面节水技术灌溉农田单位面积所需要的费用，即

$$C = \frac{C_p + C_w + C_j + C_i}{A} \tag{11-13}$$

式中　C——田间灌水成本，元/亩；

C_p——灌水员的工资，元；

C_w——水费或水资源费，元；

C_j——灌水工具、灌水设备、机具、机电装置，以及田间工程设施和土地平整等的折旧费用，元；

C_i——燃料费，包括机电用油或用电及照明灯的费用，元；

A——实际灌水面积，亩。

5. 节水率

节水率是标志灌水方法节水效益高低的重要指标，它是指不同地面灌水方法单位面积灌溉用水量的比值，即

$$\eta_a = \frac{W_1 - W_2}{W_1} \times 100\% \tag{11-14}$$

式中　η_a——节水率，%；

W_1、W_2——两种灌水方法单位面积上的灌溉用水量，通常可用实际的灌水定额计算，m^3/亩。

第十二章　工程量和概(估)算

节水灌溉工程根据其建设内容和所起的作用,分为骨干工程和田间工程。骨干工程包括水源工程、建筑物工程、渠系工程(干、支渠)。田间工程包括:渠系工程(斗、农、毛渠)、建筑物工程、水源及动力工程(井灌)、输水管道及附属设施工程、其他工程。其他工程包括林带、道路、供电线路、土地平整、畦埂、网围栏等项。

节水灌溉模式有:①渠灌类型区节水灌溉模式;②井灌类型区节水灌溉模式;③井渠结合类型区节水灌溉模式;④雨水利用类型区节水灌溉模式;⑤抗旱灌溉类型区节水灌溉模式。

本章所述的节水灌溉工程的工程量和概(估)算,主要是结合上述田间工程和节水灌溉模式,按工程建设内容分别详细叙述各部分工程量的构成和计算方法。

第一节　工程量的计算

一、工程分项组成

(一)渠系工程

地面灌溉工程的田间渠系工程包括斗渠、农渠、毛渠三级渠道工程。主要工程量包括挖方、填方和衬砌。衬砌形式主要有三类:一是浆砌石衬砌渠道;二是混凝土衬砌渠道,包括预制混凝土板衬砌和现浇混凝土 U 形槽衬砌;三是膜料防渗。

(二)建筑物工程

地面灌溉工程的田间建筑物包括桥、涵洞、跌水、渡槽、闸等。闸有进水闸、退水闸、节制闸。其工程量主要含土方开挖、土方回填、砂垫层、干砌石、浆砌石、混凝土及钢筋混凝土等项。

(三)水源及动力工程

地下水灌溉,其水源工程和动力工程是至关重要的。地下水灌溉的水源工程即为打井工程。根据工程所在地区不同,条件差异很大,井的类型很多,在北方地区有筒井(大口井)、管井及筒管井。水源工程指成井工程,动力配套工程是指井的机、泵、管道及电力配套。有条件的地方以电力作为动力;偏远地区电力不配套,以柴油发电机作为动力。

电力配套工程是指为井灌区机电井配套的高低压输电线路、变压器。包括 10 kV 及以下的输电线路和 35 kV 以下的变电站。其主要工程量为输变电工程的材料、设备、架设、安装。

地表水灌溉,若采用喷灌则需设计加压泵站,将地表水从渠内提起,加压以满足喷灌的压力要求。

（四）输水管道及附属设施工程

管道输水灌溉由于是有压供水，可适应各种地形，使原来土渠难以达到灌溉的耕地实现灌溉，根据地形、水源、气象、种植结构等因素确定管道输水灌溉的方式。

管道输水灌溉类型包括喷灌（固定式、半固定式、移动式）、低压管道输水灌溉和微灌（滴灌、微喷灌、涌泉灌）等形式。

（五）其他工程

1. 林带

林带指田间工程中，在田块周围、农田道路两旁栽种的农田防护林。要根据土地条件和水利条件，因地制宜，因害设防，适地种树，农田防护林、渠、路相结合，林随渠路走，主林带走向尽量与主害风向垂直，坡耕地主林带应沿等高线设置，配置成小网格、窄林带。其工程量包括苗木的数量和栽植的土方量。

2. 田间道路

田间道路一般包括机耕路和田间路。按要求平原地区道路应通直，丘陵区也尽量通直。机耕路面平整且路面铺设砂石料，便于农业机械进入田间作业。主要工程量为土方的挖、填、压实、平整、人工整修边坡、砂石料的铺设及碾压等。

3. 土地平整、畦埂

田间节水工程对田块的平整、畦埂的整齐要求非常高，故土地平整、畦埂修筑是田间工程不可少的内容，主要工程量是机械、人工推土方修整、畦埂修筑等。

4. 网围栏

根据草原的实际情况，牧区草场节水灌溉和青贮饲料基地节水灌溉，基本不种树、不留田间路。但为管理牲畜，在节水灌区田块周围必须修建网围栏。其主要工程量为预制混凝土杆和铁丝。

二、工程量的确定

工程量是编制概算的基本要素之一。工程量计算的准确性，是衡量设计概（估）算质量好坏的重要标准之一。如果工程量不按有关规定计算，则编制出的概算也就不正确。因此，预算编制人员除应具有本专业的知识外，还应具有一定程度的水工、施工、机电等专业知识，掌握工程量计算的基本要求、计算方法、计算规则。按照概算有关规定，正确计算各类工程量。编制概算人员应查阅主要设计图纸和设计说明，对设计中各专业提供的工程量，凡不符合概算编制有关规定的，应及时提出修正，切忌不加分析照抄搬用。

（一）节水灌溉工程量分类

节水灌溉工程量按性质分可以划分为以下几类。

1. 设计工程量

设计工程量由图纸工程量和设计阶段扩大工程量组成。

（1）图纸工程量。指按设计图纸计算出的工程量。对于各种水工建筑物，也就是按其设计的几何轮廓尺寸计算出的工程量，渠系工程根据横断图、纵断图计算挖填土方量。

（2）设计阶段扩大工程量。指由于可行性研究阶段和初步设计阶段勘测、设计工作的深度有限，有一定的误差，为留有一定的余地而设置的工程量。

2. 施工超挖工程量

为保证建筑物的安全,施工开挖一般都不允许欠挖,以保证建筑物的设计尺寸,而在施工当中超挖现象不可避免,应予考虑。影响施工工程量大小的因素主要有施工方法、施工技术、管理水平以及地质条件等。

3. 施工超填工程量

施工超填工程量指由于施工超挖量、施工附加量相应增加的回填工程量。

4. 施工损失量

(1)体积变化损失量。如:土石方填筑工程中的施工期沉陷而增加的工程量、混凝土体积收缩而增加的工程量等。

(2)运输及操作损耗量。如混凝土、土石方在运输、操作过程中的损耗,输水管设计在安装过程中的损坏等。

(3)其他损耗量。如土石方填筑工程阶梯形施工后,按设计边坡要求的削坡损失工程量、接缝削坡损失工程量等。

(二)各类工程量在概算中的处理

上述各类工程量在编制概算时,应按国家经济贸易委员会《水利水电工程设计工程量计算规定》(DL/T 5088—1999)、水利部颁现行概预算定额、项目划分等有关规定,结合当地类似工程的实践经验正确处理。

1. 设计工程量

设计工程量就是编制概(估)算的工程量。图纸工程量乘以设计阶段系数,即是设计工程量。可行性研究、初步设计阶段的系数应采用《水利水电工程设计工程量计算规定》(DL/T 5088—1999)中"设计工程量计算阶段系数表"的数值,见表 12-1。

表 12-1　设计工程量计算阶段系数表

种类	设计阶段	钢筋混凝土	混凝土			土石方开挖			土石方填筑			钢筋	钢材	灌浆
		工程量(万 m^3)												
			300以上	100~300	100以下	500以上	200~500	200以下	500以上	200~500	200以下			
永久水工建筑物	可行性研究	1.05	1.03	1.05	1.10	1.03	1.05	1.10	1.03	1.05	1.10	1.05	1.05	1.15
	初步设计	1.03	1.01	1.03	1.05	1.01	1.03	1.05	1.03	1.03	1.05	1.03	1.03	1.10
施工临时建筑物	可行性研究	1.10	1.05	1.10	1.15	1.05	1.10	1.15	1.05	1.10	1.15	1.10	1.10	
	初步设计	1.05	1.03	1.05	1.10	1.03	1.05	1.10	1.03	1.05	1.10	1.05	1.05	
金属结构	可行性研究												1.15	
	初步设计												1.10	

实施方案阶段计算工程造价,其设计阶段系数为 1.00,即设计工程量就是图纸工程

量，不再保留设计阶段扩大工程量。

2. 施工超挖量、施工超填量

水利部颁概算定额（水总[2002]116号）已按现行施工规范计入合理的超挖量、超填量，故采用概算定额编制概（估）算时，工程量不应计入这两项工程量。

水利部颁现行预算定额中均未计入这两项工程量，故采用预算定额编制概（估）算时，应将这两项合理的工程量，采用相应的超挖、超填预算定额，摊入定额中，而不是简单的乘以这两项工程量的扩大系数。

3. 施工损失量

水利部颁现行概、预算定额中已计入了场内操作运输损耗量。有关这方面的详细规定，概、预算定额的总说明及章、节说明均有交代。

第二节　节水灌溉项目建设设计程序及投资编制

一、基本建设设计程序介绍

基本建设的特点是投资多、建设周期长，涉及的专业和部门多，工作环节错综复杂。为了保证工程建设的顺利进行，达到预期的目的，在基本建设的实践中，逐渐总结出一套大家共同遵守的工作顺序，这就是基本建设程序。基本建设程序是基本建设全过程中各项工作的先后顺序和工作内容及要求。

现行的基本建设程序可分为项目建议书阶段、可行性研究阶段、初步设计阶段。开工准备阶段、施工阶段、生产准备阶段、竣工投产阶段、后评估阶段等8个阶段。鉴于水利水电基本建设较其他部门的基本建设有一定的特殊性，工程失事后危害性也比较大，因此水利水电基本建设程序较其他部门更为严格，应以1998年1月7日水利部发布的《水利工程建设程序管理暂行规定》为依据。现以水利系统为例，简单介绍基本建设的设计程序。

（一）流域（或区域）规划阶段

流域（或区域）规划就是根据流域（或区域）的水资源条件和防洪状况以及国家长远计划对该地区水利水电建设发展的要求，提出该流域（或区域）水资源的梯形开发和综合利用的方案及消除水害的方案。因此，进行流域（或区域）规划必须对流域（或区域）的自然地理、经济状况等进行全面系统的调查研究，初步确定流域（或区域）内可能的工程位置和工程规模，并进行多方案的分析比较，选定合理的建设方案，并推荐近期建设的工程项目。

（二）项目建议书阶段

项目建议书是在流域（或区域）规划的基础上，由主管部门（或投资者）对准备建设的项目作出大体轮廓性设想和建议，为确定拟建项目是否有必要建设、是否具备基本条件、是否值得投入资金和人力、是否需要再作进一步的研究论证工作提供依据。

（三）可行性研究阶段

这一阶段的工作主要是对项目在技术上和经济上是否可行进行综合的、科学的分析和论证。可行性研究应对项目在技术上是否先进、适用、可靠，经济上是否合理、可行，在财务上是否盈利作出多方案比较,提出评价意见,推荐最佳方案。可行性研究报告是建设项目立项决策的依据,也是项目办理资金筹措、签订合作协议、进行初步设计等工作的依据和基础。

(四)设计阶段

设计工作是分阶段进行的,一般采用两阶段进行,即初步设计与施工图设计。对于某些大型工程和重要的中型工程,一般要采用三阶段设计,即初步设计、技术设计及施工图设计。

(1)初步设计。它解决的是建设项目的技术可靠性和经济合理性的问题。因此,初步设计具有一定程度的规划性质,是建设项目的"纲要"设计。

(2)技术设计。它是根据初步设计和更详细的调查研究资料编制的,进一步解决初步设计中的重大技术问题(如工艺流程、建筑结构、设备选型及数量的确定等),以使建设项目的设计更具体、更完善,技术经济指标更好。

(3)施工图设计。它是在初步设计和技术设计的基础上,根据建筑安装工程的需要,针对各项工程的具体施工,绘制施工详图。

二、节水灌溉项目建设设计程序

农田节水灌溉工程与大中型水利水电工程相比有很多不同,确切地讲,从建设内容、工艺流程、工程特点以及工程建成后最终的目的和作用等方面,相对来说都要简单得多,根据多年节水灌溉工程设计经验分析该类工程本身的特点,其设计程序如下。

(一)规划、项目建议书及可行性研究

农田节水灌溉工程由于工程本身的建设特点,加之其中许多工程是对已有工程的改建、扩建,已经有一定的工程基础和设计基础,同时除个别大中型节水灌区属于国家基建项目,走基建程序外,绝大多数节水项目特别是田间节水灌溉项目,其建设内容较单一、工程规模较小,工程投资不是很大,建设周期短。因此,有一些地区或项目把规划、项目建议书、可行性研究三个设计阶段并为一个设计阶段,即可行性研究阶段。这一阶段要将工程建设的必要性、是否具备建设的基本条件、工程位置、工程的规模论述清楚,进行方案的比较分析,推选出合理的建设方案,并将该项目在技术上是否先进、合理、可行适用,经济上是否合理、可行等,做深入全面的论证。完成了三个阶段的设计任务,为项目的建设立项提供可靠的依据,同时为下一步的初步设计工作奠定了基础。

(二)初步设计与实施方案

节水灌溉工程初步设计提出设计报告、初设概算、经济评价三项内容。主要包括:灌区的范围、工程的总体规划布置、工程规模、渠道的初步定线、断面设计和土石方量的估算,主要建筑物的位置、结构型式和尺寸,主要工程的施工方法,水利工程的管理机构和形式,还应包括各种建筑材料的用量、设备选型及用量、主要技术经济指标、建设工期、资金来源。

技施设计有些地方也叫实施方案,是根据初步设计和更详细的调查研究资料编制的。解决重大技术问题,如建筑结构、设备选型及数量的确定,针对各项工程的具体施工,绘制施工详图。

有一些建设规模及投资规模较小的新建工程或现有灌区改、扩建工程将初步设计和施工图设计合二而一，即完成项目的实施方案。

三、投资编制

节水灌溉工程建设过程各阶段由于工作深度不同、要求不同，故各阶段工程造价计算类型也不相同。要根据不同设计阶段的具体内容和有关定额、指标，分阶段由设计单位进行编制，现行的工程造价计算类型主要有以下几种。

（一）投资估算

投资估算是在项目建议书阶段、可行性研究阶段对建设工程造价的预测，应充分考虑各种可能的需要、风险、价格上涨等因素，要打足投资，不留缺口，适当留有余地。它是设计文件的重要组成部分，是编制基本建设计划，实行工程建设投资大包干、控制其中建设拨款、贷款的依据；也是考核设计方案和建设成本是否合理的依据。这是可行性研究报告的重要组成部分，是业主为选定近期开发项目、做出科学决策和进行初步设计的重要依据。投资估算是工程造价全过程管理的“龙头”，抓好这个“龙头”有十分重要的意义。它主要是根据估算指标、概算指标或类似工程的预（决）算资料进行编制。

投资估算是建设单位向国家或主管部门申请建设投资时，为确定建设投资总额而编制的技术经济文件，它是国家或主管部门确定建设投资计划的重要文件。投资估算控制初设概算，它是工程投资的最高限额。

（二）初步设计概算

初步设计概算（以下简称初设概算）是初步设计阶段对建设工程造价的预测，它是设计单位为确定拟建建设项目所需的投资额或费用而编制的工程造价文件，是初步设计文件的重要组成部分。初设概算在已经批准的可行性研究阶段投资估算静态总投资的控制下进行编制。

由于初步设计阶段对渠系、建筑物的布置、结构型式、主要尺寸以及机电设备的型号、规格等均已确定，所以概算对建设工程造价不是一般的测算，而是带有定位性质的测算。因此初设概算经批准以后，是建设项目成本管理、成本控制的依据，当然，它也是确定和控制建设投资、编制建设计划、编制利用外资概算和业主预算、编制工程标底、实行建设项目包干、考核工程造价和验核工程合理性以及建设单位向银行贷款的依据。

由于节水灌溉工程建设期比较短，初设概算编制采用的价格水平与工程开工时间相隔较短，几乎在同一年份，这种价格变化不大的情况下，初设概算不必调整。若工程开工时间与设计概算所采用的价格水平不在同一年份或相隔较长，差异较大时，按规定由设计单位根据开工年的价格水平和有关政策重新编制设计概算，这时编制的概算一般称为调整概算。调整概算仅仅是在价格水平和有关政策方面进行调整，工程规模及工程量与初步设计均保持不变。

另一种情况即工程开工后，由于设计有重大修改、遇有不可抗拒的重大自然灾害、国家有较大的政策性调整、物价有较大幅度的上涨等原因，造成投资大幅度突破原概算时，业主应修改原概算，并按初设概算审批程度报批。对修改后概算的文件名称，可称“调整概算”，也可称“修改概算”。

(三)施工图预算

节水灌溉工程实施方案编制阶段的工程造价实际上就是水利水电工程基本建设项目的施工图预算。

施工图预算是在施工图(实施方案)设计阶段对工程造价的计算,是根据施工图纸、施工组织设计、国家颁布的预算定额和工程量计算规则、地区材料预算价格、施工管理费用标准、企业利润率、税金等,计算每项工程所需人力、物力和投资额的文件。它应在已批准的初步设计概算控制下进行编制。它是施工前组织物资、机具、劳动力,编制施工计划,统计完成工作量,办理工程价款结算,实行经济核算,考核工程成本,实行建筑工程包干和建设银行拨(贷)工程款的依据。它是施工图(实施方案)设计的组成部分,由设计单位负责编制的。它的主要作用是确定单位工程项目造价,是考核施工图设计经济合理性的依据。一般建筑工程以施工图预算作为编制施工招标标底的依据。

一般较大型或新建节水灌溉工程的工程造价进行三个设计阶段的编制,即可行性研究投资估算、初步设计概算和实施方案预算。对于中、小型或改、扩建节水灌溉工程,由于投资规模和现有工程基础等因素,其工程造价只进行两个设计阶段的编制,即初设概算和实施方案预算。

第三节　节水灌溉工程概算文件编制及投资估算

一、概述

(一)工程造价编制的原则

工程造价的编制应符合价值规律,体现社会必要劳动量;要全面反映建筑产品的价值构成;工程价格和工业品价格之间应保持一个合理的比例;编制应严格按照国家法律、基本建设程序和有关依据进行。因此,工程造价的编制,必须根据各阶段的设计内容,调查数据和各级主管部门颁发的有关编制办法、定额、费用计算标准以及资金来源等进行计算。

(二)工程造价编制的形式

设计提供的资料、数据,是工程造价编制的基本依据。随着各设计阶段设计深度的深化,工程造价编制的内容及方法也由粗到细,精度逐步提高,对编制的要求也相应提高。

工程造价的编制,在规划、项目建议书和可行性研究阶段编制“投资估算”;初步设计阶段编制“设计概算”;到施工图(实施方案)设计阶段,编制“施工图预算”。

投资估算、设计概算、施工图预算的编制方法大体相似,但由于精度要求不同,所以工作的深度也不同。重点介绍设计概算的编制方法,其后介绍投资估算、初设概算与工程预算的区别。

二、概算文件的编制原则和依据

(一)概述

概算是确定工程造价的文件,经主管部门审查批准的概算是一个约束投资的文件。

概算的编制是一项政策性、技术性都很强的工作，是在设计的特定条件下，对施工条件和技术措施在经济上的综合反映，因此编制概算必须坚持科学、公正的原则，对施工现场深入调研，掌握充分可靠的依据。

水利是国民经济的基础产业，水利工程属公益性较强的基础设施，其建设资金主要从国家财政资金中安排，由政府或社会公益机构作为项目责任主体，负责项目实施并承担全过程风险。为了规范市场行为，提高投资效益，水利工程概算必须适应社会主义市场经济的运行机制，按价值规律办事，合理预测投资。

设计概算与投资估算在组成内容、项目划分和费用构成上是基本一致的，但两者的深度不同，编制方法和计算标准也有所区别。投资估算可对概算编制规定中的部分内容进行适当简化或合并，即一般对次要的工程项目可采用简化方法计算投资。另外，两者采用的定额可以不同，工程量计算和预备费计算所留余地的大小也不同。

（二）编制原则

（1）遵守国家法律法规，执行水利行业规定，按照基建程序进行编制，要兼顾国家、投资人和承包人各方利益。

（2）基础价格定价合理，符合社会主义市场经济环境，贴近市场。重点做好主要材料及主要工程单价的调研分析和编制工作，确保预算的质量。

（3）工程造价文件应体现社会主义生产力平均水平。编制造价文件时，造价专业人员切忌弄虚作假，既不高估冒算，又不少算漏算，力求公平、公正，实事求是地按客观规律办事。

（4）不同建设阶段造价预测的作用不同。造价专业人员应按不同阶段的要求，编制出内容和深度与之相适应的造价文件。

（5）编制单位和编审人员应具备相应资质，确保文件质量。

（三）编制依据

（1）国家法律、法规。

（2）水行政主管部门颁布的标准、定额、规程、规范和规定。

（3）工程项目的设计文件、图纸及有关合同和协议。

（4）其他。

水利部现行行业规定、标准、定额如下：

（1）水利部颁布《水利工程设计概（估）算编制规定》（2002 年 4 月 1 日）。

（2）水利部颁布《水利建筑工程概算定额》（2002 年 4 月 1 日）。

（3）水利部颁布《水利建设工程预算定额》（2002 年 4 月 1 日）。

（4）水利部颁布《水利水电设备安装工程概算定额》（2002 年 4 月 1 日）。

（5）水利部颁布《水利水电设备安装工程预算定额》（2002 年 4 月 1 日）。

（6）水利部颁布《水利工程施工机械台时费定额》（2002 年 4 月 1 日）。

（7）国家发展计划委员会、建设部颁布《工程勘察设计收费标准》（2002 年修订本）。

（8）电力工业部、水利部发布《水利水电工程可行性研究报告编制规程》（DL 5020—93）。

（9）电力工业部、水利部发布《水利水电工程初步设计报告编制规程》（DL 5021—

93)。

三、概算文件组成

为有效控制工程造价,加强技术经济指标积累和建设数据统计汇总,提高工程建设管理水平,概算文件必须标准、规范。概算文件的编制是根据各级主管部门规定的组成内容、项目划分和计算方法进行的,内容应完整,表式要简明。

初步设计概算包括从项目筹建到竣工验收所需的全部建设费用,概算文件内容由编制说明、设计概算表和附件3部分组成。

(一)编制说明

编制说明是概算文件的文字叙述部分,应扼要说明工程概况、主要技术经济指标、编制原则和依据以及应说明的其他问题。编制说明包括以下内容。

1.工程概况

工程概况是初步设计报告内容的概括介绍,其内容包括所处流域、河系及兴建地点,对外交通条件、施工用水用电、通信条件、主要材料供应情况、工程规范、灌溉面积、工程效益、工程布置形式等。主体建筑工程量,一般要按土石方开挖、土石方填筑、混凝土、钢筋制造安装、输水设备、管材量等分项汇总。主要材料用量,一般按水泥、钢材、木材、柴(汽)油等主要材料分项汇总。要说明施工总工期、施工总工日、施工平均人数和高峰人数、资金来源构成和比例等。

2.概算编制原则和依据

(1)编制概算依据的规程、规定、执行的计算标准。

(2)建筑工程、安装工程和机械台班定额依据。

(3)价格水平年。

(4)基础单价计算和选用指标依据。

(5)主要设备价格依据。

(6)费用计算标准及依据。

(7)工程资金筹措方案。

(8)有关的合同或协议

编制依据是重点部分,应做较为详尽的说明。

3.主要技术经济指标

(1)河系流域、建设地点、建设单位和设计单位。

(2)工程特性:简要说明节水灌溉的模式及特性。

(3)主要工程量:土石方开挖、填筑、混凝土、输水管材设备量等。

(4)主要材料用量:水泥、钢材、木材、汽油、柴油等。

(5)工期与全员人数:施工总工期、施工总工日,施工高峰人数和平均人数。

(6)投资与经济指标:工程静态总投资和总投资、灌溉工程单位面积投资、年价格指数、资金来源和投资比例、融资利率等。

主要技术经济指标应采用文字或表格表述。

4. 应说明的其他问题

主要说明编制中的遗留问题，可能影响今后投资变化的因素，以及对一些问题的看法和处理意见。

（二）设计概算表

1. 总概算表

总概算表是概算文件的总表，它综合反映出拟建工程的建筑安装工程费、设备购置费、独立费用、预备费、建设期融资利息、静态总投资和总投资。按项目划分填表并列至一级项目，一般以万元为单位，精确到小数点后两位。

2. 分部概算表

（1）建筑工程概算表：按项目划分至三级项目。

（2）机电设备及安装工程概算表：按项目划分列至三级项目，并列明设备规格型号。

（3）金属结构设备及安装工程概算表：同机电设备。

（4）施工临时工程概算表：同建筑工程。

（5）独立费用概算表：按项目划分列至二级项目，个别项目列至三级项目。

3. 分年度投资及资金流量表

（1）分年度投资表。分年度投资是按照施工组织设计确定的施工进度和合理工期来计算各年度完成的投资额，分年度投资表可视不同情况按项目划分列至一级或二级项目。

（2）资金流量表。该表的编制以分年度投资表为依据，按建筑安装工程、永久设备和独立费用3种类型分别计算，可视不同情况按项目划分列至一级或二级项目。

4. 概算各类汇总表

为便于校核和审查，便于对比分析，概算正文需编制各类汇总表。

（1）单价汇总表：包括建筑工程单价汇总表，安装工程单价汇总表。

（2）基础价格汇总表：包括材料预算价格汇总表，施工机械台时费汇总表。

（3）其他汇总表：包括主要工程量汇总表，主要材料用量、工日数量汇总表，建设及施工场地征用数量汇总表。

（三）概算附件

附件是概算文件的重要组成部分，内容繁杂，篇幅较多，一般独立成册。附件各项基础价格及费用计算的准确程度直接影响总投资的准确和编制质量，是审查概算的切入点。

附件包括以下内容。

1. 基础价格计算书（表）

这类计算书（表）是编制工程单价的基础价格，主要有：

（1）人工预算单价计算书。

（2）主要材料运输费及预算价格计算表。

（3）施工用电、水、风价格计算书。

（4）补充机械台时费计算书。

（5）砂石料单价计算书。

（6）混凝土材料单价计算书。

2. 工程单价计算表

这类计算表是编制建筑及安装工程概算的基础,是附件的主要组成部分,包括:

(1)建筑工程单价计算表。

(2)安装工程单价计算表。

3. 其他计算书(表)

这类计算书(表)有的是编制概算过程中需要按照现行规定计算确定的费用,包括:

(1)主要设备运杂费计算书。

(2)临时房屋建筑工程投资计算书。

(3)各项独立费用计算书。

(4)价差预备费计算表。

(5)建设期融资利息计算书。

(6)其他需要增设的计算书(表)。

此外,还有有关文件、询价资料及其他。

四、概算文件的编制程序

(一)了解工程概况,确定编制依据

1. 向各有关专业了解工程概况

了解有关工程规划、地质勘测、工程布置、主要建筑物结构型式及技术数据、施工总布置、施工方法、总进度、主要机电设备技术数据和报价等。

2. 确定编制依据

(1)确定技术标准:设计概算所依据的定额和编制办法及费用标准。

(2)确定基础价格的计算条件和参数:明确人工预算单价的工资区类别、标准工资,明确主要设备和主要材料来源地、原价及运输方式等,以及供风、供水、供电方式及计价依据。

(3)明确主要工作内容。

(二)广泛调查研究、收集有关资料

(1)现场查勘,掌握工程实地现场情况,尤其是编制概算所需的各种现场条件。

(2)调查收集工程所在地社会经济、交通运输等有关条件与规定。

(3)收集工程主要材料及设备价格等基础资料。

(4)熟悉工程设计及施工组织设计,特别要熟悉工程中采用的新技术、新工艺、新材料。

(三)编写概算编制大纲

(1)确定编制依据、定额和计算标准。

(2)列出人工、主材等基础单价或计算条件。

(3)明确主要设备的价格依据。

(4)确定有关费用的取费标准和费率。

(5)列出本工程概算编制的难点、重点及其对策,以及其他应说明的问题。

（四）分析计算单价，确定指标费用

（1）基础价格计算。基础价格是计算建筑、安装工程单价的依据，包括人工预算单价、材料预算价格、电水风价格、砂石料单价和施工机械台时费等。

基础价格按照工程所在地现场条件和编制年的价格水平，并根据施工组织设计和现行的规程、规定进行编制。切忌生搬硬套定额、与施工组织设计脱节的做法。

（2）建筑、安装工程单价分析计算。在基础价格计算的基础上，根据设计提供的工程项目和施工方法，按照现行定额和费用标准编制。

（3）确定有关指标或费用。对次要的、投资小的、计算繁杂的非主体工程项目，可根据类似工程实例采用经验指标，也可直接估算费用。

（五）编制各部分概算

（1）编制建筑、安装工程部分概算。编制国内水利工程概算仍以单价法为主，根据设计提出的工程量、设备清单、建筑安装工程单价汇总表及指标，按现行规定的项目划分依据计算建筑工程、机电设备及安装工程、金属结构设备及安装工程和施工临时工程的投资。

（2）编制机电、电器、输水设备工程部分概算。

（3）编制金属结构工程的概算。

五、投资估算

设计概算和投资估算在组成内容、项目划分和费用构成上是基本一致的，但两者的深度不同，编制方法和计算标准也有所区别。投资估算可根据《水利水电工程可行性研究报告编制规程》（DL 5020—93）的有关规定对概算编制规定中的部分内容进行适当简化或合并，即一般对次要的工程项目可采用简化方法计算投资。另外，两者采用的定额可以不同，工程量计算和预算费计算所留余地的大小也不同。

（一）编制方法及计算方法

1. 基础单价

基础单价编制与概算相同。

2. 建筑、安装工程单价

投资估算主要建筑、安装工程单价编制与初设概算单价编制相同，一般均采用概算定额，但考虑到投资估算工作深度和精度，应乘以10%的扩大系数。

3. 分部工程估算编制

（1）建筑工程。主体建筑工程、交通工程、房屋建筑工程的估算编制基本与概算相同。其他建筑工程可视工程具体情况和规模按主体建筑工程投资的3%～5%计算。

（2）机电设备与安装工程、金属结构设备与安装工程、施工临时工程的编制方法与计算基本与概算相同。

（3）独立费用、编制方法及计算标准与概算相同。

（二）分年度投资与资金流量

投资估算考虑工作深度仅计算分年度投资，而不计算资金流量。

(三)预备费、建设期融资利息、静态总投资、总投资

可行性研究阶段投资估算基本预备费取10%～12%;项目建议书阶段基本预备费率取15%～18%。价差预备费率同初设概算。

(四)估算表格

估算表格基本与概算相同。

投资估算不得大于初步设计概算的10%。

六、实施方案概算

实施方案概算与初设概算在组成内容、项目划分和费用构成上基本一致。最本质的区别在于工程量是严格按设计图纸计算而提出,并采用预算定额。编制方法和取费标准与初设概算相同。设计概算为工程投资的最高限额,未经批准,实施方案预算不得随意突破。

第四节　初步设计概算编制

一、基础价格计算

(一)人工预算单价

人工预算单价是指生产工人在单位时间(工时)的费用。根据水利部人劳工[1994]48号文印发的《水利企业工资制度改革办法》有关规定,以及近几年国家陆续出台的养老保险、医疗保险、住房公积金、失业保险等社会保障等改革措施,结合水利工程特点,制定了新的工资标准。农田节水灌溉工程采用引水工程的工资标准。并且,分别划分为工长、高级工、中级工、初级工4个档次。与定额中的劳动力等级相对应。由于一些农田节水工程规模较小,建设内容单一,在具体计算时,若上述4个工档次不合适,可根据工程特点及所在地区的特殊性,按当地实际发生的情况计算。

1.人工预算单价计算方法

(1)基本工资:

基本工资(元/工日)=基本工资标准(元/月)×地区工资系数×12月÷年应工作天数×1.068

(2)辅助工资:

地区津贴(元/工日)=津贴标准(元/月)×12月÷年应工作天数×1.068

施工津贴(元/工日)=津贴标准(元/天)×365天×95%÷年应工作天数×1.068

夜餐津贴(元/工日)=(中班津贴标准+夜班津贴标准)÷2×(20%～30%)

节日加班津贴(元/工日)=基本工资(元/工日)×3×10÷年应工作天数×35%

(3)工资附加费:工资附加费包括职工福利基金、工会经费、养老保险费、医疗保险费、工伤保险费、职工失业保险基金、住房公积金等7项。其计算公式如下:

工资附加费(元/工日)=[基本工资(元/工日)+辅助工资(元/工日)]×费率标准(%)

(4)人工工日预算单价：

人工工日预算单价(元/工日)=基本工资+辅助工资+工资附加费

(5)人工工时预算单价：

人工工时预算单价(元/工时)=人工工日预算单价(元/工日)÷日工作时间(工时/工日)

说明：①1.068为年应工作天数内非工作天数的工资系数；②计算夜餐津贴时，式中百分数，引水工程取20%。

2. 人工预算单价计算标准

(1)有效工作时间。年应工作天数：251工日；日工作时间：8工时/工日。

(2)基本工资。根据国家有关规定和水利部水利企业工资制度改革办法，并结合水利工程特点，分别确定了引水工程六类工资区分级工资标准。按国家规定享受生活费补贴的特殊地区，可按有关规定计算，并入基本工资。

基本工资标准：详见表12-2。

表12-2 基本工资标准表(六类工资区)

序号	名称	单位	引水工程	序号	名称	单位	引水工程
1	工 长	元/月	385	3	中级工	元/月	280
2	高级工	元/月	350	4	初级工	元/月	190

地区工资系数：根据劳动部规定，六类以上工资区的工资系数如下：

七类工资区　　1.026 1

八类工资区　　1.052 2

九类工资区　　1.078 3

十类工资区　　1.104 3

十一类工资区　　1.130 4

3. 辅助工资标准

辅助工资标准详见表12-3。

表12-3 辅助工资标准

序号	项 目	引水工程
1	地区津贴	按国家、省(自治区、直辖市)的规定
2	施工津贴	3.5～5.3元/d
3	夜晚津贴	4.5元/夜班，3.5元/中班

注：初级工的施工津贴标准按表中数值的50%计取。

4. 工资附加费标准

工资附加费标准详见表12-4。

表 12-4　工资附加费标准

序号	项 目	费率标准(%)	
		工长、高级工	初级工
1	职工福利基金	14	7
2	工会经费	2	1
3	养老保险费	按各省(自治区、直辖市)规定	按各省(自治区、直辖市)规定的50%
4	医疗保险费	4	2
5	工伤保险费	1.5	1.5
6	职工失业保险基金	2	1
7	住房公积金	按各省(自治区、直辖市)规定	按各省(自治区、直辖市)规定的50%

注:养老保险费率一般取20%以内,住房公积金费率一般取5%左右。

(二)材料预算价格

材料费是建筑安装工程投资的重要组成部分,在建筑安装工程投资中所占比重一般在30%以上,尤其是那些用量多、影响工程投资大的主要材料,如钢材、木材、水泥、油料等,一般需编制材料预算价格。

材料预算价格是指材料从购买地运到工地分仓库(或堆放场地)的出库价格。材料预算价格一般包括材料原价、运杂费、运输保险费、采购及保管费4项。

1. 主要材料预算价格

主要材料预算价格的计算公式为:

材料预算价格 =(材料原价 + 包装费 + 运杂费)×(1 + 采购及保管费率)+ 运输保险费

(1)材料原价。按工程所在地区就近大的物资供应公司、材料交易中心的市场成交价或设计选定的生产厂家的出厂价计算。

(2)包装费。应按工程所在地区的实际资料及有关规定计算。

(3)运杂费。铁路运输按铁道部现行《铁路货场运行规则》及有关规定计算其运杂费;公路及水路运输,按工程所在省(自治区、直辖市)交通部门现行规定计算。

一般来说,铁路运输能力大、路程远、运价适中;公路适宜中短途运输,运价高;水路运价低廉。因此,合理计算材料运杂费十分重要。

(4)运输保险费。指材料在运输中发生的保险费,按当地保险市场的正常费率计算,向保险公司交纳。

运输保险率 = 材料原价 × 材料运输保险费率

(5)采购及保管费。材料采购和保管过程中所发生的各项费用,按材料运到工地仓库价格(不包括运输保险费)的3%计算。

采购及保管费 =(材料原价 + 包装费 + 运杂费)× 采购及保管费率(3%)

对一些小型工程而言,主要材料估算也可直接采用当地建设工程造价管理部门公布的信息价,再考虑一定的运费。

2. 其他材料预算价格

其他材料预算价格可参考工程所在地区的工业及民用建筑安装工程材料预算价格或

信息价格，加至工地的运杂费。

3. 西藏等地区材料预算价格

西藏等地区部分材料运输距离较远、预算价格较高，应限价计入工程单价，余额以补差形式计算税金后列入相应部分之后。

4. 计算方法

根据节水工程所用材料的特点及目前国内销售市场的形势，绝大多数情况采用公路运输。若需铁路运输请详查铁道部现行《铁路货场运行规则》；若采取河内运输或海洋运输等水路运输，应按当地航运部门运价规则计算。

公路运输按工程所在地交通部门颁发的《汽车运价规则实施细则》中运输市场的运价标准计算运杂费。因一般按实际装载量，故不再加计装载系数，但要考虑毛重系数。

公路运输有普通货场和特种货场、长途运输和短途运输、整车与零担之分，还要考虑不同路况和返程费。

（三）电、水、风预算价格

节水灌溉工程（特别是渠系节水灌溉工程）电、水、风的消耗量较大，在编制工程概（估）算时，要根据施工组织设计确定的电、水、风供应方式，布置形式，设备配置情况等资料分别计算其价格。

施工用电、水、风价格是编制水利工程概（估）算的基础价格，其价格组成大致相同，由基本价、能量损耗摊销费、设施维修摊销费 3 部分组成。

1. 施工用电价格

农田水利工程施工用电一般有两种供电方式，即外购电和自发电。外购电是工程就近的国家或地方电网和其他电厂供电，是工程施工的主要电源，自发电是柴油发电机组供电。

施工用电价格由基本电价、电能损耗摊销费和供电设施维修摊销费组成，根据施工组织设计确定的供电方式以及不同电源的电量所占比例，按国家或工程所在省（自治区、直辖市）规定的电网电价和加价进行计算。

电价计算公式为

电网供电价格 = 基本电价 ÷（1 − 高压输电线路损耗率）÷
（1 − 35 kV 以下变配电设备及配电线路损耗率）

柴油发电机供电价格（自设水泵供冷却水）
= [柴油发电机组（台）时总费用 + 水泵机组（台）时总费用]/（柴油发电机额定容量之和 × K）÷（1 − 厂用电率）÷（1 − 变配电设备及配电线路损耗率）+ 供电设施维修摊销费

柴油发电机供电如采用循环冷却水，不用水泵，电价计算公式为

柴油发电机供电价格 = [柴油发电机组（台）时总费用/（柴油发电机额定容量之和 × K）] ÷（1 − 厂用电率）÷（1 − 变配电设备及配电线路损耗率）+ 单位循环冷却水费 + 供电设施维修摊销费

式中：K 为发电机出力系数，一般取 0.8～0.85；厂用电率取 4%～6%；高压输电线路损耗率取 4%～6%；变配电设备及配电线路损耗率取 5%～8%；供电设施维修摊销费取

0.02～0.03 元/kWh；单位循环冷却水费取 0.03～0.05 元/kWh。

综合用电计算：外购电与自发电的电量比例按施工组织设计研究。有两种或两种以上供电方式的工程，综合电价按其供电比例加以平均计算。以外购电为主的工程，自发电的电量比例一般不宜超过5%。

2.施工用水价格

施工用水价格计算，关键是各种供水方式的台时总费用及台时总出水量如何确定。

水利工程施工用水包括生产用水和生活用水两部分，因农田节水灌溉工程多处于偏僻地区，远离村庄，一般均自设供水系统。生产用水要符合生产工艺要求，保证工程用水的水压、水质和水量。生活用水要符合卫生条件的要求，一般情况下用同一水源，采用统一系统供水，仅根据水质要求增设净水建筑物，作净化处理，这样比分别设置供水系统经济。

施工用水价格由基本水价、供水损耗和供水设施维修摊销费组成，根据施工组织设计所配置的供水系统设备组(台)时总费用和组(台)时总有效供水量计算。

水价计算公式为

施工用水价格＝[水泵组(台)时总费用/(水泵确定容量之和×K)]÷

(1－供水损耗率)

式中：K 为能量利用系数，取 0.75～0.85；供水损耗率取 8%～12%；供水设施维修摊销费取 0.02～0.03 元/m^3。

需要说明的是：①施工用水为多级提水并中间有分流时，要逐时计算水价；②施工用水有循环用水时，水价要根据施工组织设计的供水工艺流程计算。

3.施工用风价格

在节水灌溉工程施工中，施工用风主要用于混凝土浇筑、基础处理、金属结构、机电设备安装工程等风动机械所需的压缩空气。

施工用风价格由基本风价、供风损耗和供风设施维修摊销费组成，根据施工组织设计所配置的空气压缩机系统设备组(台)时总费用和组(台)时总有效供风量计算。

风价计算公式为

施工用风价格＝[空气压缩组(台)时总费用＋水泵组(台)时总费用]

(空气压缩机额定容量之和×60 min×K)÷

(1－供水损耗率＋供风设施维修摊销费)

空气压缩机系统如采用循环冷却水，不用水泵，则风价计算公式为

施工用风价格＝空气压缩机组(台)时总费用÷

(空气压缩机额定容量之和×60 min×K)÷

(1－供风损耗率)＋单位循环冷却水费＋

供风设施维修摊销费

式中：K 为能量利用系数，取 0.70～0.85；供风损耗率取 8%～12%；供风设施维修摊销费取 0.002～0.003 元/m^3。

(四)施工机械台时费

机械化施工是水利工程建设发展的必然趋势，是保证工程质量、缩短工期、提高投资

效益的重要手段。正确计算施工机械台时费对合理确定水利工程造价十分重要。

施工机械台时费是指一台施工机械正常工作 1 h 所支出和分摊的各项费用之和。台时费是计算建筑工程单价中机械使用费的基础价格。现行部颁的机械台时费由第一类费用、第二类费用组成。

1. 第一类费用

第一类费用由折旧费、修理及替换设备费、安装拆卸费组成。施工机械台时费定额中,第一类费用是按定额编制年的物价水平的金额形成表示,编制单价时,应按概(估)算编制年价格水平进行调整。

2. 第二类费用

第二类费用是指机械正常运转时,机上人工及动力、燃料消耗费。在施工机械台时费定额中,以台时实物消耗量指标表示。编制台时费时,其数量指标一般不允许调整。

本项费用取决于每台时机械的使用情况,只有在机械运转时才能发生。

具体根据《水利工程施工机械台时费定额》(2002 年 3 月颁布)及有关规定计算施工机械使用费;对于定额缺项的施工机械,可补充编制台时费定额。

(五)砂石料预算价格

砂石料是砂砾料、砂、碎石、砾石、块石、条石等骨料的统称,是节水灌溉工程中混凝土、反滤层和堆砌石等构筑物的主要建筑材料。

砂石料价格的高低,对工程投资有较大的影响,应作为主要基础单价认真编制。

节水灌溉工程的建筑规模、砂石料用量等因素的决定,不宜自采用石料,而应从附近砂石料市场采购。

外购砂石料单价包括原价、运杂费、损耗、采购保管费 4 项费用,其计算公式为

外购砂石料单价 =(原价 + 运杂费)×(1 + 损耗率)×(1 + 采购保管费费率)

原价,指砂石料的购买价。

运杂费,指由砂石料买地运至工地施工现场的砂石料堆料场所发生的运输费、装卸费等。

损耗包括运输损耗和堆存损耗两部分。运输损耗率与运输工具和运距有关;堆存损耗与堆存次数和堆料场的设施有关。每转运一次的运输损耗率为:砂子 1.5 %,石子 1%。

堆存损耗率 = 砂(石)料仓(堆)的容积 ×4%(石子 2%)÷
通过砂(石)料仓(堆)的总堆存量 ×100%

砂石料采购保管费率均取 3%。

编制设计概算时,进入工程单价的砂石料的预算价格控制在 70 元/m^3 左右,超过部分计取税金后列入相应部分之后。

(六)混凝土及砂浆材料单价

混凝土及砂浆材料单价指拌制每立方米混凝土、砂浆所需要的水泥、砂、石、水、掺和料及外加剂等各种材料的费用之和,即

$$混凝土材料单价 = \sum(某材料用量 \times 某材料预算价)$$

它不包括拌制、运输、浇筑等工序的人工、材料和机械费用,也不包括搅拌损耗外的施

工操作及超填量损耗。

根据设计确定的不同工程部位的混凝土标号、级配和龄期，分别计算出每立方米混凝土材料单价，计入相应的混凝土工程概算单价内。其混凝土配合比的各项材料用量，应根据工程试验提供的资料计算，若无试验资料时，也可参照《水利建筑工程概算定额》附录混凝土材料配合表计算。

二、工程单价

(一)概述

工程单价分建筑工程单价和安装工程单价两类，是编制水利工程建筑安装工程投资的基础。它直接影响工程总投资的准确程度。

工程单价，指以价格形式表示的完成单位工程量(如 1 m^3、1 套等)所耗用的全部费用。包括直接工程费、间接费、企业利润和税金等 4 部分。

1. 工程单价组成的三要素

建筑安装工程单价由“量、价、费”三要素组成。

(1)量。指完成单位工程量所需的人工、材料和施工机械台时数量。需根据设计图纸及施工组织设计等资料，正确选用定额相应子目的规定量。

(2)价。指人工预算单价、材料预算价格和机械台时费等基础单价。

(3)费。指按规定计入工程单价的其他直接费、现场经费、间接费、企业利润和税金。需按规定的取费标准计算。

2. 建筑工程单价编制

1)建筑工程单价的编制步骤

(1)了解工程概况，熟悉设计图纸，搜集基础资料，确定取费标准。

(2)根据工程特征和施工组织设计确定的施工条件、施工方法及设备配备情况，正确选用定额子目。

(3)根据本工程基础单价和有关费用标准，计算直接工程费、间接费、企业利润和税金。工程单价和计算程序如表 12-5 所示。

表 12-5　建筑工程单价和计算程序

1	直接工程费	(1)+(2)+(3)
(1)	直接费	①+②+③
①	人工费	Σ定额人工工时数×人工预算单价
②	材料费	Σ定额材料用量×材料预算单价
③	机械使用费	Σ定额机械台时用量×机械台时费
(2)	其他直接费	(1)×其他直接费费率
(3)	现场经费	(1)×现场经费费率
2	间接费	1×间接费费率
3	企业利润	(1+2)×企业利润率
4	税金	(1+2+3)税率
5	工程单价	1+2+3+4

2）建筑工程单价的编制方法

通常使用“单位单价分析表”的形式进行建筑工程单价的计算。单价分析表是用货币形式表现定额单位产品价格的一种表式。其编制方法如下：

(1)按定额编号、工程名称、单位等分别填入表中相应栏内。其中：“名称规格”一栏，应详细填写，如混凝土要分强度等级、级配等。

(2)将定额中的人工、材料、机械等消耗量，以及相应的人工预算单价、材料预算价格和机械台时费分别填入表中各栏。

(3)按“消耗量×单价”的方法，计算人工费、材料费和机械使用费，并相加得出直接费。

(4)根据费率标准，计算其他直接费、现场经费、间接费、企业利润、税金等，汇总即得出该工程单价。

编制工程概(估)算时，也可采用较为便捷的综合系数法，即按直接费乘综合系数计算工程单价。

综合系数＝(1＋其他直接费费率＋现场经费费率)×(1＋间接费费率)×
(1＋企业利润率)×(1＋税金率)

由于水利工程的用途、等级、标准、施工技术及施工方法受地形、地质、气候、建设条件等因素的影响较大，不宜编制统一的地区单价分析表，而只能按每一工程分别编制，以保证概(估)算的编制质量。

3. 注意事项

使用现行《水利建筑工程概算定额》编制建筑工程概(估)算单价时应注意以下问题。

(1)必须根据设计确定的有关技术条件(如石方开挖工程的岩石级别、断面尺寸、开挖出渣方式、开挖与运输设备型号、规格和弃渣运距等)选用《水利建筑工程概算定额》的相应子目。

(2)定额中有关共性的规定，如土壤、岩石类。土壤和岩石的性质，根据勘探资料确定。编制土石方工程单价时，应按地质专业提供的资料，确定相应的土石方级别。有关系数如下：

①土石方松实系数。土石方工程的计量单位，分别为自然方、松方和实方，这三者之间的体积换算关系通常称为土石方松实系数。其中，自然方指未经扰动的自然状态下的体积，渠道、基坑、地槽和一般的挖方以及运输均按自然方计量；松方是经过开挖松动了的体积；实方则指经过回填压实的体积，回填土方按实方计量。

自然方、松方、实方的不同计量单位，可进行换算。

自然方、松方和实方之间的相互换算关系，折算系数见表12-6。编制概(估)算单价时，宜按设计提供的干容重、空隙率等实际试验资料进行换算确定。如无实际试验资料，可按《水利建筑工程概算定额》附录中列示的土石方松实系数参考资料换算。

②除注明者外，运输(人工挑抬、双胶轮车、人力推斗车、汽车等)定额，适用于水利工程施工路况的施工场内运输，使用时不另计高差不平和路面等级系数。

③汽车运输定额，根据水利工程的特点适用于10 km以内的施工场内运输。运距超过10 km时，超过部分按增运1 km定额的台时数乘以0.75调整系数计算。场外运输，宜

按当地交通运输部门的运价规定或当地的市场运价计算运输费用。

表 12-6　土石方松实系数

项目	自然方	松方	实方	码方	项目	自然方	松方	实方	码方
土方	1	1.33	0.85		混合料	1	1.19	0.88	
石方	1	1.53	1.31		块石	1	1.75	1.43	1.67
砂方	1	1.07	0.94						

④高原地区时间定额调整系数。海拔比较高的地区施工时,生产效率会受到一定的影响。水利工程定额是按海拔 2 000 m 以下地区条件确定的,在超过海拔 2 000 m 的地区施工时,其时间定额(人工和机械)应按规定的系数调整。一个工程项目只采用一个调整系数。

⑤投资估算主要建筑安装工程单价编制与初步设计概算单价编制相同,一般均采用概算定额,但考虑到投资估算工作深度,应乘以 10% 的扩大系数。

(二)单价计算中的有关费率

1. 其他直接费率

(1)冬雨季施工增加费。计算方法,根据不同地区,按直接费的百分率计算。其中西南、中南、华东区:0.5% ~1.0%;华北区:1.0% ~2.5%;西北、东北区:2.5% ~4.0%。

(2)夜间施工增加费。按直接费的百分率计算。其中建筑工程为 0.5%,安装工程为 0.7%。

(3)其他。按直接费的百分率计算。其中建筑工程为 1.0%,安装工程为 1.5%。

2. 现场经费

引水工程现场经费费率见表 12-7。

表 12-7　引水工程现场经费费率

序号	工程类别	计算基础	现场经费费率(%)		
			合计	临时设施费	现场管理费
一	建筑工程				
1	土方工程	直接费	4	2	2
2	石方工程	直接费	6	2	4
3	模板工程	直接费	6	3	3
4	混凝土浇筑工程	直接费	6	3	3
5	其他工程	直接费	5	2	3
二	机电、金属结构设备安装工程	人工费	45	20	25

3. 间接费

引水工程间接费费率见表 12-8。

表 12-8　引水工程间接费费率

序号	工程类别	计算基础	间接费费率(%)
一	建筑工程		
1	土方工程	直接费	4
2	石方工程	直接费	6
3	模板工程	直接费	6
4	混凝土浇筑工程	直接费	4
5	其他工程	直接费	5
二	机电、金属结构设备安装工程	人工费	50

4. 企业利润

企业利润按直接工程费和间接费之和的7%计算。

5. 税金

税金=(直接工程费+间接费+企业利润)×税率

税率标准:建设项目在市区的为3.41%;建设项目在县城镇的为3.35%;建设项目在市区或县城镇以外的为3.22%。

三、分部工程概算编制

(一)建筑工程概算编制

节水灌溉工程的建筑工程包括主体建筑工程、交通工程、外部供电线路、林带工程、其他工程,分别采用不同的方法编制。

1. 主体建筑工程

编制主体建筑工程概算时,按设计工程量乘以工程单价进行编制。

田间灌溉的水源工程在定额中没有,按实际情况编制单井投资。按工程所在地的进尺费乘以井深,或直接按成井费计算。用单井投资乘以井的眼数,即为总的水源工程费。

2. 交通工程

节水灌排工程中的交通工程是指机耕路和田间路。按设计工程量乘以单价进行计算,也可以根据工程所在地区造价指标或有关实际资料,采用扩大单位指标编制。

3. 外部供电线路

根据设计的电压等级、线路架设的长度及所配备的变电设施要求,采用工程所在地区造价指标或有关实际资料计算。

4. 林带工程

节水灌溉工程,注重的是灌区,即田间,不同于其他大、中型水利工程,其中田间的防护林带属于工程建设的组成部分,故列入主体建筑工程。

林带工程概算是由苗木费和栽植费组成。按工程所在地实际发生的量计算,根据设计提出的数量乘以苗木费与栽植费之和。

5. 网围栏工程

牧区、草原节水灌溉工程中,一般不建农田防护林带,由于有牲畜,需建网围栏。包括混凝土预制柱、铅丝网及安装,根据设计标准,按当地实际发生的价格进行计算。

6. 其他工程

输水管道工程的附属工程如排水井、镇墩、变压器的底座、井房等不能漏项,均按工程量乘以单价的形式计算。

(二)设备及安装工程

设备及安装工程由设备费和安装工程费两部分组成。

1. 设备费

输水管材灌水设备是农田节水灌溉工程中的主要设备。由于量比较大,因此设备费计算结果直接影响工程总投资。

设备费由设备原价、运杂费、运输保险费、采购及保管费组成。

运杂费按占设备原价的百分率计算,节水工程设备一般按3% ~5%。

运输保险费费率按有关规定计算。

采购及保管费按设备原价与运杂费之和的0.7%计算。

运杂综合费费率=运杂费费率+(1+运杂费费率)×采购及保管费费率+运输保险率

2. 安装工程费

安装工程投资按设备数量乘以安装工程单价进行计算。

若该项设备在定额中没有其安装定额,如田间输水设备、井的机泵配套属于小型设备,根据多年施工、安装的实际经验,其安装费为设备费的6% ~8%,直接计算安装费,不必再作安装单价。

(三)临时工程

由于节水灌溉工程的施工场面比较分散,规模不是很大,主要临时工程为施工仓库、临时输电线路、职工生活区等,故临时工程按建筑工程、机电设备及安装工程、金属结构设备及安装工程等三部分建安工作量的3% ~4%计算。施工仓库单独计算。

(四)独立费用

独立费用由建设管理费、生产准备费、科研勘测设计费和其他费用组成。

建设管理费包括项目建设管理费、工程建设监理费。

生产准备费包括生产职工培训费、管理用具购置费、备品备件购置费、工器具及生产家具购置费。

科研勘测设计费包括工程科学研究试验费、工程勘测设计费。

其他费用包括定额编制管理费、工程质量监督费、工程保险费等。

对较大型的节水灌区建议按规定逐项计取独立费用。

若对规模较小的节水工程按建筑工程、机电设备及安装工程、金属结构及安装工程、临时工程等四部分建安工程量的6% ~8%计取,其中设计费为3% ~4%。

较大型工程设计费按国家发展计划委员会、建设部颁布的《工程勘察设计收费标准》计取。

(五)预备费

预备费包括基本预备费和价差预备费。

节水灌溉工程设计周期短,设计阶段少,一般只作基本预备费。

初步设计阶段按建筑工程、机电设备及安装工程、金属结构及安装工程、临时工程、独立费用等五部分总和的5.0% ~8.0%计取。

(六)工程静态总投资

建筑工程、机电设备及安装工程、金属结构及安装工程、临时工程、独立费用等五部分投资与基本预备费之和构成静态总投资。

(七)较大型节水工程需算价差预备费

价差预备费主要是为解决工程施工过程中,因人工工资、材料和设备价格上涨以及费用标准调整而增加的投资。

计算方法:根据施工工期,不分设计阶段,以资金流量表的静态投资作为计算基数。按照国家物价变动形势,根据国家发布的年物价指数计算,计算公式为

$$E = \sum_{n=1}^{N} F_n[(1+P)^n - 1] \tag{12-1}$$

式中　E——价差预备费;

N——建设工期,价差预备费应按从工程筹建至工程竣工的建设工期计算;

n——施工年度;

F_n——建设期资金流量表第 n 年的投资;

P——年物价指数。

(八)建设期融资利息

根据国家财政金融政策规定,工程在建设期内需偿还并应计入工程总投资的融资利息,计算公式为

$$E = \sum_{n=1}^{N}\left[\left(\sum_{m=1}^{n} F_m b_m - \frac{1}{2}F_n b_n\right) + \sum_{m=0}^{n-1} S_m\right] i \tag{12-2}$$

式中　S——建设期融资利息;

N——建设工期;

n——施工年度;

m——还息年度;

F_n、F_m——建设期资金流量表内第 n、m 年的投资;

b_n、b_m——各施工年份融资额占当年投资比例;

i——建设期融资利率;

S_m——第 m 年的付息额度。

(九)总投资

静态总投资、价差预备费和建设期融资利息之和称为总投资。

对于一般的节水灌溉工程,静态总投资即为总投资,不作价差预备费及建设期融资利息。

四、汇总

(1)汇总主要材料用量、主要工程量和总工时。

汇总主要材料:一般情况下汇总水泥、钢筋、钢材、木材、汽油和柴油等主要材料用量。

汇总主要工程量:主要工程量汇总土石方明挖、石方洞挖、土石方填筑、混凝土、模板、钢筋、膜料铺设等。

汇总劳动力用量:一般情况下汇总主体工程工日数量。

(2)汇总主要机泵设备用量、主要输水管材的用量。

五、工程部分概算表格

(一)工程部分概算表

工程部分概算按项目划分的五部分填表并列至一级项目。五部分之后的内容为:一至五部分投资合计,基本预备费、静态总投资、价差预备费、建设期融资利息、总投资。工程部分概算见表12-9。

表12-9　工程部分概算表

序号	工程或费用名称	建筑安装工程费(万元)	设备购置费(万元)	独立费用(万元)	合计(万元)	占一至五部分投资的百分比(%)
	第一部分　建筑工程 第二部分　机电设备及安装工程 第三部分　金属结构设备及安装工程 第四部分　临时工程 第五部分　独立费用					
	第一至第五部分合计					
	基本预备费					
	静态总投资					
	价差预备费					
	建设期融资利息					
	总投资					

(二)建筑工程概算表

建筑工程按项目划分列至三级项目。建筑工程概算见表12-10。

表12-10适用于编制建筑工程概算、施工临时工程概算和独立费用概算。

表12-10　建筑工程概算表

序号	工程或费用名称	单位	数量	单价(元)	合计(万元)

(三)设备及安装工程概算表

设备及安装工程按项目划分列至三级项目。设备及安装工程概算见表12-11。

表 12-11　设备及安装工程概算表

序号	名称及规格	单位	数量	单价(元)		合计(万元)	
				设备费	安装费	设备费	安装费

(四)分年度投资表

分年度投资可视不同情况按项目划分列至一级项目。节水灌溉工程施工期较短,可不编制资金流量表,因此其分年度投资的项目可按工程部分概算表的项目列入。分年度投资见表 12-12。

表 12-12　分年度投资表

项 目	合计	建设工期(年)						
		1	2	3	4	5	6	7
一、建筑工程								
1. 建筑工程								
×××工程(一级项目)								
2. 施工临时工程								
×××工程(一级项目)								
二、安装工程								
1. 机泵设备安装								
2. 变电设备安装								
3. 输水管路安装								
4. 金属结构设备安装								
三、设备工程								
1. 机泵配套设备								
2. 变电设备								
3. 输水管路设备								
4. 金属结构设备								
四、独立费用								
1. 建设管理费								
2. 生产准备费								
3. 科研勘测设计费								
4. 其他								
一至四部分合计								

(五)工程概算附表

工程概算附表包括建筑工程单价汇总表、安装工程单价汇总表、主要材料预算价格汇总表、次要材料预算价格汇总表、主要施工机械台时费汇总表、主体工程主要工程量汇总表、主体工程主要材料用量汇总表、主体工程工时数量汇总表。详见表12-13～表12-20。

表12-13 建设工程单价汇总表 (单位:元)

序号	名称	单位	数量	其中							
				人工费	材料费	机械使用费	其他直接费	现场经费	间接费	企业利润	税金

表12-14 安装工程单价汇总表 (单位:元)

序号	名称	单位	数量	其中							
				人工费	材料费	机械使用费	其他直接费	现场经费	间接费	企业利润	税金

表12-15 主要材料预算价格汇总表 (单位:元)

序号	名称及规格	单位	预算价格	其中			
				原价	运杂费	运输保险费	采购及保管费

表12-16 次要材料预算价格汇总表 (单位:元)

序号	名称及规格	单位	预算价格	其中		
				原价	运杂费	合计

表12-17 主要施工机械台时费汇总表 (单位:元)

序号	名称及规格	台时费	预算价格	其中				
				折旧费	修理费	安装拆卸费	人工费	动力燃料费

表 12-18　主体工程主要工程量汇总表

序号	项目	土石方明挖（m^3）	石方洞挖（m^3）	土石方填筑（m^3）	混凝土（m^3）	模板（m^3）	钢筋（t）	帷幕灌浆（m）	固结灌浆（m）

表 12-19　主体工程主要材料用量汇总表

序号	项目	水泥（t）	钢筋（t）	钢材（t）	木材（m^3）	炸药（t）	沥青（t）	粉煤灰（t）	汽油（t）	柴油（t）

表 12-20　主体工程工时数量汇总表

序 号	项 目	工时数量	备 注

（六）概算附件

概算附件包括人工预算单价计算表、主要材料运输费用计算表、主要材料预算价格计算表、混凝土材料单价计算表、建筑工程单价表、安装工程单价表、资金流量计算表、主要技术经济指标表。

（1）人工预算单价计算见表 12-21。

表 12-21　人工预算单价计算表

地区	类别		定额人工等级		地区	类别		定额人工等级	
序号	项目		计算式	单价（元）	序号	项目		计算式	单价（元）
1	基本工资				（1）	职工福利基金			
2	辅助工资				（2）	工会经费			
（1）	地区津贴				（3）	劳动保险基金			
（2）	施工津贴				（4）	职工失业保险基金			
（3）	夜餐津贴				（5）	住房公积金			
（4）	节日加班津贴				4	人工工日预算单价			
3	工资附加费				5	人工工时预算单价			

(2)主要材料运输费用计算见表 12-22。

表 12-22　主要材料运输费用计算表

编号	1	2	3	材料名称				材料编号	
交货条件									
交货地点									

编号	运输费用项目	运输起讫	运输距离(km)	计算公式	费用合计(元)
1	铁路运杂费				
	公路运杂费				
	水路运杂费				
	场内运杂费				
	综合运杂费				
2	铁路运杂费				
	公路运杂费				
	水路运杂费				
	场内运杂费				
	综合运杂费				
3	铁路运杂费				
	公路运杂费				
	水路运杂费				
	场内运杂费				
	综合运杂费				
每吨运杂费					

(3)主要材料预算价格计算见表 12-23。

表 12-23　主要材料预算价格计算表

编号	名称及规格	单位	原价依据	单位毛重	每吨运费	价格(元)					
						原价	运杂费	采购及保管费	运到工地分仓库价格	保险费	预算价格

(4)混凝土材料单价计算见表12-24。

表12-24　混凝土材料单价计算表

编号	混凝土强度等级	水泥标号	级配	预算量						单价(元)
				水泥(kg)	掺和料(kg)	砂(m^3)	石子(m^3)	外加剂(kg)	水(kg)	

(5)建筑工程单价见表12-25。

表12-25　建筑工程单价表

定额编号:　　项目:　　定额单位:

施工方法:

序号	工程或费用名称	单位	数量	单价(元)	合计(万元)

(6)安装工程单价见表12-26。

表12-26　安装工程单价表

定额编号:　　项目:　　定额单价:

规格型号

序号	工程或费用名称	单位	数量	单价(元)	合计(万元)

第五节　实例计算

一、工程概况

某节水灌溉示范项目区设计节水灌溉面积1 600亩,主要措施为半固定式喷灌,项目区交通方便,施工条件较好。

本工程投资估算主要依据设计中提供的工程量进行计算,并按照现有规范进行编制。

二、编制依据

(1)水利部水建[1998]15号文《水利水电工程设计概(估)算费用构成及计算标准》的通知。

(2)中华人民共和国水利部《水利工程设计概(估)算编制规定》。

(3)中华人民共和国水利部《水利建筑工程概算定额》。

(4)中华人民共和国水利部《水利水电设备安装工程概算定额》。

三、编制方法

(一)基础单价

(1)本工程选用具有一定专业技术的施工队伍施工。根据中华人民共和国水总[2002]116 号文《水利工程设计概(估)算编制规定》,结合具体情况,人工工资计算结果:工长 50.8 元/工日,高级工 47.2 元/工日,中级工 39.99 元/工日,初级工 23.8 元/工日。

(2)主要材料预算价格。主要材料包括汽油、柴油、木材、钢材、水泥等,工程所需材料从当地物资经营部门和石油公司购买,经公路运输到工地,材料单价采用 2004 年上半年市场调查价。运输费按项目所在省交通厅、物价局发布的《汽车价管理实施细则》的通知计取。

装卸费依据市场调查计算。

采购及保管费率取 4%。

材料预算价格 =(材料市场价 + 包装费 + 运杂费 + 运输保险费)×(1 + 采购及保管费费率)

按上述公式计算结果为:

柴油,3 442 元/t;汽油,3 777 元/t;钢材,4 500 元/m^3;水泥,300 元/t。

地方材料按从料场买成品料,用汽车运输到工地,计算地方材料预算价格:砂子,20 元/ m^3;砾碎石,50 元/m^3;砖,0.18 元/块。

(3)施工机械台班费。执行中华人民共和国水利部水总[2002]116 号文《水利工程施工机械台时费定额》。

(4)建筑工程费以工程量乘以工程单价进行计算。工程单价由直接费、间接费、计划利润、税金组成。

(5)材料设备费。材料设备费主要是指塑料管材、水泵等材料设备价格,拟通过招标确定。

(二)其他费用

根据水利部水建[1998]15 号文《水利水电工程设计概(估)算费用构成及计算标准》的通知,工程直接费由基本直接费、其他直接费(费率 4%)、现场经费组成。企业利润取 7%,税金取 3.22%。

四、单项工程投资指标

根据当地现有工程单价和本项工程典型设计,确定各类工程投资指标。以典型工程材料用量投资估算:半固定式喷灌工程单井出水量 50 m^3/h,控制面积 200 亩,单井工程总投资为 59 253.0 元。典型工程材料用量及投资估算见表 12-27。

表 12-27　典型工程材料用量及投资估算

编号	项目	规格	单位	数量	单价(元)	合价(元)
一	材料设备原价					46 700.0
1	水泵	200QJ50-52/4	套	1	8 628.0	8 628.0
2	测压设备	10 kg/cm^2	套	1	120.8	120.8
3	进排气阀	4 英寸	套	1	126.5	126.5
4	水表	4 英寸	块	1	271.0	271.0
5	入地管	ϕ110	根	1	600.0	600.0
6	三通	ϕ110×110×110	个	2	37.85	75.7
7	干管(PVC)	ϕ110	m	486	27.6	13 413.6
8	三通竖管	ϕ110×90×110	套	28	120.0	3 360.0
9	直管(铝合金)	ϕ76×6 000	根	52	120.0	6 240.0
10	直管(铝合金)	ϕ76×3 000	根	4	69.0	276.0
11	三通直管总成	ϕ76×33×6 000	根	28	139.2	3 897.6
12	法兰体	ϕ90	个	28	55.2	1 545.6
13	三通	ϕ90×76	个	3	50.0	150.0
14	小方便体	ϕ33	个	28	23.0	644.0
15	堵头	ϕ76	个	4	13.8	55.2
16	竖管	ϕ33×1 500	根	28	24.0	672.0
17	三腿支架	ϕ1 500	套	28	34.0	952.0
18	喷头	ZY-2 型	个	28	108.0	3 024.0
19	软管	ϕ76×3 000	根	4	98.0	392.0
20	PVC 胶		kg	5	40.0	200.0
21	泄水闸		个	1	56.0	56.0
22	排水井材料费		眼	1	200.0	200.0
23	镇墩材料费		个	2	50.0	100.0
24	阀门井		眼	7	200.0	1 400.0
25	其他配件					300.0
二	土方工程		m^3	460	8.0	3 680.0
三	运杂费	按材料费 5%				2 335.0
四	采购及保管费	按材料费 4%				1 868.0
五	施工安装费	按材料费 10% 计				4 670.0
	合计					59 253.0

(一)水源工程

根据项目区现有机井情况,设计新打机井采用混凝土管井,井深 42 m,单井出水量 50 m^3/h。每眼井成井费为 1.99 万元。

(二)喷灌工程

依据工程设计,半固定式喷灌(包括水泵)平均每亩投资为 287.94 元。

(三)林网、道路工程

杨树:苗木费 2 元/株;整地费、栽植费 3 元/株。

沙棘:苗木费 0.5 元/株;整地费、栽植费 2.0 元/株。

主干路:砂垫层 12 元/m;土方工程费 8 元/m 。

五、工程投资估算

依据上述编制方法及单价分析,工程总投资为 120.191 万元。投资估算见表 12-28 ~ 表 12-32。

表 12-28　节水灌溉项目投资总估算表　(单位:万元)

编号	工程或费用名称	建筑工程费	设备及安装工程	其他费用	合计
1	建筑工程	33.08			33.08
2	材料设备及安装工程	3.25	41.21		44.46
3	电力配套		22.491		22.491
4	其他费用			11.58	11.58
5	试验观测费			3.00	3.00
6	基本预备费(5%)				5.58
	总投资				120.191

表 12-29　喷灌工程材料设备及安装工程投资估算表

编号	项目	规格	单位	数量	单价(元)	合价(万元)
一	材料设备原价					34.07
1	水泵	200QJ50-52/4	套	7	8 628.00	6.04
2	测压设备	10 kg/cm^2	套	7	120.80	0.08
3	进排气阀		套	7	126.50	0.09
4	水表		块	7	271.00	0.19
5	入地管		根	7	600.00	0.42
6	三通		个	14	37.85	0.05
7	干管(PVC)	$\phi110$	m	3 786	27.60	10.45
8	三通竖管	$\phi110\times90\times110$	套	204	120.00	2.45
9	直管(铝合金)	$\phi76\times6\ 000$	根	364	120.00	4.37
10	直管(铝合金)	$\phi76\times3\ 000$	根	28	69.00	0.19
11	三通直管总成	$\phi76\times33\times6\ 000$	根	196	139.20	2.73

续表 12-29

编号	项目	规格	单位	数量	单价(元)	合价(万元)
12	法兰截法体	ϕ90	个	196	55.20	1.08
13	截法开关	ϕ90×76	个	21	50.00	0.11
14	小方便体	ϕ33	个	196	23.00	0.45
15	堵头	ϕ76	个	28	13.80	0.04
16	竖管	ϕ33×1 500	根	196	24.00	0.47
17	三腿支架	ϕ1 500	套	196	34.00	0.67
18	喷头	ZY-2 型	个	196	108.00	2.12
19	软管	ϕ76×3 000	根	28	98.00	0.27
20	PVC 胶		kg	42	40.00	0.17
21	泄水闸		个	8	56.00	0.04
22	排水井材料费		眼	8	200.00	0.16
23	镇墩材料费		个	16	50.00	0.08
24	阀门井		眼	49	200.0	0.98
25	其他配件					0.37
二	土方工程		m^3	4 068	8.00	3.25
三	运杂费	按材料费 5% 计				1.88
四	采购及保管费	按材料费 4%				1.50
五	施工安装费	按材料费 10%				3.76
	合计					44.46

表 12-30　建筑工程估算表

编号	工程或费用名称	单位	数量	单价(元)	合价(万元)	备注
一	水源工程				17.73	
1	混凝土管井	眼	7	19 925.77	13.95	
2	井房	座	7	5 400.00	3.78	
二	道路工程				9.68	
1	主干道	m	3 985	20.00	7.97	
2	田间路	m	2 140	8.00	1.71	
三	林网工程				3.98	
1	杨树	株	3 985	5.00	1.99	
2	沙棘	株	7 970	2.50	1.99	
四	网围栏	m	3 985	5.00	1.99	
五	库房	座	1	5 000.00	0.50	
六	项目区标牌	座	1	9 000.00	0.90	
	合计				34.78	

表 12-31　电力配套工程投资估算表

编号	工程或费用名称	单位	数量	单价(元)	合价(万元)	备注
一	材料、设备费				18.90	
1	高压线	m	1 000	50	5.00	
2	低压线	m	3 200	30	9.60	
3	变压器(80 kVA)	台	1	23 000	2.30	
4	变压器(50 kVA)	台	1	16 500	1.65	
5	电表(三相)	套	7	500	0.35	
二	三项运杂费(5%)				0.945	
三	采购及保管费(4%)				0.756	
四	安装费(10%)				1.89	
	合计				22.491	

表 12-32　其他费用投资估算表

编号	工程或费用名称	单位	数量	单价(元)	合价(万元)	备注
一	建设管理费				4.30	
1	建设单位开办费				2.00	
2	建设单位经常费				1.00	
3	工程监理费				1.00	
4	试运转费				0.30	
二	生产准备费				0.90	
1	提前进场费				0.30	
2	职工培训费				0.30	
3	管理用具购置费				0.05	
4	备品备件购置费				0.25	
三	勘测设计费				5.88	
1	地形图测量费	km^2	1.2	15 668.00	1.88	
2	勘测设计费				4.00	
四	其他费用				0.50	
1	工程质检费				0.50	
	合计				11.58	

六、资金筹措方式

建设节水灌溉示范项目区共需资金 120.191 万元，经费来源由国家投资、地方匹配和群众自筹等。其中申请国家投资 80 万元，地方和群众共投资 40.191 万元。国家投资主要用于节水灌溉设备购置，地方及群众投资用于水源工程、土方工程和辅助工程。

第十三章　经济分析和环境评价

节水灌溉效益总体上可以分为经济效益、社会效益与生态环境效益。经济效益是项目完成后产生的经济增量，可以量化，用货币表示。社会效益和生态环境效益主要为项目完成后对于人、社会与生态系统产生的有利影响，有些指标可以定量，有些指标难以量化，只能定性描述。经济效益的大小表明节水灌溉在经济上的合理性、可行性；而社会效益与生态环境效益则表明节水灌溉的重要性与必要性。经济效益与社会效益或社会效益与生态环境效益是相互关联、可以相互转化的。如节水灌溉工程的节水量，如果转移用于工业或城市供水，就具有较高的经济效益；而如果用于下游生态需水或弥补地下水超采等，则具有较好的生态环境效益等。因此，对于不同的节水灌溉项目进行效益分析时，要根据实际情况具体掌握，不论如何归类分析，效益评价中都不能重复。

节水灌溉项目建设的目的、区域、工程形式等各不相同，其经济效益也不同。一般说来，节水灌溉的经济效益主要体现在节水（减少水费支出和用水转移收入）、增产、省工、节地、节能等方面。节水灌溉工程产生的社会效益大体上可归纳为促进农业结构调整，提高农民收入；减少争水矛盾，维护社会稳定；促进灌溉管理体制改革；降低灌溉劳动强度，提高生产效率；改善农业生产条件，促进全面建设小康社会等。节水灌溉的生态环境效益主要体现在增加河流环境用水量；减少或避免地下水超采；减轻农业面源污染；减轻次生盐碱化；改善区域生态环境等。不同区域、不同节水灌溉项目产生的经济效益、社会效益与生态环境效益的内容体现各不相同，应根据当地实际情况、项目建设内容等，采用科学的方法分析预测项目实施后在经济、社会、生态等方面产生的变化，进行前后对比、有无对比，以经济评价分析为重点，同时分析归纳项目的综合效益。

第一节　灌溉节水量计算分析

节水灌溉工程的根本目的就是高效用水，减少灌溉用水量，提高水分生产率。灌溉节水量就是节水灌溉实施后，灌溉用水的减少量，包括渠系输水过程节水量与田间灌溉节水量两部分。准确分析确定灌溉节水量是评价节水灌溉的经济效益、社会效益和生态环境效益的基础。

一、渠道输水过程节水量

渠道输水过程节水量是指渠道更新改造前后输水渗漏损失的减少量。渠道渗漏损失是指渠道输水过程中通过渠底及边坡土壤孔隙渗漏，渗漏损失的主要因素有渠床土质、断面形式、水深、地下水位、渠道运行制度与养护、含沙量与落淤情况、有无排水以及渠道衬砌材料等。

(一)渠道渗漏损失量计算

1. 土渠渠道渗流形式

渠道渗流随着渠道内过水时间长短、地下水位变化等处于不同的渗流状态,渠道渗流形态一般分为自由渗流和顶托渗流两个阶段。

(1)自由渗流。渠道的渗流不受地下水顶托影响,即渠床以下地下水位未升至渠底,渠道内的水流与地下水未形成连续水流时,称为自由渗流。一般在渠道放水初期,或在地下水位埋深很大,出流条件很好时出现自由渗流。

(2)顶托渗流。当地下水水峰继续上升至渠底,地下水与渠道水连成一体,此时渠道的渗流将受到地下水的顶托影响。在没有排水的情况下,地下水将向两侧扩展,使水力坡度减少,渗水损失也随着减少;如果有排泄条件,渗流可能会达到稳定状态。但随着地下水位的升高,潜水蒸发量与渗流量相等,也可能形成稳定渗流。

2. 土渠渠道渗漏流量计算

如上所述,渠道渗流状态较为复杂,尤其受各种因素影响,很难准确确定,所以,渗流量计算繁杂。对于已建成的渠道可以通过实测求得,且最为可靠,具体方法可参考下面的介绍或有关书籍。在缺乏实测资料的情况下,可以通过理论或经验公式计算,对渠道渗漏损失进行定量估计。

1)自由渗流情况下渠道渗漏损失计算

(1)湿润土层状态渗漏流量计算。在渠道输水初期,或地下水位埋深很大的情况下,渗流与地下水没有接触,即湿润土层状态,此时渗漏损失为

$$S_t = 0.011\,3K_t(b + 2r_1h\sqrt{1 + m^2}) \tag{13-1}$$

式中　S_t——渠道输水开始后经过时间 t 的每公里渠长渗漏流量,$m^3/(s \cdot km)$;

K_t——时间 t 时渠床土壤的渗透系数(从当地同心环测渗法测出的 $K_t \sim t$ 关系曲线中查得),m/d;

b、h——渠道的底宽和水深,m;

m——渠道边坡系数;

r_1——考虑渠坡侧向毛管渗吸的修正系数,其值为1.1~1.4,毛细管作用强烈时取大值。

(2)自由稳定渗流状态渗漏流量计算。在一定地下水条件下,当渠道放水时间超过一定时间,出现地下水峰,逐渐形成自由稳定渗流,此时,渗漏流量为

$$S = 0.011\,6K(b + 2r_1h\sqrt{1 + m^2}) \tag{13-2}$$

式中　S——渠道每公里渠长渗漏流量,$m^3/(s \cdot km)$;

K——渠床土壤 t 时的渗透系数,m/d;

其他符号意义同前。

式(13-2)也可简化为

$$S = 0.011\,6K(B + Ah) \tag{13-3}$$

式中　B——渠道水面宽度,m;

A——系数,取决于 m 与 B/h 值,见图13-1。

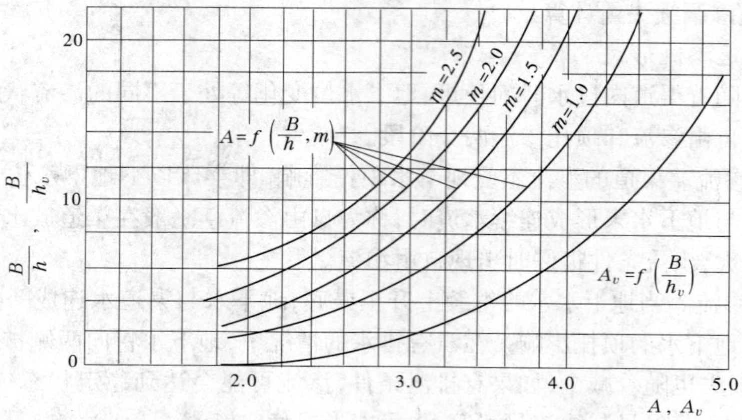

图 13-1　A、A_v 值查算曲线

当考虑土壤的毛管渗吸影响时,对于大型渠道,式(13-3)中的 h 应该改为 h_v;对于小型渠道,式(13-3)中的 A、h 应分别改为 A_v、h_v,其计算式为

$$h_v = h + (0.75 \sim 1.0)H_k \tag{13-4}$$

$$A_v = f(B/h_v) \tag{13-5}$$

式中　H_k——毛细管水最大上升高度,m,见表 13-1。

表 13-1　不同土壤 H_k 值

土壤种类	黏土	黏壤土	沙壤土	沙土
H_k	2.0 ~ 4.0	1.5 ~ 3.0	1.0 ~ 1.5	0.5 ~ 1.0

(3)缺乏渠道断面资料时渗漏流量估算。在进行规划或初步设计时,往往缺乏有关资料,此时渠道每公里渗漏流量为

$$S = A_k Q^{1-m} \tag{13-6}$$

式中　A_k——渠床土壤透水系数;

m——渠床土壤透水程度指数;

Q——进入渠道的流量,m^3/s。

土壤透水性的参数 A_k、m,应该根据实测资料确定,或参照邻近相似条件渠道的资料,也可采用表 13-2 所列数值。

表 13-2　渠床土壤透水参数

渠床土壤	重黏土和黏土	重黏壤土	中黏壤土	轻黏壤土	沙壤及轻沙壤土	干砌卵石护面
透水性	弱	中下	中等	中下	强	强
A_k	0.7	1.3	1.9	2.05	3.4	3.2
m	0.3	0.35	0.4	0.45	0.5	0.57

2)顶托渗流情况下渠道渗漏流量计算

当渠道渗流受地下水顶托影响时,实际渗漏量将比自由渗流时要小,一般按上述自由渗流公式计算,再乘以一个小于1的修正系数α,此系数与地下水位有关,地下水位埋深越小,α越小,见表13-3,顶托渗流情况下每公里渠道渗漏流量($m^3/(s \cdot km)$)计算公式为

$$S_d = \alpha S \tag{13-7}$$

表13-3　顶托渗流情况下渗漏损失修正系数α

渠道流量 (m^3/s)	地下水埋深				
	<3 m	3 m	5 m	7.5 m	10 m
0.3	0.82	—	—	—	—
1.0	0.63	0.79	—	—	—
3.0	0.50	0.63	0.82	—	—
10.0	0.41	0.50	0.65	0.79	0.91
20.0	0.36	0.45	0.57	0.71	0.82
30.0	0.35	0.42	0.54	0.66	0.77
50.0	0.32	0.37	0.49	0.60	0.69
100.0	0.28	0.33	0.42	0.52	0.58

3.防渗渠道渗漏损失计算

防渗渠道的渗漏损失应根据各种防渗材料性质和施工质量通过实测确定,规划设计时可采用或参考邻近相似渠道资料,如果缺乏相关资料,也可以根据无防渗渠道的渗漏流量乘以折减系数β估算,计算公式为

$$S_f = \beta S \tag{13-8}$$

式中　S_f——渠道防渗后每公里渗漏损失流量,$m^3/(s \cdot km)$;

β——防渗后渗漏量修正系数,见表13-4。

表13-4　防渗渠道渗漏量修正系数

防渗措施	渠槽翻松夯实(影响厚度>0.5 m)	渠槽原土夯实(影响厚度0.4 m)	灰土夯实(即三合土夯实)	黏土护面	人工淤填	干砌卵石	浆砌卵石	混凝土	塑膜	沥青材料护面
β	0.3~0.2	0.7~0.5	0.15~0.1	0.4~0.2	0.7~0.5	0.25~0.05	0.2~0.1	0.15~0.05	0.1~0.05	0.1~0.05

注:施工质量好、标准高的防渗工程,β取小值。

渠道渗漏流量的分析计算方法很多,以上介绍了一些简单常用的方法,当渠道条件较为复杂并且需要准确确定渠道渗漏量时,可以参考有关专业书籍。

4.渠道输水过程节水量计算

节水灌溉工程实施后,输水渠道被更新改造或改为管道输水,应对输水状况进行对比研究,分析计算节水灌溉实施前后输水过程的渗漏损失,从而求得渠道输水节水量。

计算渠段的渗漏量时，如果渠床土质及其他条件变化较大，应该分段计算，然后相加。如渠段长度为 L(km)(一般不超过 10 km)，该渠段单位时间渗漏量 Q (m^3/s)为

$$Q = SL \tag{13-9}$$

经过时间 T(s)，该渠段总渗漏量为 W_s(m^3)为

$$W_s = QT = SLT \tag{13-10}$$

渠道防渗后，其渗漏损失量 W_f(m^3)为

$$W_f = Q_fT = S_fLT \tag{13-11}$$

则该渠段输水过程节水量 W_f(m^3)为

$$W_f = W_s - W_f = (S - S_f)LT \tag{13-12}$$

式中　Q_f——防渗渠道单位时间渗漏量，m^3/s。

(二)渠道输水过程渗漏量测定

以上介绍的渠道渗漏量的分析计算，对渠道边界、渗流状况等均进行了一定简化，其计算结果与实际情况存在差异。为了更加准确地确定渠道的实际渗漏量，有条件时可以采用实测方法测定渠道渗漏量。根据渠床土质、流量、水位、水文地质和运行状况等选择有代表性的典型渠段，分别测量渠道进水断面和出水断面的流量，二者差值，即为该渠段的渗漏损失流量。

1. 动水测定法

根据渠道类别、大小和水文地质条件等选择好典型代表断面与渠段，渠段应顺直完整，断面要规则，其长度应满足表 13-5 所示要求。

表 13-5　不同流量下最小测定渠段长度

流量 Q(m^3/s)	≤1.0	1 ~ 10	10 ~ 30	30 ~ 100
最小渠道长度 L(km)	1.0	3.0	5.0	10.0

注：对于透水性弱或有防渗层的渠道，L 应更长。

同一渠道在不同季节和通过不同流量时，其渗漏量也不相同，因此，要分别测定不同季节、不同流量下的渠道渗漏损失。此外，渠道渗漏量还随渗漏过程中所处的渗流阶段不同而不同。所以，需要考虑渗漏强度随渠道水流时间的变化，最好是测定渠道从初渗到稳渗的全过程，绘出渗漏量过程曲线。由初渗到稳渗的时间一般为 3 ~ 5 d，也有的为 5 ~ 7 d，或更长，这与渠道大小、渠床土质、流量、水位、地下水位埋深与排泄条件等有关。

测定结果通常以每公里渗漏流量占进入该渠段流量的百分比表示，即

$$\delta = \frac{Q_j - Q_c}{Q_jL} \times 100\% \tag{13-13}$$

式中　δ——每公里损失的流量占进入该渠段流量的百分数，%；

Q_j——进水断面的流量，m^3/s；

Q_c——出水断面的流量，m^3/s；

L——渠段长度，km。

测流期间，渠道水位必须保持不变，以免过水断面发生变化，造成误差。此外，还应将渠段上的分水口和泄水口严密封闭，防止漏水，保证进、出水断面流量的差值纯系渠段的

渗漏量；否则，应把渠段内所有分出和泄走的水量准确测量，计入出水部分；从周围地带进入渠段的水量也要准确测量，计入进水部分。渗漏量很小的渠道，流程上的蒸发量应与渠道流量测量同步进行，并计入出水部分。渠段降水量也应与流量测量同步进行，计入进水部分。

实测断面流量，可采用流速仪、量水堰、量水槽等方法，根据具体情况选用。一般大型渠道多用流速仪法、小型渠道用量水堰法测流。

在渠道输水灌溉过程中，也可利用渠系建筑物（如进水闸、涵洞、渡槽、跌水等）测流，确定两个建筑物之间的渠道渗漏损失。在渠道行水期间，记录进入上游建筑物的流量、流入各分水渠道的流量及通过下游建筑物的流量，按式(13-14)计算该渠段的渗漏损失，即

$$S_L = Q_j - (\sum Q_f + Q_c) \tag{13-14}$$

$$\delta = \frac{S_L}{Q_j L} \times 100\% \tag{13-15}$$

式中　S_L——该渠段渗漏流量，m^3/s；

Q_j——上游建筑物的流量，m^3/s；

Q_c——下游建筑物的流量，m^3/s；

$\sum Q_f$——各分水渠道流量的总和，m^3/s；

δ——每公里损失的流量占进入该渠段流量的百分数，%；

L——渠段长度，km。

在测流期间，渠道水位应尽量保持稳定，如果渠道水位有变化，则上、下游建筑物和各分水口测流的时间必须和水的流程时间相适应。

动水测定法简单易行，对渠道正常行水影响不大，适用于渠段较长或渗漏损失大的渠道。在小型渠道上用量水堰测流，简单方便，精度较高，利用测不定期渠系水的渗漏损失，但测流人员要有熟练的技术，并严格按有关规范要求进行，才能提出应有的精度。

2. 静水测定法

按渠道类别、断面大小和水文地质等选择具有代表性的测验段，测验段要顺直完整、断面规则、具备水源和交通条件，并有暂时停止供水的典型渠段，长度一般为 30～50 m。测验渠段两端修筑横隔堤及渗漏平衡区，渠段中间和两端分别设立水尺或水位测针，然后向渠段和渗漏平衡区中同时充水至设计水位，设计水位确定以能反映渠道实际过水状况为原则。每隔一定时段 Δt，观测水位下降值 Δh，每次观测后，随即加水补充至设计水位；或每隔一定时间 Δt，加入水量 ΔW，维持其设计水位。如此反复进行，直至达到稳渗阶段为止。其渗漏量按式(13-16)或式(13-17)计算，即

$$S = \frac{L_m B_w \Delta h}{\Delta t} \tag{13-16}$$

$$S = \frac{\Delta W}{\Delta t} \tag{13-17}$$

式中　S——该渠段渗漏损失流量，在渗漏过程中也可称为该渠段的渗漏强度，m^3/s；

L_m——渠段长度，取两端隔离堤间同高程对应点距离的平均值，m；

B_w——水位下降前后的渠水面平均宽度，m；

Δh ——Δt 时段内的水位下降值，m；

Δt——观测间隔时间，s；

ΔW——Δt 时段内加入的水量，m^3。

显然，采用实测加入水量 ΔW 的方法，比测定观测水位下降值 Δh 的方法成果精度高。

测渗渠段的长度，取决于加水条件、渠道断面大小、纵比降与渗漏情况等因素，以能代表测渗渠道渗漏特性为原则。一般渠道断面越大，测渗段应越长。当渠道纵比降较大时，测渗段长度应以渠段首末两端的水深差不超过其平均水深的10%来选定。测渗时段 Δt，根据水位下降值 Δh 的大小确定。每次水位下降值 Δh 以控制在测渗水深的5%左右为宜。加水设施的供水能力，应大于测渗渠段最大渗漏强度的1.5倍。

横隔堤必须稳固、严密止水和防止渗漏变形，临时渗段一侧表面应与渠中线垂直。对防渗渠道，横隔堤必须切断防渗层，插入土基20～40 cm，并与防渗层间做止水连接。对土渠，横隔堤应插入土层30～50 cm，横隔堤与土层的接缝用黏土填塞夯实。堤顶高于测渗水位10～15 cm。为消除测渗段首末两端侧向绕渗的影响，应在距两端横隔堤外侧不小于5倍测渗段水深的位置，各加筑一道隔堤，形成渗漏平衡区，隔堤高度应高于最高测渗水位。测渗渠段内的淤积杂物、草木等应清除，渠堤顶的排水要畅通，以防雨水流入测渗段。

在观测阶段，如有降水和蒸发，也应进行同步测量。观测时段中，若有小雨，渠坡不应产生径流量，测渗段的降水量为

$$P = p\Delta t B_w L_m \tag{13-18}$$

式中　P——测渗段的降水量，m^3；

p——平均降水强度，m/s；

Δt——观测间隔时间，s；

B_w——渠道水面平均宽度，m；

L_m——渠段长度，m。

观测时段中，中雨或大雨，渠坡产生径流时，进入测渗段的降水量为

$$P = p\Delta t B L_m \tag{13-19}$$

式中　B——测渗段堤顶口宽，m；

其他符号意义同前。

渗漏量很小的渠道，蒸发量应与渗漏量同步进行观测，蒸发器皿安置在测渗段或渗漏平衡区漂滔水面的森筏上，观测时段内，测渗段水面的蒸发量为

$$E = e\Delta t B_w L_m \tag{13-20}$$

式中　E——测渗段水面蒸发量，m^3；

e——测渗段平衡水面蒸发强度，m/s；

其他符号意义同前。

当计入降水量和蒸发量时，测渗段的渗漏强度为

$$S = \frac{B_w L_m \Delta h + P - E}{\Delta t} \tag{13-21}$$

采用静水测定法，工作条件好，可测精度较高的成果。其适用于各种土、石质渠道，各种形式的防渗渠道，以及渠段不够长、不便于用动水法测渗的渠道。可以利用静水测定法测得渠道从初渗到稳渗的全过程，还可进行变水位渠道渗漏量观测，获得渗漏强度与水深的关系，推算一个灌溉季节或全年的渠道渗漏损失。但与动水测定法相比，采用静水测定法需要隔断渠道，只能在渠道停水后测渗；修、拆横隔堤及试验充水等，工作繁重，花费人力及经费较多；另外，静水渠段的渗漏情况和动水渠道不会一样，将对成果精度造成一定的影响。

3. 同心环测渗法

同心环法所用的主要设备是不同直径、同轴心的两个钢质圆环。环高 30 cm，外环直径 50 ~60 cm，内环直径 35.7 cm，面积 1 000 cm^2。测渗时，将同心环压入渠床土内 10 cm，在内外环中同时注入清水，使水深均保持在 10 cm，用水位测针测定每隔一定时段 Δt 的水位下降值。水位下降值 Δh 控制在 1 cm 以内，每次观测后，随即加水补充，保持环内 10 cm 水深。如此反复进行，达到稳渗为止。为防止注水时土壤受到冲刷，可在环内放一层厚 3 ~5 cm 的细砾石。同心环测渗情况见图 13-2。渗漏系数为

$$K = \frac{\Delta W}{IF} \tag{13-22}$$

$$K = \frac{\Delta h}{I\Delta t} \tag{13-23}$$

$$\Delta W = \frac{F\Delta h}{\Delta t}$$

式中　K——渗透系数，m/s；

F——内环面积，m^2；

I——渗透比降，当试验水深不大于 10 cm 时，$I \approx 1$；

ΔW——单位时间内的渗漏水量，m^3/s；

Δh——水位下降值，m；

Δt——观测间隔时间，s。

渠床土的渗漏系数测得后，可按式(13-1)、式(13-2)、式(13-3)计算渠段渗漏损失。

同心环测渗法，简易灵便，适用于不同地质与水文地质条件、不同大小的已建或拟建的土质渠道。但试验水深小，侧向绕渗较难消除，其渗漏情况和渠道不会一样，最好与其他测渗方法配合使用，互相验证。

(三)渠道渗漏损失分析实例

我国北方半干旱地区某一渠道 A，设计流量 50 m^3/s，长 98 km。行经地形起伏、地质条件较为复杂的黄土塬坡，渠道渗漏严重。该区地下水埋深较大。为了提高输水效率和行水安全，需要进行渠道防渗。为了较确切地弄清其渗漏情况，确定合理的防渗措施与评价防渗效果，有关单位曾采用邻近灌区实测资料推算法、经验公式法和实测法确定渠道的渗漏量。渗漏计算中，渠道流量采用 50 m^3/s，渠道长度为 89.5 km(未计入渡槽、隧洞、石

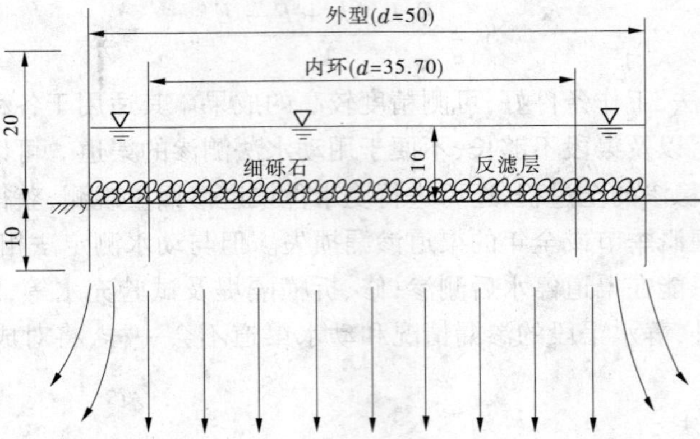

图 13-2　同心环测土壤渗透系数示意图　（单位：cm）

渠段以及必须用混凝土衬砌的渠段)，渠道防渗完成后，对该渠道用动水测定了渗漏量，与防渗前进行比较分析。

1. 邻近灌区实测资料推算法

邻近灌区的渠道 B，是运用多年的老渠道，土壤透水性大体与渠道 A 相似。没有防渗前，渗漏情况较严重，实测每公里渠道的渗漏损失率为 0.4% ~0.5%。按渠道每公里最小损失率 0.4% 计算，则得渠道 A 的总损失流量为 17.9 m^3/s。

2. 经验公式法

采用下列 3 种方法。

(1)静水测定法。在已定渠线上选了两个试验渠段进行测定。上段长 50 m，渠底宽 10 m，边坡系数 1.5，渠深 3.6 m，位于 A 渠 30 km 处，渠道地质剖面上部为黄土状亚黏土，黏粒含量为 24.4%，自然干容重为 1.41 t/m^3，孔隙比为 0.925，自渠顶 21 m 以下为砂砾石层，地下水深埋。下段长 10 m，渠底宽 1 m，边坡系数 1.5，渠深 3 m，位于 A 渠 69 km 处的古滑坡体中，土体破碎，土层散乱，为黄土状亚黏土，干容重 1.45 t/m^3。试验观测水位：上段最高为 2.83 m，下段最高为 1.80 m，最低均为 0.55 m。测得渗漏损失后，用式(13-3)计算渗透系数。为了减少计算误差，K 值采用试验时最低一级水位和最高一级水位的平均值。

(2)同心环测渗法。在已定渠线上沿渠底高程进行。

(3)室内渗透仪法。沿渠道取土样到室内用渗透仪测定渗透系数值。

根据上述 3 种实测方法达到稳渗阶段的实测资料计算，所得的渠床土壤渗透系数 K 值，见表 13-6。

表 13-6　不同测定法 K 值比较　（单位：m/d）

渠段	静水测定法	同心环测渗法	室内渗透仪法
A 渠上段	3.59	1.64 ~3.48	0.004 3 ~0.005 5
A 渠下段	1.05	1.008	—

由表 13-6 可见，同心环测渗法与静水测定法成果很接近；室内渗透仪法偏小。由于

静水测定法试验渠段只有两处，而同心环测法在全渠线上有 80 多组测定成果，具有广泛的代表性。经地质、科研、设计三方面人员共同商定，以同心环测渗法测定的 K 值作为渠道 A 渗漏损失计算的依据。

根据土壤和地质条件的不同，把渠道 A 分为 19 段，采用式(13-3)逐段计算，求得渠道 A 的总渗漏流量为 19 m^3/s，每公里渠道渗漏损失率为 0.425%。

以上 3 种方法所得的渠道渗漏损失成果甚为接近，其中实测法成果虽然大些，但依据较充分，故可引以为准。

为提高渠道输水效率和确保行水安全，全渠进行了混凝土防渗衬砌。运行一年后，采用动水测定法用流速仪测定，当渠道流量为 50 m^3/s，全渠段渗漏流量为 0.46 m^3/s。如果防渗前渠道 A 的渗漏流量取 18 m^3/s，则防渗后渠道输水节水流量为 17.54 m^3/s。

二、田间灌溉节水量

田间灌溉节水量是节水灌溉实施前后田间灌溉用水量的减少值，即两种灌溉方法灌溉用水量的差值。对于同一田块而言，田间灌溉水有效利用率越高，灌溉用水量越少。田间灌溉水有效利用率主要受灌水均匀度、灌水深度、土壤质地、灌水管理、地下水条件等因素影响。田间灌溉单位面积节水量为

$$W_{j田} = W_{1田} + W_{2田} \tag{13-24}$$

式中　$W_{1田} + W_{2田}$——灌水方法单位面积上的灌溉用水量。

田间灌溉用水量应该根据不同灌溉技术、作物与土质等状况选取典型代表地块进行观测，或采用相近条件地区的实测结果。如果没有条件或缺乏相关资料，可以根据不同灌溉方式的灌溉水有效利用率与田间净灌溉水量 $W_{净}$ 来估算。田间单位面积灌溉用水量为

$$W_{田} = W_{净}/\eta_{田} \tag{13-25}$$

不同灌溉方式的田间灌溉水有效利用率 $\eta_{田}$ 见表 13-7。

表 13-7　不同灌溉方式的田间灌溉水有效利用率 $\eta_{田}$

灌溉方式	大水漫灌	畦灌	沟灌	喷灌	滴灌	滴灌＋塑膜
$\eta_{田}$	0.70～0.80	0.80～0.90	0.80～0.90	0.90～0.95	0.95～0.99	≥0.96

第二节　经济分析原则与方法

节水灌溉经济计算与分析是研究节水灌溉工程建设是否可行的前提，是从经济角度对工程方案进行分析的依据。兴建节水灌溉工程，必须遵循价值规律，讲求经济效益。所有节水灌溉工程规划或可行性研究和设计，都必须进行相应深度的经济分析与评价。节水灌溉工程应按《水利建设项目经济评价规范》(SL 72—94)的计算方法与基本准则进行经济效益分析，从经济上衡量节水灌溉工程是否可行，并在一定支出(自然资源、材料、设备、动力、劳力、时间等)条件下，取得最大的工程效益。在节水灌溉工程的项目决策、规划设计、施工安装和运行管理的全过程中，进行经济分析是必不可少的重要环节。同时，

经济分析计算中所获得的有关数据和指标,也是评价节水灌溉工程建设及管理水平的重要依据。

一、经济分析原则

(一)真实可靠原则

从节水灌溉工程实际出发,重视调查、搜集、分析和整理各种基本资料。在经济分析时,结合工程的特点,有目的地选择应用相关材料,保证资料的真实性、可靠性。

(二)计算基准一致原则

对工程的不同方案进行技术经济比较评价时,应遵循计算基准一致的原则,各个方案的费用效益在计算范围、计算内容、价格水平等方面一致,使其具有可比性。

(三)动态分析为主原则

进行技术经济计算时,应考虑资金的时间价值,以动态分析为主,静态分析为辅。

(四)货币计量原则

进行经济分析计算时,费用效益应尽可能用货币表示;不能用货币表示的,应用其他定量指标表示;确实难以定量的,应定性描述。计算中应做到不遗漏、不重复、不夸大。对有综合利用功能的设施,应对其费用和效益进行合理分摊计算。

(五)国民经济评价为主原则

鉴于目前国内的节水灌溉工程一般规模较小、建设周期短,有关资料也比较缺乏,所以,可以根据具体情况,进行国民经济评价和财务评价,以国民经济评价为主。

二、经济分析方法

(一)静态法

静态法是在分析计算时不考虑资金时间价值的一种方法。这种方法把工程的总投资、年费用效益,按实际发生的情况,简单地分别叠加起来,并根据规定的经济指标进行比较,以评价工程的经济性。其具有指标概念直观、清楚,计算简单的优点,但由于没有考虑资金的时间价值,没有把投入和生产当做一个过程,不能反映投资和效益随时间变化而产生的增值,因此不符合货币的价值规律。静态法常用的指标是还本年限和投资效益系数。

(二)动态法

动态法是在经济分析计算时考虑资金时间价值的一种方法。这种方法采用一定的折算率(利率),把不同年份的工程投资、年费用和效益折算成某一基准年的现值或相等的年值进行比较分析,以评价工程的经济性。其考虑了资金的时间价值,能较全面、真实地反映投入和产出的过程,符合货币的价值规律。动态法中常用的指标是投资回收年限、效益费用比和内部回收率。

对节水灌溉工程进行经济分析时,应以动态法为主,若只进行简单估算,也可采用静态法。

在节水灌溉工程经济分析中,货币的时间价值计算通常采用复利法,即各期末的利息加到各期初的本金中,作为下一期的新本金来计算的方法。即

$$F = P(1+i)^n \tag{13-26}$$

式中　F——期末的本金值；

P——期初本金值；

i——折算率(利率)；

n——计算周期，年。

第三节　国民经济评价与财务分析

根据规范要求，一般水利工程经济评价包括国民经济评价和财务评价。节水灌溉工程相对其他水利工程项目来说，工程与投资规模小，建设周期短，工程运营管理方式各不相同，可主要进行国民经济评价。若需要进行财务评价，可以只列主要财务报表，分析计算主要财务评价指标。

一、国民经济评价

国民经济评价是从国家整体角度，采用影子价格，分析计算项目的全部费用和效益，考察项目对国民经济所做的净贡献来评价项目的经济合理性。对于节水灌溉工程来说，主要应进行国民经济评价，其投入和产出可采用现行价格。按现行价格计算工程项目费用和效益时，应采用同一年的不变价格，使费用和效益的价格水平保持一致。节水灌溉项目的国民经济评价可根据经济内部回收率、经济净现值及经济效益费用比等评价指标和评价准则进行。

(一)费用计算

节水灌溉工程费用计算包括固定资产投资、流动资金和年运行费。

1. 固定资产投资

固定资产投资包括建设项目达到设计规模所需要的国家、企业和个人以各种方式投入的主体工程和相应配套工程的全部建设费用。

节水灌溉工程的固定资产投资，应根据合理工期和施工计划，作出分年度安排。

2. 流动资金

节水灌溉工程的流动资金应包括维持项目正常运行所需购买的燃料、材料、备品、备件和支付职工工资等的周转资金，流动资金应从项目的第一年开始，根据其投产规模分析确定。

3. 年运行费

年运行费是指节水灌溉工程正常运行期间每年需要的费用，包括工程管理费、燃料动力费、维修费、人员工资及水资源费等，可根据其投产规模和实际需要分析确定。运行初期和正常运行期的效益根据项目投产计划和配套程度合理计算。

年运行费用(或称年经营费用)是水利工程经济分析中常用的一个重要经济指标，系指水利工程设施在正常运行期间需要支出的经常性费用，包括工程管理费、燃料动力费、维修费以及其他有关费用等。因为这些费用是每年直接花费掉的，所以也称直接年运行费。

(1)燃料动力费。指节水灌溉工程设施在运行中消耗电、油等费用，它与各年的实际运行情况有关，其消耗指标可以根据规划设计资料或实际管理运用资料，分年统计核算后求其平均值。如果缺乏实际资料，也可参考类似工程设施的管理运行资料分析确定。

(2)维修费。主要指节水灌溉工程中各类建筑物和设备，包括渠道在内的维修养护费。一般分为日常维修、岁修（每年维修一次，如渠道、堤防的岁修）和大修费等。日常的维修养护费用的大小与工程规模、类型、质量和维修养护所需工料有关。一般可按相应工程设施投资的一定比例（费率）进行估算，也可参照同类设施、建筑物或设备的实际开支费用分析确定。大修理一般每隔几年进行一次，所以大修理并非每年均衡支出，但为简化起见，在实际经济分析中，可将大修理费用平均分摊到各年，作为年运行费用的一项支出。也可按投资的一定比例进行结算。表13-8列出了部分设施设备的大修费率值，可参考使用。

(3)管理费。包括职工工资、附加工资和行政费以及日常的观测、科研、试验、技术培训、奖励等费用。该费用的多少与工程规模、性质、机构编制大小等有关。可按地方有关规定并对照类似工程设施的实际开支估算确定。需要强调的是观测、试验研究，如节水灌溉效益观测、灌溉试验以及有关节水灌溉专题研究等，都应列出专门的费用开支，以保证观测与试验研究工作的正常开展。具体费用额度根据工程规模与需要而定，一般可按年管理运行费的一定比例确定，也可参照类似工程的实际开支费用分析确定。

(4)水资源费和水费。根据规定每年应向有关部门缴纳的水资源费，或当灌溉用水由其他单位或部门供应时，节水灌溉工程每年应缴纳的水费。

(5)其他费用。其他经常性开支的费用，如参加保险的工程项目，按保险部门规定每年缴纳保险费等。

应该注意，节水灌溉效益一般是用工程建设后各项效益的增加值来表征。所以其年运行费也应该是年运行费的新增部分，即如果原来已有其他灌溉工程（如地面灌工程），则应从以上各项费用的合计中扣除原有工程的运行费。

年运行费用汇总格式见表 13-8。

表 13-8　年运行费用汇总

耗能费	维修费	管理费				灌溉用工费	管道、材料更新费	水资源费	其他费用	合计
		行政费	管理机构人员工资	观测试验、研究等费	技术培训费					

4. 费用分摊

节水灌溉工程与其他部门或单位共同使用一个水源工程或其他相关工程时，其投资和运行费都应根据各自使用的水量等进行合理分摊。节水灌溉工程应分摊的部分为

$$K_p = K\frac{W_p}{W_p + W_g} \tag{13-27}$$

式中　K_p——节水灌溉工程应分摊的费用，元；

K——共用的水源工程或其他工程的费用，元；

W_p——节水灌溉工程多年平均用水量，m^3；

W_g——其他部门或单位多年平均用水量，m^3。

如果节水灌溉工程规模较小，投资不易分摊，或者其用水需向其他部门缴纳水费时，就不再分摊共用工程的费用。

（二）工程经济效益计算

节水灌溉工程经济效益是指工程建设完成投入管理使用后所能获得的经济效益。节水灌溉工程的经济效益通常包括工程修建后所增加的农业产值，以及节水、省地等所增加的效益。

1.增产效益计算

增产效益是指兴建了节水灌溉工程以后，在相同的自然、农业生产条件下，比较有节水灌溉措施和无节水灌溉措施时的农业产量（或产值），其增加的产量（或产值）即为增产效益。

节水灌溉的新增产值一般应计算包括丰水年、平水年和枯水年等水平年在内的多年平均增产值，在缺乏不同水文年资料时，可将平水年的增产效益作为多年平均增产值进行计算。另外，还应计算特殊干旱年的增产值，作为分析比较。

计算中，农产品价格选用原则：对农产品调出地区，按国家收购价格计算；对农产品调入地区，增产的自给部分按国家调入达到该地区的农产品成本计算，超出自给的部分，按国家现行收购价格计算。如果农产品价格已完全由市场调节，则可采用市场价格。

目前应用比较普遍的计算方法是产值对比法：将受益地区（或面积）在未修建节水灌溉工程以前的农作物总产值与工程建成使用后农作物总产值相比较，其增加部分即为增产效益。

如果节水灌溉前后农业技术等措施基本相同时，新增产值等于节水灌溉后与节水灌溉前相比所增加的产值，多年平均增产值为

$$B = \sum_{i=1}^{n} A_i (Y_{pi} - Y_i) D_i \tag{13-28}$$

式中　B——节水灌溉工程建成后多年平均新增产值，元/年；

A_i——第 i 种作物的种植面积，亩；

Y_{pi}——节水灌溉后第 i 种作物的多年平均单位产量，kg/亩；

Y_i——节水灌溉前第 i 种作物的多年平均单位产量，kg/亩；

D_i——第 i 种作物产品单价，元/kg；

n——节水灌溉区作物种类数。

如果农业技术等措施随着水利条件的改善而改变和提高（如农作物品种改良、增施肥料、地膜覆盖和秸秆还田、加强田间管理、耕作技术与植保措施改善等），项目区作物产量会有第二次明显的增长，这一增长显然是节水灌溉和农业措施共同作用的结果。这时增产效益必须在节水灌溉和农业技术等措施之间进行分摊。

增产效益分摊系数 ε 是指在整个增产效益中节水灌溉应该分摊的比例，分摊系数值 ε 应根据调查和试验资料分析确定，无资料时，应参照条件类似节水灌溉区试验资料确定，ε 一般在 0.2～0.6 范围内。

节水灌溉工程完成后大大改善了灌溉条件，为了提高农业生产效益，农业技术等措施也会发生变化，在农业生产上的投资也随之发生变化，节水灌溉工程完成后投入的农业生产费用也不相同。因此，可以调查统计发展节水灌溉以后为采取相应的农业技术等措施所增加的生产费用（包括增加的种子、肥料、植保、田间管理费用等），并考虑合理的报酬率后，从农业增产总值（或总毛效益）中扣除，余下的部分即可作为节水灌溉措施产生的增产效益。这样，增产效益分摊系数为

$$\varepsilon = \frac{\Delta B - \Delta C(1 + \gamma)}{\Delta B} \tag{13-29}$$

式中　ΔB——修建节水灌溉工程后的农业增产效益，用总产值表示，可以年计算或多年平均值计算；

ΔC——发展节水灌溉以后，增加的农业生产费用，可以年计算或多年平均值计算；

γ——增加农业生产费用而获得的合理报酬率。

考虑分摊系数后，节水灌溉增产效益为

$$B = \sum_{i=1}^{n} \varepsilon_i (P_{pk} - P_k) \tag{13-30}$$

式中　B——节水灌溉工程建成后多年平均新增产值，元/年；

P_{pk}——节水灌溉后第 k 块农田平均产值，元/年；

P_k——节水灌溉前第 k 块农田平均产值，元/年；

n——节水灌溉区农田分块数；

其他符号意义同前。

2. 节水产生经济效益计算

节水灌溉的最直接效益是省水增产。节水灌溉工程节省的水量根据其用途不同，经济效益也不同，如果节省水量用于生态环境时，其为生态环境效益，没有直接经济效益。对于省水经济效益，应结合当地的具体情况进行估算。

节省水量能产生直接经济效益时有以下几种情况：

（1）用于农业生产。节省水量用于扩大灌溉面积或改善灌溉面积，将提高农业产值，可根据扩大灌溉面积或改善灌溉面积前后增产值计算效益。扩大灌溉面积取得的新增产值效益，除了水源保证外，如果还需要对灌溉渠系及相关设施进行配套建设与改善，此时，应从新增产值中扣除相应的工程费用等有关新增费用或进行效益分摊。扩大灌溉面积或改善灌溉面积的新增效益值计算原理同前。如果将所节省水量通过水权效果卖给了其他地区进行农业生产，那么，水费收入（可根据情况按市场水价或影子水价）即为节约水量产生的经济效益。

（2）用于工业或城镇供水。有些地区供水工程建设落后于当地工业和城镇生活用水需求，水资源供需矛盾突出，实施节水灌溉后，节省水量可全部或部分用于工业或城镇生活，其经济效益按向工业或城镇供水的水资源费收入（按市场水价或影子水价）计算。

（3）其他经济用途。节省水量还可能用于向鱼塘、蓄水池等充水，或稀释污水等其他用途，这种情况下，其经济效益可根据具体情况，按照有关要求计算，但效益计算不能重复。

3. 省地效益计算

节水灌溉工程由于采用地埋管道，或渠道防渗后缩小了渠道断面等，与土渠输水、传统地面灌溉相比，可减少渠道及灌溉设施占地面积，节省土地。节省土地可以用于农田耕作，增加农作物种植面积；在郊区或工业开发区，土地资源极为珍贵，节省土地也可以弥补建设用地占用的耕地资源。一般来说，可将由于省地而新增的种植面积的产值，扣除农业生产费用后剩余的部分，作为省地带来的经济效益。如果节水灌溉工程实施后，作物复种指数提高，由此而增加的作物复种面积的增产值，也应作为省地效益，但如果在增产效益计算时，单位面积增产中已包含了复种指数提高的因素，则其不应再计入省地效益。省地面积为

$$\Delta S = S_0 - S_1 + S_2 \tag{13-31}$$

式中　ΔS——省地面积，亩；

S_1——节水灌溉渠(管)道系统的占地面积，亩；

S_0——传统灌溉渠道系统的占地面积，亩；

S_2——土地平整后增加的面积，亩。

通过测算，节水灌溉技术项目实施后，将比土渠输水灌溉省地1.5%～5%，其中大田喷灌、微灌省地3%～5%，管灌省地1.2%，渠道防渗可省地0.2%。不同节水灌溉工程形式与土渠等传统输水灌溉方式相比的省地率见表13-9。

表13-9　不同种节水灌溉工程与土渠输水灌溉方式相比的省地率

节水灌溉形式	喷灌、微灌	管道输水	渠道防渗
省地率(%)	3～5	1.2	0.2

4. 其他经济效益

节水灌溉实施后，还有省工、节能效益，也就是燃料动力费和管理费用较前有所降低，该部分效益如果在年运行费用予以考虑，可不单独计算。另外，在计算效益时，节水灌溉工程实施后产生的水土保持效益、观光旅游效益等其他经济效益也应予以考虑。

(三)国民经济评价指标与评价原则

1. 经济内部收益率(*EIRR*)

经济内部收益率以项目计算期内各年净效益现值累计为零时的折现率表示，即

$$\sum_{t=1}^{n}(B - C)_t(1 + EIRR)^{-t} = 0 \tag{13-32}$$

式中　$EIRR$——经济内部收益率；

B——年效益，万元；

C——年费用，万元；

n——计算期；

t——计算期各年的序号，基准点的序号为零。

节水灌溉项目的社会折现率可以取12%，对于主要为生态环境效益和社会效益的项目也可以取7%。当经济内部收益率大于或等于社会折现率时，该项目在经济上是合理的。

2. 经济净现值($ENPV$)

经济净现值是用社会折现率将项目计算期内各年的净效益折算到计算期初的现值之和表示,即

$$ENPV = \sum_{t=1}^{n} (B - C)_t (1 - i_s)^{-t} \tag{13-33}$$

式中　$ENPV$——经济净现值,万元;

i_s——社会折现率。

当项目的经济净现值大于或等于零($ENPV \geqslant 0$)时,该项目在经济上是合理的。

3. 经济效益费用比($EBCR$)

经济效益费用比为项目效益现值与费用现值之比,即

$$EBCR = \frac{\sum_{t=1}^{n} B_t (1 + i_s)^{-t}}{\sum_{t=1}^{n} C_t (1 + i_s)^{-t}} \tag{13-34}$$

式中　$EBCR$——经济效益费用比;

B_t——第 t 年的效益,万元;

C_t——第 t 年的费用,万元。

根据《节水灌溉技术规范》(SL 207—98),节水灌溉项目只有当 $EBCR$ 大于或等于 1.2 时,该项目在经济上是合理的。

进行国民经济评价,应编制国民经济效益费用流量表,反映项目计算期内各年的效益、费用和净效益,计算该项目的各项国民经济评价指标。国民经济效益费用流量见表 13-10。

表 13-10　国民经济效益费用流量表

序号	项目	建设期			运行初期			正常运行期			合计
	年份	1	…	…	…	…	…	…	…	…	
1	效益流量 B										
1.1	项目各项功能效益										
1.1.1	×××										
	×××										
	×××										
1.2	回收固定资产余值										
1.3	回收流动资金										
1.4	项目间接效益										
2	费用流量 C										
2.1	固定资产投资(含更新改造投资)										

续表 13-10

序号	项目	建设期			运行初期			正常运行期			合计
	年份	1	…	…	…	…	…	…	…	…	
2.2	流动资金										
2.3	年运行费										
2.4	项目间接费用										
3	净效益流量										
4	累计净效益流量										

(四)改建、扩建项目的经济评价

改建、扩建项目的国民经济评价和财务评价都应采用该项目的增量费用增量效益进行。必要时也可采用包括现有工程设计的总费用和总效益进行。

改建、扩建项目的增量费应计入改建、扩建期间停止和部分停止运行造成的损失。该损失可在改建、扩建期内各年的效益和运行费中反映,不必单独列项计算。

改建、扩建项目的增量效益,应分析现有工程设施不进行改建、扩建情况下其效益可能发生变化的趋势,合理计算。现有工程设施如有变卖,其净价值应作为项目的效益。

(五)国民经济评价实例

新疆某兵团由于水资源不足,无法实现科学的轮灌制度,难以培肥地力,土壤缺磷少氮,阻碍农业经济持续高效发展。因此,在灌溉水量有限的情况下,实施节水灌溉是发展该兵团农业经济的战略措施。计划发展棉花滴灌 5 655 亩,水源采用地表水。由于水中含有机物较多,且在洪水季节水中含有大量泥沙,故在首部设沉淀池一座,以便在汛期对洪水进行初级处理,其控制面积可达 9 000 亩 。项目总投资 398.97 万元。

1.工程费用计算

1)固定资产投资

项目总投资 398.97 万元,考虑到沉淀的效益分摊,则 5 655 亩面积的滴灌工程投资为 392.20 万元。

2)年运行费

(1)燃烧动力费。根据本工程投资估算及参照类似工程,年材料燃料动力费(如电、油等),水泵正常运行所消耗的电费,按项目区 5 655 亩设计水泵配套电机功率,6 台 45 kW 每年工作 54 d,每天工作 20 h,耗电量为 $6\times45\times54\times20=291\ 600$(kWh)。电费按市场价 0.5 元/kWh,则 5 655 亩消耗电费为 14.58 万元。

(2)维修及更新设备费。除包括工程设施的定期大修及日常维护外,由于本工程各设备使用年限不一,如滴灌带使用年限为 1 年,过滤器为 5 年,泵房、进水池为 30 年等,详见表 13-11。因此,每年应更换滴灌带,每 5 年更换过滤器和地面管材、管件,每 12 年更换水泵电机,计算期内各工程年维修费见表 13-11。

(3)管理费。包括职工工资、工资性津贴和福利费等费用,本项目建成后需管理人员 75 人,按人均收入 9 800 元计,共 73.5 万元。

表 13-11　固定资产使用年限及维修费率表

项 目	投资（万元）	亩投资（元/亩）	5 655 亩投资（万元）	使用年限	维修费	
					费率(%)	费用(元)
1. 土建工程						
1.1 沉淀池	11.45	20.24	11.45	30	1	1 144.57
1.2 泵房、进水池	47.37	83.77	47.37	30	1	4 737.19
2. 水泵、电机	14.13	24.99	14.13	12	2	2 826.37
3. 变、配电设备	7.35	13.00	7.35	20	2	1 470.30
4. 首部枢纽;过滤器	39.81	70.40	39.81	5	2.5	9 952.80
5. 滴灌带	90.48	160.00	90.48	1		0.00
6. 地面管材、管件	46.20	81.70	46.2	5	2	9 240.27
7. 地埋管材、管件	74.76	132.20	74.76	20	1	7 476.00
8. 临时工程	13.38	23.66	13.38			
9. 其他费用	36.72	64.93	36.72			
10. 基本预备费	10.55	18.66	10.55			
合计	392.20	693.54	392.20			36 847.5

(4)水资源费和水费。该兵团暂时没有征收水资源费和水费。

(5)其他费用。包括清除或减轻项目带来不利影响所需补救措施的费用、日常行政开支、科学试验和观测以及其他经济性支出等费用,该项费用取为 10 万元。

本工程是边施工边受益:在建设期的第二年开始有 1 885 亩的面积受益,第三年有 3 770亩面积受益,到第四年工程完全建成,全部 5 655 亩面积都开始发挥效益,故年运行费用计算按照受益面积分摊费用。本工程经济分析中年运行费用见表 13-12。

表 13-12　年运行费计算　（单位:万元）

序号	燃料动力费	维修及更新设备费			管理费	其他费用	合计
		小计	修理费	更新设备费			
1							
2	4.86	1.23	1.23		24.50	10.00	40.59
3	9.72	32.61	2.45	30.16	49.00	10.00	101.33
4	14.58	64.00	3.68	60.32	73.50	10.00	162.08
5	14.58	94.16	3.68	90.48	73.50	10.00	192.24
6	14.58	94.16	3.68	90.48	73.50	10.00	192.24

续表 13-12

序号	燃料动力费	维修及更新设备费			管理费	其他费用	合计
		小计	修理费	更新设备费			
7	14.58	122.83	3.68	119.15	73.50	10.00	220.91
8	14.58	122.83	3.68	119.15	73.50	10.00	220.91
9	14.58	122.83	3.68	119.15	73.50	10.00	220.91
10	14.58	94.16	3.68	90.48	73.50	10.00	192.24
11	14.58	94.16	3.68	90.48	73.50	10.00	192.24
12	14.58	122.83	3.68	119.15	73.50	10.00	220.91
13	14.58	127.54	3.68	123.86	73.50	10.00	225.62
14	14.58	127.54	3.68	123.86	73.50	10.00	225.62
15	14.58	98.87	3.68	95.19	73.50	10.00	196.95
16	14.58	94.16	3.68	90.48	73.50	10.00	192.24
17	14.58	122.83	3.68	119.15	73.50	10.00	220.91
18	14.58	122.83	3.68	119.15	73.50	10.00	220.91
19	14.58	122.83	3.68	119.15	73.50	10.00	220.91
20	14.58	94.16	3.68	90.48	73.50	10.00	192.24
21	14.58	94.16	3.68	90.48	73.50	10.00	192.24
22	14.58	122.83	3.68	119.15	73.50	10.00	220.91
23	14.58	122.83	3.68	119.15	73.50	10.00	220.91

2. 工程经济效益计算

本微灌工程的效益主要包括项目建成后的增产效益及省水、省地、省肥所增加的效益。

(1)增产效益计算。本微灌工程主要增产效益见表 13-13。

表 13-13　棉花膜下滴灌主要增产效益

作物	面积（亩）	增产量（kg/亩）	单价（元/kg）	总效益（万元）	分摊系数	灌溉效益（万元）
棉花	5 655	22.5	10.6	134.87	0.6	80.92

(2)节水效益。本工程实施后，可节约灌溉用水量 45.24 万 m^3，用于缓解受旱棉田旱情，提高棉花单产。经计算节约水量可提高 9 048 亩棉田灌溉保证率，按棉花每亩增产 10 kg，棉花单价按 10.6 元/kg，水利分摊系数按 0.6 计，共增加效益 57.55 万元。

(3)省地效益。滴灌系统无渠无埂，土地利用率可提高 5%，由于 5 655 亩滴灌增加有效种植面积 283 亩，按常规灌，每亩效益约为 650 元，则年效益为 18. 38 万元。

(4)其他经济效益。滴灌利用施肥装置后，肥料、农药随水施入，不仅满足了作物生长发育所需要的养分，且提高了肥料、农药利用率。根据北疆棉花膜下滴灌管理经验，采用棉花膜下滴灌后比常规灌节肥 28. 95 元/亩，则节肥效益为 16. 37 万元。同时采用滴灌比常规滴灌可节约动力费 11. 83 元/亩，经计算节能效益为 6. 69 万元。此外，滴灌便于管理，减轻农工劳动强度，减少承包人员；常规灌溉一般一人只能管理 20 ~ 30 亩，滴灌可管理 75 ~ 100 亩，5 655 亩可省劳动力 125 人，按人均年收入 9 800 元计，共节约费用 122. 5 万元。

该项目实施后，增加总效益为 302. 41 万元。

3. 国民经济评价

根据《水利建设项目经济评价规范》(SL 72—94)，选用经济内部收益率、经济净现值、经济效益费用比等国民经济评价指标，评价各项工程项目的经济合理性。

社会折现率按《水利建设项目经济评价规范》(SL 72—94)取 12%，工程建设期 3 年，各年投资分别为 150 万元、150 万元和 92. 2 万元。工程正常运行期 20 年。

通过分析计算，该项目的经济内部收益率为 29%，大于社会折现率 12%；经济净现值为 321. 15 万元(i_s = 12%)，大于零；经济效益费用比为 1. 21(i_s = 12%)，大于 1. 2，表明该项工程在经济上是合理可行的。根据《水利建设项目经济评价规范》(SL 72—94)要求，编制国民经济现金流量表，见表 13-14。

表 13-14　国民经济效益费用流量表　　　　(单位：万元)

序号	项目	建设期			运行期							合计
	年份	1	2	3	4	18	…	20	21	22	23	
1	效益流量 B	0	100. 80	201. 61	302. 41	302. 41		302. 41	302. 41	302. 41	343. 4	6 492. 4
1. 1	灌溉效益	0	100. 80	201. 61	302. 41	302. 41		302. 41	302. 41	302. 41	302. 41	6 350. 61
1. 2	回收固定资产余值										19. 4	19. 4
1. 3	回收流动资金										21. 59	21. 59
1. 4	项目间接收益											0
2	费用流量 C	150. 00	190. 59	193. 53	183. 67	192. 24		192. 24	192. 24	220. 91	220. 91	4 699. 81
2. 1	固定资产投资(含更新改造投资)	150	150. 00	92. 20								392. 20
2. 2	流动资金				21. 59							21. 59
2. 3	年运行费		40. 59	101. 33	162. 08	192. 24		192. 24	192. 24	220. 91	220. 91	4 286. 02
3	净效益流量	−150. 00	−239. 78	8. 07	118. 74	110. 17		110. 17	110. 17	81. 50	122. 49	1 691. 79
4	累计净效益流量	−150. 00	−239. 78	−231. 71	−112. 97	−2. 79		1 377. 63	1 487. 80	1 569. 30	1 691. 79	
备注	评价指标　经济内部收益率 29%； 经济净现值(i_s = 12%) ¥321. 15 万元；经济效益费用比(i_s = 12%) 1. 21； 经济净现值(i_s = 70%) ¥626. 55 万元；经济效益费用比(i_s = 70%) 1. 28。											

二、财务分析

财务分析是从核算单位(企业、部门或工程管理单位)的经济利益出发,根据现行价格和财务规定,对该单位所需的各项现金支出和实际获得的各项现金收入,分析和计算有关的财务效益指标,并用以评价工程方案在财务上的可行性。其主要目的是对工程偿还投资能力进行分析,确定投资回收年限等。在水利工程中,除无财务收入、纯属国家公益事业的防洪、除涝等工程外,一般均应在可行性研究和初步设计阶段的经济效益评价进行财务分析。

(一)财务分析的基本指标

由于经济分析和财务分析的目的不同,故反映在投资、价格、效益和年运行费用等方面的含义也有差别。

1. 财务支出

节水灌溉项目的财务分析支出应包括建设项目总投资、年运行费、必要流动资金和税金等费用。

1)项目总投资

财务分析中的投资只考虑核算单位对该工程的投入部分。对于国家和集体单位共同举办的工程,在财务分析时要分开进行。在对国家部分的财务分析中,只计算国家对该工程的贷款或基建贷款。对集体单位的财务分析,只计其自筹资金和银行给集体单位用于工程的贷款。这和经济分析中,以研究工程对象,不考虑投入资金的来源只以投入该项工程资金的总和进行分析的情况是有区别的。水利建设项目总投资包括固定资产投资、固定资产投资方向调节税及建设期和部分运行初期的借款利息等。

(1)固定资产投资,包括建筑工程费、机电设备及安装工程费、金属结构设备及安装工程费、临时工程费、维护费和其他费用等。

(2)固定资产投资方向调节税是为了贯彻国家产业政策、控制投资规模,引导投资方向的调节税,对水利、水电项目税率为零。

(3)节水灌溉项目借款应按年利率计息,建设期利息应计入固定资产,正常运行期利息应计入项目总成本费用,运行初期的利息可根据不同情况分别计入固定资产或项目总成本。利率值应考虑资金的来源:利用国外资金兴办的工程,可按协议取值;利用国内资金兴办,属于基建贷款的,按国家规定利率取值;属于国家财政拨款的可不计利息。

2)年运行费用

年运行费用是指项目建成后,为维护正常运行每年需要支出的费用,包括工资及福利费、材料、燃料及动力费、维护费和其他费用,可分项计算,也可按项目总成本费用扣除折旧费、摊消费和利息净支出计算。

3)流动资金

流动资金是指维持工程正常运行所必需的全部周转资金,一般小型节水灌溉工程不计流动资金。

4)税金

税金是指产品销售税金及附加、所得税等,其中产品销售税金及附加费包括增值税、营业税、资源税、城市维护建设税及教育费附加。

2. 总成本费用

节水灌溉工程总成本费用是指一定时期内为工程运行以及提供灌溉服务等所花费的全部成本和费用，包括燃料动力费、维护管理费、折旧费、利息净支出和其他费用。

节水灌溉工程的固定资产投资包括各种水工建筑物（抽水站、渠道、渠系建筑物等）、管理房、机电设备及工程、金属设备及安装工程、工具，以及测试仪器、勘测设计费及其他费用等。

节水灌溉工程折旧费是指在有效使用期内，每年应摊还的固定资产投资额。在运行使用过程中，固定资产仍保持原来的实物形态，但其价值随磨损程度以折旧形式逐渐转移。折旧就是把工程或设备逐渐损耗的价值，在使用期内以货币形式逐年提取积累起来，用以更新工程或购置新设备。折旧的目的在于回收投入的资金，以便设施和设备的更新改造。折旧费的大小主要取决于折旧年限。但应该指出的是，设施和设备的折旧年限不等于设施和设备的使用寿命年限，有时，为了有利于促进新技术的推广应用，提高效益、效率，不等设施和设备完全丧失使用价值就要更新，尤其是在科学技术水平迅速提高的今天，国外有将折旧年限定得愈来愈短的趋势。但是，如果折旧年限定得过短，每年提取的折旧金额就会变大，超出受益者的承受能力，从经济角度来说也不一定合理。各类设施和设备的折旧年限不同，所以，其不同设施与设备的折旧费应分别计算，各分项折旧费之和即为该节水灌溉工程的折旧费。

节水灌溉工程固定资产折旧值一般采用我国规定采用的直线法计算。

直线法也称平均年限法，是目前我国规定最常使用的一种折旧计算方法，其假定固定资产的价值随时间直线下降（线性贬值），每年折旧金额相同，计算公式为

$$d = K/n \tag{13-35}$$

式中　d——年折旧费；

K——固定资产值；

n——折旧年限，由国家统一规定。

折旧率 α 为年折旧费与固定资产值的百分比，即

$$\alpha = (d/K) \times 100\% = (1/n) \times 100\% \tag{13-36}$$

从式(13-36)看出，折旧率的大小与折旧年限密切相关。相同的固定资产值，如果折旧年限长，则折旧率低；反之，折旧年限短，则折旧率高。折旧年限的确定涉及到工程设备的实际寿命、经济寿命以及其他相关因素。

有些固定资产的实际寿命往往大于折旧年限，如小型电力排灌设备的折旧年限一般规定为 20 年，但运行 20 年后，有些可能还可以再使用 2 年才全部报废，即该设备如按 20 年折旧，则还有 2 年的使用价值，可称这个价值为残余价值（简称残值）。因此，在进行折旧计算时应扣除固定资产的残值。各类固定资产的净残值比例，一般在原价 3% ~5% 的范围内，由相关主管部门确定。考虑残值后，式(13-35)可以写成

$$d = (K - S)/n \tag{13-37}$$

残值计算公式为

$$S = K(1 - n/N) \tag{13-38}$$

式中　S——固定资产的残值；

N——固定资产的实际寿命；

其余符号意义同前。

水利工程固定资产基本折旧和大修费率见表 13-15。

表 13-15　水利工程固定资产基本折旧和大修费率

固定资产分类	折旧年限(年)	年均大修费率(%)	固定资产分类	折旧年限(年)	年均大修费率(%)
一、坝、闸建筑物			六、输配电设备		
1. 中小型坝、闸	50	0.5~1.0	1. 铁塔、水泥杆	40	0.5
2. 中小型闸涵	40	1.5	2. 电缆、木杆线路	30	1.0
3. 木结构、尼龙等半永久闸、坝	10	2.0	3. 变电设备	25	1.5
4. 泥沙淤积多的坝、闸	30	1.0~1.5	4. 配电设备	20	0.5
二、引水、灌排渠道			七、水泵和喷灌机		
1. 中小型一般护砌灌排渠道	40	1.5	1. 大中型水泵	15	6.0
2. 混凝土、沥青护砌防渗渠道	30	2.0	2. 小型水泵	10	6.0
3. 塑料等非永久性防渗渠道	25	3.0	3. 大中型喷灌机	15	5.0
4. 跌水、节制闸等渠系建筑物	30	2.0	4. 小型喷灌机	10	5.0
三、水井			八、喷头		
1. 深井	20	1.0	1. 金属喷头	5	0
2. 浅井	15	1.0	2. 塑料喷头	2	0
四、房屋建筑			九、地面移动管道		
1. 钢筋混凝土、砖石混合结构	40	1.0	1. 薄壁铝管	15	2.0
2. 永久性砖木结构	30	1.5	2. 镀锌薄壁钢管	10	2.0
3. 简易砖木结构	15	2.0	3. 塑料管	5	0
4. 临时性土木建筑	5	3.0	4. 塑料软管	2	0
五、机电设备			十、地埋管道与仪器设备		
1. 小型电力排灌设备	20	2.0	1. 钢管、铸铁管	30	1.0
2. 小型机械排灌设备	10	4.0	2. 塑料管	20	1.0
3. 中小型闸阀、启闭设备	20	1.5	3. 试验观测、研究仪器设备	10	0.5

如果考虑资金的时间价值，用动态折旧法计算折旧费时，计算公式为

$$d = \frac{Ki(1+i)^n}{(1+i)^n - 1} \tag{13-39}$$

式中 d——喷灌工程某种设施(设备)折旧费,元;

K——该设施(设备)的投资,元;

n——该设施(设备)的折旧年限,年;

i——年利率,%。

其中,$i(1+i)^n/[(1+i)^n-1]$称为动态折旧系数。

另外,还有工作量法以及国外常采用的固定百分率法,可参考有关书籍。

3. 财务收入

(1)效益。应以计算财务核算单位实际获得的各项财务收入作为效益。对节水灌溉工程的管理单价进行财务分析时,只计算征收的水费和提供灌溉咨询,利用节水灌溉工程开展观光教育等其他服务获得的收入作为效益。

(2)价格。财务分析中采用的价格均应以实际支付的现行市场价为计算依据。

(3)年利润。节水灌溉工程年利润总额包括水费、灌溉服务、提供其他服务所获得的年利润,按年财务收入除年总成本和有关税金计算。

4. 财务报表

进行财务评价应根据规范要求编制现金流量表、损益表、资产负债表等多项财务报表,对于属于社会公益性或财务收入很小的节水灌溉工程可以适当减少财务报表。对于节水灌溉工程来说,如果进行财务分析,一般编制现金流量表即可。现金流量表表格形式如表 13-16 所示。

表 13-16 现金流量表

序号	项目	年份									合计
		建设期		运行初期				正常运行期			
1	现金流入量 C_1	1	…	…	…	…	…	…	…	…	
1.1	销售收入										
1.2	提供服务收入										
1.3	回收固定资产余值										
1.4	回收流动资金										
2	现金流出量 C_0										
2.1	固定资产投资(含更新改造投资)										
2.2	流动资金										
2.3	年运行费										
2.4	销售税金及附加										
2.5	所得税										

续表 13-16

序号	项目	年份									合计
		建设期			运行初期			正常运行期			
2.6	特种基金	1	…	…	…	…	…	…	…	…	
3	净现金流量(C_1-C_0)										
4	累计净现金流量										
5	所得税前净现金流量										
6	所得税前累计净现金流量										

所得税后　所得税前

评价指标　财务内部收益率:

财务净现值 i_c(%)

投资回收期

(二)财务评价指标和评价标准

节水灌溉财务评价一般可根据财务内部收益率、财务投资回收年限、财务净现值等指标进行评价。

1. 财务内部收益率($FIRR$)

财务内部收益率以项目计算期内各年净现金流量现值累计等于零时的折现率表示,即

$$\sum_{t=1}^{n}(C_1-C_0)_t(1+FIRR)^{-t}=0 \qquad (13\text{-}40)$$

式中　$FIRR$——财务内部收益率;

C_1——现金流入量,万元;

C_0——现金流出量,万元;

$(C_1—C_0)_t$——第 t 年的净金流量,万元;

n——计算期,年。

财务内部收益率根据现金流量表中的净现金流量采用试算法求得。当计算的财务内部收益大于或等于行业财务基准收益率(i_c)或设定的折现率(i)时,该项目财务上是可行的。

2. 投资回收年限(P_t)

以项目的净现金流量等于零时所需的时间(年)表示,即

$$\sum_{t=1}^{P_t}(C_1-C_0)=0 \qquad (13\text{-}41)$$

式中　P_t——投资回收期,年;

其他符号意义同前。

投资回收年限也可以用静态法进行计算,不考虑资金的时间价值,以财务净效益的累

计等于全部投入资金的年数，作为其静态的财务投资回收年限，即

$$T = K/(B - C) \tag{13-42}$$

式中 T——还本年限，年；

K——工程总投资，万元；

B、C——节水灌溉工程多年平均（新增）效益和多年平均（新增）运行费，万元。

投资的财务回收年限越短，其财务效益越好。

3. 财务净现值（$FNPV$）

以行业财务基准收益率（i_c）或设定的折现率（i），将项目计算期内各年净现金流量折算到计算期初的现值之和表示，即

$$FNPV = \sum_{t=1}^{n} (C_1 - C_0)_t (1 + i_c)^{-t} \tag{13-43}$$

当财务净现值 $FNPV$ 大于等于零时，该项目在财务上是可行的。

三、不确定性分析

前面所论及的经济分析和财务分析中，有许多基本资料和数据都是由估算或预测而来的，但实际情况是在不断的变化。如随时间的推移，环境条件、社会需求和产品价格等的改变，随着水文条件的不同，灌溉等年效益和年运行费用均变化；此外，对各种因素或数据的估计也会存在误差等。这些对原方案的经济和财务效益都会产生不同程度的影响和改变，甚至由于某一因素的变化可能导致原已选定的方案成为不合理的方案。

不确定性分析包括敏感性分析、盈亏分析、概率（风险）分析等内容，下面主要介绍节水灌溉工程国民经济与财务评价中常用的敏感性分析等有关问题，其他内容请参阅有关书籍。敏感性分析可以判断已选定方案在经济或财务效益方面的稳定程度，也可以检验不同基本数据情况下，对经济和财务方面的影响，以帮助决策者作出正确选择。对敏感性较大的因素进行研究，目的仍然在于确保工程方案的经济效益。

《水利建设项目经济评价规范》（SL 72—94）中规定，主要因素浮动的幅度，可以根据项目的具体情况确定，也可以参照下列变化幅度选定：

（1）投资：±（10% ~20%）。

（2）年效益：±（15% ~25%）。

（3）选定评价方法。如现值法、等值年金法、内部收益率法等，以评估各因素的敏感性。

（4）根据评价方案，一般先算出基本情况下的评价指标，然后使选定的因素在确定的范围内变化，并计算出相应的评价指标，必要时可以绘成如表 13-17 所示的表格，以供方案选优时决策。

四、供水成本分析

为了合理地利用有限的水资源，促进高效用水，保证节水灌溉工程的正常运行管理、大修及更新改造，充分发挥工程效益，为农业生产服务，用水户应按规定向工程管理单位或管理者交付水费。2003 年国家发展和改革委员会与水利部联合发布了《水利工程供水

表 13-17　敏感性计算成果表

项目	基本方案	投资增加 10%	投资减少 10%	灌溉效益增加 20%	灌溉效益减少 20%	年运行费用增加 10%	年运行费用减少 10%
投资(元)							
灌溉效益多年平均(元)							
年运行费用(元)							
灌溉净效益年值 B_0(元)							
工程的效益费用比 B/C							

价格管理办法》并于 2004 年 1 月 1 日开始实施,该管理办法规定:“水利工程供水价格由供水生产成本、费用、利润和税金构成”,“供水生产成本是指正常供水生产过程中发生的直接工资、直接材料费、其他直接支出以及固定资产折旧费、修理费、水资源费等费用,供水生产费用是指为组织和管理供水生产经营而发生的销售费用、管理费用和财务费用”。“农业用水价格按补偿供水生产成本、费用的原则核定,不计利润和税金”。这里讲的供水成本包括供水生产成本和供水生产费用两部分。折旧率和大修理费率以及其他应计入成本的费用根据有关规定确定。对于供水计量点的单位水量(m^3)供水成本 C_t 为

$$C_t = \frac{F_t}{W_t} \tag{13-44}$$

$$F_t = D + R + U \tag{13-45}$$

式中　F_t——对应于供水计量点的总供水成本,元;

D——固定资产的年折旧费,元;

R——固定资产的年分摊大修费,元;

U——年运行管理费,包括工资、材料费、水资源费、燃料及动力费、工程维护费、其他直接费和管理费等,元;

W_t——供水计量点的年总供水量,m^3。

合理确定年供水量,对于正确反映单位水量的供水成本非常重要,分析计算方法主要有以下几种:

(1)按多年平均供水量。

(2)采用运行期实际年平均供水量。

(3)采用设计保证率的年供水量。

(4)对于尚未发挥全部效益工程,可按实际效益面积与灌溉定额核定农业供水量。

供水成本分析计算并确定后,遇到以下情况应重新核算分析:

(1)根据国家有关政策和国民经济发展,供水水费标准需要进行调整。

(2)供水灌溉管理体制作很大调整。

(3)节水灌溉工程做重大技术改造。

(4)水资源状况发生重要变化。

(5)其他引起成本构成中的有关因素变化。

第四节　技术经济指标

为了从各方面反映节水灌溉工程建设的技术经济特征,全面衡量和评价工程的技术经济效果和设计管理水平,除了对工程进行国民经济评价外,还应分析计算单位技术经济指标,作为综合经济评价的补充指标。对于每项具体的节水灌溉工程来说,可根据掌握资料的情况和要求评价的内容,分析计算有关指标。节水灌溉工程包括渠道防渗、管道输水、喷灌、微灌及其他形式,为了便于对比分析,应针对不同的工程形式分别计算技术经济指标。下面对与节水灌溉工程相关的主要指标进行简单探讨。

一、单位面积投资指标

节水灌溉工程的单位面积投资为

$$k_m = K/A \tag{13-46}$$

式中　K_m——工程的单位面积投资,元/亩;

K——工程总投资,元;

A——工程控制的总面积,亩。

二、单位面积材料用量指标

(一)单位面积管道用量

单位面积管道用量是指平均每亩管道长度(m/亩),应该按材质和管径分别统计计算,即

$$L_m = L/A \tag{13-47}$$

式中　L_m——每亩管道长度,m/亩;

L——节水灌溉工程管道总长度,m。

(二)单位面积建筑材料用量

钢铁、水泥、塑料等主要材料的亩用量,如每亩水泥用量(kg/亩)、每亩砂、石、木材用量(m^3/亩)等,计算公式为

$$W_m = W/A \tag{13-48}$$

式中　W_m——某种材料的每亩用量,kg/亩或 m^3/亩;

W——某种材料的总用量,kg 或 m^3。

三、动力、能耗指标

(一)单位面积装机功率

如果需要加压或提水、抽水方可进行灌溉时,每亩装机功率是表征动力配置水平的重要技术指标,计算公式为

$$P_m = P_z/A \tag{13-49}$$

式中　P_m——每亩年用电(油)量,kWh/(年·亩)或kg/(年·亩);

P_z——节水灌溉工程平均年用电(油)量,kWh/年或kg/年;

A——节水灌溉工程面积,亩。

(二)单位面积年用电(油)量

单位能耗表征了节水灌溉工程系统运行效率和管理水平,能耗指标一般用每亩年用电(油)量表示,计算公式为

$$E_m = E_z/A \tag{13-50}$$

式中　E_m——每亩年用电(油)量,kWh/(年·亩)或kg/(年·亩);

E_z——节水灌溉工程平均年用电(油)量,kWh/年或kg/年;

A——节水灌溉工程面积,亩。

四、灌溉劳动效率指标

(一)灌溉作业单位面积年均用工

该指标表示节水灌溉工程灌溉作业的劳动付出值,其代表灌溉设施现代化程度。

$$G_{zm} = G_z/A \tag{13-51}$$

式中　G_{zm}——灌溉作业每亩年均用工,工日/(年·亩);

G_z——灌溉作业年用工总数,工日/年;

A——灌溉作业总面积,亩。

(二)人均管理灌溉面积

该项指标表征了节水灌溉工程的设施设备现代化水平和管理效益,亩/人。

五、灌溉节水效益指标

(一)灌溉节水百分比

该项指标用节水灌溉实施后的省水量占原灌溉用水量的百分比表示,即

$$R_{sh} = [(M_d - M_p)/M_d] \times 100\% \tag{13-52}$$

式中　R_{sh}——节水灌溉省水百分比,%;

M_d——节水灌溉前年毛总用水量,m^3/年;

M_p——节水灌溉后年毛总用水量,m^3/年。

(二)灌溉水生产率

灌溉水生产率为多年平均或典型水平年的每立方米毛灌溉水生产的粮食或产值,kg/m^3或元/m^3,表明灌溉用水生产的效率。在同一地区,通过该指标比较,可以评价节水灌溉的效果,计算公式为

$$R_s = Y_p/M_{gj} \tag{13-53}$$

式中　R_s——单位灌溉水量产量或产值,kg/m^3或元/m^3;

Y_p——节水灌溉面积上每亩产量或产值,kg/亩或元/亩;

M_{gj}——节水灌溉面积上每亩均用水量,m^3/亩。

(三)水分生产效益

以田间每立方米净耗水量产出的产量(kg/m^3)或产值(元/m^3)来表示,计算公式为

$$R_h = Y_p / M_{sj} \tag{13-54}$$

式中　R_h——水分生产效益，kg/m^3 或元/m^3；

Y_p——作物产量或产值，kg 或元；

M_{sj}——单位净耗水量，m^3。

六、费用指标

（一）单位面积年运行费

单位面积年运行费为

$$C_{ym} = C_y / A \tag{13-55}$$

式中　C_{ym}——节水灌溉每亩年均运行费，元/（年·亩）；

C_y——节水灌溉工程年总运行费，元/年；

A——灌溉作业总面积，亩。

（二）单位面积年费用

单位面积年费用为

$$C_{nm} = (D + C_y) / A \tag{13-56}$$

式中　C_{nm}——节水灌溉工程每亩的年费用，元/（年·亩）；

D——工程折旧费，元/年；

其他符号意义同前。

七、增产指标

（一）单位面积增产量（值）

单位面积增产量为

$$\Delta Y = Y_p - Y_o \tag{13-57}$$

式中　ΔY——每亩增产量（值），kg/亩或元/亩；

其他符号意义同前。

（二）增产百分比

增产百分比为

$$R_z = (\Delta Y / Y_o) \times 100\% \tag{13-58}$$

第五节　环境评价

一、有关环境评价的基本概念

（一）环境与环境质量

一般所说的环境，是指以人类为主体的周围空间中所存在的事物，即人类赖以生存和发展的物质条件综合体，环境包括自然环境和社会环境。《中华人民共和国环境保护法》中所指的环境是影响人类生存和发展的各种天然的和经过人工改造的自然因素的综合体，包括大气、水、海洋、土地、矿藏、森林、草原、野生生物、自然遗迹、自然保护区、风景名胜区、城市和乡村等。

地球环境按其组成要素分为大气环境、水环境、土壤环境和生态环境。人类、生物与其环境相互作用，相互适应，最终形成一种平衡和协调的关系。但是，人类活动增加，或减少某种环境组成成分，或破坏其固有结构，或扰乱其运行变化规律，这些将破坏生物（包括人类）与环境长期形成的和谐关系，或者说使环境变得不适宜人类的生存和发展需要。

目前，大气、水、土壤环境的主要问题是人类活动造成的污染和不利影响。生态环境的主要问题除污染影响外，还有减少其生物多样性而导致环境质量下降，包括自然结构恶化和自然功能降低。环境质量包括城市环境质量、大气环境质量、土壤环境质量、生态环境质量等，表征环境质量优劣的参数为环境质量参数，其是表征环境变化趋势的一系列参数，它们是对环境组成要素中各种物质测定值或评定值。例如，以 pH 值、化学需氧量、溶解氧浓度和微量有害化学元素的含量、农药含量、细菌菌群数等参数表征水环境质量。

为了保护人体健康和生物生存环境，要对污染物（或有害因素）的含量作出限制性规定，或者根据不同的用途和适宜性，要将环境质量分为不同的等级，并规定其污染物含量限值或某些环境参数（如水中溶解氧）的要求值，这就构成了环境质量标准。这些标准就成为衡量环境质量的尺度。

（二）环境的基本特性

从与环境影响评价密切关系的角度来说，环境系统的特性可归纳为如下几方面。

1. 整体性与区域性环境

环境系统的各要素或各组成部分之间通过物质、能量流动网络而彼此关联，互动联动，在不同的时刻呈现出不同的状态。环境的整体性是环境最基本的特性，对待环境问题要用系统的、整体的角度观察分析。任何一种环境因素的变化，都可能导致环境整体质量的降低，并最终影响到人类的生存和发展。例如，用污染严重的水进行了灌溉，污染物进入土壤而导致农业生态环境质量恶化，使农产品产量与质量下降。

同时，环境又有明显的区域差异，这一点生态环境表现得尤为突出。内陆的季风和逆温、滨海的海陆风，就是地理区域不同导致的大气环境差异。海南岛是热带生态系统，西北内陆却是荒漠生态系统，这是气候不同造成的生态环境差异。

2. 环境的变动性和稳定性

环境的变动性是指在自然的、人为的或二者共同的作用下，环境的内部结构和外在状态始终处于不断变化之中。相对于变动性而言，环境也具有稳定性，所谓稳定性是指环境系统具有一定的自身调节功能，环境结构与状态在自然的和人类社会行为的作用下，所发生的变化不超过一定限度时，环境可以依靠自身的调节功能使这些变化逐渐消失，基本恢复到变化前的状态。例如，生态系统的自然恢复，水体的自净作用等，都是这种调节功能的体现。

3. 环境的资源性、价值性及其有限性

环境为人类及生物界生存和发展提供巨量和多样的物质资源，这是环境的资源性。环境资源包括空气资源、生物资源、矿产资源、淡水资源、海洋资源、土地资源、森林资源等，这些环境资源属于物质性方面。环境同时提供美好的景观，广阔的空间，是满足人类精神需求的资源。环境也提供给人类多方面的服务功能，特别是生态环境系统的环境服务功能，如涵养水源、防水固沙、保持水土等，都是人类不可缺的生存与发展条件。环境具有资源性，当然就具有价值性。环境价值是一个动态的概念，随着社会的发展，环境资源日趋稀缺，人们对环境价值的认识在不断深入，环境的价值正在迅速增加。

虽然环境资源是丰富多样的，但却是有限的。不论是淡水资源，还是自然水体的自净能力都是有限的。

（三）环境影响

环境影响是指人类活动（经济活动和社会活动）对环境的作用及其引起的环境变化，以及由此引起的对人类社会和经济的效应。

1. 直接影响、间接影响和累积影响

按影响的来源可分为直接影响、间接影响和累积影响。直接影响是人类活动同时同地产生的影响，而间接影响是在时间上滞后、在空间上间隔、在可合理预见的范围内产生的影响。

直接影响一般比较容易分析和测定，而间接影响相对较难确定。分析评价直接影响和间接影响，可以有效地认识评价项目的影响途径、范围、影响状况等，对于如何缓解不良影响和采用替代方案具有重要意义。

累积影响是指一项活动的过去、现在及可以预见的将来的影响，具有累积性质，或多项活动对同一地区可能叠加的影响。如果建设项目的环境影响在时间上过于频繁或在空间上过于密集，以至于各项目的影响得不到及时消除就会产生累积影响。

2. 可恢复影响和不可恢复影响

按影响性质，环境影响可分为可恢复影响和不可恢复影响。可恢复影响是指造成的环境特性的改变或价值的丧失，其后仍可能得到恢复，如农业生产活动中使用的农药化肥对自然水体的污染，经过人为努力和环境的自净作用，可恢复到污染以前的状态，这是可恢复影响。而开发建设活动使耕地农田变为工业区或居住区，造成其农业生产价值的完全丧失，是不可恢复影响。通常认为，在环境承载力范围内对环境造成的影响是可恢复的；超出了环境承载力范围，则是不可恢复影响。

另外，环境影响还可分为临时影响和长期影响，地方、区域影响和国家与全球影响，建设阶段影响和运行阶段影响等。

（四）环境的本底值、背景值与基线值

环境要素质量参数的本底值是指未受到人类活动影响的自然要素质量参数的量值。事实上，在人类长期活动的影响下，特别是当今频繁的社会经济活动的影响下，自然环境原始组成已不复存在，无法确定环境的真正本底值。

一个区域的环境要素质量的背景值，也就是一个区域内的受人类活动影响较小的地区监测得到的环境质量参数的统计平均值。

环境要素质量的基线值即通过监测调查时所获取的环境要素质量的现状值，它是环境影响评价的基础。

（五）环境影响评价类别

环境影响评价是指对拟议中的人类活动，可能对环境产生的物理性、化学性或生物性的作用及其造成的环境变化和对人类健康、福利的可能影响，进行系统的分析和评估，并提出减少这些影响的对策措施。环境影响评价一般分为环境质量评价（主要是环境现状质量评价)、环境影响预测与评价以及环境影响后评估。这是一个不断评价和不断完善决策的过程。

环境质量评价,是依据国家和地方制定的环境质量标准,用调查、监测和分析的方法,对区域环境质量进行定量判断,并说明其与人体健康、生态系统的相关关系。根据不同时间域,可分为环境质量回顾评价(过去的环境质量)、环境质量现状评价和环境质量预测评价。在空间域上,可分为局地环境质量评价、区域环境质量评价和全球环境质量评价等,涉及建设项目的环境质量评价主要是环境质量现状评价。

环境影响预测与评价是对一项拟议的开发行动方案或规划所产生的环境影响进行识别、预测和评价,并在评价基础上提出合理避免和消减负面环境影响的对策。

环境影响后评估是环境影响评价的延续,是在开发建设活动实施后,对环境的实际影响程度进行系统调查和评估,检查对减少环境影响的落实程度和实施效果,验证环境影响评价结论的正确可靠性,判断提出的环保措施的有效性,对一些评价时尚未认识到的影响进行分析研究,以达到改进环境影响评价技术方法和管理水平,并采取补救措施,达到消除不利影响的作用。

二、节水灌溉工程对环境影响的特点

节水灌溉工程是改善灌溉条件与农业生产条件,提高水资源有效利用率,促进水资源可持续利用与生态环境改善的活动,对环境的影响,有其独自的特点。只有充分地了解和认识这些特点,才能正确评价它的作用。

节水灌溉工程建设的目的在于提高水资源利用率,缓解水资源供需矛盾,维护自然环境,改善生活与生产条件,建立一种稳定安全、富裕美好的生活环境。事实上,环境从根本上来说是人类生存的环境,是以人类生存为中心而存在的。水是生命的源泉,水利是农业乃至国民经济的命脉,节水灌溉工程是农业生产的基础设施。诸多实践证明,通过节水灌溉工程建设,可以大幅度提高灌溉用水效率,缓解农业用水供需矛盾,改善农业生产条件,增强抗旱能力,促进农业结构调整,增加农民收入。节约水量可以支持城市发展与工业用水,增加河流环境与生态用水量,此外,结合节水灌溉工程建设,还可以大大改善农村水环境与生活环境。

节水灌溉工程除施工期间产生一定的废水、废渣、飘尘、噪声、震动等环境污染之外,一般不造成对环境的污染。工程完成后,节水灌溉工程本身一般不产生污染物,不会增加环境污染负荷。但节水灌溉工程可能改变环境要素,主要是改变水文水资源情势的原有状况,土地、渠道等的自然状态,另外,灌溉水源受到污染,可以通过灌溉系统分散传播,影响到整个灌溉控制区,对局部地方产生影响。

灌溉水的消耗主要是农作物生长耗水、蒸腾发和深层渗漏量,其中深层渗漏量部分补给地下水,在西部干旱地区甚至是地下水主要补给源。实施节水灌溉后,提高了灌溉水的利用效率,同时也就减少了当地地下水补给量,使水文地质条件发生改变,对于干旱地区靠地下水出流补给的河流,其枯水季节的自然环境流量会受到影响。当节水灌溉面积集中且规模较大时,可能会对当地水文与水文地质要素产生不可忽视的影响,会改变原来的水文及地下水径流规律,在水文水资源评价时要予以足够重视。

对于极度干旱地区，一般输水渠道两侧的渗水范围植被树木发育茂盛；地下水位相对高一些地区，毛细管水位上升能够补充到植被根系层，其植被也较发育。实施渠道防渗与节水灌溉，减少了渗漏量，有可能影响局部植被正常生长的用水之需，进而影响植被生长。这些负面影响将均可以通过相关措施予以弥补。

虽然单个节水灌溉工程可能不大，但运行时间长，尤其大面积推广后其对环境要素尤其是水文水资源要素的影响将是长远而深刻的。

当然，任何工程建设都会对环境的初始状态产生影响，如果在工程建设规划与建设中反复评估论证，重视生态环境保护，完全可以避免造成不利影响。总之，节水灌溉工程建设利大于弊。

三、环境影响评价方法

节水灌溉工程一般属于中小型水利工程，其环境影响评价分为定性评价和定量评价。定性评价与定量评价方法主要基于以下两种基本原则：

(1)工程前后对比。通过工程前后环境因子实测或调查结果反映出来的变化对比，来评价工程对环境的影响。对于已建工程，如有工程前环境背景值，这是一种事后评价。可以建立变化因果关系，作为理论研究，供其他工程环境评价用，如无工程前的环境资料，可选临近相似地区基线或背景值代表工程前的状况。

(2)工程有无对比。这是一种普遍适用的环境影响评价原则。在评价工程影响时，要对工程影响范围及可能影响的环境因子进行现状评价，代表无工程的情况；对于有工程的情况，通过预测分析确定可能产生的影响，然后进行对比。如果有工程的环境变化能通过相似工程前后对比获得，则以此与环境基线值或背景值比较，评价工程的影响，这是目前应用较广的类比法。

四、中小型水利工程简易初评方法

中小型水利工程环境影响评价一般只要求进行初评。以下提出的方法，有助于在中小型水利工程兴建、改建和扩建规划或可行性研究阶段，完成工程影响评价，为下一步环境规划与改善打下基础。

中小型水利工程环境影响评价要抓住主要因素。结合水利工程可行性研究和规划的一般做法，将工程环境影响评价内容分为三类，具体见图 13-3。

针对工程涉及的主要影响因素，组织水利、环境、卫生、社会经济等方面的专业人员，开展调查与测验，进行影响评价。作为初评可以先在广泛搜集、整理资料的基础上，进行简易评价，主要搜集以下资料：

(1)地方统计部门的社会经济统计。

(2)区域水文情势及自然水体、土壤、生态系统状况。

(3)供水、环保部门关于水质及污染源的分布、评价资料。

(4)农业、林业部门关于水质及污染源的公布及评价资料，农药、化肥种类、施用强度及流失状况分析。

(5)卫生部门关于地方常见病、地方病的分布、病因、传染途径，以及地方卫生状况的

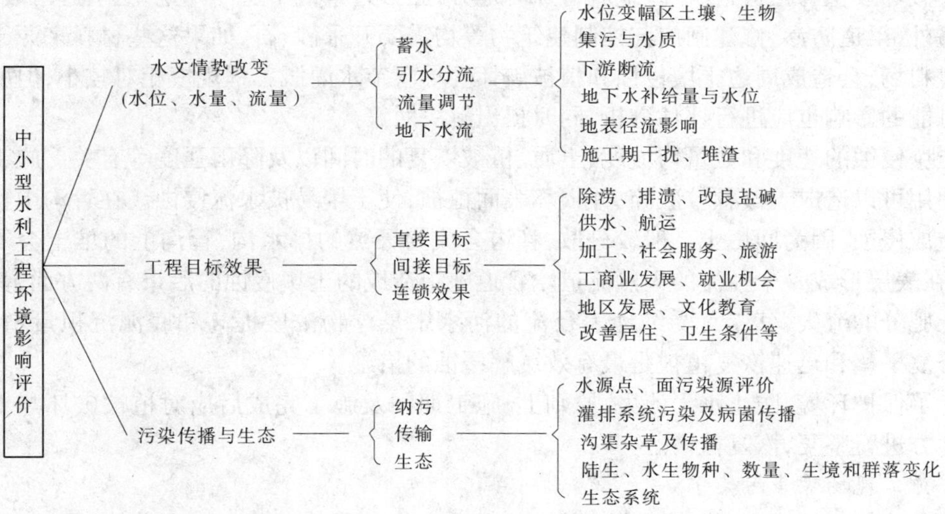

图 13-3　中小型水利工程环境评价内容

资料。

(6)已建工程类似地区工程环境影响的评价等。

根据以上基本情况,便可开展简易评价工作。

在缺乏资料的条件下,应做深入详尽的调查。根据环境影响评价的内容要求,主要做环境背景值(或基线值)调查和工程环境影响调查。环境背景值(或基线值)调查是对拟影响区域范围的全面调查,并根据分析对将会产生影响的地区和环境因素做深入细致的调查和观测。环境影响评价调查应在拟建工程区域和类似的(或临近的)已建工程区域内进行,相互对比,分析工程的环境影响。

五、节水灌溉工程环境评价

节水灌溉工程相对于其他水利工程而言,规模小,建设周期短,并且以提高用水效率、改善生态环境为目标,其对环境的影响主要是正面影响,但也有负面影响。对于节水灌溉工程环境影响评价可分为施工期影响评价和竣工运行后影响评价。

(一)施工期影响评价

节水灌溉工程施工期影响评价主要有以下几个方面。

1. 占用耕地,影响农业生产

节水灌溉工程施工中开挖回填、运输与堆放建筑物材料以及施工人员现场活动等,均会临时占用部分耕地、损坏部分生长农作物以及由于施工活动影响农业生产。评价时,要对可能占用耕地面积、损坏农作物情况等进行预估分析,说明可能造成的影响,提出减少不利影响的对策措施。

施工引起的占用耕地和影响农业生产等不利影响,可以通过进行合理优化的施工组织设计与管理予以减轻或消除。

2. 破坏植被,造成水土流失

节水灌溉工程同其他水利工程一样,土方工程占有一定比重甚至较大比重,土方挖填工程会破坏表土与植被，在一些地貌特殊的地方，土方过量或不适当开挖，会引起滑坡、塌方。另外，渠道防渗、修建闸门与控制建筑物等均需要开采砂、石，如果这些材料来源于天然临时料场，会造成周边土壤侵蚀和植被破坏。尽管节水灌溉工程规模相对较小，但所有这些可能的影响也应进行评估分析，同时提出解决对策。

土壤侵蚀的速度和数量与坡度、土质、植被恢复的时间以及降雨强度等有关。施工机械的使用可以造成土壤颗粒破碎，并损坏表面植被，使土壤易被水流侵蚀。在管沟中特别容易造成侵蚀，因为回填土一般较松散，管沟会成为天然的排水沟，管沟上的堆土会不断沉降，在表层形成一个径流的天然流道。管道施工造成的土壤侵蚀的后果有两方面，其一是表土肥分的流失，其二是受纳地表径流的河水中悬浮物浓度提高和底泥沉积量增加。进行修复平整和迅速恢复植被是最有效缓解侵蚀的措施。

为了保护环境，防止水土流失，原则上，施工期间及施工完成后应对植被破坏与土地挖填地方进行整复，恢复植被。

3. 施工现场噪声污染

随着施工机械化水平提高，施工现场的噪音污染已成为问题。节水灌溉工程大多在野外田间施工，距离居住区较远，对居民影响较小或没有影响，但对于施工人员会有些影响，另外，也有一些工程在居民区或离居民区较近，所以，要采用先进的施工机械和施工方法，合理安排施工时间，减少噪音污染。

4. 扬尘及废物的污染

土方开挖、非硬化路面上运输等均会产生大量的扬尘污染，对施工现场环境与施工人员健康产生不利影响，如果靠近居住区，对居民生活与卫生产生较大影响。另外，节水灌溉工程施工用到多种建筑材料，尤其塑料制品，如防渗塑料薄膜、土工织布等，这些材料不易降解，如果废弃在地里会造成土壤污染。所有这些影响均可以通过严格施工管理，增强环保意识，提倡清洁施工来加以避免。

另外，节水灌溉工程施工还可能对原有自然景观或有价值的历史遗迹造成影响，人类干扰和栖息地丧失造成动植物物种减少或丧失，施工队伍进驻可能造成的污染等。

作为临时环境影响应该认真分析各种可能产生影响的环节、途径、范围与程度，提出减少施工期对环境不利影响的具体的施工规划与管理对策措施，避免或减轻负面影响。

（二）工程竣工运行后环境影响评价

1. 节水灌溉对区域水文水势影响评价

（1）减少引（提）水、抽水量。节水灌溉工程的最主要特点就是高效用水、节约用水，工程实施后可以大大降低农田灌溉用水量，也就是使引水（提水）量和抽取地下水量大大减少。

引水（提水）量的减少使得下游河流和地表水体水量增加，会改变原有河流与水体特性，对河床形态、水流特性、冲淤规律、水生动植物等均会产生相应影响，对于缺水地区来说，这些影响绝大部分为积极有利的影响。

抽水量的降低，可以改善地下水超采地区的地下水环境，同时，也改变了地下水流特征，使地下水的侧流与补给关系发生变化，地下水位回升。

（2）减少地下水补给量。节水灌溉工程与传统灌溉方法相比，减少了输水工程与田间灌溉水的渗漏量,提高了灌溉用水效率。同时,由于田间与地表面土壤含水量降低,可改变灌溉季节的降雨入渗补给规律,减少降雨入渗对地下水的补给量。一般来说,对于非井灌溉区域,通过节水灌溉实施,可减少地下水补给量和可开采量,区域水资源量的构成会发生变化。尤其是地下水不足与地下水超采区,应该认真评价减少地下水补给量后对地下水与用水结构可能产生的影响。

(3)增加河流环境流量。节水灌溉实施后节约的水量可以全部或部分回归河流与自然水体,增加环境流量,改善河流与自然水体的生态环境质量。应该评价分析节水灌溉后增加的环境流量值及其对河流与自然水体生态的影响。

(4)减少排水量与减轻排水压力。对于南方地区,水稻种植面积较大,水稻控制灌溉等节水灌溉技术的应用可以减少田间水层深度,甚至不产生水层,这样,降雨季节,大面积稻田就是一个很大的调蓄池,滞留调蓄雨洪,减轻排涝与防洪压力。对于田间调蓄量、减少除涝排水量和提高排涝与防洪能力等方面应该进行评价分析。

在地下水位较高以及产生次生盐碱化的地区,节水灌溉使入渗量大大降低,可以降低地下水位,减少以降低地下水位为目的的排水压力。应该分析预测节水灌溉对当地地下水位下降的影响及下降值分析预测,计算地下水排水减少量,进而分析评价节水灌溉对减少排水量与减轻排水压力的作用。

(5)对地表径流与区域水循环特性的影响。节水灌溉改变了传统灌溉习惯,土壤含水量较未实施节水灌溉前大大降低,这样改变了地表的土壤含水特征,对于降雨地表径流,尤其是对灌溉季节降雨地表径流产生影响。另外,节水灌溉改变了当地的水文特征与水循环规律,地下水排泄与河流径流特征发生了相应的变化,所有这些,均应认真评估预测,分析这种变化对下游用水与生态环境可能产生的影响。

2. 对污染物运移传输的影响

(1)减轻非点源污染。农业非点源污染主要是随着降雨径流、灌溉退水从农田带入大量泥沙、氮磷营养元素、农药、各种有机物和无机毒物,造成江、河、湖泊等水体的污染和富营养化,非点源污染过程,主要是大量污染物在降雨产生的径流和灌溉退水的作用下,从地表面到达受纳水体的迁移过程。节水灌溉可以大量减少灌溉退水,同时,由于灌溉季节土壤含水量较传统灌溉要小,期间降水地表径流量也相对较小,可以减轻非点源污染。非点源污染负荷量可以根据项目区地表径流或灌溉退水量和污染物平均浓度来计算,或参考相似条件地区的观测研究成果分析计算,计算公式为

$$M_i = C_i W \tag{13-59}$$

式中　M_i——第 i 种污染物输出总量,kg;

C_i——第 i 种污染物平均浓度,kg/m^3;

W——径流总量或退水总量,m^3。

根据式(13-59)对节水灌溉前后项目区非点源污染输出总量进行比较,计算节水灌溉后该污染负荷的减少率。

$$\text{某非点源污染物负荷减少率}(\%) = \frac{M_b - M_a}{M_b} \times 100\% \tag{13-60}$$

式中　M_b——项目区节水灌溉前某污染物污染负荷;

M_a——节水灌溉后某污染物污染负荷。

(2)减少地下水污染。灌溉农田对地下水的污染主要由污水灌溉或施用农药残留地表后,灌溉时通过田间入渗或渠道入渗将污染物带入地下,到达地下水面后,对地下水造成污染。实施节水灌溉后,灌溉水入渗量会显著降低,进入地下水的污染物量也会降低。灌溉水入渗对地下水产生的污染可以用污染负荷来表示,其为灌溉对地下水入渗补给量乘以入渗水中污染物浓度。比较节水灌溉前后由于灌溉入渗产生的污染负荷变化,评价节水灌溉对减少地下水污染产生的影响。污染负荷量可以通过测量灌溉水入渗补给地下水量和污染物浓度得出,或参考相似条件地区的观测研究成果分析计算。

$$M_{gi} = C_{gi}W_g \tag{13-61}$$

式中　M_{gi}——第 i 种污染物负荷,kg;

C_{gi}——入渗水中第 i 种污染物平均浓度,kg/m^3;

W_g——入渗补给地下水量,m^3。

节水灌溉后该污染负荷的减少率为

$$\text{某污染物负荷减少率}(\%) = \frac{M_{gb} - M_{ga}}{M_{gb}} \times 100\% \tag{13-62}$$

式中　M_{gb}——节水灌溉前某污染物污染负荷,kg;

M_{ga}——节水灌溉后某污染物污染负荷,kg。

3. 生态系统影响

生态系统影响评价即评价生态系统在外力作用下的动态变化。按生态系统的形成及影响可将生态系统分为自然生态系统、人工生态系统和半自然生态系统。自然生态系统指未受人类活动干扰或人工维护扶持,在一定空间和时间范围内依靠生物及其环境本身的自我调节来维持的生态系统;人工生态系统指按照人类需求建立起来的,或受人类活动养护的生态系统;半自然生态系统为介于自然与人工生态系统之间的生态系统,如天然放牧草场、人类经营管理的天然林等。

节水灌溉工程对生态系统有许多有利影响,如由于高效用水,减少了农牧区生产用水量,可以减轻断流或减少地下水超采量,改善河流生态环境与区域生态系统,同时,节约的水量还可以用于人工生态系统或半自然生态系统。

节水灌溉工程通过渠道防渗、管道输水、先进灌溉技术等提高了灌溉用水效率,但同时也改变了区域原来的水循环规律,如渠道输水与田间入渗减少,区域地下水位下降,可能会对渠道两侧与近域生态系统产生影响。另外,对于南方渠河为一的情况,渠(河)道防渗采用混凝土等材料,可能阻止水渠与自然界的交换,使具有净水功能的水生生物生长非常困难。另据有关研究,水渠衬砌后,岸边的生物种类减少了70%以上,而水生物也只相当于原来的50%。

实施节水灌溉项目时,应该分析评价其对自然生态系统、人工生态系统和半自然生态系统的影响。针对生态系统的具体地域性特点,分析评价工程对生态系统的直接影响与间接影响,注重保护生态系统对区域的环境功能,尤其应防止因干扰生态系统而带来或加剧区域的自然灾害,确保生态安全。

4. 土壤系统影响

人类活动影响可能造成土壤的不同形式的变化，主要有土壤的侵蚀和污染。节水灌溉工程对土壤的影响评价主要应从以下几方面考虑。

(1)作物根系层污染物累积量变化。灌溉用水效率提高，降低了根系层土壤水分含量，尤其是大大降低了深层渗漏量，这样使土壤中化肥、农药等残留物向地下水的排泄量减少，根系层土壤中污染物累积量增大，其累积量变化与渗入地下水的污染物变化量是对应关系，也就是说，如果只考虑垂直方向的入渗补给关系，理论上说，在某一时间点上，对地下水污染物负荷的减少量即为土壤中(非饱和带)污染物累积的增加值。所以，在发展节水灌溉的同时，要采用配套措施，合理施用化肥和农药，减轻土壤污染。

(2)对土壤侵蚀冲刷的影响。传统土渠输水和地面灌溉，对渠道和田间均会产生不同程度的冲刷和淤积。实施节水灌溉后，渠道硬化，田间灌水强度易于控制与把握，加上配套农艺措施、平整土地等，对于减轻土壤冲刷与侵蚀具有积极的作用。应该分析计算项目实施前的土壤流失量，根据项目实施后可能引起的水流、地面坡度、作物覆盖度变化及相关农业措施，预测项目实施后的土壤流失量，对项目前后土壤流失量进行比分析，并说明影响性质与影响程度。

(3)土壤次生盐碱化，节水灌溉对于土壤次生盐碱化既有有利影响，又有不利影响。一方面，高效用水后，用水量降低，带入田间的盐分总量降低，同时，田间深层渗漏量减少，使地下水位降低，潜水蒸发量减少，进入根系层土壤的盐分减少，有助于减轻土壤次生盐碱化；另一方面，深层渗漏量减少，使土壤中盐分向下淋洗量减少，根系层中土壤的盐分积累逐渐增加，不利于根系层脱盐。应该针对具体情况进行分析研究，正确评价节水灌溉对土壤次生盐碱化的影响。土壤次生盐碱化预测可以根据节水灌溉项目实施后，排水量、盐碱浓度、地下水位等变化，结合本地及相近地区的观测资料，预测项目区土壤水盐运动规律，评价拟建项目对土壤盐渍化的影响程度。

5. 社会经济环境影响

社会经济环境影响评价是建设项目环境影响的重要组成部分。其评价范围是由目标人口确定的，目标人口是指受拟建项目直接或间接影响的那部分人口，目标人口所在社区的范围即为社会经济影响评价的范围。当拟建项目对自然环境与社会经济环境所产生影响的区域或范围不同时，则两者所确定的评价范围也应不同。节水灌溉项目应评价的社会经济环境因子(要素)主要有：目标人口，实施项目后人口密度、人口组成、人口结构等变化，受损者和受益者人数及比例等；科技文化，当地的传统文化、习俗、科研力量与水平、教育情况等变化。具体包括：①公共设施，即交通、供水、排水、农业基础设施等文化；②社会安全与稳定，如当地犯罪率、交通事故、供用水矛盾与冲突等变化；③社会福利与劳动条件，如社会福利事业、生活方式和生活质量以及劳动强度和劳动条件等变化；④经济基础，如农业产业结构、国民收入、农民人均收入水平等变化；⑤就业与收入分配，目标人口中就业及收入分配变化；⑥美学景观，如自然风景美、休闲娱乐游览区环境美及人工景观的美学价值变化；⑦新技术普及推广，即对于新技术、新知识的普及与推广意义等；⑧管理效率，如项目实施对提高管理效率、体制改革等产生的影响等。

节水灌溉工程建设主要产生有利的社会经济影响，其旨在提高社会经济总体水平，尤其是提高农民收入，是促进全面小康社会的重要基础设施建设。

以上评价只是就节水灌溉工程涉及到的一般性环境影响评价内容进行了简单探讨，对具体项目进行分析评价时，要根据实际情况、工程整体规模、当地环境背景、生态系统与社会经济水平等具体情况，对项目实施完成后可能产生的不利与有利影响进行预测分析，说明有利与不利影响的方式、性质、程度等，对不利与负面影响提出对策措施。

第十四章　项目管理与建后管护

第一节　项目管理

节水灌溉项目是以提高水的利用率和水分生产率为目的，以节水灌溉工程措施为主要建设内容的灌溉项目。节水灌溉项目包括小型水源工程建设（主要指水源井、窑窖、池和小水塘）、输配水系统、节水工程及田间节水灌溉工程建设，同时，还包括配套的用水管理制度和农艺节水增产措施等。

由于节水灌溉项目的服务对象是广大农民，而我国农村现阶段土地实行家庭联产承包责任制，土地的种植和经营规模较小，且相对分散。这就决定了节水灌溉工程的技术模式和建设管理体制呈现多样性的特点。因此，节水灌溉项目的建设管理模式和运行机制的建立，既要科学规范，又要坚持因地制宜的原则，确保节水灌溉项目效益的发挥，为农民增收和农村经济的持续发展提供有力的保障。

一、项目管理

（一）项目管理的涵义

从项目主体角度划分，项目管理可分为项目宏观管理和项目微观管理。项目的宏观管理是指政府作为主体对项目活动进行的管理，这种管理是从整个国民经济和地区经济发展的要求出发，对项目的投资规模、投资结构、投资方向等进行控制和管理；项目的微观管理是指管理主体对一个具体投资项目的决策和实施全过程，进行计划、组织、指挥、协调、控制和总结评价。微观管理是项目管理的核心，其管理主体包括项目建设单位（或业主）、设计单位、施工单位和监理单位。项目建设单位（或业主）又是微观主体的核心，它对项目功能性目标、投资控制目标、工期控制目标、质量控制目标的实现起着重要的作用。

（二）项目管理的指导思想和原则

1.“先论证，后决策”的原则

在项目决策过程中，必须做到先对项目进行调查研究和论证，然后进行决策。杜绝“边投资，边论证”，甚至“先决策，后论证”。

2. 系统性原则

系统性原则就是把项目看做国民经济大系统中的一个子系统，从整个系统的角度看项目的可行性与实际效果。同时，从项目内部各要素之间的相互关系中寻求其总体效益的最优化。如果新上一个规模较大的节水灌溉项目，首先应考虑与项目有关的各要素，如水源情况、投入能力（与当地社会发展水平有关）、现行的农业耕作制度等，并进行全面评价，以达到项目系统目标的最优化。

3. 资金的时间价值原则

在项目管理过程中,要考虑资金的时间价值,即资金投入使用后随着时间推移而带来的增值。要从静态和动态两个角度来分析资金的总收益情况,从而推断项目在经济上的可行性。

4. 责任、利益、风险统一的原则

项目管理的责任、利益、风险是相统一的。因此,要坚持"谁投资,谁受益"、"谁受益,谁承担风险"的原则,充分调动投资者、项目管理者等各方面的积极性,使项目获得预期效果。

二、项目建设程序管理

建设程序是指由行政性法规、规章规定的,进行基本建设必须遵循的阶段及其先后顺序,是建设项目科学决策和顺利进行的重要保证。1998 年水利部发布了《水利工程建设程序管理暂行规定》,该规定对由国家投资、中央和地方合资、企事业单位独资或合资以及其他方式兴建的防洪、除涝、灌溉、发电、供水、围垦等大中小型水利工程项目的建设程序管理进行了明确规定,同时规定小型水利工程建设项目可以参照本规定执行。

根据目前国家对节水灌溉项目专项资金的使用需求,并考虑不同的投资主体及节水灌溉工程建设的特点,节水灌溉项目程序管理的主要阶段可分为:项目可行性研究阶段、设计阶段、施工准备阶段、建设实施阶段、竣工验收和后评价 6 个阶段,见图 14-1。

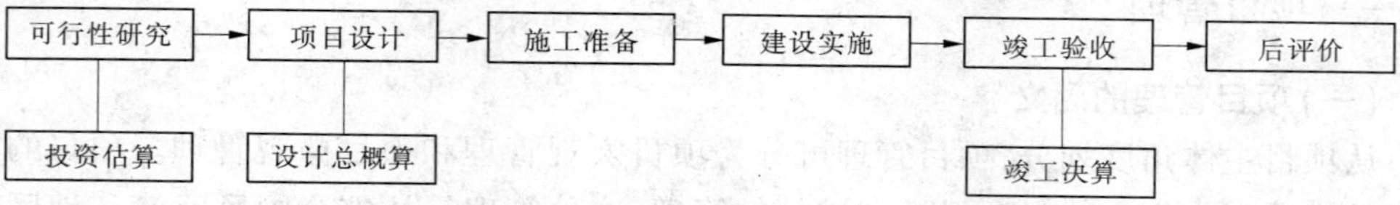

图 14-1　国家支持兴建的节水灌溉项目基本建设程序示意图

根据节水灌溉项目建设的特点,将不同建设阶段项目管理的内容和要求明确如下。

(一)可行性研究

可行性研究是项目管理程序的重要组成部分。其目的是,根据国民经济发展总体规划和地区规划、行业规划的要求,对拟建项目进行投资方案的规划、工程技术论证、社会与经济效益预测和分析,并经过多方面的计算、分析、论证和比较评价,为项目决策提供可靠的依据。

经过批准的可行性研究报告是确定项目建设、编制设计文件的依据。因此,必须对节水工程的建设条件进行调查和必要的勘测,在可靠资料的基础上,进行方案比较,从技术、经济、社会及环境等方面进行分析论证,提出可行性评价。

节水灌溉项目可行性研究报告原则上应按照《水利水电工程可行性研究报告编制规程》(DL 5020—93)进行编写,但在编写报告时要结合节水灌溉项目的特点有所侧重和取舍。

(二)设计

设计是对拟建工作中的实施在技术上和经济上进行的全面而详细的安排,是项目建设计划的具体化,是整个工程的决定环节,也是组织施工的依据。它直接关系到工程质量和将来的使用效果。经批准可行性研究报告的建设项目，应由建设管理单位委托设计单位，按照批准的可行性研究报告内容和要求进行设计，编制设计文件。

1. 节水灌溉项目的设计阶段

由于节水灌溉项目建设规模相对较小，节水工程技术比较成熟，其设计过程一般包括初步设计和施工图设计两个阶段。

2. 设计报告编制的基本要求

（1）承担项目设计单位的设计水平必须与项目大小和复杂程度相一致。低等级的设计单位不得越级承担设计任务。设计单位必须严格保证设计质量，合理地确定设计方案，设计文件的深度要符合建设和生产的要求。

（2）设计单位承担初步设计的合同责任。初步设计文件报批前，一般须由项目建设管理单位委托有相应资格的工程咨询机构或组织有关方面（包括管理、设计、施工、咨询等方面）的专家，进行咨询论证。设计单位根据咨询论证意见，对初步设计文件进行补充、修改、优化。初步设计由项目建设管理单位组织审查后，按国家现行规定权限向行业主管部门申报审批。

（3）初步设计文件经批准后，主要内容不得随意修改、变更，并作为项目建设实施的技术文件基础。如果有重要修改、变更，须经原审批机关复审同意。

（三）施工准备

项目在施工之前需要切实做好以下几项主要工作：

（1）建设用地的征用和协调工作。节水灌溉工程建设是为广大农民提供可靠的灌溉水源。在工程施工期间，其建设用地或永久性设计的占地将涉及到许多农户经营的土地，特别是对工程具有规模化种植、集约化经营要求的项目，在项目施工前一定要做好施工征用地的协调工作，以保证工程施工能顺利进行。

（2）准备必要的施工图纸。

（3）签订有关合同文件。这一期间需签订的主要合同文件有：建设单位（或业主）与施工单位签订的施工承包合同；与设备生产厂家签订的设备采购及供货合同；与委托方签订的建设监理合同等。为确保工程质量，施工承包与设备采购尽可能采取招标方式进行。

（4）组织招标投标工作。按水利部招投标管理办法相关规定要求，对需要进行招标投标的项目，建设单位（或业主）还应根据招标的范围和内容进行招标设计，组织招标投标工作。

（5）落实项目建设资金。

（四）建设实施

施工准备工作基本就绪后，即可进入项目实施阶段。这一阶段，项目建设管理单位要按照批准的建设文件，充分发挥管理的主导作用，协调设计、施工及质量监督单位等各方面的关系，实行目标管理。建设单位与设计、监督单位或监理单位、工程承包单位是合同关系，各方面应严格履行合同，以保证项目建设目标的实现。

（五）竣工验收

竣工验收是节水灌溉项目完成建设任务的标志，是全面考核项目建设成果、检验设计和工程质量的重要步骤。只有竣工验收合格的项目才能投入生产和运行。通过验收，一是检验工程设计和施工质量;二是有关部门和单位可以总结经验和教训;三是建设单位可以对验收合格项目及时办理固定资产移交手续,保证项目按设计要求的技术经济指标投入生产。因此,做好节水灌溉项目竣工验收工作对节水工程效益的发挥具有重要作用。

1.项目验收的基本条件

(1)节水灌溉项目按照批准的设计文件所规定的内容和实施图纸的要求全部建成。

(2)节水工程经试运行或技术检测,工程质量达到了设计的技术及经济指标。

(3)竣工决算已经完成并通过竣工审计。

(4)经批准的项目可行性研究报告、初步设计或实施方案、批复文件(包括项目建设内容调整、修改后经有关主管部门审批的意见)、有关图表、财务决算及审计报告、工作总结、有关实验报告、隐蔽工程阶段验收意见、项目实施期间签订的合同文件等资料齐全,符合建档要求。

2.竣工验收的程序和组织实施

节水灌溉项目全部建成后,经过各单项工程的验收,符合设计要求,并具备竣工图表、竣工决算、工程总结等必要的文件资料,由建设管理单位负责向项目主管部门提出竣工验收申请报告。

大中型和限额以上项目由原国家计委或国家计委委托项目主管部门、地方政府组织验收。小型和限额以下项目,由省级行业主管部门组织验收。验收委员会或验收组成员应根据项目投资渠道及建设任务目标的不同,确定人员组成,但必须保证有3名以上熟悉相关专业技术的人员参加。工程项目法人、设计、施工、监理、运行管理单位作为被验收单位,不参加验收委员会,但应列席验收委员会会议,负责解答验收委员会的质疑。

验收委员会或验收组负责审查工程建设的各个环节,听取各有关单位的工作报告,审阅工程档案,并实地查验建筑工程和设备安装状况。由于节水灌溉项目区相对分散,实地查验时可采取随机抽取部分子项目到现场实地查验的方法进行,同时,对工程设计、施工和设备质量等方面作出全面评价。不合格的工程不予验收,对遗留问题提出具体的解决意见,限期落实完成。

(六)项目后评价

项目后评价是工程项目已经建成,通过竣工验收,并经过一段时期的生产运营后,再对项目的立项决策、设计施工、竣工验收、生产运营等全过程进行系统评价的一种技术活动,是固定资产投资管理的一项重要内容,也是基本建设程序的最后一个环节。通过项目后评价达到肯定成绩、总结经验、研究问题、吸取教训、提出建议、改进工作、不断提高项目决策水平和投资效益的目的。

目前,我国节水灌溉项目后评价工程尚处于起步阶段,还缺少指导后评价工作的规程、规范。因此,这一阶段的工作可按《大型水利工程项目后评价实施暂行办法》的要求,同时结合节水灌溉项目自身特点和各地实际情况,开展项目后评价工作。

1.项目后评价的基本原则和依据

(1)后评价的基本原则。项目后评价必须遵循客观、公正、科学的原则,做到分析合理、评价公正。

(2)后评价的依据。经国家批准的有关行业规划及产业政策;经行业主管部门批准的项目可行性研究报告、规划设计任务书、反映建设实施阶段的主要资料(工程建设“三制”执行情况,有关文件、合同等)、竣工验收报告和决算报告;反映生产(运营、使用)情况的主要资料(包括项目的经济效益、对社会和环境的影响、工程运营和可持续性情况等);建设单位和使用单位对工程项目的评价意见等。

2. 项目后评价的主要内容

节水灌溉项目后评价既是对项目过去工作的总结评价,又是对项目持续运营情况的预测评估,其项目后评价的内容主要包括:过程后评价、经济效益后评价、影响后评价和持续性后评价。

1)过程后评价

(1)立项决策评价。立项条件和决策依据是否正确;决策程序是否符合要求。

(2)勘测设计评价。勘测工作的满足程度,设计方案的优化情况,技术上的先进性和可行性,经济上的合理性。

(3)建设实施评价。施工准备、工程进度、工程质量、工程造价、招标投标、监督检查或施工监理及各种合同执行情况。

(4)运行管理评价。对工程产权归属、管理机制、规章制度、运行状况、两项控制指标(灌溉用水总量控制、定额管理)执行状况、年运行费用、水费改革征缴状况等进行评价。同时对管理水平、经济效益、生态环境影响程度、可持续性等进行评价。

(5)投资评价。投资决算与预算的差异,分析其增减的主要原因。

2)经济后评价

后评价中的经济效益评价与在项目可行性研究阶段进行的成本效益分析,在原理上是完全一样的,所不同的是,在可行性研究阶段,所需成本的效益都是预测值,而在后评价阶段,这些数值都是实际测定值。这样,可以根据实际数值,按成本效益的方法,重新计算项目的经济评价指标,并将此值与可行性研究时的估算相比较,可以发现当初预计值与实际值的差异,从而找出产生差距的原因。

经济效益后评价主要包括国民经济评价和财务效益评价两方面内容。在后评价中要根据实际情况,参照国家相关的评价规范及办法确定相应的评价指标。下面给出经济后评价的几项主要指标:

(1)国民经济后评价。其指标:实际经济内部收益率;实际经济净现值;实际效益费用比。由于节水灌溉项目的外部效果比重较大,且不易量化和货币化,所以要对这部分外部效果加以定性描述。

(2)财务后评价。节水灌溉项目财务后评价目标要根据国家及地方政府关于该工程的各项政策,结合项目的具体情况而定。其项目的财务后评价应遵循三个原则:①充分体现国家政策;②尽可能采用常用的评价指标;③要补充一些能反映节水灌溉工程特点的经济评价指标,如水成本分析指标等。

3)影响后评价

节水灌溉项目影响后评价是指从宏观角度出发,评价已建项目对其影响的区域和行业在经济、社会、技术及环境方面产生的作用,分析该项目的实施与当地经济社会发展之间的关系,对照项目前评估的结论,分析项目现状是否达到了预期目标,为评价项目的总体效果提供参考。影响后评价的主要任务是测定项目的实际影响程度。

影响后评价主要包括以下几方面的内容:经济影响后评价、技术影响后评价、环境影响后评价和社会影响后评价。

4)持续性后评价

持续性后评价是指分析已建成的节水灌溉项目既定目标能否持续性实现,项目本身能否延续,是否具有可重复性。节水灌溉项目的可持续性受多种因素制约,如国家发展政策、项目的技术水平、运行管理机制、社会经济发展水平等。因此,仅从项目实施中得出的评价结论是不全面的,还应对项目未来发展趋势进行科学分析和预测,提出项目可持续发挥效益必须具备的内外部条件和需要采取的措施。

3.后评价的方法

节水灌溉项目后评价的基本方法是比较法,即前后对比、有无对比。通过定量、定性或二者结合的方法进行比较。再经过综合分析,总结经验教训,提出改进意见和具体措施。

4.后评价工作的组织实施

当项目竣工投产(使用、营运)一段时间(一般为2~3年)后,项目单位应成立后评价领导小组,并主动与该项目的设计部门、施工单位取得联系,共同抽调熟悉业务、了解情况、办事公道、有实干精神的经济和技术人员,组成项目后评价工作者,制定工作计划,有条不紊地开展项目后评价工作。

节水灌溉项目后评价可分为两个阶段进行,即自我评价和由行业主管部门组织的专家评价。自我评价由项目建设管理单位负责,评价结束后,项目建设单位负责编写《节水灌溉项目自我评价报告》,并报省(市)级行业主管部门,省(市)级行业主管部门根据自我评价报告,组织专家小组从行业角度对该项目进行评审,并编写《对节水灌溉项目的自我评价审查意见》。

三、项目申报和审批程序

根据国家有关规定,建设项目将按投资渠道和建设规模来确定其申报程度和审批权限。

(一)可行性研究报告的申报和审批

1988年国务院颁布的投资管理体制近期改革方案,对可行性研究报告的审批权限作了新的调整。文件规定,属中央投资、中央和地方合资的大中型和限额以上项目的可行性研究报告,要报送原国家计委审批。总投资2亿元以上的项目,不论是中央项目还是地方项目,都要经国家计委审查后报国务院审批。

中央各部门所属小型或限额(项目总投资3 000万元)以下项目,由各部门审批。地方投资2亿元以下项目,由原地方计委审批。

由于我国投资体制和计划体制仍在不断地进行改革,项目可行性研究报告的申报和审批程序将因投资主体的不同而有所不同。如国家投入专项资金支持建设的节水灌溉项目,其可行性研究报告的申报和审批应按专项资金项目管理办法的要求执行;对地方投资兴建的节水灌溉项目,其可行性研究报告的申报和审批应执行地方各级政府或行业主管部门制定的相关项目管理办法。

(二)设计文件的申报和审批

1. 大型项目的初步设计

按隶属关系,由各主管部门或省、自治区、直辖市审查,提出审查意见,报原国家计委审批。其中项目总投资在2亿元以上的重大项目,由国家计委委托中国国际工程咨询公司对初步设计文件进行评估,提出评估报告,报国务院审批。

2. 中小型项目的初步设计

按照隶属关系,分别由行业主管部门或省、自治区、直辖市计委审批。目前,国家实施的大型灌区节水改造项目和节水灌溉示范项目的初步设计或项目实施方案(初步设计阶段)均由省级水行政主管部门审批。

(三)我国节水灌溉项目的审查审批程序

目前,我国利用内资兴建的节水灌溉项目主要有以下几种:

(1)由国家列入基本建设项目计划的大型灌区节水改造项目。

(2)由国家安排财政预算内专项资金兴建的节水增效灌溉示范项目。

(3)利用国家政策性贴息贷款兴建的节水灌溉项目,主要指节水增效重点县项目、节水型井灌区建设项目。

(4)地方自筹资金兴建的节水灌溉项目。项目资金来源主要以农民自筹或地方各级财政给予少量补贴为主;同时,也有企业、专业户投资兴建的节水灌溉项目。

对于前三类节水灌溉项目,由于投资渠道及建设任务目标不尽相同,国家分别制定了相应的项目建设管理办法。对于地方自筹资金建设的节水灌溉项目,地方各级政府可根据当地实际情况制定相应的建设管理办法,以确保项目效益的发挥。利用国家投资和政策性贷款兴建的节水灌溉项目申报和审批程序,如表14-1所示。

表14-1　利用国家投资和政策性贷款项目的申报和审批程序

项目名称	项目申报	项目审批	投资渠道
大型灌区节水改造项目	1. 项目的申报: 灌区管理单位按照管理权限逐级申报节水改造项目,由省水利厅(局)、省计委共同审查后上报水利部和国家发展和改革委员会。 2. 申报项目应提交经审批的有关文件和材料: (1)灌区续建配套和节水改造规划; (2)项目可行性研究报告及省级审查意见; (3)灌区建设和改革情况调查表; (4)省级有关部门对承担配套资金的承诺文件	由水利部和国家发展和改革委员会根据申报材料和资金可能,择优审批项目,联合下达年度节水改造项目投资计划	中央、地方和灌区多渠道筹集。中央与地方配套资金的比例为1:0.5～1:1.5

续表 14-1

项目名称	项目申报	项目审批	投资渠道
节水灌溉示范项目	1. 项目的申报： 项目单位按照管理权限逐级申报节水示范项目可行性研究报告，由省水利厅（局）、省计委共同审查后上报水利部和国家计委。 2. 申报项目应提交经审批的有关文件和材料： （1）示范项目可行性研究及省级审查意见； （2）地方对承担配套资金的承诺文件	水利部和国家发展和改革委员会根据申报材料，择优审批项目，联合下达年度示范项目投资计划	中央与地方多渠道筹集，中央与地方配套资金的比例为1:1或1:2
节水增效重点县及面上节水灌溉项目	1. 项目的申报： 项目单位按照管理权限逐级申报重点建设年度申请贷款项目计划，由省财政、省水利厅（局）共同审查。 2. 申报项目应提交经审批的有关文件和材料： （1）项目单位上报的年度申请贷款项目计划，包括项目建设规模、总投资、申请贷额度及节水技术模式； （2）项目单位根据贷款使用情况和贴息管理办法的要求，编制申请年度贴息资金计划（需附贷款契约）。 每年申报的建议项目以省水利厅（局）或水利部审批的重点县节水灌溉发展规划为依据	1. 项目的审批： 省级水行政主管部门负责审批。 2. 贴息资金的审批： 由财政部与水利部联合审批下达贴息资金计划	资金来源主要以国家政策性贴息贷款为主和农民自筹资金

第二节　项目管理的基本要求

项目管理是指在建设项目周期内所进行的计划、组织、协调、控制等管理活动，其工作内容主要包括项目可行性研究、立项决策、设计、设备采购、施工、竣工验收等活动过程，以实现建设项目的质量、工期和投资效益目标。

在项目管理过程中，不同的参与主体所处的地位和承担的职责是不同的，按我国目前的管理体制大致可分为三类：

（1）第一类，主体是政府部门。政府是国家利益的代表，它对投资项目的一系列管理活动都属于行政管理范畴，是一种宏观上、总体上的管理，其目标是保持投资项目符合国家和社会要求,保证项目的投资建设活动不危害社会利益。为了实现这种管理,政府通常利用法律程序,对投资项目建设全过程的各阶段、各环节确定行政管理(审批)权限,并通过行政法规保证其执行。

(2)第二类,主体是建设单位或投资者。针对一个具体的投资项目进行全过程管理,属微观管理范畴。

(3)第三类,指参与建设过程局部活动的单位,如设计单位、施工企业、监理单位等,它是建设活动中某一方面的管理。

目前,政府计划部门的职能正向宏观管理转移,只进行项目建设前期的管理,即审查项目建议书或可行性研究报告,决定是否批准立项,或决定由建设单位(或为主)自主立项,而工程项目的建设实施,则由建设单位(项目法人)或政府行业主管部门进行管理。

项目管理有多种类型,不同类型的项目管理,其具体任务不尽相同,但任务的主要范围是类同的,一般包括项目组织、进度控制、投资控制、质量控制和合同管理等5项任务。

一、项目管理组织

设置项目组织机构的目的是通过项目建设进度、质量、资金使用等实施控制与管理,以完成项目建设管理任务,促进项目获得最大的投资效益。项目组织机构的设置没有固定模式,根据节水灌溉项目的不同特点、不同的外部条件,可设置不同的组织机构。

水利部《水利工程建设项目的实行项目法人责任制的若干意见》(简称《意见》),确定了实行水利项目法人责任制范围。根据水利行业特点和建议项目不同的社会效益、经济效益和市场需求等情况,将建设项目划分为三类:①生产经营性项目,包括工业及城镇供水、水力发电、水产、旅游等项目;②有偿服务性项目,如农业灌溉供水等项目;③水力发电、水产、旅游等项目。《意见》要求新开工的生产经营性项目原则上都要实行项目法人责任制;其他类型的项目应积极创造条件,实行项目法人责任制。节水灌溉项目属有偿服务性水利项目,目前其项目的管理组织形式主要是实行事业单位法人责任制,多数以单一的建设管理单位为主,本单位的第一行政负责人为法定代表人;同时,还有公司制、股份制、承包制等管理组织形式。但不论什么管理组织,都必须通过职能划分、授权、合同签订和执行、制定项目管理规章制度等来建立一个高效益的项目管理组织,为节水灌溉项目的顺利实施提供有效保证。

二、项目的投资控制、进度控制及质量控制

节水灌溉项目的建设目标主要包括质量目标、投资目标和进度目标。因此,项目管理的主要任务是通过合理的组织、协调、控制和管理达到质量、进度、投资整体的最佳目标。

(一)投资控制

投资控制是工程建设管理的重要组成部分。其实质是使项目的实际总投资(包括建筑安装工程费、设备费和其他费用)不超过该项目的计划投资额,同时应确保资金使用合理,使资金和资源得到最有效的利用,以期达到最佳的投资效益。

投资控制应从组织、经济、技术、合同等方面采取措施,对项目建设的全过程进行控制。其主要过程包括前期工作、设计、招标、发包、施工、运营前准备等阶段。

1. 项目建设单位在项目实施过程中，各阶段投资控制的主要工作

（1）建设前期阶段的投资控制。项目建设前期阶段（决策阶段）投资控制的主要内容是：通过对建设项目在技术、经济和施工上是否可行，进行全面分析、论证和方案比较，确定项目的投资估算，并作为计划投资的控制标准。它是节水灌溉项目设计概算的编制依据。

（2）设计阶段的投资控制。项目设计阶段控制应根据节水灌溉项目的特点及国家相关的标准和办法（如设计标准、设计概算的编制方法和管理办法、各种预算定额、指标以及各项收费标准等）的要求，通过对节水灌溉工程进行初步设计，确定该项目的初步设计概算。初步设计概算一经审核批准后，便是项目建设控制投资的依据，也是编制该工程招标标底和考核工程造价的依据。这一阶段的投资控制主要是对设计概算的科学合理性进行审查，尽量杜绝漏算少算、预留缺口或高估多算。

（3）项目施工准备阶段的投资控制。项目施工准备阶段投资控制要根据施工准备的工作内容，有针对性地加以控制。投资控制的主要环节：①对按有关规定要求需要进行招标的项目，应做好招标标底的编制或审查标底工作，还要对投标承包商的财务能力进行审查，以确定标价合理的中标人；②材料、设备的采购，通过制定各种保障措施，选择质优价廉的材料和设备；③考虑节水灌溉项目施工期的特殊性，根据各地气候特点，最好选择在农闲季节进行工程施工，同时制定合理的施工进度计划，保证节水工程投资效益的发挥。

（4）项目实施阶段的投资控制。施工阶段是实现设计概算的过程，这一阶段非常重要。为了控制施工阶段的费用，加强施工阶段造价的宏观调控，提高投资效益，水利部、能源部于 1990 年 1 月联合颁布能源水规［1989］1151 号《水利水电工程执行概算编制办法》文件。根据文件要求，对投资进行切块分配，大型水利工程项目要编制执行概算，以便对工程进行管理，达到最佳投资效益。但对建设规模相对较小，且建设用地相对分散的节水灌溉项目，可从分部或分项工程开始，控制各部门或各分项工程的实际发生费用。

节水灌溉项目施工阶段投资控制最重要的一个任务就是控制付款。建设单位或受业主委托的监理工程师在项目施工阶段，应按照合同目标，根据完成工程量的时间、质量和财务计划，审核各项付款。

（5）项目竣工后的投资分析。项目竣工后，通过项目决策控制工程实际投资不突破设计概算，并进行投资回收分析，确保项目获得最佳投资效果。

2. 投资估算（概算）审查中应注意的问题

投资估算是节水灌溉项目可行性研究报告的重要组成部分，是项目投资决策的重要依据。因此，为了确保投资项目估算的准确性和估算质量，必须加强对项目投资估算的审查工作。在审查项目投资估算时应注意审查以下几点：

（1）审查投资估算编制依据的可信度。①审查投资估算方法的科学性及适用性；②审查投资估算采用数据资料的时效性和准确性。

估算项目投资所需的数据资料很多，如已运行同类项目的投资、设备材料价格、运输杂费率、有关的定额、指标、标准等都与时间有密切关系，都可能随时间而发生不同程度的变化。因此，必须注意其时效性和准确程度。

（2）审查投资估算的符实性。审查投资项目与规定要求、实际情况是否相符，有无漏

项或多项现象，估算的费用项目是否符合国家规定，是否针对具体情况做了适当的增减等。

(二)进度控制

节水灌溉项目的进度控制涉及勘测设计、施工、土地征用、材料设备供应、设备安装调试、资金筹措等过程。一般情况下，由建设单位或其委托单位负责编制项目前期工作计划(包括可行性研究、设计任务书的工作进度安排)、工程项目建设总进度计划。而不同的参与主体需要根据自己所承担的工作内容编制相应的进度计划。参与工程建设的各方应围绕项目的总体建设计划有条不紊地开展工作，才能确保项目按时完成。

1.进度计划实施中的跟踪检查

进度跟踪检查的主要工作就是定期收集反映实际工程进度的有关数据，及时了解项目实施情况。收集资料的主要方式包括报表检查和现场实地检查两种方式。收集资料的时间间隔应考虑工程项目的类型、规模、工程范围的大小及现场条件等多方面的因素，视具体情况并根据相关项目管理办法而定，一般为3~6个月。

2.对收集的数据进行整理、统计和分析

收集到有关数据资料后，要进行必要的整理、统计和分析，形成与计划具有可比性的数据资料(如实际完成的工作量占总工作量的百分比等)，并分析产生偏差的影响因素。

3.采取进度调整措施

通过对实际进度与计划进度产生偏差的原因进行分析，找出影响工程进度的具体原因，并根据有关合同和规定提出相应的处理意见，以减轻因工程进度拖延给项目带来的损失。

(三)质量控制

1.工程项目质量控制的形成过程

工程项目质量控制是为达到工程质量标准而采取的控制技术和管理活动。工程项目质量控制贯穿于项目实施的全过程，包括决策阶段、设计阶段、施工阶段及项目竣工验收四大阶段。要实现对建设项目的质量控制，就必须严格按建设程序对每一阶段的质量目标进行控制，这是保证工程质量的必要条件。图14-2为工程项目质量的形成过程。

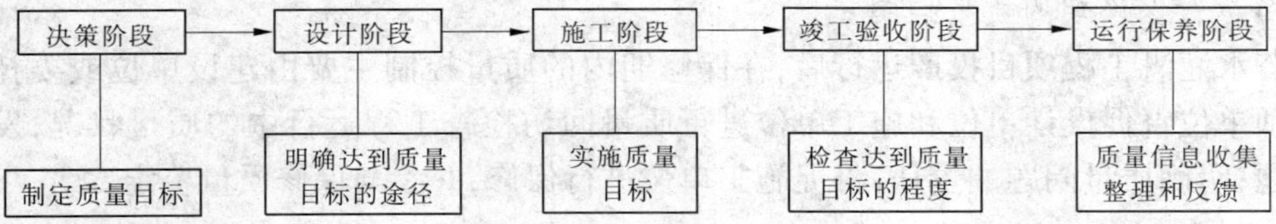

图14-2　工程项目质量的形成过程

2.工程项目质量控制的主要阶段

1)决策阶段质量控制

制定科学合理的质量目标。

2)工程设计中的质量管理问题

设计阶段的质量主要有以下内容：

(1)设计基础资料齐全可靠,遵守设计工作原则。

(2)计算方案科学,计算结果准确。

(3)正确地执行现行国家标准、行业标准和规范,各设计阶段内容、深度符合国家有关规定和标准要求,设计合理、综合经济效益好。

(4)设计文件完整,文字说明清楚,图纸清晰、准确,基本无错漏现象。

3)施工阶段

施工阶段质量控制的主要任务是:

(1)施工单位资质审查。

(2)签订施工承包合同。

(3)建设单位或其委托的监理单位协助和指导施工企业建立和健全工程项目质量保证系统、质量管理制度及保障措施。

(4)对工程中使用的建筑材料及设备应进行质量检查,包括材料、设备质量检测报告等。

(5)设计人员向施工单位交底,内容包括:设计文件的依据,建设项目的地理位置、地形地貌及水文、气象条件等,施工图的设计依据、设计意图,施工时应注意的事项等。

(6)指导和协助施工单位建立和完善工序质量控制。

(7)检查和审核施工单位提交的质量统计分析资料和质量控制图表。

(8)审核设计变更和图纸修改。

(9)对施工作业进行监督和检查,发现违规行为及时纠正。

(10)参与单元工程、分项分部工程和各项隐蔽工程的检查和验收。

(11)对已完成的单位工程、单项工程按质量标准进行验收,组织和参与工程的竣工验收。

(12)审核施工单位提供的质量检验报告及有关的技术文件。

4)竣工验收的质量控制

(1)认真听取建设、设计及施工等单位有关节水灌溉项目建设情况的汇报,审查提供的验收文件资料;检查各项工程质量是否符合设计要求,并作出质量鉴定。

(2)对验收中发现的工程质量问题,应要求有关责任方限期处理。

5)运行保修期的质量控制

节水灌溉工程项目投产运行后,在保修期内的质量控制主要由建设单位或委托监理工程师单位督促设计单位和施工单位进行质量回访检查工程运行中的质量状况,发现质量问题;明确质量问题的责任;督促施工单位进行保修,并参与保修质量鉴定。

三、合同管理

目前,我国水利工程建设领域正在积极推行"三项制度"改革,明确项目建设主体及其承担的责任,在工程设计、施工及设备采购等方面引入了市场竞争机制,以提高项目建设管理水平和投资效益。在这一机制下,参与工程项目建设各方所承担的权利和义务都是由相关合同规定和保障的,他们的一切行为均以合同为准则,而他们的权益也主要依靠合同得到法律保护。因此,加强建设项目合同管理,保证依法订立和全面履行合同,对确保投资项目效益的发挥是非常重要的。

(一)合同管理任务

合同管理包括合同签订和合同管理两个方面的任务。合同签订任务包括合同的准备、谈判、修改和签订等工作;合同管理任务,包括合同文件的执行、合同纠纷的处理和索赔事宜的处理等工作。在合同管理任务中,要突出合同签订的合法性和合同执行的严肃性。

建设项目合同的主要内容包括:工程项目的工期和建设地点;工程规模、范围和质量标准;完成建设任务所需支付的金额以及支付条件和方式;签约各方为完成工程建设任务各自享有的权利和所承担的义务,以及为确保合同的全面履行对签约各方所规定的保证性条款,对违约行为方的惩罚性条款等基本内容。

(二)项目合同管理的法律体系

对于一个合同而言,它的订立和履行要遵守法律和法规,合同如果违反了法律、行政法规的强制性规定,则此合同无效。因此,必须在合同文件中明确规定一种适用于该合同并据以对该合同进行解释的法律。我国的法律体系不仅包括法律,还包括各种行政法规、地方法规,因此了解国家法律体系对合同的签订和执行具有重要意义。

(1)法律。指由全国人民代表大会及常务委员会审议通过后颁布的法律。与建设工程有关的有《民法通则》、《建筑法》、《招标投标法》、《合同法》、《仲裁法》、《担保法》、《保险法》等。

(2)行政法规。指由国务院依据法律制定和颁布的法规,如《建筑安装工程承包合同条例》、《建设工程勘察设计合同条例》、《建设工程质量管理条例》等。

(3)行业规章。指由水利部或国务院其他主管部门依照法律制定和颁布的各种规章,如水利部颁发的《水利工程建设项目管理规定》、《水利工程建设项目招投标管理规定》、《水利工程建设监理规定》、《水利工程质量管理规定》;对节水灌溉项目而言,还应符合相关工程项目的建设管理办法(实施办法)、验收办法等。

(4)地方法规和地方部分的规章。从体系上讲,下层次的法规和规章不能违反上层次的法律和法规;对一个具体的合同讲,在不矛盾、不抵触的情况下,通常是特殊、具体、详细的规定优先。

在工程项目合同管理工作中,合同得到有效而全面的实施对实现项目总体任务目标起着非常重要的作用。因此,项目管理者首先要根据各单位签订的合同,将各合同和合同规定的活动在内容上、技术上、组织上、时间上协调一致,形成一个完整、周密、有序的体系,以保证工程有序地按计划进行,顺利地实现工程总目标。其次,签订合同各方一旦违约,或由于一些不确定因素而引起的合同纠纷,则必须以合同条款作为判定违约和纠纷的依据,并按照合同法所规定的解决方式和程序加以解决。

四、管理信息

管理信息是建设单位对工程项目实施有效管理的前提和依据,建设项目管理者的主要任务是对工程进度、质量和投资三大目标实施有效控制。因此,项目管理者首先应掌握有关建设项目进度、质量和投资三大目标的计划信息值,这是进行控制的目标信息。其次,还应掌握三大目标的执行情况,即实施的有关信息。只有及时准确地掌握这两方面的信息,并通过科学的加工和处理,综合成可供项目管理者直接使用的信息,建设管理者才能对项目实施有效的控制。

管理信息处理的内容一般包括原始数据的收集、加工,信息的传递或存储,信息的维护和使用等,而原始数据的收集又是管理信息处理的基础。因此,数据收集要做到制度化、规范化,并保证原始数据的真实、可靠和完整。

原始数据的收集分施工前和施工过程中两个阶段。

(1)施工前应收集的主要信息资料:批准的项目可行性研究报告及其相关文件资料;工程设计文件及其相关资料;与项目实施有关的合同文件等。

(2)施工后应收集的信息资料:工程施工进度、投资、质量的动态信息;对进度、投资及质量三大控制目标产生影响的因素分析信息(如气象条件、现场设计变更等);工程竣工验收时产生的信息(如验收结论意见、存在问题及采取的措施、验收文件的编制等)。

信息处理过程可分为初级加工、综合分析、借助数学模型的统计分析和推断 3 个层次。对于节水灌溉项目,由于其项目的建设规模一般相对较小,技术复杂程度不是很高,因此,对于具体的项目建设管理单位而言,经综合分析得到的信息资料即可以满足管理者的需要。

第三节　节水灌溉工程管理体制和运行机制

随着我国社会主义市场经济体制的建立和完善,以及社会主义市场经济条件下现代企业制度的逐步确立,我国在基本建设领域推出了一系列改革新措施,形成了以国家宏观监督调控为指导,项目法人责任制为核心,招标投标制和建设监理制为服务体系的建设项目管理体制的基本格局。水利产业不同于其他基础产业,有它的特殊性,既有经营性产业,又有面广量大的社会公益性产业和有偿服务性产业。因此,水利项目要区别不同类型的项目,确立和推行与产业经济性相适应的建设项目责任制。对于节水灌溉项目,由于其服务的对象是广大农民,因此其工程的建设管理模式应充分考虑国家相关的产业政策和现阶段我国农业生产状况,根据工程的类型和规模,按照有利于群众使用,有利于发挥工程效益,有利于农村经济发展的原则,探索建立科学有效的节水灌溉工程建设管理和运行机制。

一、节水灌溉工程设施的产权归属

建立适应市场经济发展要求的节水灌溉工程建设管理体制和运行机制,对节水灌溉项目效益的持续发展将起着十分重要的作用。而现行的节水灌溉工程管理体制和运行机制在一定程度上还不能适应这一新形式发展的需要。其突出问题是:工程产权不明晰,经营管理责任不落实,工程效益衰减,难以为继,没有做到“责、权、利”的有机结合。因此,对现有小型农村水利工程进行产权制度改革,明确新建节水灌溉工程产权归属关系,有利于调动各级群众办水、管水的积极性,达到强化工程管理,提高节水灌溉工程设计完好率,充分发挥工程效益的目的。近年来,一些省、市积极探索,大胆实践,通过明晰工程所有权，放开建设权，搞活经营权，全方位开展了小型水利工程产权制度改革，并取得了初步成效。

（一）节水灌溉项目产权制度改革的基本原则

（1）坚持“谁投资、谁所有，谁管理、谁受益”的原则，科学合理地界定产权。

（2）坚持实事求是、因地制宜、形式多样的原则，选择适宜的产权改制形式。

（3）坚持“公平、公正、公开”的原则，充分尊重群众意愿，保护群众利益，宜股则股，宜卖则卖，宜租则租，宜包则包，做到农民拥护、经营者有利可图。

（4）坚持依法改制的原则，按照党的农村政策和国家法律、法规来规范改制程序。

（二）节水灌溉项目产权制度改革的基本要求

（1）对需改制的工程要进行调查研究、财产清查、界定产权、资产评估、确定方案、报批方案、公开招标、签订合同、法律公正、建档立卡等步骤，突出抓好资产评估、标的物价金确定、合理签订相关合同等重要环节，选择适宜的改制形式，认真组织实施。

（2）改制后的工程所有者和经营者，要遵守国家的法律、法规和政策，服从水行政主管部门的监督和管理，认真履行合同规定的条款。

（三）在建及拟建节水灌溉项目产权归属

对在建和拟建的节水灌溉工程，从筹资建设到经营管理，都要引入市场机制，坚持“谁投资、谁所有，谁管理、谁受益”的原则，及时明晰工程所有权，落实管护责任。其工程的产权归属应按投资渠道的不同，按有关程序科学合理地界定工程产权。

（1）国家投资项目。国家投资用于节水灌溉工程建设所形成的固定资产，其产权由国家所有，并由各级政府行使出资人的权利，委托各级水利部门负责管理和运营。

（2）国家投入引导资金，地方按规定比例配套的项目。由国家（包括省、市、县无偿投资）、乡镇或村集体经济组织共同投资，群众投工、投劳兴建的工程，应按投资比例合理界定产权。属国家所有的资产，由各级政府行使出资人的权利，并委托各级水利部门进行管理。

（3）以地方基层组织投资为主兴建的项目。由乡（镇）或村集体组织兴建、国家或地方给予少量补助的小型水利工程，其资产属乡（镇）或村集体所有。

（4）自筹资金兴建的项目。由出资人自筹资金兴建的节水灌溉项目，其工程的产权归出资人所有。

二、节水灌溉工程建设管理体制和运行机制

（一）节水灌溉工程建设管理体制

目前，我国投资体制改革正向纵深发展，节水灌溉项目的投资渠道也呈现出多元化的格局，按投资渠道的不同可将其划分为国家投入引导资金（财政预算内资金）兴建的节水增效灌溉示范项目；以国家政策性贴息贷款为引导资金建设的节水增效重点县项目；以农民筹资或投劳折资为主体，地方各级政府给予适当补贴建设的节水灌溉工程；公司投资或农民集资入股、大户投资兴建的节水灌溉工程等。因此，在建立工程管理体制的过程中，要根据项目投资渠道、工程的规模及技术模式的不同，结合各地实际情况，因地制宜地建立有效的工程建设管理模式，这对确保节水工程建设目标的实现具有重要意义。下面着

重介绍目前我国节水灌溉项目建设管理体制的几种形式。

1.以事业单位法人责任制为管理主体的项目管理体制

此种管理体制目前主要以节水灌溉示范项目为主,其管理体制的主要特点是:由事业单位法人负责示范项目的立项,《节水增效灌溉示范项目实施方案》(初步设计阶段)的编制,项目的建设实施、监督检查、竣工验收等工作。同时代表政府对投资项目国有资产部分进行管理,承担资产的保值增值责任。

2.以企业法人责任制为主体的管理体制

此种管理模式的主要特点是投资公司以项目法人的身份对节水灌溉项目的立项、筹资、建设、生产经营、还本付息以及资产的保值增值全过程负责,并承担投资风险,是一种集工程的“建、管、用”于一体的项目管理体制。

3.股份合作制的工程建设管理体制

此种管理模式是参照股份合作制企业经营管理的办法,按照“自愿入股,利益共享,自主经营,自负盈亏,风险共担,民主管理”的原则,集资各方按有关协议要求,以资金、劳动、技术、实物等作为股份,成立水利股份合作社,制定管理章程,对建设目的、认股办法、利益分配、管理机构及职能作出规定,并作为合作社内部处理各项事务的依据。

4.行政统筹,农民自建、自管模式

此种管理模式是以农民为投资主体,基层各级政府通过制定优惠政策或补贴少量资金,调动农民兴建节水工程的积极性(一般以微型、小型水源工程为主),工程由农民自主经营和管理。

5.个体经营户自建自管模式

由有经济实力的大户投资兴建节水灌溉工程,并通过为农民提供灌溉服务来获得投资效益。

(二)节水灌溉工程的运行机制

科学有效的管理体制和良性发展的经营机制对节水灌溉工程效益的发挥起着十分重要的作用。为使节水灌溉工程的建设和经营管理更好地适应我国农村以家庭联产承包责任制为主体,统分结合的双层经营体制,各地在建立节水灌溉工程良性经营机制方面进行了积极而有效的探索,尤其在小型农田水利工程产权制度改革方面,积累了许多宝贵经验,初步形成了几种具有典型代表性的工程经营管理模式。

1.统包统管模式

统包统管模式,即水源工程和灌溉设备均由当地行政村统一经营和管理(主要以乡镇水管站为主体),农户灌溉时需缴纳一定的费用,收费标准则根据实际发生的电费、人工费和工程运行管理费等进行核定。此种节水工程运行管理模式能充分发挥农村基层政府组织的协调优势和水利站专业人员的技术优势,并为农户提供专业化的灌溉服务。它适合水利基础条件相对较好,乡村级水利服务体系较健全的地区。

2.股份合作制模式

股份合作制经营管理模式是由其管理体制决定的。目前,在节水灌溉项目中,一些小型水源工程建设与经营管理采取这种模式的地区较多。如黑龙江省某地在合股建设机电井水源工程时,首先成立了水利股份合作社,并制定了管理章程。章程对建社目的、认股办法、利益分配、管理机构及职能作出了明确规定，并作为合作社内处理各项事务的依据。为充分发挥股份合作社的作用，确保股东利益，他们还成立了决策监督组织和经营管理组织，负责股份合作社的具体工作。

在股份合作制中，集资兴建节水灌溉工程的各方，以股东的身份参与工程的经营和管理。由于股东的责、权、利是统一的，他们既是工程的投资人，又是经营管理者和受益人，因此各股东在工程的运行、维护和管理等方面认真负责，工程和设备的完好率和利用率提高，工程的投资效益较好。同时，这种节水灌溉工程管理模式还能较好地解决市场经济条件下政府直接要求农民出工、出资的问题，随着农村税费改革的不断深入，这种节水灌溉项目建设和管理模式的优势更加突出。

3. 拍卖

拍卖是把原来由国家或集体兴建的小型灌溉工程，按新旧状况、规模大小和效益等情况进行资产评估，以确定需拍卖工程各部分的拍卖基价。同时，按照“公开、平等、竞争”的原则，面向社会出售，变成民有民营。由于拍卖属于工程所有权或使用权转移的范畴，因此，为确保国有资产不流失，拍卖所有权的前提是水利工程的所有权要清晰，清产核资要准确，拍卖后的小型节水灌溉工程能较好地实现责、权、利的统一。这种模式一般适用于经营性较强的灌溉设施。如宁夏某县节水井灌工程就采用这种形式进行改革，并取得显著成就。具体运作方式为：通过对节水灌溉项目区内的20眼机井及配套的田间低压管道工程和输变电工程的完整程度、效益及经营状况等方面进行调查研究，并抽调技术人员，对其进行清产合资，根据各部分的拍卖基价进行拍卖，共收回投资89.1万元，收回的资金一律由县财政专户储存，专项用于水利工程的维修、更新改造，实现了水利资金的优化配置。项目区的20眼机井及低压管道工程拍卖后，由于工程责、权、利明确，管理制度健全，管理措施到位，其节水、增产效果十分显著。据农调队观测资料，项目区小麦亩均增产75.3 kg，增产达16.5%；甘兰亩均增产2 369 kg，经济效益十分显著。

4. 租赁和承包

此种工程经营管理模式是在工程所有权不变的前提下，把经营使用权承包和租赁给个人或联户，并收取一定的承包费或租金，实行工程所有权与经营权彻底分开。无论是承包还是租赁，都必须签订相关的承包租赁合同（合同主要内容一般应包括承包灌溉工程的范围、期限及承包费，工程的运行管护责任，灌溉收费标准，纠纷处理方式等），合同双方的一切行为均以合同所规定的权利和义务为准则，并受到法律保护。如山西省某节水灌溉示范项目法人单位为乡水管站，节水工程竣工后，在明晰产权的基础上，水管站采取了签订承包合同的形式，将项目区内部分节水工程承包给受益村一些懂技术、责任心强的人员进行管理。承包内容和相关制度以合同形式加以确定。在工程管理上，合同规定承包方应对工程建筑物及配套设备进行管护和维修，使工程完好率经常保持在98%以上。若因承包方责任事故造成设备丢失损坏，要由承包人员负责赔偿。在灌溉管理上，则规定承包管理人员应根据灌溉制度和作物需水情况从事灌溉活动。承包者的报酬来自水费收入，通过对电费和维修养护费等指标的测算，由承包管理人员实行包干收费。这种以基层水利部门为监督单位（发包方），由承包方对节水灌溉工程进行管理的模式，既能提高服务质量，又能较好地发挥工程的使用效益。

5. 基层灌溉服务组织

由于我国农村土地实行农户分散经营和管理，给农作物的灌溉带来了一定的困难。目前，在农村大部分地区，通过组建基层灌溉服务组织，对节水灌溉工程实行统一管理，统一计划配水，统一收取水费（水费由灌溉成本加合理利润构成），统一工程维修，有效地解决了一家一户土地分散经营的灌溉问题。基层灌溉服务组织主要有两种：①既有公益性服务又有经营性服务性质的基层抗旱服务组织，在行政上隶属于当地水行政主管部门；②以基层水利站为主体或以水利管理部门为依托成立的灌溉公司，为农户提供有偿服务，公司实行企业化运作，财务独立核算，水行政主管部门只对其进行技术指导和监督。目前，这两种灌溉服务组织在广大农村发挥着重要的作用。

6. 灌溉专业户形式

随着市场经济的发展，各地兴起了一批节水灌溉专业户。专业户主要以个体投入为主，通过建设小型水源工程或购买灌溉设备，为需要灌溉的农户提供有偿服务。如辽宁省部分市的小型微灌、喷灌机具基本上以水利专业户模式进行经营和管理。为提高水利专业户的灌溉服务质量，他们还专门成立了县级水利专业户协会，在工程管理、服务项目和收费等方面制定了统一标准，既为农民灌溉提供了方便，也为水利专业户的健康发展创造了条件。此种运行管理模式明确了灌溉工程的各项权属，有效杜绝了水事纠纷，降低了农民灌溉费用，工程完好率较高。

7. 用水户参与管理形式

在我国的灌区建设中，国家一般负责骨干工程的投资和建设，管理部门由于受人力、物力及财力的限制，往往把建设及管理的重点放在支渠以上的渠道，支渠以下的渠道及田间工程则由地方和农民建设，并把支渠、斗渠的管理与使用权交给农民，成立农民用水者协会。协会以支渠或斗渠为单位，民主选举产生由用水户、产权代表（国家和集体）参加的支渠、斗渠管理委员会，管理委员会具有法人地位，并负责招标，推荐“支长”、“斗长”候选人，召开用水户会议，做好支渠、斗渠用水户的灌溉用水服务，保证支渠、斗渠工程设施的完好程度。在收费上，通过用水户参与灌溉管理，提高了收费的透明度，初步建立起公开、公正、公平的灌溉用水新秩序，杜绝了过去搭车收费的现象，降低了农民灌溉费用，这一经营管理模式在灌区节水灌溉工程建设中发挥着很好的作用。

8. 产业化经营管理模式

此种灌溉工程经营管理模式是通过采用先进的节水灌溉技术，把过去一家一户经营的土地集中起来，进行统一开发、统一管理；经营上采取承包或租赁等形式，以提高土地的产出效益。其具体运作方式为：由具有法人资格的公司对节水灌溉项目区的土地以“反租倒包”形式，通过与农户签订经济合同，获得土地长期有偿使用权，然后对土地进行集中开发，配套各种节水工程措施，经过成本核算后，再以适当价格将部分土地承包给农户或种植大户。同时，公司将为农户（或联户）提供灌溉指导和农产品产、供、销一条龙服务。此种节水灌溉项目区的土地开发及经营管理模式比较适合城市郊区高效农业的发展。如浙江省温岭市、安徽省蚌埠市节水灌溉示范项目采取了此种经营管理模式，不仅使农业资源（土地）得到最佳配置，农民得到更大的经济利益，而且还加快了农业结构高速的步伐和农业现代化的进程，经济效益、社会效益非常显著。

参考文献

[1] 水利部农村水利司. 节水灌溉技术标准选编[M]. 北京:中国水利水电出版社,1998.

[2] 杨天. 节水灌溉技术手册[M]. 北京:中国大地出版社,2002.

[3] 沈振荣. 节水新概念——真实节水的研究与应用[M]. 北京:中国水利水电出版社,2000.

[4] 匡尚富,等. 农业与应用水灌排技术应用研究[M]. 北京:中国农业出版社,2001.

[5] 马孝义,等. 北方旱区节水灌溉技术[M]. 北京:海潮出版社,1999.

[6] 水利部农村水利司,财政部农业司. 农村集雨工程简明读本[M]. 北京:中国水利水电出版社,2001.

[7] 石玉林,卢良忠. 中国农业需水与节水高效农业建设[M]. 北京:中国水利水电出版社,2001.

[8] 杜负栋,等. 农业非工程节水技术[M]. 北京:中国水利水电出版社,2004.

[9] 崔毅. 农业节水灌溉技术及应用实例[M]. 北京:中国水利水电出版社,2008.

[10] 胡毓骐,等. 华北地区节水型农业技术[M]. 北京:中国农业科技出版社,1995.

[11] 山西省渠道防渗工程技术手册编委会. 山西渠道防渗工程技术手册[M]. 太原:山西科学技术出版社,2003.

[12] 中国灌排发展中心. 黄河流域大型灌区节水改造战略研究[M]. 郑州:黄河水利出版社,2002.

[13] 水利部农村水利司,中国灌排发展中心. 节水灌溉工程实用手册[M]. 北京:中国水利水电出版社,2005.

[14] 于纪玉. 节水灌溉技术[M]. 郑州:黄河水利出版社,2007.

[15] 梁建林. 水利工程概预算与招投标[M]. 郑州:黄河水利出版社,2003.